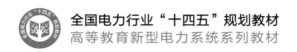

全国电力行业"十四五"规划教材
高等教育新型电力系统系列教材

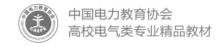

中国电力教育协会
高校电气类专业精品教材

Introduction to
New Technologies of
Electric Power

电力新技术
概论

王志新　李　兵　王秀丽
刘立群　彭道刚　李旭光　编著
刘胜永　朱　莉　丁立健
　　　　徐　政　程　明　主审

中国电力出版社
CHINA ELECTRIC POWER PRESS

内 容 提 要

本书为全国电力行业"十四五"规划教材，并被评为中国电力教育协会高校电气类专业精品教材。

本书结合近年来国内外有关新型电力系统技术及其应用的最新成果，侧重于介绍相关技术的发展概况、技术原理和应用案例。全书共 8 章，包括能源互联网技术、新能源发电技术、电力储能技术、现代电力传输技术、电力市场运营技术、电气节能技术、电动汽车技术和综合能源系统控制与运行技术等，通过典型应用案例分析，强化了新型电力系统技术的基础理论知识与实际应用的结合。

本书不仅可作为高等教育电气工程及其自动化专业本科教材，电气工程、控制理论与控制工程和工程管理等专业研究生教材，同时还可供电力工作者参考。

图书在版编目（CIP）数据

电力新技术概论/王志新等编著 . —北京：中国电力出版社，2023.7（2025.2 重印）
ISBN 978 - 7 - 5198 - 6050 - 9

Ⅰ.①电…　Ⅱ.①王…　Ⅲ.①电力工业－高技术－教材　Ⅳ.①TM

中国版本图书馆 CIP 数据核字（2021）第 195931 号

出版发行：中国电力出版社
地　　址：北京市东城区北京站西街 19 号（邮政编码 100005）
网　　址：http://www.cepp.sgcc.com.cn
责任编辑：乔　莉（010－63412535）李文娟
责任校对：黄　蓓　常燕昆
装帧设计：赵姗杉
责任印制：吴　迪

印　　刷：三河市航远印刷有限公司
版　　次：2023 年 7 月第一版
印　　次：2025 年 2 月北京第三次印刷
开　　本：787 毫米×1092 毫米　16 开本
印　　张：19
字　　数：426 千字
定　　价：59.00 元

前　言

能源问题为世界各国所关注。其中，能源利用的主要方式是转化为电力，服务于工业、农业、社会生活等方面。因此，能源（尤其是清洁能源）的高效利用、电力科技进步，对于人类具有重要的意义。我国已成为世界上最大的能源生产国和消费国，形成了煤炭、电力、石油、天然气、新能源、可再生能源全面发展的能源供给体系，技术装备水平明显提高，生产生活用能条件显著改善。电力工业现已成为支撑我国国民经济的基础性产业，电力运行情况反映了国民经济的现状。截至 2024 年底，我国累计发电装机容量达到 33.2 亿 kW。其中，风电 5.3 亿 kW，占总装机容量的 15.9%；太阳能发电8.4 亿 kW，占总装机容量的 25.4%。

为应对全球气候变化问题，我国向国际社会作出了"2030 年实现碳达峰，2060 年实现碳中和"的郑重承诺。"双碳"目标下新型电力系统涉及的电力新技术等不断涌现。因此，有必要针对这些新技术及应用进行分析和总结，利于促进这些新技术的进步和推广应用；同时，通过更新高等学校"新型电力系统技术概论"等相关课程教学内容，服务于国家电网建设具有中国特色、国际领先的能源互联网企业需求。本书正是在此背景下编写的，具有三方面的特点。第一，技术先进，注重新型电力系统技术知识面的广度，涵盖能源互联网技术、新能源发电与电力储能技术、特高压交直流输电与柔性直流输电等现代电力传输技术，以及电力市场运营、电气节能、电动汽车和综合能源系统控制与运行技术等，同时，还兼顾相关技术的深度和实用性介绍，并分别从相关技术涉及的基本概念、原理、应用案例三个层面进行分析介绍，突出相关技术的实际应用案例分析等；第二，系统性强，涉及电气工程领域"源""网""荷"等相关的新技术，并突出这些新技术的内涵、关键点及实际应用案例分析等；第三，代表性强，参编人员均有丰富的教学、科研一线工作的实践经验，掌握相关新技术的现状及发展态势，分别来自上海交通大学、西安交通大学和合肥工业大学等双一流学科的高校，上海电力大学等电力行业特色高校，以及太原科技大学、广西科技大学等培养应用型人才的综合性大学，旨在满足多层次读者掌握电力新技术知识的要求。

全书共 8 章，其中，合肥工业大学李兵教授、丁立健教授撰写第 1 章，太原科技大学刘立群教授撰写第 2 章，上海交通大学李旭光副教授撰写第 3 章，上海交通大学王志新研究员撰写第 4 章，西安交通大学王秀丽教授撰写第 5 章，广西科技大学刘胜永教授撰写第 6 章，上海交通大学朱莉副教授撰写第 7 章，上海电力大学彭道刚教授撰写第 8 章。全书由王志新研究员统稿。

本书内容主要取材于近年来国内外有关新型电力系统技术应用研究开发最新成果，

以及编著者承担或完成的有关科研项目。本书被列入上海交通大学研究生教材资助项目计划。

相信本书的出版，对于提高我国新型电力系统技术研发及应用水平，培养新型电力系统技术人才，推动电力技术进步具有重要意义。

编著者
2024 年 1 月于上海

目 录

第 1 章

能源互联网技术

能源是现代社会赖以生存和发展的基础，能源革命是工业革命的根本动力。历史上，每一次能源变革都伴随着生产力的巨大飞跃和人类文明的重大进步。煤炭的开发利用、蒸汽机的发明，推动了第一次工业革命，大幅提升了生产力水平。石油的开发利用、内燃机的发明和电力的发现，推动了第二次工业革命，人类进入机械化和电气时代。我国一次能源的转换形式多种多样，如电能、热能、蒸汽等二次能源，都已形成方便使用的基础设施网络。电能是优质的二次能源，其转化效率远高于煤炭等一次能源，同时电力传输网络较好地实现了能源的远距离配送。随着越来越多的电动设备如电动汽车等的成熟，电力资源将成为未来的主要能源形式。我国已形成以煤炭为基础，以电力为中心，石油、天然气、新能源和可再生能源全面发展的能源供应体系。

能源消费的快速增长使得我国成为世界第一大能源生产国和消费国，同时能源紧缺和环境污染所带来的社会问题日益突出。在有关政策指导下，我国在实施能源可持续发展方面取得了显著的成绩。我国国家主席习近平在 2015 年 9 月 26 日联合国发展峰会上发出"探讨构建全球能源互联网，推动以清洁和绿色方式满足全球电力需求"的倡议。这是在全球范围推动能源革命、促进清洁发展、应对气候变化的重大倡议，开启了世界能源可持续发展的新征程，得到了国际社会普遍赞誉和积极响应。

1.1 能源互联网

能源是积极发展的基石和现代社会的血液。近十年来，我国经济发展取得了令世界震撼的伟大成就，创造了持续高速增长的奇迹。电力工业作为重要基础产业，伴随着国民经济发展走出了一条波澜壮阔的改革突破之路，实现了历史性的大跨越。

以网络化、信息化与智能化的深度融合为核心的"第四次工业革命"驱动全球加速进入以"万物互联"为显著特征的数字化时代。我国也相继制定了网络强国、数字中国的重要发展战略，发布《中国制造 2025 规划》《工业互联网发展行动计划》，在人工智能、5G 等先进数字化技术方面积极推进。第四次工业革命的主要基础平台和重要焦点是工业互联网，而能源互联网是工业互联网在行业落地的典范，是能源电力体系和互联网体系深度融合而形成的全面感知、全程在线、全要素互联的能源电力新业态，是实现能源转型并助推能源革命的有利措施。

1.1.1 能源互联网的概念及内涵

2016 年 2 月，国家发展改革委、国家能源局、工业和信息化部联合印发《关于推进"互联网＋"智慧能源发展的指导意见》，明确提出"互联网＋"智慧能源（能源互联网）是一种互联网与能源生产、传输、存储、消费以及能源市场深度融合的能源产业发展新形态，对提高可再生能源占比，促进化石能源清洁高效利用，推动能源市场开放和产业升级具有重要意义。能源互联网更为强调能源系统和能源市场与信息互联网的深度融合，注重能源电力市场的交易开放和产业升级。其实质是"智能电网＋特高压电网＋清洁能源"，其中，智能电网是基础，特高压电网是关键，清洁能源是根本。能源互联网可以看作是智能电网在广泛能源领域的扩展，是承载能源革命目标的新一代的能源系统。其主要理念是将可再生能源作为主要的能量供应源，通过互联网技术实现分布式发电和储能的灵活接入，以及交通系统的电气化，并在广域范围内分配共享各类能源；同时，能源互联网还应确保实现安全、可靠的能源网络化管理和调控，以提供优质、高效、便捷的能源服务。

可见，在物理能源系统层面，能源互联网是多种能源的集成与融合，供应侧和需求侧的充分互动。在供能侧，风、光、煤、油、气、电等多种能源正在朝综合优化方向发展，协同效应开始出现；集中式与分布式供能合理组合，综合能源供应成为新的发展趋势。在用能侧，供电、供气、供水、供热等传统独立能源供应方式正在模糊边界，走向集成整合；充电、储能、智能电器等新型用电用能设施数量快速增长，对传统能源系统提出了更高的灵活性要求。

在数字信息网络层面，云、大、物、移、智等互联网新技术正在与物理能源系统走向集成。随着信息化技术的发展，传统线下设备运维、能量运行、能源交易、营销管理等业务正在走向线上化。同时，互联网新技术的成熟与成本的降低增强了能源企业与社会信息化基础，大范围内的设备互联使得设备状态与业务管理之间的连接更加及时，也加大了更大范围内能源优化的可能性。

能源互联网是一种新型能源系统，是"互联网＋"智慧能源得以实现的物理支撑系统，同时也是一种以用户用能体验为中心的定制化能源服务产业生态环境。能源互联网将构建信息流和能量流的双向决策控制闭环，形成能量流与信息流的深度融合。

1.1.2 能源互联网总体架构及特征

能源互联网旨在通过打造一张具有扁平化结构和智能化功能的能量网络，来整合分布式、间歇性、多样化的能源供应和需求，实现可再生能源高效利用，满足日益增长的能源需求，减少能源利用过程中对环境造成的破坏。能源互联网架构可以分为三个层级：①物理基础，即多能融合网络；②实现手段，即信息物理融合的能源系统；③价值实现，创新的商业模式。能源互联网总体架构如图 1-1 所示。

多能融合的能源网络是以电力网络为主体，气、热、水、油等网络覆盖至整个能源的生产、存储、传输、转换及能源消费的能源价值链，能源网络依赖于高度安全可靠的主体网架，包括电网、管网、路网等。同时，网络需要具有柔性和可扩展能力，支持高比例分布式能源接入。

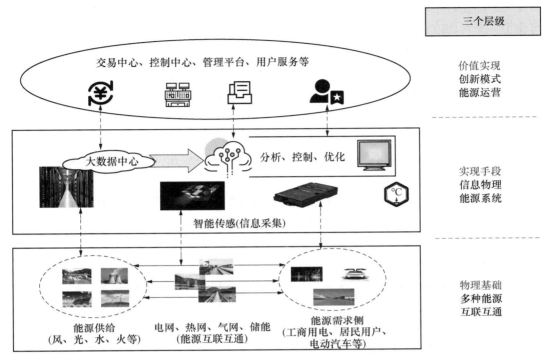

图 1-1　能源互联网总体架构

多能融合能源网络需要从多种能源的角度考虑整个能源综合、规划建设、运营、管理、维护等，最终实现综合能源最优化和综合能效最大化目标。同时，网络规划及建设时，需要考虑经济性，减少能源浪费。在消费端，国家可以通过政策或者价格等信号调节用户行为，通过能源转换或者切换等调控方式，促使达成整体最优化。多能融合方面要充分利用清洁能源和可再生能源，充分考虑负荷及可调负荷，包括电动汽车。以局域网为基础节点，通过电网、管网、路网等互联，形成能源互联网。

能源互联网是能源交换、使用、分配的大平台，平台上传的各种能源供给数据、用户需求信息的数据、交易运营数据比较庞大且主体较多，这就需要通过云计算和大数据分析各主体状况，快捷、高效、合理分派，实现能源的优化配置，提高能源的利用率。

能源互联网具有开放性特点，可以实现类似互联网的开放对等与广泛互联。要实现能源互联网开放式的组网，风、光、储、负荷、能量交换与路由装置等单元要实现即插即用，必须满足相应的互操作模型。

能源互联网具有以下技术特征：

（1）可再生能源在广域范围内能够优化利用。能源互联网将各种一次能源，特别是可再生能源转化成二次电力能源，通过分布式能源采集和储能装置管理能量流，并在用户侧实现能源的互联和共享。

（2）灵活性和可控性极高。能源互联网依靠先进的柔性控制技术，实现灵活高效的电能变换，优化能量传输路径，并提供多种兼容性的电能输出接口。

3

（3）能量自治单元主动参与全局调度优化。就地收集、存储和使用能源的微单元，可作为一个可调度负荷，与电网进行快速交互、响应电网调度指令。该单元单一规模小，然而分布数量大、范围广。

（4）广域范围内信息与能源深度融合。能源互联网以大电网为"主干网"，以微网、能量自治单元为"局域网"，以开放对等的信息—能源一体化架构实现能量流的双向按需传输和动态平衡。

（5）储能装置被广泛应用。蓄电（机械转换、化学转化等）、蓄热（水/冰蓄冷、热化学存储）等储能技术和设备，具备不同的存储容量和响应速度，以确保能源动态流动的实时平衡。

（6）管控方式全面智能化。大数据分析、机器学习等智能算法将成为能源互联网重要的技术支撑，能源从生产到使用的整个过程将具备"自我学习、自我进化"的生命体智能化特征。

1.1.3 能源互联网建设意义

构建能源互联网的目的是解决能源的需求与供给失衡、能源过度消耗、解决环境污染等问题，为实现能源的可持续利用奠定基础，为实现国家的战略政策提供支点，更是推动能源革命和保障能源安全的重要举措。

（1）可再生能源高效配置。提升能源系统的清洁低碳发展水平。基于能源互联网平台，集中式和分布式可再生能源，储能设备以及负载设备能够无差别对等互联，将大幅提升系统可再生能源的消纳能力。此外，互联网技术及思维与传统化石能源产业融合，将有力提升传统化石能源开发利用的精细化程度，从而大大提升系统的可再生能源高效配置。

（2）多种能源互补互济。多种能源互补互济是指多种能源供给，多种能源技术，多种能源需求。多种能源供给包括天然气、柴油、太阳能、风能、生物质、地热能、网电等；多种能源技术包括光伏发电、蓄电池、风力发电、燃料电池等；多种能源需求包括供电、供热、供冷等。实现供应侧互补（结合多种能源的生产、转化、互联技术，实现互补协调，提高资源利用效率），需求侧互补（冷热电多能协同优化、多技术耦合、经济、高效、绿色用能）。

（3）高效智能的能源信息交互。基于能源互联网的平台，能源生产、传输、交易、消费等信息和数据能够实时产生、记录和分析，为能源系统的预测、能源规划、能源市场监管和能源安全监管提供重要的支撑，从而有效提升能源行业管理的高效智能化水平。

（4）能源市场优化配置。能源互联网可实现自下而上、能量自制单元之间的对等互联，每一个能源消费者同时也可以是能源的生产者。此外用户可基于能源互联网平台，对用能设备进行精细化管理，提升用能效益。同时各类参与主体可进行点对点的能源自由交易，增加了用户对能源的自主选择权，提升了用能体验。

1.1.4 国内外发展现状

随着能源互联网技术，分布式发电供能技术，能源系统监视、控制和管理技术，以及新的能源交易方式的快速发展和广泛应用，综合能源服务（集成的供电/供气/供暖/供冷/供氢/电气化交通等能源系统）近年来在全球迅速发展，引发了能源系统的深刻变革，成为各国及各企业新的战略竞争和合作的焦点。

（1）国外发展现状。美国侧重于立足电网，以智能电网建设为先导推动能源互联网建设，借鉴互联网开放对等的理念和体系架构，对能源网络关键设备、功能形态、运行方式进行创新变革，形成能源系统互动融合、关联主体即插即用的新型能源网络。德国的能源互联网发展侧重于通过对能源系统全环节的数字化改造，促进可再生能源开发利用，进而推动能源结构转型和能效提升。日本数字电网是建立在互联网的基础上，通过逐步重组国家电力系统，逐渐把目前同步电网细分成异步自主但相互联系的大小电网，把相应的 IP 地址分配给发电机、电源转换器、风力发电场、存储系统、屋顶太阳能电池以及其他电网基础结构等，使电网的运转像互联网那样。

（2）国内发展现状。从我国国民经济规划的演变来看，我国"九五"规划，提出联合电网、统一调度，早早意识到能源互联网的重要性；随后，"十五"至"十二五"规划，重点强调了扩大西电东送规模、完善电网建设等；"十三五"规划首次在顶层文件中出现能源互联网，明确建设"源—网—荷—储"协调发展、集成互补的能源互联网；"十四五"规划，明确提出加快电网基础设施智能化改造和智能微电网建设，加强源网荷储衔接。整体来看，我国针对能源互联网的政策演变始终围绕加强电网、储能、特高压基建等方面展开。

国内清华大学、国防科技大学、天津大学、中国电力科学研究院、中国科学院电工研究所、中国科学院声学研究所等较早开始从事能源互联网研究。在能源革命、"互联网＋"和创新驱动等国家战略的背景下，产业界已经掀起能源互联网发展的浪潮。我国能源互联网的发展宗旨是：以实施坚强智能电网来推动能源互联网建设。建设成果是：2009 年 5 月，国家电网公司正式发布了坚强智能电网发展战略；开展多项 973、863 项目，实施提高大型互联电网运行可靠性的基础研究、可再生能源发电方面的研究等。

清华大学信息技术研究院能源互联网研究小组在国内较早开始开展能源互联网方面的研究工作，提出了能源互联网基本架构、关键技术，开展了能量路由器以及相关信息通信技术等方面的研发工作并于 2014 年获得国家自然科学基金委"能源互联网建模、分析与优化理论研究"立项。2015 年 4 月，清华大学成立了包括电机、信息、热能、材料等多院系参与的跨学科能源互联网创新研究院。

2016 年 2 月，国家发展改革委、国家能源局、工业和信息化部联合印发《关于推进"互联网＋"智慧能源发展的指导意见》，提出在全球新一轮科技革命和产业变革中，互联网理念、先进信息技术与能源产业深度融合，正在推动能源互联网新技术、新模式和新业态的兴起。能源互联网是推动我国能源革命的重要战略支撑，对提高可再生能源占比，促进化石能源清洁高效利用，提升能源综合效率，推动能源市场开放和产业升级，形成新的经济增长点，提升能源国际合作水平具有重要意义。

2017 年 7 月，国家能源局正式公布包括北京延庆能源互联网综合示范区、崇明能源互联网综合示范项目等在内的首批 55 个"互联网＋"智慧能源（能源互联网）示范项目。2019 年 1 月,"北京延庆能源互联网绿色云计算中心"项目正式在中关村延庆园启动,如图 1-2 所示。该项目是 2017 年国家能源局批复的"北京延庆能源互联网综合示范区"项目"源、网、荷"的核心板块之一。

图 1-2　绿色云计算中心鸟瞰图

崇明能源互联网国家示范项目按照国家能源局提出的城市级能源互联网综合示范区的要求设计,覆盖了崇明三岛的能源供应、输配单位和各类能源用户,是按照真正意义上的城域级能源互联的概念设计。其顶层设计内容可概括为"1"+"4",即"一平台":综合能源互联网大数据平台。"四领域":交通领域推进新能源汽车综合示范;能源领域推进高比例可再生能源综合示范;农村领域推进绿能新农村和农光渔光互补综合示范;建筑领域推进新能源一体化和微网智能管理的低碳绿色节能建筑,如图 1-3 所示。

图 1-3　崇明能源互联网国家示范项目顶层设计

1.1.5　能源互联网关键技术

能源互联网关键技术主要包括高效低成本太阳能、风能发电技术,高效低成本长寿命储能技术,高可靠性低损耗电力电子技术,新型输电和超导综合输能技术,高安全、高效储运和应用技术，新一代人工智能等技术等。

其中，人工智能技术在电力系统和综合能源系统中的应用，将实现智能传感与物理状态相结合、数据驱动与仿真模型相结合、辅助决策与运行控制相结合，提升系统智能化水平，提高运营的安全性和经营服务模式变革，改变能源传统利用模式，推动能源革命。

未来电力系统具有复杂、随机及不确定性等特点，如光伏、风力发电输出功率的不确定性，交直流混联导致的复杂特性，充电桩等新兴负荷的不确定性。因此，需要实时监测能源生产传输设备运行状态、用户需求等，利用人工智能对监测信息进行处理，实现信息实时交互、网络连接互动、多种能源协同和需求实时响应等。

综合能源系统涵盖电、热、气、油等多种能源形式。为了更好地掌控物理属性各异、影响因素众多的能源，需要利用人工智能技术在回归方面的优势，在源端开展多种形式能源发电功率预测研究，在负荷端开展能源负荷预测研究，支撑综合能源系统的规划、运行和服务，如多维变量、多约束条件和非线性多目标优化下的电力系统规划问题求解，电气设备的故障特征提取及诊断，网络安全与防护等。

1.2　智能感知技术

能源互联网力求建立一个全新的能源体系，实现不同能源之间的有效协调和高效调度。信息通信技术可以为该体系中能源的调度和使用提供支撑，通过能量和信息的双向流动，以信息流支撑能源调度，实现能量流和信息流的深度耦合，最大限度地利用可再生能源，保证能源的供给平衡。物联感知是能源互联网信息物理融合的实现手段，网络终端全面采集系统内各个环节的电气量、状态量、物理量、环境量、空间量和行为量等，形成能源互联网底层感知基础设施。能源互联网中设备种类和数量巨大，覆盖地域范围广阔，系统运行状态高度复杂，对物联感知技术提出了更高要求。

近年来，国家高度重视智能传感技术发展。2017 年 11 月工业和信息化部印发的《智能传感器产业三年行动指南（2017—2019 年）》对智能传感产业发展思路、总体目标、主要任务等进行了整体布局。2019 年 3 月，国家电网有限公司对泛在电力物联网建设作出重要部署，紧抓三年战略突破期，快速形成关键核心技术储备。打造状态全面感知、信息高效处理、应用便捷灵活的泛在电力物联网，成为国家电网有限公司建设"三型两网"的重要内容。智能传感技术将成为泛在电力物联网感知层的核心基础技术，是实现"全面感知、泛在互联"的重要支撑。

1.2.1　先进传感技术

传感技术是指能够感知和检测模拟信号并将其转化成数字信号，再传递给中央处理器处理的一种技术。从本质上来讲，传感技术是一种量测手段，利用信号与信号之间明确的对应关系，以一定精度进行信号的传输、转换及处理，从而满足系统信息传输、存储、显示、记录及控制等要求。

随着半导体集成技术、信息处理技术、通信技术及新材料技术的突飞猛进，传感技术也向智能化发展。先进传感技术是指基于新型功能材料、先进传感机理与新型应用环境的传感技术，包括磁阻电流传感、液态金属传感、光声光谱传感、分布式光纤传感与法拉第磁光传感等技术。

智能传感器是传感器与微处理器相结合的产物，其结构原理如图 1-4 所示。相比传统传感器，智能传感器可通过软件技术实现高精度信息采集，具有一定的可编程能力，成本低且功能多样化。智能传感器不仅能采集数据，还具有数据处理与自动诊断功能，同时具有一定的决策能力。智能传感器与传统传感器最主要的区别在于其自带的微处理结构，用于数据处理、模数转换和信息交互；另外，其还具有决定弃存数据的能力，并可以通过自主控制唤醒时间来达到最优功耗。

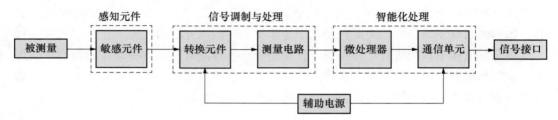

图 1-4　智能传感器结构原理

当前，电力传感器面临部署覆盖不足、时效性不强、连接互动不够等问题，应充分考虑电力传感特定需求，加强宽频带、高频响、多参量专用传感器研发，同时注重感知数据与人工智能技术的融合应用，开展长程数据与关联数据的高阶分析，促进智能传感器在物联网背景下的价值再挖掘。智能传感器在电网中的应用如图 1-5 所示。

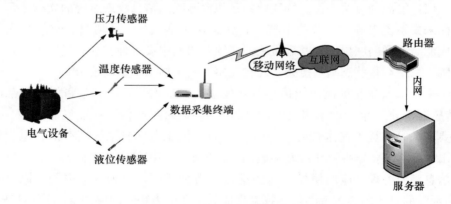

图 1-5　智能传感器在电网中的应用

先进智能传感技术呈现多样化的发展趋势，具体发展方向如下：

（1）感知在线化与网络化。传感技术由分布式多传感器系统逐渐发展至传感网络、广域物联网系统，由对局部测量转变为感传一体、全网互联的体系，并以实时在线的方式获得更高的响应与决策速度。随着低功耗广域网、5G 工业物联网、卫星空天地一体化网络技术的迅猛发展，良好的数据传输基础设施也将为感知的在线化与网络化提供条件。

（2）传感器微型化与模块化。越来越多的微机电系统（micro - electro - mechanies

system，MEMS）与集成电路融合，传感器也在向以微机电系统为基础的微型化发展。同时，微纳制备工艺也为传感器的模块化设计提供了可能，电路调理单元、计算单元、连接单元、供电单元等均能以标准接口进行快速组装与适配，有效降低生产研发成本。

（3）传感器集成化与低功耗。特种光纤、石墨烯、液态金属、高分子聚合物等新型材料获得了充足的发展，传感器的功能也得到了拓展，推动了多参量复合传感器的研发与并行感知技术的实现；同时，低功耗设计及电磁场、振动、摩擦、温差、光照等环境自取能技术促进了传感器功耗及续航能力达到更优水平，为传感器的规模应用提供了有力支撑。

（4）感知终端智能化及软件定义。目前多种传感器已具备自动校准、自动诊断、自动补偿等智能化功能。除此之外，传感与数据处理、软件设计相结合，将轻量级人工智能算法下沉至传感终端进行就地加速与计算，可以满足实时业务需求，降低系统资源成本，提高终端智能化水平要求，如边缘计算、在网计算和嵌入式计算能力。

（5）协议接口标准化与统一化。传统采集系统大部分都是以分立小系统为主，采集、传输、通信接口都遵循内部定义协议，产生了严重的数据共享与业务融合壁垒。智能感知的全程布局是要求一次采集、云端处理，因此大连接、大平台、大数据成为智能感知的必然趋势，协议接口的标准化、统一化则成为内在技术需求。

1.2.2　多传感器信息融合技术

为满足探测和数据采集需要，网络通常配有数量众多的不同类型传感器。若对各传感器采集的信息进行单独、孤立地处理，不仅会导致信息处理工作量增加，割断各传感器信息间内在联系，丢失信息经有机组合后可能蕴含的有关特征，造成信息资源浪费，甚至可能导致决策失误。

多传感器信息融合是对多种信息的获取、表示及其内在联系进行综合处理和优化的技术。通过从多信息视角进行处理及综合，得到各种信息的内在联系和规律，剔除无用及错误信息，保留有效成分，最终实现信息优化。多传感器信息融合是多学科交叉新技术，涉及信号处理、概率统计、信息论、模式识别、人工智能、模糊数学等理论。近年来，多传感器信息融合技术在军用和民用领域得到广泛应用。相比单传感器系统，运用多传感器信息融合技术能够增强系统生存能力，提高整个系统的可靠性和鲁棒性，增强数据可信度，并提高精度，扩展整个系统的时间、空间覆盖率，增强系统的实时性，提高信息利用率等。

多传感器融合在结构上按其在融合系统中信息处理的抽象程度，主要划分为三个层次：数据层融合、特征层融合和决策层融合。

（1）数据层融合。数据层融合也称像素级融合。首先将传感器的观测数据融合，然后从融合的数据中提取特征向量，并进行判断识别。数据层融合需要传感器是同质的（观测同一物理现象），若多个传感器是异质的（观测不同一个物理量），则数据只能在特征层或决策层融合。数据层融合不存在数据丢失问题，但计算量大，且对系统通信带宽的要求很高。

（2）特征层融合。特征层融合属于中间层次，先从每种传感器提供的观测数据中提取出代表性特征，并融合成单一特征向量，然后运用模式识别方法进行处理。计算量及对通信带宽要求相对降低，但由于舍弃了部分数据，准确性有所下降。

（3）决策层融合。决策层融合属于高层次融合，由于对传感器数据进行了浓缩，其结果相对而言最不准确，但计算量及对通信带宽要求最低。

对于多传感器信息融合系统工程应用，应综合考虑传感器性能、系统计算能力、通信带宽、期望准确率及资金等因素，确定最优方法。在一个系统中，也可以同时在不同融合层次上进行融合。融合算法是融合处理的基础，目前已有大量的融合算法，大致可以分为三大类型：嵌入约束法、证据组合法、人工神经网络法。

（1）嵌入约束法。多种传感器获得的多组数据是客观环境按照某种映射关系形成的像，传感器信息融合就是通过像求解原像，了解客观环境。即所有传感器全部信息只能描述环境的某些方面特征，但具有这些特征的环境却有很多，要使一组数据对应唯一的环境，必须对映射的原像和映射本身加约束条件，使问题具有唯一解。基本的嵌入约束法有贝叶斯估计和卡尔曼滤波。

（2）证据组合法。分析每一数据作为支持某种决策证据的支持程度，并将不同传感器数据的支持程度进行组合，即证据组合，信息融合结果就是组合证据支持程度最大的决策。证据组合法通过对单个传感器数据信息每种可能决策的支持程度给出度量（即数据信息作为证据对决策的支持程度），寻求证据组合方法或规则，使在已知两个不同传感器数据（即证据）对决策的分别支持程度时，通过反复运用组合规则，最终得出全体数据信息的联合体对某决策的总支持程度，得到最大证据支持决策。常用证据组合方法有概率统计法、D-S证据推理法。

（3）人工神经网络法。人工神经网络通过模仿人脑的结构和工作原理，设计和建立相应的机器和模型并完成一定的智能任务。神经网络具有很强的容错性以及自学习、自组织及自适应能力，可以模拟复杂非线性映射，满足多传感器信息融合技术处理要求。同时，多传感器系统中各信息源所提供的环境信息都具有一定程度的不确定性，其推理过程是不确定性推理过程。神经网络可以根据当前系统所接受的样本相似性确定分类标准（网络权值分布），同时，可以采用学习算法来获取知识，得到不确定性推理机制，实现多传感器信息融合。

1.2.3 无线传感器网络

传感器网络是通过智能传感器的处理单元实现网络通信协议，从而构成一个分布式传感器网络系统。随着微机电系统及无线通信技术的发展，微型、廉价且智能的传感器节点部署于某个区域并通过无线连接方式与互联网组网，为各种应用带来了前所未有的机遇，如环境监测、安全监控等。无线传感器网络（wireless sensor networks，WSN）被认为是21世纪最重要的技术之一。

无线传感器网络是由大量部署在监测区域内具有感知、计算、存储和无线通信能力的微型节点组成的自组织分布式网络。这些节点协作采集被感知对象相关信息，并通过短距离多跳无线通信方式将采集的数据传输到基站作进一步分析和处理。同时，用户也可以通过基站向节点发送控制消息，完成信息查询和网络管理维护等任务。无线传感器网络可以大范围、长期对监测区域进行全面感知。无线传感器网络不需要基础设施，且易于快速部署，同时可以与其他无线网络、因特网等实现无缝融合，以满足任何物体之间、人与物体之间的通信需求。

1. 无线传感器网络的特点

无线传感器网络由大量部署于某一特定监测区域的低成本、低功耗、多功能性传感器节点组成，节点体积小，但嵌入了微处理器和无线收发器，因此不仅具备感知能力，还具备数据处理和通信能力，通过无线媒介进行短距离通信并协同完成任务。节点可以监测各种物理参数或环境，例如光、声、湿度、压力、空气或水质量等。相比传统的有线传感网，无线传感器网络有助于降低成本和部署延迟，适用于一些传统有线传感网络无法部署的恶劣环境，如不适合人类居住的地带、战场、外太空或海洋深处等。无线传感器网络具有以下特点：

（1）应用相关性。无线传感器网络在不同的应用背景下，其硬件平台、软件系统、网络协议，甚至是体系结构也不尽相同，所以要针对每一个具体应用来研究无线传感器网络技术，这是它不同于传统网络的显著特征。

（2）以数据为中心。基本思想是把传感器视为感知数据流或感知数据源，把无线传感器网络视为感知数据空间或感知数据库，把数据管理和处理作为网络的应用目标。感知数据管理与处理技术是实现以数据为中心的传感器网络的核心技术。

（3）自组织、自适应。无线传感器网络节点可以随机或人工部署在监测区域内，无须依赖任何预设的网络设施，节点具有自组织和自适应能力，能够自动进行配置和管理，通过拓扑控制和网络协议协调各自的行为，自动地组成一个独立的网络。

（4）动态变化拓扑。无线传感器网络节点可以根据应用需求选择工作或休眠方式，此外，节点能量、无线信道、地形和天气等环境因素的影响，使得无线传感器网络具有动态可重构网络拓扑。

（5）多跳网络路由。无线传感器网络节点由于发射功率有限，当它与覆盖范围外的节点进行通信时，需要中间节点的转发，要求网络具有多跳路由。而且无线传感器网络的多跳路由是由普通节点协作完成，无须专门的路由设备。

2. 无线传感器网络体系结构与协议栈

无线传感器网络结构如图 1-6 所示，系统通常包括传感器节点、汇聚节点和管理节点。大量的传感器节点随机部署在检测区域内部或附近，能够通过自组织方式构成网络。传感器节点检测的数据可以单跳直接到达汇聚节点，也可以沿着其他节点逐跳进行传

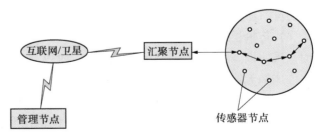

图 1-6　无线传感器网络结构

输，到达汇聚节点，最后通过互联网和卫星到达管理节点，用户通过管理节点对传感器网络进行配置和管理，发布检测任务以及收集检测数据。

传感器节点结构如图 1-7 所示，它由传感器模块、处理器模块、无线通信模块和

11

能量供应模块四部分组成。传感器模块负责监视区域内信息的采集和数据转换；处理器模块负责控制整个传感器节点的操作，存储和处理自身采集的数据以及其他节点转发的数据；无线通信模块负责与其他传感器节点进行无线通信，交换控制信息和收发采集的数据；能量供应模块为传感器节点提供工作所需的能量，通常采用微型电池，也可以采用能量捕获装置。传感器网络协议栈包括五层协议和三层平台，如图1-8所示。

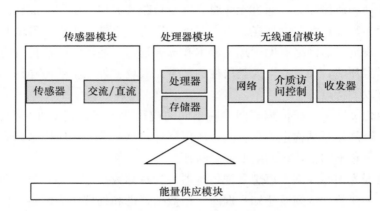

图1-7 传感器节点结构

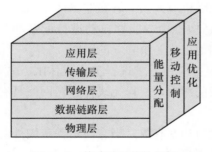

图1-8 传感器网络协议栈

（1）物理层。负责数据传输的介质规范。物理层规定了工作频率、工作温度、数据调制、信道编码、定时、同步等标准，其目的是降低节点的成本、功耗和体积。

（2）数据链路层。负责数据成帧、帧检测、媒体访问和差错控制。需要在该层设计介质访问控制（MAC），其作用是在与物理层紧密结合的基础上减少网络的能量消耗。

（3）网络层。主要负责路由生成与路由选择。传统的网络层主要是将网络地址翻译成对应的物理地址，并决定如何将数据从发送方路由到接收方。在无线传感器网络中，网络层需要自动寻找路由、选择路由并维护路由，使得传感器节点之间可以进行有效通信。

（4）传输层。负责数据流的传输控制。在传统的网络模型中，传输层可以说是最重要的一层协议，如传输控制协议/Internet协议（TCP/IP），负责进行流量控制和数据打包。如果无线传感器网络信息只在网络内部传递，则不需要传输层；如果需要通过Internet或卫星与外部网络进行通信，则传输层是必不可少的。

（5）应用层。包括一系列基于监测任务的应用层软件。

（6）能量管理平台。负责传感器节点的能源使用管理。在无线传感器网络中，每个协议层都要增加能量控制功能，以便操作系统进行能量分配的决策。

（7）移动管理平台。检测并管理传感器节点的移动，维护整个网络路由，使得传感器节点能够动态感知到邻近节点位置。

（8）任务管理平台。在一个给定区域内平衡和调度监测任务。

3. ZigBee

ZigBee 是一种为工业现场自动化控制所需的相关数据传输而建立的高可靠无线数据传输网络，通信距离可达几百米甚至几千米。ZigBee 网络节点本身可以连接传感器直接进行数据采集和监控，还可以自动中转网络其他节点传输的数据资料。同时，ZigBee 网络节点可以与节点有效覆盖围内的不承担网络信息中转任务的孤立节点进行无线连接。

ZigBee 是一种具有统一技术标准的短距离无线通信技术，其物理层（physical layer，PHY）和介质访问层协议为 IEEE 802.15.4 协议标准，网络层遵循 ZigBee 技术联盟制定协议；应用层可根据用户需求自行开发，因此，可以为用户提供机动灵活的组网方式。ZigBee 技术具有低功耗、低成本、低速率、近距离通信、延时短、容量大、安全性高等特点。

ZigBee 定义的应用层包括应用支持子层、应用层框架和 ZigBee 设备对象。其中，应用支持子层的功能包括维护关联表和维护绑定设备间信息功能；ZigBee 设备对象的功能包括定义网络中设备的功能作用、对绑定请求进行相应的初始化、为网络设备建立安全的关联关系、检测网络中的设备并决定是否提供服务等。

ZigBee 网络通常有 3 种设备：协调器、路由器和终端节点。协调器主要负责建立网络、管理网络节点和存储网络节点信息；路由器负责将申请加入网络的新的 ZigBee 终端节点添加到网络拓扑中，并对新加入的节点进行管理和维护；终端节点主要是满足用户对一些数据测量的需求。

ZigBee 网络主要有星形、簇状和网状 3 种组网方式，其拓扑结构如图 1 - 9 所示。

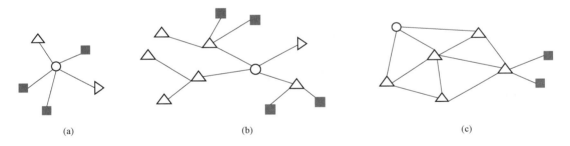

图 1 - 9　ZigBee 网络三种拓扑结构
（a）星形结构；（b）簇状结构；（c）网状结构
〇—个人局域网协调器；　△—全功能器件；　■—精简功能器件

（1）星形结构。网络数据和命令均通过协调器传输，具有结构简单、协调器管理工作任务和网络覆盖范围有限等特点。

（2）簇状结构。若干个星形拓扑连接在一起的集合，可以实现网络范围内多跳信息服务。簇状拓扑具有拓扑简单性、上层路由信息少、存储器需求较低等特点，但不能很好地适应外部动态环境。

（3）网状结构。这是一个自由设计的拓扑，具有很高的环境适应能力。网络中每个节点都是路由器，都具有路由重新选择能力。

4. 无线传感器网络关键技术

无线传感器网络作为当今信息领域新的研究热点，有许多亟待解决的关键技术问题。

（1）能源管理。由于无线传感器节点的电池容量非常有限，实际应用中及时补充或更换电池困难，因此降低能耗对于无线传感器网络尤为重要。传感器节点的能耗主要集中在计算模块和通信模块。而通信模块通常有发送、接收、侦听和休眠 4 种工作状态，不同状态对应不同的能耗水平，且彼此差距极大。因此，设计中通常采用节点休眠调度策略、动态功率调节、数据融合、能量高效的 MAC 协议与路由协议和拓扑控制等降低网络能耗，延长网络生存周期。同时，为了保证网络数据采集与监测性能，要求能量管理必须综合考虑网络传输时延、可靠性，保证网络鲁棒性，应采用跨层设计理念。

（2）网络的自组织与自我管理。通常情况下，传感器节点被抛掷入监控区域后，进入自启动阶段，并与邻近节点交换状态信息，同时将此信息传送给基站，基站根据接收的信息形成网络拓扑，完成自动部署。无线传感器网络的拓扑结构主要有三种形式：基于簇的分层结构、基于网的平面结构和基于链的线结构。网络自组织与自管理的目标是依据节点的能量水平和位置关系，合理分簇和选择簇头，合理分配任务，有效延长网络寿命；当节点失效时，可以重新生成拓扑。

（3）拓扑控制。网络拓扑控制策略需要提高路由协议和 MAC 协议的效率，给数据融合、时间同步和目标定位等奠定基础，延长网络寿命。

（4）定位技术。应用中，节点所采集的数据必须与其位置信息相结合才具有实际意义。此外，节点位置信息还有利于提高路由协议效率，为网络提供命名空间服务，向管理者报告网络覆盖质量，实现网络的负载均衡和网络拓扑的自配置等。通常获取节点位置信息的方法有借助节点内置的 GPS 工具，或采用高精度的定位算法。但在实际应用中，由于 GPS 模块价格昂贵，给所有的节点配置 GPS 模块并不现实。因此，可以给网络中少量节点装配 GPS 模块，其余不带 GPS 模块的节点可以根据定位算法获取自身位置信息。

（5）数据融合。由于无线传感器网络节点数量多，分布密集，相邻节点采集的数据相似性很大，如果将所有数据全部上传给基站，必然会造成通信量大大增加，增大能耗，甚至可能造成信道拥堵。数据融合就是将采集的大量随机、不确定、不完整、含有噪声的数据进行处理，得到可靠、精确、完整数据信息的过程。数据融合可以降低数据冗余度，节省网络带宽，提高能量利用率。

（6）时间同步。无线传感器网络通过大量节点的协同工作，共同完成区域监测任务，因此，需要实现节点时间同步。传统网络中采用的以服务器端时钟为基准调整客户端时钟的时间同步方法并不适合无线传感器网络，需要根据无线传感器网络的特征设计新的时间同步机制。

（7）跨层设计。现有大部分无线传感器网络协议都是基于分层结构设计，通常只考虑局部优化问题；而跨层设计能通过层与层之间交流信息实现网络的全局最优。

（8）网络安全。无线传感器网络的特点决定了其容易受到外界攻击和信息被窃听、修改等安全问题。因此，在物理层主要通过高效的加密算法和扩频通信减少电磁干扰；在数据链路层与网络层采用安全的协议；在应用层采用密钥管理等安全机制；同时，还必须考虑节点资源受限这一先决条件。

（9）应用层技术。传感器网络应用层由各种面向应用的软件系统构成，部署的传感器网络往往执行多种任务。应用层的研发主要是各种传感器网络应用系统的开发和多任务之间的协调，如战场监测与指挥系统、环境监测系统、交通管理系统、灾难预防系统、危险区域监测系统、民用和工程设施的安全性监测系统、智能维护等。传感器网络应用开发环境需要研究传感器网络程序设计语言、传感器网络程序设计方法学、传感器网络软件开发和工具、传感器网络软件测试工具、面向应用的系统服务、基于感知数据的理解、决策和举动的理论与技术等。

　　5. 应用案例

　　输电线路监测系统主要采集输电线路的运行环境数据和线路铁塔的运行环境数据等，包括线路温度、湿度、污秽、覆冰、风偏、山火、雷击，铁塔环境温度、应力状况等，并在多信息集成和融合条件下实现线路故障监测及管理，为数字化线路奠定基础。将无线传感器网络节点部署在高压输电线上（见图 1 - 10），传感器网络网关固定在高压输电塔上，用于监测大跨据输电线路的应力、温度和振动等参数。此外，带有视频采集功能的无线传感器网络节点可以采集现场图像，用于进行灾害预警，实现全网可视化。

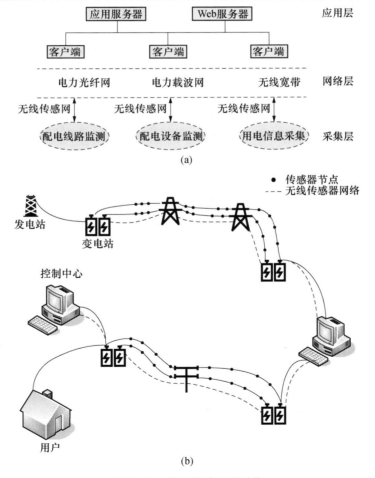

图 1 - 10　输电线路监测系统

（a）系统架构；（b）现场应用示意

1.2.4 射频识别技术

射频识别（radio frequency identification，RFID）技术是一种非接触式自动识别技术，通过射频信号自动识别目标对象并获取相关信息。21世纪初，RFID技术开始大量应用于工业生产自动化、交通、身份识别和物流等领域，应用范围不断扩大。作为物联网中物体"身份"载体的RFID技术，凭借识别准确率高、识别距离远、存取信息量大和耐用性强、成本低等特点成为物联网必不可少的组成及最前端的关键技术。

典型RFID系统的基本构成可以分为标签、阅读器、天线、中间件、内存数据库及终端应用软件六个部分，如图1-11所示。

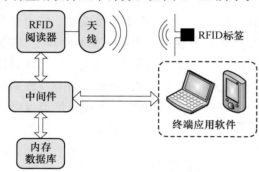

图1-11 典型RFID系统基本构成示意图

（1）RFID标签（电子标签或应答器）是RFID系统的重要组成部件，包括射频接口、信号处理模块和控制模块。标签根据电源供应方式可以分为无源标签（passive tag）、有源标签（active tag）和半有源标签（semi-active tag）。无源标签本身不带电源，通过阅读器发送的信号获取能量，满足标签芯片电路工作需要；有源标签本身内置电池为芯片电路供电，保证芯片电路正常工作，标签可以主动发送命令和接收射频信号，不需从射频信号电磁场获取能量，有源标签较无源标签具有更远的识别距离，可以执行复杂的计算；半有源标签内置电源，负责给标签芯片中的存储器供电，射频信号的发送和接收依靠阅读器产生的电磁场提供能量。

（2）阅读器也称读写器（reader）、询问器（interrogator），其主要作用为根据终端应用软件要求完成对标签的读、写等操作。同时，阅读器还与中间件及终端应用软件交互，以执行终端应用软件要求的指令并上传数据。传递数据时，阅读器应对标签数据进行去重过滤或简单的条件过滤，以减少上传数据量。阅读器与中间件及终端应用软件的通信方式包括RS-232/RS-485接口、以太网接口等。

（3）天线是阅读器与标签间实现信号传输的连接设备。标签天线与标签集成为一体，其与标签芯片的阻抗匹配关系是决定RFID系统性能的重要因素。阅读器天线分单站及双站两种模式。测试用阅读器天线一般为双站模式，商用阅读器天线一般为单站模式。阅读器天线不仅应具备良好的阻抗匹配特性，还需根据具体应用环境的特点，对方向图、极化特性及频率特性专门进行设计。

（4）中间件是一种面向消息的、独立的系统软件或服务程序。一方面，中间件可以屏蔽底层硬件导致的应用环境、硬件接口及标准造成的可靠性问题；另一方面，中间件还可以为终端应用软件提供多层、分布式及异构的信息环境下的业务信息与管理信息的协同。

（5）内存数据库主要存储标签信息。

（6）终端应用软件是直接面向终端用户的人机交互界面，其作用为将相关标准规定的阅读器设置及操作指令的专业术语转换为终端用户易于理解及执行的业务事件，并提供可视化的操作界面。终端应用软件直接关系到终端用户对 RFID 系统的用户体验，是影响 RFID 技术推广的重要因素之一。

1. RFID 工作原理

不同频率的电磁波具备不同的电磁特性，因此不同频率的 RFID 系统利用不同的工作原理进行信号及能量传输。工作频率还会对 RFID 系统的识别距离、识别速率及可靠性等性能参数产生影响，因此工作频率是决定 RFID 系统性能及应用领域的重要因素。RFID 系统的工作频率主要包括：

（1）低频（low frequency，LF），即 135kHz。该频段识别距离较小，一般仅有几厘米。但由于该频段穿透动物体内的高湿环境的能力较强，故广泛应用于动物识别。

（2）高频（high frequency，HF），即 13.56MHz。该频段标签为无源标签，最大识别距离为 1～1.5m。该频段 RFID 技术已较为成熟，在我国居民第二代身份证、学生证、铁路优惠卡等领域已取得广泛应用。

（3）超高频（ultrahigh frequency，UHF），即 433MHz、860～960MHz。433MHz 频段标签为有源标签，最大识别距离为 100m；860～960MHz 频段标签为无源或有源标签，最大识别距离为 6～10m。该频段识别距离较远，数据传输速率较快，且可同时识别多个标签；但穿透金属及湿气的能力较弱。

（4）微波（microwave，MW），即 2.45GHz。该频段标签为无源或有源标签，最大识别距离介于高频及超高频之间。该频段受电动机、焊接设备等强电磁场环境干扰较小，但系统成本较高。

RFID 系统工作频率及各频率附近其他无线通信技术应用如图 1-12 所示。

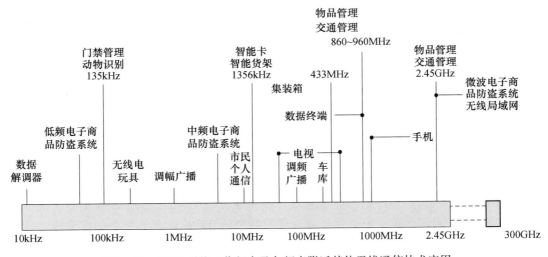

图 1-12　RFID 系统工作频率及各频率附近其他无线通信技术应用

根据阅读器及标签间的信号及能量传递方式，RFID 系统工作原理可以分为电感耦合及电磁波反向散射两类。电感耦合根据电磁感应定律，通过空间高频交变电磁场实现耦合。电磁波反向散射与雷达模型类似，根据电磁波空间传播规律，阅读器发射的电磁波遇到标签后反射，标签通过反向散射调制方式向阅读器发送标签信息。

（1）电感耦合 RFID 系统。电感耦合工作方式的原理与变压器相同，一般适用于低频、高频段的 RFID 系统，典型工作频率为 135kHz、13.56MHz。由于该频段波长远大于阅读器天线至标签天线间距离，故可将两天线间电磁场视为交变磁场。阅读器天线发射的电磁波产生高频的强电磁场，并穿过线圈横截面及其附近空间。当标签靠近阅读器天线时，磁场的部分磁力线穿过标签天线线圈，并在线圈上产生感应电压，经整流后为标签芯片提供能量。阅读器天线通过改变发射电磁波的幅度、频率或相位参数向标签发送指令及数据。标签通过调整其负载阻抗的接通、断开状态，改变阅读器天线上的感应电压，完成标签向阅读器的数据传输。该方式的 RFID 系统识别距离一般小于 1m，典型的识别距离为 10～20cm。电感耦合工作原理示意图如图 1-13 所示。

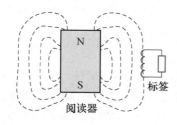

图 1-13　电感耦合工作原理示意图

（2）电磁波反向散射 RFID 系统。电磁波反向散射工作方式的原理与雷达相同，该方式一般适用于超高频、微波频段的 RFID 系统，典型工作频率为 433MHz、915MHz、2.45GHz。阅读器天线发射的电磁波在遇到标签时，到达标签的电磁波能量的一部分被标签天线吸收，另一部分被标签天线以不同强度散射到各个方向。标签天线吸收的电磁波经由整流电路为标签芯片提供能量，支持标签芯片完成控制、协议栈及数据修改与存储等操作。标签通过调节负载阻抗的大小，改变标签天线及其负载阻抗的匹配关系，从而改变反向散射电磁波的能量大小。阅读器天线接收能量大小不同的标签反射电磁波，从而获取标签数据，进而完成 RFID 系统的整个识别过程。RFID 标签天线一般设计为半波长偶极子天线，以使能量传输效率最大化。电磁波反向散射工作原理示意图如图 1-14 所示。

2.RFID 技术应用

RFID 技术已经被广泛应用于各个领域，门禁管理、人员考勤、消费管理、车辆管理、巡更管理、生产管理、物流管理等。

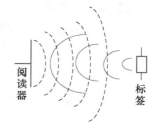

图 1-14　电磁波反向散射工作原理示意图

（1）RFID 技术在电力资产管理中的应用。采用 RFID 技术可以对电力资产出入库进行物流智能化管理，每个（资产）货物贴有电子标签，通道仓库各通道读写器通过识别标签信息来判断货物入库、出库、调拨、移库移位、库存盘点等流程。RFID 读写器对货物数据进行自动采集，可以保证仓库管理各个环节数据输入的速度和准确性，确保企业及时准确地掌握库存的真实数据，实现高效率的货物查找和实时的库存盘点，有利于提高仓库管理的工作效率，合理保持和控制企业库存。同时，通过科学的编码，还可方便地对物品的批次、保质期等进行管理。此外，利用系统的库位管理功能，可以查询所有库存物资当前所在位置。

如图 1-15 所示，基于 RFID 技术的电力资产管理系统采用以下三层构架：

1) 信息采集层。通过发卡贴标，使新置货物配备 RFID 标签，标签的唯一 ID 或用户自定义编写的编码可对货物进行标识。读写器可自动采集标签信息，从而实现货物的信息采集功能。

2) 数据传输层。RFID 读写器采集到的货物标签信息，可通过相关通信接口传输至后台系统并进行分析，数据传输的通信接口可根据用户需求进行选择，如 RS‑485、RS‑232、以太网、Wi‑Fi 或 GPRS 等。

3) 货物管理层。PC 终端或者后台数据中心收到读写器的数据后，对数据进行分析，从而判断货物出库、入库、移库、盘点等流程，同时生成相应的报表明细单，并在系统中作相应的处理。

图 1‑15　基于 RFID 技术的电力资产管理系统

（2）RFID 技术在电力线路巡检中的应用。电力线路巡检是电网运维的首要工作之一，通过对输配电线路的一系列巡视、检查，及时发现问题、排查故障、确保电网正常运作。但传统的人工巡检极易遇到地理环境限制，工况恶劣、通信不便、巡检路程长等难题，工作人员在进行定期巡检时不仅存在安全隐患，而且效率低下，难以满足智能电网发展需求。

RFID 技术具有非接触、阅读速度快、无磨损、寿命长、使用便捷等特点，可以在诸多恶劣环境中使用。同时，RFID 标签具有存储容量大，信号传输距离远，可实现多目标同时识别和穿透大部分介质识别等特点，在电力巡检项目中的应用，可突出解决目前人工巡检存在的弊端，打造更智能化、更有效的电力巡检系统。RFID 电力巡检系统由需要巡检的现场电气设备及发卡设备、电子标签、移动数据采集终端和应用系统组成，如图 1‑16 所示。

发卡设备主要是完成电子标签的数据初始化，将电力资产编码等信息写入到电子标签中；电子标签用于存储设备的详细数据信息和历史核查信息；移动数据采集终端负责巡检工作，常见的采集终端有阅读器巡检机器人、无人机等，可根据 PC 机应用程序下

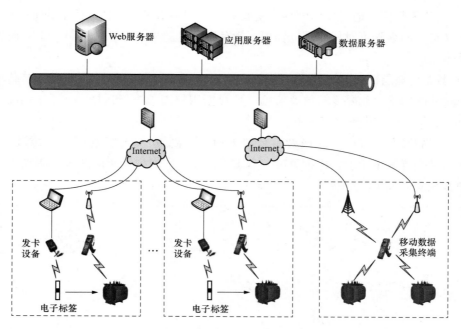

图 1-16　基于 RFID 技术的电力巡检系统

传的任务对指定单元的指定设备进行巡视，并记录巡视结果，再通过无线通信网络将现场数据传送到 PC 机后台管理系统；设备应用服务器负责客户管理和数据整理等操作，并与数据库服务器进行交互；数据库服务器负责存储电气设备的基本数据和参数信息，电子标签信息的查询、统计以及用户管理、帮助等信息。

3. RFID 和其他技术的结合

由于无源 RFID 系统抗干扰性较差，而且有效距离一般小于 10m，限制了 RFID 技术的应用场合。如果将 WSN 同 RFID 技术结合起来，利用前者高达 100m 的有效半径，形成无线传感器识别网络，不仅可以发挥远距离无线通信和网络自组织的特点，还能实现低能耗和低系统成本的目标识别与精确定位，将具有更广阔的应用前景。

RFID 技术同 WSN 技术相结合后，电子标签将具有感知能力，传感器也可以发送数据给读写器，WSN 节点可以看成是主动电子标签，WSID 网络利用了更多的传感器和更少的网关，可以大大降低 RFID 系统和 WSN 成本。温湿度标签、振动传感器、化学传感器等能大大提高 RFID 系统功能，在数据获取方面开创出另一种机制。同时，智能传感器结合具有准确的时间和位置感应信息的电子标签，可以记录给定物体的状态和其被处理的情况。目前，人们正在研究开发标签与温湿度传感器、振动传感器等集成的传感器用于电力设备的状态检测，如变压器、绝缘子、开关屏柜。该类集成传感器由发射器和处理芯片组成，能嵌入电子标签，能检测电力设备的温湿度、振动以及位置和身份信息，通过节点传输至后台服务器，为电气设备的状态评估、故障诊断提供决策依据。

1.3　现代无线通信技术

通信信息产业给人们的日常生活和社会活动带来了诸多方便，已经成为国民经济社会发展的重要条件和保障。作为国民经济发展的能源工业，其发展也离不开通信技术。能源系统通信是能源工业的主要内容，在技术上又深受通信技术的影响。各种新的通信技术在能源系统通信中时时处处得以体现，又具有自己的行业特色和优势，并且随着能源网的延伸而延伸。以电力系统为例，电力通信网是以光纤、微波及卫星电路构成主干线，各支路充分利用电力线载波、特种光缆等电力系统特有的通信方式，并采用明线、电缆、无线等多种通信手段及程控交换机、调度总机等设备组成的多用户、多功能的综合通信网。随着电力系统自动化的广泛发展，电力通信系统已成为电力安全稳定经济运行的三大支柱之一，是电网安全稳定控制系统和调度自动化系统的基础，是电力市场运营商业化的保障，是实现电力系统现代化和智能化管理的重要前提。

无线通信网络是能源互联网的重要基础设施之一。大量分布式可再生能源的接入和智能量测设备的应用，进一步提高了无线通信的重要性。

电力系统的重要特征是需要实时协调广域的资源，即具有典型的"网"的特征，因此电力系统对通信的"质"和"量"都有很大的需求。为保障电力系统安全稳定运行，建立和完善电力系统监控和数据网络安全防护体系，国家和行业相关部门先后发布了《电力监控系统安全防护规定》（中华人民共和国国家发展和改革委员会令 2014 年第 14 号）和《电力监控系统安全防护总体方案》（国能安全〔2015〕36 号）。文件明确指出，在做好安全隔离措施的前提下，无线通信可以应用于电力行业。文件规定，如果生产控制大区的业务系统在与其终端的纵向联接中使用无线通信网，应当设立安全接入区，生产控制大区中除安全接入区以外禁止选用具有无线通信功能的设备。因此在电力无线网络中，生产控制大区的数据仍可通过安全接入区与无线专网交互，管理信息大区的部分辅助数据在不影响生产控制大区安全的前提下可通过无线公网交互。

目前，电力系统无线通信主要应用于以下三种场景：

（1）发电侧通过安全接入区的数据传输，如光伏电站将实时量测数据传输到远端的管理中心；

（2）配电网中不具备电力光纤接入条件或电力光纤接入成本过高的末梢终端；

（3）以分布式发电为代表的位置分散、规模小的小型发电项目。

这些场景中数据经过加密隔离等措施处理后，可以通过无线网络传输。电力系统无线通信的基本要求是：

（1）实时可靠，电力系统通信需要极高的可靠性和可用性，且数据传输时延不能大于 20ms，时延抖动要小于 3ms，甚至要到微秒级；

（2）安全可控，电力系统通信过程不能被随意截取，而且要全面监控和专门管理；

（3）灵活经济，在点多面广的海量智能终端的设备连接上，需要较低的连接复杂程度和成本。

然而，面对点多面广的智慧终端和用户终端，以往的通信技术在通信信息获取的终端一公里内，有着连接困难、连接匮乏、无线通信质量低等问题。比如，4G 等无线方式，时延大多在 50ms 以上，带宽不足，难以完成高清视频的传输，安全性和投资使用成本也难以保障；光纤等有线方式则有着投资大、施工和维护困难等缺点，需要物理连接到每一台设备，而且覆盖的范围仅仅只包含了高价值用户，灵活性差。

信息及通信技术的不断发展，必将促进能源互联网技术的不断进步与革新，提高能源网络的智能化水平。现代通信技术是保障能源互联网的安全、可靠和高效运行的有效手段。同时，它也能满足节能减排、环境保护及可持续发展要求，为能源互联网的大规模建设打下良好基础。

1.3.1 电力无线通信专网

在大力发展智能电网和能源互联网的背景下，通信多元化在不同的应用场景下可发挥各自的技术优势。对于 10kV 以下的配用电通信网络，节点数目多、分布范围大、网络拓扑复杂，电力无线专网作为终端通信接入网的一种重要的通信方式，将克服有线通信建设难度大和无线公网通信安全隐患的弊端，实现最后一公里接入，建立全程全网、端到端通信体系，不仅能高效支撑现有配用电和电网末端控制业务，也将在能源互联网建设和综合能源服务市场竞争中发挥关键性作用。

电力无线专网根据电网终端通信接入网需求，与电力专用 LTE 230MHz 或 1800MHz 频谱有机结合，基于离散窄带多频点聚合、动态频谱感知、软件无线电等关键技术，深度定制开发的宽带无线接入系统，具有高带宽、容量大、频谱效率高、安全性高等优势，能够承载信息采集、实时图像监控、应急抢险等多项智能业务。

1. LTE 关键技术

LTE 项目名为"演进"，采用正交频分复用（orthogonal frequency division multiplexing，OFDM）、多输入多输出（multi input and multi output，MIMO）等技术，在 20MHz 频谱带宽下能够提供下行 100Mbit/s 与上行 50Mbit/s 的峰值速率，改善小区边缘用户的性能，提高小区容量并降低系统延迟；用户平面内部单向传输时延低于 5ms，控制平面从睡眠状态到激活状态迁移时间低于 50ms，从驻留状态到激活状态的迁移时间小于 100ms；支持 100km 半径的小区覆盖；能够为 350km/h 高速移动用户提供大于 100kbit/s 的接入服务；支持成对或非成对频谱，并可灵活配置 1.25～20MHz 多种带宽。

（1）OFDM 技术。OFDM 是一种多载波传输方案，通过将高速信息数据编码后分配到并行的 N 个相互正交的子载波上，每个载波上的调制速率很低（1/N），调制符号的持续间隔远大于信道的时间扩散，从而能够在具有较大失真和突发性脉冲干扰环境下对传输的数字信号提供有效的保护。OFDM 系统对多径时延扩散不敏感，若信号占用带宽大于信道相干带宽，则产生频率选择性衰落。OFDM 的频域编码和交织在分散并行的数据之间建立了联系，这样，由部分衰落或干扰而遭到破坏的数据，可以通过频率分量增强的部分的接收数据得以恢复，即实现频率分集。

（2）MIMO 技术。MIMO 技术利用多天线来抑制信道衰落。在发送端和接收端使用多天线同时发送和接收信号，若各发送、接收天线之间的信道冲激响应独立，就构成了多个并行的空间信道。MIMO 能够在不增加带宽的情况下成倍地提高通信系统的容量。MIMO 与 OFDM 两种技术相结合形成的 MIMO‐OFDM 技术，可以使系统达到很高的传输效率，提高频谱利用率，又可以通过分集达到很高的可靠性，大大增加无线系统对噪声、干扰、多径的容限。

（3）多址技术。多址技术是在保证多用户之间通信质量前提下，对有限的通信资源在多个用户之间进行有效的切割与分配，同时，降低系统的复杂度并获得较高的系统容量。

（4）双工技术。双工技术是通信双方能够同时收发数据。双工方式有时分双工（TDD）和频分双工（PDD）。TDD 方式是指在相同的频段内发送与接收信号，FDD 方式是指上下行信使用不同的频段，且上下行的带宽要一致，上下行频带之间还要有一定的保护频带。LTE 支持 TDD 和 FDD 两种全双工技术，同时还支持半双工 FDD 技术。

（5）调制和编码技术。多载波调制（MCM）技术采用了多个载波信号，把数据流分解为若干个子数据流，从而使子数据流具有低传输比特速率，利用这些数据分别去调制若干个载波。所以，在多载波调制信道中，数据传输速率相对较低，码元周期加长，只要时延扩展与码元周期相比小于一定的比值，就不会造成码间干扰，同时，对于信道的时间弥散性不敏感。系统采用 Turbo 码、级连码和 LDPC 码等信道编码方案，自动重发请求（ARQ）技术和分集接收技术等，可以在低条件下保证系统性能。

（6）无线链路增强技术。系统采用分集技术，如通过空间分集、时间分集（信道编码）、频率分集和极化分集等方法来获得最好的分集性能，可以提高信道容量和覆盖；多天线技术，如采用 2 或 4 天线来实现发射分集，或者采用 MIMO 技术来实现发射和接收分集。

（7）软件无线电技术。采用数字信号处理技术，在可编程控制的通用硬件平台上，利用软件来定义实现无线电台的各部分功能，包括前端接收、中频处理以及信号的基带处理等。即整个无线电台从高频、中频、基带直到控制协议部分全部由软件编程来完成，在尽可能靠近天线的地方使用宽带的数字/模拟转换器尽早地完成信号的数字化，从而使得无线电台的功能尽可能地用软件来定义和实现。

2. LTE 230MHz 与 LTE 1800MHz 的特点

LTE 230MHz 系统频段为 223.025～235.00MHz，共有 40 个离散频点，总带宽为 1MHz，单频点带宽为 25kHz，主要用于电力业务无线通信。通过合理频谱资源分配，即使 1MHz 的离散带宽也能满足多样化的电网业务需求。

LTE 230MHz 具有覆盖广、容量大、频谱效率高、频谱适应性强、安全性高、可靠性好、部署扩展平滑等特点，并且是电力通信专用频点，带内无干扰，信号受天气影响小，雾衰、雨衰现象不明显。LTE 230MHz 网络采用扁平化组网结构并一直保持在线，可以实时、动态分配共享资源，提高数据传输效率，减少信令流程和系统开销。LTE 1800MHz 具有频谱资源丰富、在全球应用较广、产业链发展比较成熟、兼容性好等优点。

LTE 1800MHz 系统主要频段在 1785～1805MHz 范围，总带宽为 5MHz，分为 6

种带宽，系统上行频段是 1710～17850MHz，下行频段是 1805～1880MHz.，要采用载波聚合技术，以整合零散的频段，提高频谱利用率。LTE 1800MHz 具有频谱资源丰富、在全球应用较广、产业链发展比较成熟、兼容性好等优点。

1.3.2　5G 通信技术

第五代移动通信技术（5th generation wireless system，5G）是新一代蜂窝移动通信技术，是 4G（LTE - A、WiMax）、3G（UMTS、LTE）和 2G（GSM）技术的延伸。

1.5G 通信系统架构及技术特点

（1）系统架构。5G 通信系统主要由核心网、宏基站和微基站三部分组成，其结构如图 1 - 17 所示。核心网负责系统的控制和信息数据的传递，将不同端口的呼叫或数据请求接续到对应网络，是整个通信系统的"大脑"。宏基站通过光纤或微波与核心网相连，并通过无线通信将信息传递至对应不同区域的宏基站、微基站和用户。宏基站发射功率大，覆盖半径广，其单载波发射功率一般大于 10W，覆盖半径通常为 200m 以上。微基站是小型基站的统称，在 4G 通信时代开始逐渐应用。微基站发射功率低，覆盖半径小，大量微基站的协同覆盖能够保证各区域信号强度，提高无线连接密度。

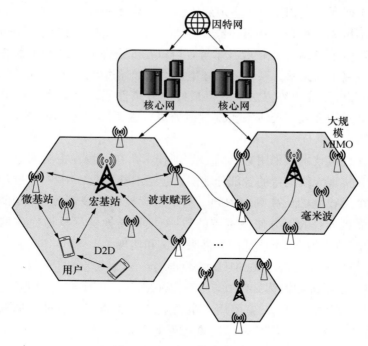

图 1 - 17　5G 通信系统架构

（2）技术特点。

1）高速率。5G 通信峰值速度可达到上行 10Gbit/s，下行 20Gbit/s，用户实际体验速度可达上行 50Mbit/s，下行 100Mbit/s，远高于 4G 通信速度。

2）高容量。5G 通信网络通过提升频谱宽度，广泛应用微基站和空中接口技术，可以支持高密度的设备连接和高容量的数据传输，每平方千米支持 1000000 个设备连接，每平方米支持 10Mbit/s 的数据传输容量。5G 通信的频谱宽度是 4G 通信的上百倍，能够支持更高容量的设备连接。

3）高可靠性。5G 通信的丢包率为 0.001%，与光纤通信相当。

4）低延时。通过无线传输网络、核心网络、数据缓存的多项创新技术，5G 通信的端对端时延低至 1ms。在无线传输网络部分，5G 通信采用短帧结构传输信息，并优化了数据帧控制方式，减少了通信时延。在核心网络部分，5G 通信采用基于软件定义网络和虚拟化服务的新型架构，结合云计算和边缘计算方法，降低了核心网络的数据处理延时。同时，5G 通信将核心网部分功能下沉至城域中心机房甚至是通信基站，进一步降低通信时延。在数据缓存方面，5G 通信系统则采用分布式数据缓存机制，保证用户可以选择最快的数据通道请求数据，从而降低数据传输。

5）低功耗。5G 通信支持物联网设备的高休眠/活动比及无数据传输时的长时间休眠。通过软件定义和虚拟化技术，通用硬件平台可以形成多个不同的网络切片，在云端根据通信场景的实际需求进行相应的控制策略，生成特定的数据转发和处理路径。

2.5G 通信技术在电网中的应用

不同能源用户具有不同的服务方式，而 5G 通信的特点与优势和能源系统的特点十分互补，5G 技术可以广泛地应用在多个环节。对于电网来说，如低压用电信息采集、配电自动化、配电智能运检等可以通过 5G 差异化通信连接服务，能源监控、充电桩监控、综合能源服务等则可通过 5G 网络切片、专业子网和 IoT 云平台等提供差异化通信服务。

（1）发电环节。发电行业在数字化升级过程中，传统的通信方式在业务应用中面临着诸多问题，如成本高、数据传输速率慢、通信覆盖面积小、数据泄露等。采用 5G 网络可实现电源、电网、负荷和储能相关数据采集，以及数据在平台内部和不同平台之间的多点、低延时传输和多参量数据融合处理。5G 技术将支持发电领域基础设施的智能化，并支持双向能源分配和新的商业模式，以提高生产、交付、使用和协调有限的能源资源的效率。

（2）输电环节。输电网覆盖面积大，既有城市的地下电缆，又有高压线路，传统以人工巡检为主，工作效率低下，存在网络故障监测困难问题。利用 5G 网络大带宽、高可靠性特点可实现无人机在架空输电线路的精细化、大范围巡检。利用 5G 网络低时延特性，可对地下输电线路走廊隧道机器人进行实时精准控制，实现接地环流等监测。

（3）变电环节。变电站运行过程中，工作人员需要对变电设备进行周期性例行排查和维护，以减少变电站各种运行隐患。在变电环节中融入物联网技术和 5G 技术，利用变电站内部的多种传感器精确控制电压和电流的转换，自动收集各种数据，实现对变电站信息的时刻检测，在出现故障时可以迅速收集故障信息并呈报到后台监管人员的数据终端，保证电力系统的安全稳定运行。

（4）配电环节。当前主网已经实现光纤覆盖，但是电网末梢神经的配网仍属于"盲调"状态。海量设备实时监控，信息双向交互频繁，若采用光纤全覆盖方式，会造成成本高、时间长、维护难等问题。5G 无线通信具有快速部署、成本低、易升级和易扩容等特点，可以满足配电网差动保护需求。5G 通信技术可在配电网大范围部署，多方协同通信，实时感知配电网状态，判断配电网故障，实现故障快速隔离以及电力接入恢复。

（5）用电环节。物联网技术和 5G 技术可以实现电力系统各个子环节的互联和互通，提高电网运行质量，更好地为广大用户提供服务。电力系统用户侧数据涉及全社会各行各业，包含大量社会经济信息。通过 5G 边缘计算，在采集到用户侧数据时，便实时进行用电行为分析、定制个性化用电方案等，把数据增值计算下沉至数据源头，使得整体网络服务响应更快、效率更高。

（6）调度环节。由于大量的分布式电源、可控负荷、储能设备和电动汽车相连接，系统所要求的控制实时性和调控响应都要达到毫秒级，然而光纤通信连接点数量少成本高，而其他无线通信方式时延高，5G 通信技术由于其低时延、高可靠性的优点，成为毫秒级实时响应与调控、调频调压的新手段。

1.3.3 窄带物联网（NB - IoT）技术

NB - IoT（narrowband - internet of thing）是一种低功耗广域网（low power wide area，LPWA）技术，支持低功耗设备在广域网的蜂窝数据连接，其最大传输资料量可达到 200kbit/s，频宽也降至 200kHz，具有覆盖广、连接多、速率低、成本低、功耗小、架构优等特点。NB - IOT 是蜂窝网络的提升版，只消耗大约 180kHz 频段，可以直接部署于现有的 GSM 网络、UMTS 网络或 LTE 网络，实现平滑升级，节约建设成本。同时，NB - IoT 使用 License 频段，可采取带内、保护带或独立载波三种部署方式，与现有网络共存。此外，NB - IoT 支持待机时间长、对网络连接要求较高设备的高效连接。

NB - IoT 通常采用降低编码率来提升传输信号可靠性，保证信号强度微弱时设备仍能够正确解调，达到提高覆盖率目的；为了大幅度提升设备电池使用周期，设备最大发射功率为 23dBm，约为 200mW；为了降低终端设备复杂度，设计上简化部分元件；考虑实际应用中系统的传输速率需求，为了减少系统频宽，便于使用中弹性分配频谱资源；同时，为了大幅提升系统容量，确保大量终端能够同时连接，可以采用更小的子载波区间，切出更多子载波分配给更多的终端。

NB - IoT 在频谱上有单独布建、保护频段布建、现行运作频段内布建三种布建方式。

1. NB - IoT 技术发展方向

目前，NB - IoT 技术可以分为两个方向，分别是由诺基亚、爱立信和英特尔等支持的 NB - LTE（narrowband - LTE）以及华为和沃达丰支持的 NB - CIoT（narrowband - cellular IoT）。NB - LTE 在实体层部分相当大程度使用现有 LTE 网络，能够沿用原有蜂窝网络架构，减少运营商设备升级成本，达到快速布建目的。NB - CIoT 下行链路采用 OFDMA，上行链路采用 FDMA 技术。相比现有的 LTE 技术，NB - CIoT 虽然在封包设计、采样频率及子载波频宽大小上均已改变，加大了运营商建设成本，但是降低了终端设备成本、耗电量和时延，提高了终端信号传输距离，使得 NB - CIoT 更适合于各种物联网应用场景。

2. 应用案例

自 2015 年首次提出 NB-IoT 概念以来，NB-IoT 经历了 2016 年标准冻结，2017 年解决方案就绪，2018 年生态成熟几个阶段，目前 NB-IoT 已蓬勃发展，开始进入规模商用阶段。物联网架构解决方案通常包括连接管理平台、物联网操作系统、有线和无线连接方式。具体 NB-IoT 方案如下：

（1）智能路灯解决方案。智能路灯解决方案可以为市政路灯主管部门提供基于物联网、云平台和大数据的智慧路灯管理业务，实现路灯的远程单灯控制与状态监控的精细化管理及节能控制，并可以依靠路灯网络，打造城市公共服务，完成路灯自动调节、远程照明控制、故障主动告警、路灯资产管理等功能。

（2）智能电能表解决方案。智能电能表解决方案帮助电力企业完成远程抄表，设备管理、漏损管理、管网监控、缴费、服务等业务。业务上可以实现预付费，避免人工抄表导致的付费延迟和账单拖欠；支持防窃电和线损分析，降低非技术线损，增加收益；采集用户详细历史用电数据，准确预测用电趋势，实现电力供需平衡，减少浪费，保障电网的安全运行；提供详细账单和实时账单，提升客户满意度。

（3）智慧家庭解决方案。智慧家庭解决方案支持多种终端集成，满足智慧家庭网络终端多样化的需求；实现云端平台、边缘网关、智能终端的分层智能与控制，给家庭用户提供家居自动化、安防监控、健康、娱乐等个性化业务；基于 Ocean Connect IoT 平台获取智慧家庭传感器数据，实现安防监控、家居自动化、家居健康、家居娱乐、家居节能管理等智慧家庭业务。智慧家庭架构如图 1-18 所示。

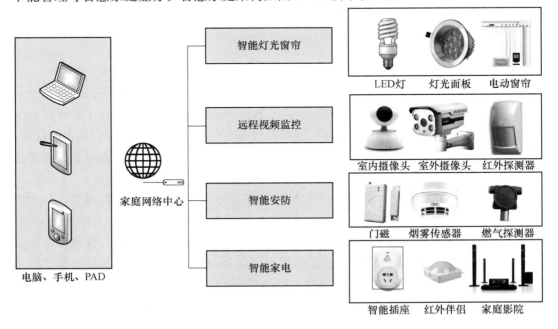

图 1-18　智慧家庭架构

（4）智能楼宇解决方案。智能楼宇解决方案帮助楼宇业主及管理方实现水表、电能表、燃气表等能源计量节点的传感设备分类分项计量及可视化管理，实现能耗信息透明化；通过数据统计分析，挖掘电气、供水、空调等各类能耗规律，发现能源正常使用和浪费的时间、空间、行为等因素；在能耗分析基础，以建筑内各单位和部门的能耗数据为依据进行节能审计工作，建立能耗监测告警和控制策略，实现能效管理。智慧楼宇架构如图 1-19 所示。

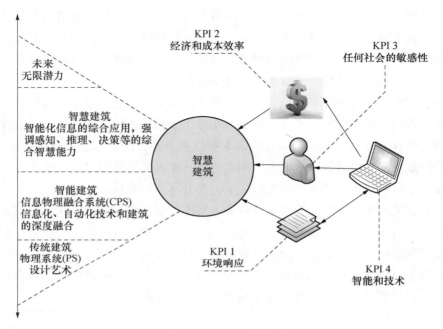

图 1-19　智慧楼宇架构

1.3.4　远距离无线电技术

远距离无线电（LoRa）技术是一种低功率广域网络（low-power wide-area network，LPWAN）通信技术中的一种，是美国 Semtech 公司提出的一种基于扩频技术的超远距离无线传输方案，具有远距离、低功耗（电池寿命长）、多节点、低成本的特性，为用户提供了一种简单的能实现远距离、长电池寿命、大容量的系统，并可扩展至传感网络。LoRa 主要在全球免费频段运行，包括 433、868、915MHz 等。

LoRa 物理层使用扩频调制，通过以较高的频率序列对基本信号进行编码，并在较宽的带宽上扩散基本信号，可以降低设备功耗，并增加电磁抗干扰能力。LoRa 技术采用前向纠错编码技术，通过给待传输的数据序列中增加一些冗余信息，保证数据传输进程中注入的错误码元在接收端可以被及时纠正。LoRa 技术可将小容量数据分解成若干具有相关性的小数据通过大范围的无线电频谱传输出去，然后从噪声中提取出有效数据。LoRa 技术可以极大地扩大信号覆盖范围和传输距离，以低发射功率获得更广的传输范围和距离，其传输距离范围为 15～20km。

1. LoRaWAN

LoRaWAN 是 LoRa 联盟推出的一个基于开源 MAC 层协议的低功耗广域网标准，可以为无线设备提供局域、全国或全球网络连接。LoRaWAN 可以实现安全双向通信、移动通信和静态位置识别等服务。使用中无需复杂的本地配置操作，终端设备间可以实现无缝对接互操作，且操作权限可以自由分配给用户、开发者和企业，如图 1 - 20 所示。

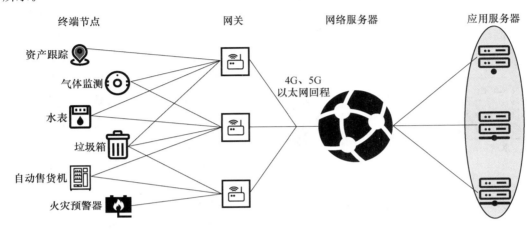

图 1 - 20　LoRa 架构

LoRaWAN 规范定义了 LPWAN 的媒体访问控制（MAC）层。LoRaWAN 在 LoRa 物理层之上实现，并指定了通信协议和网络架构。该协议直接影响节点的电池寿命、网络容量、网络安全及所服务的应用等性能参数。目前，基于 LoRa 技术的网络层协议主要是 LoRaWAN，也有少量的非 LoRaWAN 协议。

LoRaWAN 网络架构采用典型的星形拓扑结构，以及在此基础上的简化和改进，主要包括点对点通信、星状网轮询和星状网并发 3 种架构。

LoRa 网络由终端（可内置 LoRa 模块）、网关（基站）、和服务器三部分组成。终端节点收集传感器数据，将其传输至上游，并从应用服务器接收下游通信数据。LoRa 网关是一个透明传输的中继，连接终端设备和后端中央服务器，网关与服务器间通过标准 IP 连接，终端设备采用单跳方式与一个或多个网关通信。服务器负责 LoRaWAN 系统的管理和数据解析，主要的控制指令都由服务器端下达。在安全通信方面，为了保证网络层、应用层终端到终端以及设备的安全，LoRaWAN 网络采用独特的网络密钥、应用密钥和属于设备的特别密钥，通过多层加密方式保证通信安全。

2. 应用案例

（1）智慧建筑。以往的建筑设备渐渐无法满足人类对于居住质量的要求，建筑智能化已为趋势。对于建筑的改造，加入温湿度以及安全等传感器，并定时地将监测的讯息上传，便于建筑管理者的监督，随时掌握建筑的最新状况。

（2）电力资产追踪管理。终端的电池使用寿命对于追踪和定位都十分重要，利用 LoRa 技术对电力资产进行追踪管理可以提高电池续航能力、降低管理系统成本。电力部门可以根据定位需要在特定的场所布网,例如,设备仓库、运输车辆、使用现场。资产管理部门可以随时掌握电力资产流向和时程,提升管理效率。

(3)智能电能表。LoRa 通信技术有通信距离远、传输速率灵活可调,环境适应能力强、通信模块耗电量低等优点,LoRa 通信技术给智能抄表架构中的"最后一公里"数据传输提供了一个全新的解决方案。根据实际应用的需求,LoRa 通信技术可以灵活调整功率等级,适配数据传输中对于距离和速率的需求。相比传统电能表,智能电能表准确、快速记录了居民的用电数据,不但提高了工作效率,还保证了服务质量。尤其在用电高峰期,电力用户用电信息采集系统可对区域用电状况进行全面监控和均衡调度,有效地保障了企业生产和居民生活的用电,如图 1-21 所示。

系统主站　　云服务器

图 1-21　智能电能表通信方案

能源系统安全关系国计民生,考虑主网容量和事故破坏影响,配网末端和电力用户的通信连接要求严格,现有电力通信信息系统采用物理隔离的方式保证内网信息的可靠安全。5G、NB-IoT、WSN 等技术的应用将导致数字世界与物理世界的边界逐渐模糊,并且跨域交互、跨域控制的本质需求必将打破传统的网络边界。同时,保护用户及系统的信息安全是能源系统安全可靠运行的重要条件。因此,必须研究物联感知安全防护技术,实现物联感知终端的可信接入,保证网络中的信息安全。

能源物联网是信息物理融合的能源网络,物联感知通信是信息物理融合的支撑。感知和通信技术的选择与应用场合特点息息相关,同时,应用环境和应用需求又对现有感知和通信技术带来了巨大的挑战。因此,有必要选择合适的感知和通信技术,研究先进传感和通信技术,真正实现全面感知和万物互联。

思考题

1-1　如何理解能源互联网?

1-2　先进传感技术和无线传感网络在能源系统中有哪些潜在的应用?

1-3　先进传感技术与现代通信技术在能源系统态势感知中的作用是什么?

1-4　能源系统给先进传感技术与现代通信技术带来了哪些挑战?

第 2 章

新 能 源 发 电 技 术

电网的智能化与能源互联已经成为国内外的研究热点。新能源发电由于具有灵活、安全和经济的特点，对于提高可再生能源利用效率、扩大应用规模、满足特定应用需求、切实解决能源安全问题具有积极作用和意义。本章主要介绍分布式发电的方式、可再生能源资源蕴藏量以及分布式发电涉及的关键技术。

2.1　分 布 式 发 电

2.1.1　分布式发电的特点

近年来，我国电力系统规模迅速扩大，结构不断完善。但是，由于大电网中任何一点的故障所产生的扰动都会对整个电网造成较大影响，严重时可能引起大面积停电甚至是全网崩溃，造成灾难性后果，因此以大机组、大电网、高电压为主要特征的集中式单一供电系统已经不能满足供电质量与安全可靠性方面的需要。此外集中式大电网跟踪电力负荷变化较为困难，短暂调峰花费巨大，经济效益较低。根据国内外的经验，大电网系统和分布式发电（distributed generation，DG）系统相结合是节省投资、降低能耗、提高系统安全性和灵活性的主要方法。分布式发电的优势在于可以充分开发利用各种可用的分散存在的能源，包括本地可方便获取的化石类燃料和可再生能源，并提高能源的利用效率。

分布式电源通常接入中压或低压配电系统，并会对配电系统产生广泛影响。传统的配电系统被设计成仅具有分配电能到末端用户的功能，而未来配电系统有望演变成一种功率交换媒体，即它能收集电能并将其传送到任何地方，同时对电能进行分配，因此将来它可能不是一个配电系统而是一个电力交换系统。分布式发电具有分散、随机变动等特点，大量的分布式电源的接入，将对配电系统的安全稳定运行产生极大的影响。传统的配电系统分析方法，如潮流计算、状态估计、可靠性评估、故障分析、供电恢复等，都会因程度不同地受到分布式发电的影响而需要改进和完善。

2.1.2　分布式发电研究及应用

1. 分布式发电系统分类

分布式发电的发电机组一般位于用户现场或靠近用电现场，机组容量一般低于30MW，以满足特定用户的需要，支持现存配电网的经济运行，或者同时满足这两个方面的要求。这些小的机组包括燃料电池、小型燃气轮机、小型光伏发电、小型风光互补发电、燃气轮机与燃料电池的混合装置。由于它们靠近用户，因此提高了服务的可靠性和电能质量。技术的发展、公共环境政策和电力市场的扩大等因素的共同作用，使得分布式发电成为重要的能源选择。

根据所使用一次能源的不同，分布式发电分为基于化石能源、基于可再生能源及混合式等类型，相应的技术特点如下：

（1）基于化石能源的分布式发电技术。

1）往复式发电机技术。采用四冲程点火式或压燃式，以汽油或柴油为燃料，是目前应用最广的分布式发电方式之一。但是这种方式会对环境产生影响。

2）微型燃气轮机技术。微型燃气轮机是指功率为数百千瓦以下的以天然气、甲烷、汽油、柴油为燃料的超小型燃气轮机。与现有的其他发电技术相比，其效率较低，满负荷运行的效率只有30％，而在半负荷时效率只有10％～15％，所以多采用家庭热电联供的办法利用设备废弃的热能，提高其效率。

3）燃料电池技术。燃料电池是一种在等温状态下直接将化学能转变为直流电能的电化学装置。燃料电池工作时，不需要燃烧，同时不污染环境，其电能是通过电化学过程获得的。在其阳极上通过富氢燃料，阴极上通过空气，并由电解液分离这两种物质。在获得电能的过程中，一些副产品仅为热、水和二氧化碳等。氢燃料可由各种碳氢源在压力作用下通过蒸汽重整过程或由氧化反应生成。

（2）基于可再生能源的分布式发电技术。

1）太阳能光伏发电技术。利用半导体材料的光电效应直接将太阳能转换为电能。光伏发电具有不消耗燃料、不受地域限制、规模灵活、无污染、安全可靠、维护简单等优点。但是此种分布式发电技术的成本相对较高，仍需要进行进一步的技术改进，以降低成本。

2）风力发电技术。将风能转化为电能，分为独立与并网运行两类，前者为微型或小型风力发电机组，容量为100W～10kW，后者的容量通常超过150kW。风力发电技术进步很快，单机容量在2MW以下的技术已很成熟。

（3）混合的分布式发电技术。通常是指两种或多种分布式发电技术及蓄能装置组合起来，形成复合式发电系统。已有多种形式的复合式发电系统被提出，其中一个重要的方向是热电冷三联产的多目标分布式供能系统，通常简称为分布式供能系统。其在生产电能的同时，也能提供热能或同时满足供热、制冷等方面的需求。与简单的供电系统相比，分布式供能系统可以大幅度提高能源利用率，降低环境污染。

2. 分布式发电系统发展现状

近些年来，全球各地对新能源发展的关注程度日益提升，从分布式电源的研发到建设投入了大量的资金，分布式发电得到了飞速发展。例如，德国是分布式发电发展大国，在各大综合性大学、医院、饭店等一些场所都安装了各类分布式发电设备，全国范围内已经投入了300多个沼气和其他生物质能发电站，截至2018年底分布式发电的装机容量约113GW。美国作为最早发展分布式发电的国家之一，已经向全球很多国家、地区供应了各类分布式发电设备。丹麦目前在能源利用效率上居于全球首位，这主要得益于在丹麦供热的主要方式是热电联产，覆盖率达到80%以上。

近年来，随着我国光伏发电产业发展的持续深入，全国各地都在鼓励开展多种形式的分布式光伏发电应用。充分利用具备条件的建筑屋顶（含附属空闲场地）资源，鼓励屋顶面积大、用电负荷大、电网供电价格高的开发区和大型工商企业率先开展光伏发电应用。据我国能源局统计数据，2013年以来，我国新增分布式光伏装机容量呈现震荡上行的发展态势，到2021年底全国新增分布式光伏装机29.28GW，首次实现对光伏电站新增装机容量的反超，占全国新增光伏装机总量的53.4%。

2.2 太阳能利用

2.2.1 太阳能资源及利用技术

1. 太阳能资源及分布

太阳系质量的99.87%都集中在太阳。组成太阳的物质大多是气体，其中，氢约占71.3%，氦约占27%，其他约占2%。太阳所产生的能量以辐射方式向宇宙空间发射，其每秒释放出的能量是3.865×10^{26}J，相当于每秒燃烧1.32×10^{16}t标准煤所产生的能量。太阳与地球的平均距离约1.5亿km，因此太阳辐射的能量大约只有22亿分之一到达地球，约19%被大气吸收，约30%被大气、尘埃和地面反射回宇宙空间，穿过大气到达地球表面的太阳辐射能约占51%。

我国幅员辽阔，有着十分丰富的太阳能资源。据估算，我国太阳辐射量最大在西藏，达到每平方米2330kWh；最低值在四川盆地和贵州一带，每平方米1050kWh。如果按每平方米1500kWh计算，则每平方千米就有太阳辐射15亿kWh，全国达144百万亿kWh。从全国太阳年辐射总量的分布来看，西藏、青海、新疆、内蒙古南部、山西、陕西北部、河北、山东、辽宁、吉林西部、云南中部和西南部、广东东南部、福建东南部、海南岛东部和西部以及台湾地区的西南部等广大地区的太阳辐射总量很大。

2. 太阳能利用技术

热能和电能在日常生活和工业生产当中具有非常广泛的用途。低温热水可用于洗浴和供暖，中高温热水可用于工业生产中的洗涤，高温蒸汽可用于热动力发电。要将太阳能不经转换而直接大规模地应用于工业生产和生活，是受到限制的。因此，太阳能利用的关键在于太阳能转换技术，通过性能优良的太阳能利用设备，高效地吸收到达地面的太阳辐射能，并转换为热能、电能和氢能等。本节将从光热转换、光伏发电、太阳能储存和太阳能热动力发电四个方面讨论太阳能的利用技术，而光化学转换利用（主要是太阳能制氢）目前尚处于技术发展的探索阶段，这里不再详述。

（1）光热转换技术。太阳能光热转换在太阳能工程中占有重要地位。基本原理是通过特制的采集装置，最大限度地采集和吸收投射到该表面的太阳辐射能，并转换为热能用以加热水、空气和其他介质，以提供人们生产和生活所需的热能。太阳能热利用的项目很多，利用最为广泛的包括太阳能热水器和太阳能温室两种，在工业领域的应用包括太阳能工业热利用、太阳能海水淡化、太阳能热动力发电等。投射到物体表面的太阳辐射能，一部分被物体表面反射；一部分被物体所吸收，使得物体温度上升，并通过导热、对流和辐射向环境散热（温度不同的物体内部由粒子的微观运动产生能量传递的现象，称为导热；运动的流体和所接触的固体表面之间的换热过程，称为对流换热；物体以电磁波传递能量的方式称为辐射，辐射是物质所固有的属性）；其他部分透过物体投射向另一空间。

1）平板集热。太阳能平板型集热器组成示意图如图 2-1 所示。其基本工作原理是：投射到集热器上的太阳辐射能少部分被透明盖板反射回太空和吸收，大部分透过盖板照射到集热板上，到达集热板的太阳辐射能中的大部分被集热板所吸收并转换为热能，传向流通管，小部分被反射向透明盖

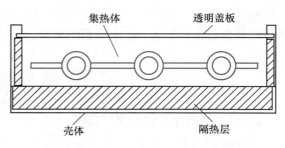

图 2-1　太阳能平板集热器组成示意图

板；流通管的热能被流过的集热工质（水、空气和防冻液等）带走，如此循环，投射的太阳辐射能就逐渐蓄入储热水箱中；与此同时，透明盖板和壳体不断向环境散失热能，构成集热器的热损失；这样的换热循环过程，一直维持到当集热温度达到某个平衡点位置。

2）真空管集热。全玻璃真空集热管的工作原理和平板集热器大致相同，真空集热管的玻璃外管相当于平板集热器的透明盖板，玻璃内管相当于平板集热器的集热板，当然内外层玻璃管之间是近似真空的。全玻璃真空集热管由玻璃内管、选择性吸收涂层、玻璃外管、固定卡、吸气膜、吸气剂碟六部分组成，如图 2-2 所示。玻璃内、外管的一端封接，内管的另一端采用固定卡与外管固定，内管的外壁在磁控溅射镀膜机中镀一层选择性吸收膜，内、外管之间抽成真空。

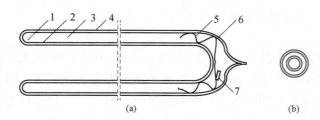

图 2-2　全玻璃真空集热管原理结构及剖面图
(a) 原理结构；(b) 剖面图
1—玻璃内管；2—选择性吸收涂层；3—真空间隙；
4—玻璃外管；5—固定卡；6—吸气膜；7—吸气剂碟

3）聚光集热。为了扩展更高温度的太阳能利用领域，提升有用能量收益的能量品质，唯一的途径就是发展聚光集热，即提高集热温度。聚光的关键技术包括：聚光集热、跟踪。太阳能聚光就是将能量密度较低的太阳能，通过光线的会聚，成为能量密度较高的光束，以实现太阳能更广泛、更高效的利用。一般来说，太阳能的聚光方式

分为两种：反射式聚光和折射式聚光。反射式聚光就是入射光线通过镜面，按照光反射定律反射到特定的接收器上。常用的反射式聚光方式如图 2-3 所示。折射式聚光是利用菲涅耳透镜，将入射光线透过透明材料产生折射的原理将光线聚焦，如图 2-4 所示。

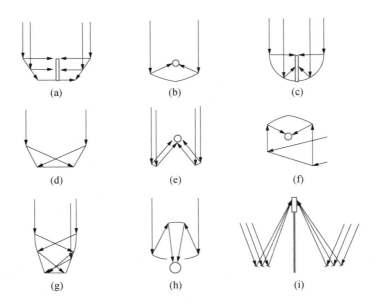

图 2 - 3　常用的反射式聚光方式

（a）圆锥面反射；（b）槽形抛物面和盘形抛物面反射；（c）球面反射；

（d）斗式槽形平面反射；（e）条形面反射；（f）平面和抛物面混合反射；

（g）复合抛物面反射；（h）盘形抛物面二次反射；（i）平面阵列反射

（2）光伏发电技术。

1）光伏发展历程。1839 年，法国物理学家 A. E. 贝克勒尔意外地发现，用两片金属浸入溶液构成的伏打电池，受到阳光照射时会产生额外的伏打电动势，他把这种现象称为光生伏打效应。1883 年第一块太阳电池由 Charles Fritts 制备成功。1954 年美国的贝尔实验室在用半导体做实验时发现在硅中掺入一定量的杂质后对光更加敏感这一现象后，第一个有实际应

图 2 - 4　折射式聚光方式

用价值的太阳能电池于 1954 年诞生在贝尔实验室。太阳电池技术的时代终于到来。

2）光伏电池。太阳能光伏电池（简称光伏电池）用于把太阳的光能直接转化为电能。地面光伏系统大量使用的是以硅为基底的硅太阳能电池，硅太阳能电池可分为单晶硅、多晶硅、非晶硅光伏电池。在能量转换效率和使用寿命等综合性能方面，单晶硅和多晶硅电池优于非晶硅电池。多晶硅电池比单晶硅电池转换效率低，但价格更便宜。

光伏电池按结构形式，分为同质结光伏电池、异质结光伏电池、肖特基光伏电池；按材料，分为硅光伏电池、敏化纳米晶光伏电池、有机化合物光伏电池、塑料光伏电池、无机化合物半导体光伏电池；按光电转换机理，分为传统光伏电池、激子光伏电池。

光伏电池单体是光电转换的最小单元，尺寸一般为 4～100cm² 不等。光伏电池单体的工作电压为 0.5V，工作电流为 20～25mA/cm²，一般不能单独作为电源使用。将光伏电池单体进行串并联封装后，就成为光伏电池组件，其功率一般为几瓦至几十瓦，是可以单独作为电源使用的最小单元。光伏电池组件再经过串并联组合安装在支架上，就

构成了光伏阵列。根据光伏电站大小和规模，由光伏组件可组成各种大小不同的阵列。

3）光伏发电系统。利用光伏电池直接将太阳能转换成电能的发电系统就是光伏发电系统。它的主要部件是光伏电池、蓄电池、控制器和逆变器，能独立发电（离网型）又能并网运行。

离网光伏发电系统适用于没有并网或并网电力不稳定的地区，离网光伏系统主要由光伏电池组件、控制器、逆变器、蓄电池组等组成。典型特征为产生的直流电需要用蓄电池来存储，用于在夜间或在多云或下雨的日子提供电力。独立太阳能光伏发电在民用范围内主要用于边远的乡村，如家庭系统、村级太阳能光伏电站；在工业范围内主要用于电信、卫星广播电视、太阳能水泵，在具备风力发电和小水电的地区还可以组成混合发电系统，如风力发电/太阳能发电互补系统等。离网光伏发电系统架构如图2-5所示。

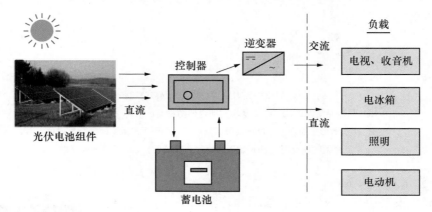

图2-5　离网光伏发电系统架构

并网光伏发电系统主要由光伏电池组件、控制器、逆变器组成，不经过蓄电池储能，通过逆变器直接将电能输入公共电网。并网光伏发电系统相比离网光伏发电系统省掉了蓄电池储能和释放的过程，减少了其中的能量消耗，节约了占地空间，还降低了配置成本，是太阳能光伏发电的发展方向。并网光伏发电系统架构如图2-6所示。

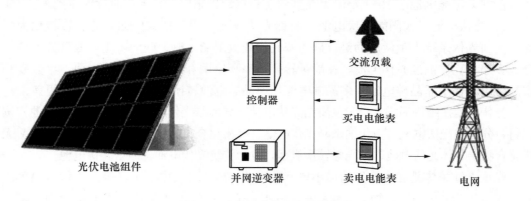

图2-6　并网光伏发电系统架构

对于光伏发电系统而言，光伏组件、控制器（直流/直流）、逆变器（直流/交流）、蓄电池（离网型）和控制系统是必不可少的。

ⅰ）逆变器。光伏发电站是通过具有各种连接结构的逆变器连接到电网上的。按连接结构的不同，逆变器大体分为下面几类：

a. 集中逆变器。在大型光伏发电站（装机容量大于 10kW）的系统中，很多光伏组件可以连接成串，这些组串通过二极管并行连接，然后连接到同一台集中逆变器的直流输入侧如图 2-7（a）所示。集中逆变器的最大特点是效率高，成本低。然而，如果各光伏组串与逆变器的匹配不正确，再加上部分光伏组件的阴影，会导致整个光伏发电站的发电量下降。

b. 光伏组串逆变器。与集中逆变器一样，光伏阵列分成了不同的组串，每个组串都连接到一台指定的逆变器上［见图 2-7（b）］，因此通常又称组串逆变器。每个组串逆变器都具有独立的最大功率跟踪单元。组串技术的应用，从很大程度上减少了光伏组件之间的匹配错误、部分阴影带来的电量损失，以及组串连接二极管和大量直流连接电缆带来的电量损耗。技术上的这些优势，不仅大大降低了系统成本，也增加了发电量和系统的可靠性。

c. 多组串逆变器。多组串逆变器技术在保留了组串逆变技术所有优点的基础上，能够通过一个共同的逆变桥将多个组串通过直流升压器连接起来，并实现最大功率跟踪，是有效且低成本的解决方案。多组串连接的这种技术可有效连接安装于不同朝向（南方、西方和东方）的组件，也可以根据不同的发电时间实现最优化的转换效率。多组串逆变器适用于规模 2～10kW 的中等规模电站系统中。

d. 组件逆变器。每个组件都连接一台逆变器［见图 2-7（c）］，能够避免组件的匹配错误。但组件逆变器的转换效率无法与组串逆变器相比。由于使用组件逆变器的系统中，每个组件都必须连接在 230V 电网上，因此不可避免会造成交流侧的电网连接比较复杂。如果组件逆变器的数量大量增加，电路的复杂程度也会随之增加。这种组件逆变器一般只应用在 50～400W 的光伏发电站中。

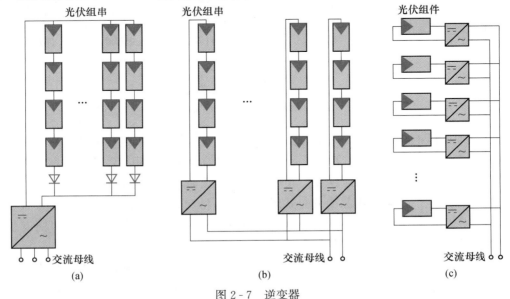

图 2-7　逆变器

（a）集中逆变器；（b）组串逆变器；（c）组件逆变器

目前这几种类型的逆变器都在使用，要根据其技术可行性进行选择。

ⅱ）蓄电池。

a. 铅酸蓄电池。铅酸蓄电池是独立光伏供电系统中最常用的蓄电池，如图2-8（a）所示。荷电状态下，其阳极为二氧化铅（PbO_2），阴极为分散状的海绵状铅。硫酸（H_2SO_4）作为电解液来传导电流。蓄电池的充放电过程是基于电—化学转换原理：充电时，电能转换为化学能；给负载供电时，存储的化学能又转换为电能。这种电能到化学能的相互转换有两个决定性的因素；首先，化学能有较高的能量密度，相比而言，可存储更多能量；其次，在能量存储期间，以化学能进行存储的损失要比以电能存储时的损失小许多。

b. 锂电池。锂电池是并网光伏发电系统常用的储能电池。其正极由 $LiMn_2O_4$（锰酸锂）、导电剂（乙炔黑）、黏合剂（PVDF）和集流体（铝箔）组成，负极由石墨、导电剂（乙炔黑）、黏合剂（PVDF）和集流体（铜箔）组成。如图2-8（b）所示，充电过程，电源给电池充电，此时正极上的电子 e 从通过外部电路跑到负极上，正锂离子 Li^+ 从正极进入电解液里，通过隔膜上的小洞到达负极，与跑过来的电子结合在一起；放电过程，电池放电，此时负极上的电子 e 从通过外部电路跑到正极上，正锂离子 Li^+ 从负极进入电解液里，通过隔膜上的小洞到达正极，与跑过来的电子结合在一起。

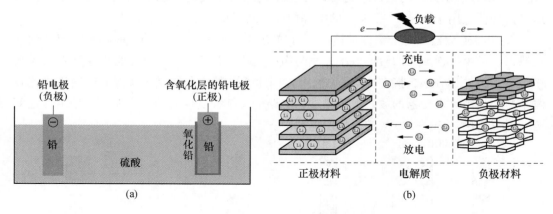

图 2-8　蓄电池基本结构图
（a）铅酸蓄电池；（b）锂电池

蓄电池的荷电状态（SOC）用来表示蓄电池的剩余容量。放电深度（DOD）表示蓄电池释放出的能量占总容量的百分比，它与蓄电池的寿命直接相关，放电深度越大，则蓄电池充放电次数越少，寿命越短；相反，放电深度越小，则蓄电池充放电次数越多，寿命越长。因此，在设计实际的分布式风光互补系统时，在保证2～3天恶劣天气状况下用户正常用电的条件下，平时蓄电池的放电深度尽量不要超过70%，尽可能延长蓄电池的使用寿命，减少系统全寿命费用。

（3）太阳能储存。太阳能是易受天气状况、昼夜、季节等因素影响的随机性可再生能源，其辐射能量时刻变化，具有间断性和不稳定性的特点。为了连续稳定地利用太阳能，太阳能的储存就变得十分必要，尤其对于大规模利用太阳能更为必要。将白天、晴天、中午多余的太阳能储存到夜间、阴雨天、遮蔽等时候使用，这就是太阳能储存的基本含义。当然，太阳能不能直接储存，必须转换成其他形式能量才能储存，而且要大容量、长时间、经济地储存太阳能。

太阳能储存可分为直接储存和间接储存两类：直接储存就是太阳辐射直接投射到蓄热体上，由蓄热体直接吸收，并储存在蓄热体中；间接储存就是太阳辐射首先转变为其他形式的能量，如热能、电能，然后借助常规能量储存技术储存起来，间接达到储存太阳能的目的。具体来说，太阳能的储存包括热能储存、电能储存、氢能储存和机械能储存等。

1）热能储热。热能储热分为以下几类：

a. 显热储存。利用材料的显热储能是最简单的储能方法。在实际应用中，水、沙、石子、土壤等都可作为储能材料，其中水的比热容最大，应用较多。

b. 潜热储存。利用材料在相变时放出和吸入的潜热储能，储能量大，且在温度不变情况下放热。在太阳能低温储存中常用含结晶水的盐类储能，如水硫酸钠/水氯化钙、水磷酸氢钠等。但在使用中要解决过冷和分层问题，以保证工作温度和使用寿命。太阳能中温储存温度一般在100℃以上、500℃以下，通常在300℃左右。适宜于中温储存的材料有高压热水、有机流体、共晶盐等。太阳能高温储存温度一般在500℃以上，目前正在试验的材料有金属钠、熔融盐等。1000℃以上极高温储存，可以采用氧化铝和氧化锆耐火球。

c. 化学储热。利用化学反应储热，储热量大、体积小、质量轻，化学反应产物可分离储存，需要时才发生放热反应，储存时间长。真正能用于储热的化学反应必须满足以下条件：反应可逆性好，无副反应；反应迅速；反应生成物易分离且能稳定储存；反应物和生成物无毒、无腐蚀、无可燃性；反应热大，反应物价格低等。目前已筛选出一些化学吸热反应能基本满足上述条件，如 $Ca(OH)_2$ 的热分解反应，利用上述吸热反应储存热能，用热时则通过放热反应释放热能。但是，$Ca(OH)_2$ 在大气压脱水反应温度高于500℃，利用太阳能在这一温度下实现脱水十分困难，加入催化剂可降低反应温度，但仍相当高。

d. 塑晶储热。1984年，美国在市场上推出一种塑晶家庭取暖材料。塑晶学名为新戊二醇（NPG），它和液晶相似，有晶体的三维周期性，但力学性质像塑料。它能在恒定温度下储热和放热，但不是依靠固—液相变储热，而是通过塑晶分子构型发生固—固相变储热。塑晶在恒温44℃时，白天吸收太阳能而储存热能，晚上则放出白天储存的热能。

2）电能储存。电能储存比热能储存困难，常用的是蓄电池，正在研究开发的是超导储能。铅酸蓄电池的发明已有100多年的历史，它利用化学能和电能的可逆转换，实现充电和放电。铅酸蓄电池价格较低，但使用寿命短，质量重，需要经常维护。近来开发成功了少维护、免维护铅酸蓄电池，其性能有一定提高。目前，与光伏发电系统配套的储能装置，大部分为铅酸蓄电池。现有的蓄电池储能密度较低，难以满足大容量、长时间储存电能的要求。新近开发的蓄电池有银锌电池、锂电池、钠硫电池等。某些金属或合金在极低温度下成为超导体，理论上电能可以在一个超导无电阻的线圈内储存无限长的时间。但目前超导储能在技术上尚不成熟，需要继续研究开发。

3）氢能储存。氢可以大量、长时间储存，它能以气相、液相、固相（氢化物）或化合物（如氨、甲醇等）形式储存。

4）机械能储存。太阳能转换为电能，推动电动水泵将低位水抽至高位，便能以位能的形式储存太阳能；太阳能转换为热能，推动热机压缩空气，也能储存太阳能。在机械能储存中最受关注的是飞轮储能。

（4）太阳能热动力发电。太阳能热动力发电技术是指利用大规模阵列抛物镜面或碟形镜面收集太阳热能，通过换热装置提供蒸汽，结合传统汽轮发电机的工艺，从而达到发电的目的。采用太阳能热动力发电技术，避免了昂贵的硅晶光电转换工艺，可以大大降低太阳能发电的成本。而且，这种形式的太阳能利用还有一个其他形式的太阳能转换所无法比拟的优势，即太阳能所烧热的水可以储存在巨大的容器中，在太阳落山后几个小时仍然能够带动汽轮机发电。

一般来说，太阳能热动力发电主要形式有塔式、槽式、碟式和太阳池四种，此外还有一种较为特殊的是太阳能烟囱热风发电技术，本节分别介绍上述几种太阳能热发电技术。

1）塔式太阳能热动力发电。该发电系统主要包括聚光子系统、集热子系统、蓄热子系统、发电子系统等部分。在面积很大的场地上装有数量众多的大型太阳能反射镜，通常称为定日镜，每台定日镜都各自配有跟踪机构，能够准确地将太阳光反射集中到一个高塔顶部的接受器上。集热装置聚光倍率可超过 1000 倍，接收器把吸收的太阳光能转化成热能，再将热能传给工质，经过蓄热环节，再输入热动力机，膨胀做功，带动发电机，最后以电能的形式输出。敦煌 100MW 熔盐塔式光热电站是首批国家太阳能热发电示范项目之一，已于 2018 年 12 月 28 日成功实现并网发电，是我国首个百兆瓦级大型商业化光热电站项目。

2）槽式太阳能热动力发电。全称为槽式抛物面反射镜太阳能热动力发电系统，是将多个槽型抛物面聚光集热器经过串并联的排列，加热工质，产生高温蒸汽，驱动汽轮机发电机组发电。国内槽式太阳能热发电技术现状：20 世纪 70 年代，在槽式太阳能热发电技术方面，中国科学院和中国科技大学曾做过单元性试验研究；2009 年华园新能源应用技术研究所与中国科学院电工研究所、清华大学等科研单位联手研制开发的太阳能中高温热利用系统，通过采用菲涅耳凸透镜技术可以对数百面反射镜进行同时跟踪，将数百或数千平方米的阳光聚焦到光能转换部件上（聚光度约 50 倍，可以产生三四百摄氏度的高温）。

3）碟式太阳能热动力发电。其主要特征是采用盘状抛物面聚光集热器，从外形上看类似于大型抛物面雷达天线，因此也称盘式系统。由于盘状抛物面镜是一种点聚焦集热器，其聚光比可以高达数百到数千倍，因而可产生非常高的温度。碟式太阳能热动力发电系统主要由碟式聚光镜、接收器、斯特林发动机、发电机组成，目前峰值转换效率可达 30％以上。每个碟式太阳能热发电系统都有一个旋转抛物面反射镜用来汇聚太阳光，该反射镜一般为圆形，像碟子一样，故称为碟式反射镜。整片的旋转抛物面反射镜与斯特林机组支架固定在一起，通过跟踪转动装置安装在机座的支柱上，斯特林机组安装在斯特林机组支架上，机组接收器在旋转抛物面反射镜的聚焦点上。其中，斯特林发动机是一种外燃机，依靠发动机汽缸外部热源加热工质进行工作，发动机内部的工质通过反复吸热膨胀、冷却收缩的循环过程推动活塞来回运动实现连续做功。由于热源在汽缸外部，方便使用多种热源，特别是利用太阳能作为热源。碟式抛物面聚光镜的聚光比范围可超过 1000，能把斯特林发动机内的工质温度加热到 650℃ 以上，使斯特林发动机正常运转起来。

4）太阳池发电。太阳池发电是利用太阳池吸收和储存的太阳能进行发电。太阳池（也称盐田）是一种以太阳辐射为能源的人造的盐水池。它是利用具有一定盐浓度梯度的池水作为集热器和蓄热器的一种太阳能热利用系统。盐水池中表面的水是清水，向下浓度逐渐增大，池底接近饱和溶液。由于盐水自下而上的浓度阶梯度，下层较浓的盐水比较重，因此可阻止或削减由于池中温度梯度引发的池内液体自然对流，从而使池水稳定分层。在太阳辐射下池底的水温升高，形成温度高达 90℃ 左右的热水层，而上层清水层则成为一层有效的绝热层。同时，由于盐溶液和池周围土壤的热容量大，所以太阳池具有很大的储热能力。这就是太阳池蓄热池的基本原理。

太阳池发电系统所用的热水来自水池蓄热层，当热水达到一定温度时，用水泵从蓄热层上部将热水抽至池外，然后热水被送进蒸发器的螺旋管里，热水的热能将环绕蒸发器的低沸点的有机液体加热变成气体。这种气体驱动汽轮机转动，就可以带动发电机发电；而从汽轮机中出来的气体，经过冷凝器凝缩成液体，又被送回蒸发器；而通过蒸发器降温后的热水，被用管道送回蓄热层的底部。20 世纪 60 年代初，以色列科学家在死海之畔建立了第一个太阳池装置。20 世纪 80 年代后，世界各国陆续建立了不少太阳池电站。例如澳大利亚建成的一个面积为 3000m² 的太阳池用来发电，可以为偏僻地区供电，并进行海水淡化、温室供暖等。

5）太阳能烟囱热风发电。太阳能烟囱热风发电的构想是在 1978 年由德国乔根·施莱奇（J. Schlaich）教授首先提出的。随后由德国政府和西班牙一家电力企业联合资助，于 1982 年在西班牙曼札纳市建成世界上第一座太阳能烟囱热风发电站。这座电站的烟囱高度为 200m，烟囱直径 10.3m，集热棚覆盖区域直径约为 250m。白天，涡轮发电机的转速为 1500r/min，输出功率为 100kW；在夜间涡轮发电机的转速为 1000r/min，输出功率为 40kW。太阳能烟囱热风发电站的理想场所是戈壁沙漠地区，这些地区的太阳辐射强度为 500～600W/m²。我国只有华中科技大学建造了一座太阳能烟囱热风发电站，并对集热棚和太阳能烟囱内的传热和流动过程进行了数值模拟研究。

太阳能烟囱热风发电系统主要由烟囱、集热棚、蓄热层和涡轮发电机组四个重要部件构成。集热棚用玻璃或塑料等透明材料建成，并用金属框架作为支撑，集热棚四周与地面留有一定的间隙。大约 90% 的太阳可见光（短波辐射）能够穿过透明的集热棚，被棚内地面吸收，同时由于温室效应，集热棚能够很好地阻隔地面发出的长波辐射。因此，太阳能集热棚是太阳能的一个有效捕集和储存系统。棚内被加热的地面与棚内空气之间的热交换使集热棚内的空气温度升高，受热空气由于密度下降而上升，进入集热棚中部的烟囱。同时棚外的冷空气通过四周的间隙进入集热棚，这样就形成了集热棚内空气的连续流动。热空气在烟囱中上升速度提高，同时上升气流推动涡轮发电机运转发电。特别是在夏季，通过烟囱效应可以将建筑物内聚集的热能排出，同时利用轴流式风力发电系统发电（主要是利用了热气流中的热能在烟囱当中所产生的压力差），因此太阳能烟囱热风发电系统与建筑一体化是可行的，系统实现技术难度较低，除风力发电系统外，其他部分可实现全寿命使用，但太阳能烟囱热风发电系统效率较低，一般不超过 3%。

2.2.2 太阳能光伏发电关键技术

1. 光伏输出特性

在相同的太阳光照强度情况下光伏阵列输出特性如图 2-9（a）所示，光伏阵列的输出电流为各串光伏组件输出电流的和，输出电压为各串输出电压的最小值。输出曲线只有一个最大功率点，系统的最大功率点跟踪方法非常简单。不同的阵列尺寸及串并联结构、遮蔽情况、组件大小、内部参数和旁路二极管的连接方式都会影响到全局峰值的分布。遮蔽情况下，光伏输出特性输出了多个峰值点（局部峰值），而只有一个是实际的最大峰值（全局峰值），如图 2-9（b）所示；不同遮蔽情况导致全局峰值出现的区域是不同的。

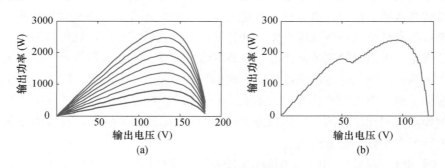

图 2-9 光伏阵列输出特性曲线

（a）各串光伏组件输出曲线；（b）遮蔽情况下的输出曲线

2. 最大功率点跟踪技术

为了使昂贵的光伏发电系统输出尽可能多的电能，提高输出效率，直流/直流变换处的最大功率跟踪控制策略必不可少；为了使光伏组件发出的电能可以输送到电网，直流/交流变换处的并网逆变控制策略也是必需的；此外当电网侧发生故障时，光伏发电系统应具有孤岛检测和低电压穿越的能力。对于分布式系统而言，蓄电池的充放电控制策略也是必需的。

从光伏阵列的输出特性来看，由于其功率—电压—电流特性是非线性的，输出曲线上只有唯一的一个点具有最大的输出功率，该点就被称为最大功率点。如果光伏发电系统采用错误的输出电压和电流，将严重降低系统的输出效率。为了发出尽可能多的电能，最大功率点跟踪（maximum power point tracking，MPPT）技术对于提高系统的输出效率是非常必要的，可使得光伏方阵能以最大的功率输出，最大程度地进行光电转换。光伏发电系统最大功率点跟踪控制装置示意图如图2-10所示。在整个阵列具有相同太阳辐射强度的情况下，光伏阵列的输出特性具有唯一的一个峰值点，最大功率点跟踪技术的实现是较为容易的。

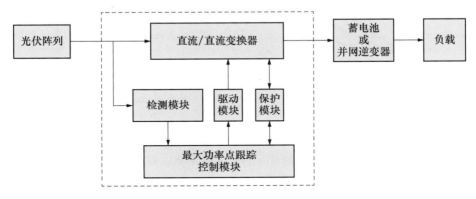

图2-10　光伏发电系统最大功率点跟踪控制装置示意图

（1）理想照度情况下最大功率点跟踪。目前在理想照度情况下常用的最大功率点跟踪方法有恒定电压法、扰动观察法、增量电导法和模糊逻辑法等，下面分析这些方法的优缺点。

1）恒定电压法。恒定电压法（constant voltage method）是一种最简单的最大功率点跟踪方法，简单地说就是设定一个优化电压，在跟踪过程中，输出电压不断跟踪该电压值进而实现最大功率点跟踪。恒定电压为15.2V时，光伏输出功率点和实际的最大输出功率点的比较如图2-11所示，由图可知两条曲线只有在某一相同照度相交，其他照度值时恒定电压法均不能跟踪到系统实际的最大功率点，当然跟踪的效率较低。

所以恒定电压法的优点是思路简单、实现容易；缺点是跟踪效率低、输出效率低、浪费严重。结论：不适于光伏的最大功率点跟踪。

2）扰动观察法。扰动观察法（perturb and observe，PO）是一种最常用的最大功率点跟踪方法，简单地说就是通过对输出电压或电流或脉宽调制加上一个或正或负的扰动±Δ（可表达为按照一定的步长扰动），在跟踪过程中，通过不断比较输出功率值来确定是否改变电压或电流或脉宽调制，从而实现最大功率点跟踪。

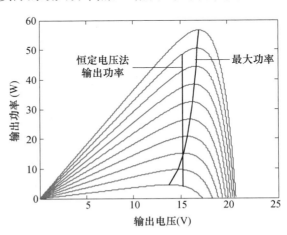

图2-11　恒定电压法输出特性曲线

扰动观察法实际上是一个不断比较的过程，所以计算量比较大，如果采用定步长

(fixed step) 扰动，则在跟踪过程的初始阶段跟踪速度较快，但在最大功率点附近有较大的振动；变步长扰动的方法就是在跟踪初期采用较大的步长跟踪，在跟踪的末期采用

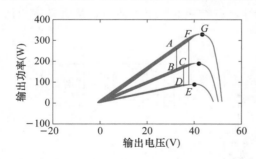

图 2 - 12　扰动观察法输出特性曲线

较小步长实现跟踪，目的是减小最大功率点附近的振动，当然小步长扰动将导致跟踪速度变慢。采用变步长扰动观察法时，光伏输出功率曲线和实际的最大输出功率点如图 2 - 12 所示。

扰动观察法的优点是思路简单、实现容易；缺点是跟踪效率低，如果天气状况稳定是可以跟踪到最大功率点的，但在最大功率点附近存在振动，输出效率低，浪费严重，在天气变化剧烈的情况下无法跟踪到实际的最大功率点。结论：在实际的系统中输出效率较低。

3）增量电导法。增量电导法（incremental conductance method）是一种常用的最大功率点跟踪方法，简单地说，就是不断地判断 dP/dU 是否等于 0，如果等于 0 则跟踪到的就是最大功率点，否则继续判断。由光伏输出特性可知，当光伏输出位于最大功率点时，满足式（2 - 1），最大功率跟踪由 dP/dU 的取值来实现。

$$\frac{dP}{dU} = \frac{d(UI)}{dU} = I + \frac{dI}{dU} = 0 \qquad (2-1)$$

若 $dP/dU=0$，如图 2 - 13 中的 A 点，则跟踪到光伏最大功率点，此时的输出电压和电流就是优化输出电压和电流，输出值应该保持；若 $dP/dU>0$，如图中的 B 点，则没有跟踪到光伏最大功率点，此时的输出电压应该增加，输出功率也相应增加；若 $dP/dU<0$，如图中的 C 点，则没有跟踪到光伏最大功率点，此时应该减小输出电压，但输出功率却增加了。

增量电导法的优点是思路简单、实现容易，在最大功率点的振动较扰动法小；缺点是测量需要精度较高的传感器，计算量大、速度慢，如果天气状况稳定可以跟踪到最大功率点，在天气变化剧烈的情况下则无法跟踪到实际的最大功率点。结论：在实际的系统中实现较为困难，输出效率一般。

4）模糊逻辑法。模糊逻辑法

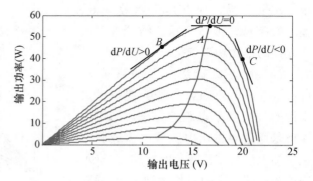

图 2 - 13　增量电导法输出特性曲线

（fuzzy logic method）是一种不依赖于控制对象精确数学模型的智能控制方法，简单地说就是通过专家经验设置模糊规则和隶属函数，以电流、电压或功率的变化率作为模糊输入，通过模糊处理并对隶属度进行反模糊处理得到输出量，进而控制脉宽调制来实现

光伏的最大功率点跟踪。

模糊逻辑法的优点是实现容易，不需要知道光伏的精确数据，跟踪速度快；缺点是控制效果取决于专家经验，最大功率点处的振动较大。结论：在实际的系统中实现容易，如可以减小最大功率点处的振动则输出效率较高。

（2）部分遮蔽情况下最大功率点跟踪。随着光伏发电系统尺寸的不断扩大，光伏阵列经常会遇到局部辐射强度减弱情况（树、云层、灰尘、鸟类或者建筑物的阻碍造成的阴影等），导致光伏阵列的输出包含多个最大功率点［局部峰值（local MPP）］，而只有一个是实际的最大功率点［全局峰值（global MPP）］。因此，在整个阵列具有不同太阳辐射强度的情况下（即部分遮蔽情况），光伏阵列的最大功率点跟踪技术的实现是非常困难的，错误的阵列输出电压和电流不仅浪费了宝贵的电能，降低了光伏发电系统的输出效率，而且会使被遮蔽的光伏组件温度快速上升，进一步降低系统输出效率。

为了提高部分遮蔽情况下光伏阵列的输出效率，可采用微粒群、神经网络和斐波纳契等智能方法来跟踪系统部分遮蔽下的全局峰值，也可通过优化系统结构和旁路二极管连接方式来提高系统输出效率。此外，在部分遮蔽情况下，被遮挡的光伏组件的通流能力下降，如果是串联组件被部分遮蔽，则该组件将阻碍同一串上其他未被遮蔽组件的电流输出，消耗未被遮蔽组件的输出功率，形成热斑效应。为了减小部分遮蔽对光伏阵列输出特性的影响，每个光伏组件都有旁路二极管，使得被遮蔽部分的组件不会影响整串组件的通流能力，当然也不会产生热斑效应。

针对部分遮蔽下的光伏发电系统最大功率点跟踪方法，总体来说可以分为三类：①通过优化光伏阵列的拓扑结构来实现；②通过扰动或扫描光伏阵列输出特性的方法来实现；③通过智能算法来实现。

3. 并网技术

（1）并网控制。并网逆变器不仅要独立地为局域网供电，而且还要与电网连接，将其输出的电能送到电网上去。锁相技术是并网控制的关键，光伏并网系统逆变器按照控制方式可以分为四类：电压源电流控制、电压源电压控制、电流源电压控制和电流源电流控制。以电流源为输入的逆变器，其直流侧需要串联一个大电感提供较稳定的直流电流输入，但由于大电感往往会导致系统动态性能的变差，因此在大范围地开发并网逆变器的时候均采取电压源的控制方式。由于市政电网系统可被看作是一个无穷大容量的电流电压源，假设并网逆变器输出是按照电压控制的，则实际上就相当于一个小容量的电压源和一个无穷大容量的电压源并联运行了，要使系统能够稳定运行，就必须使输出的电压的幅值和相位都要和市电的一致。但通常情况下这两个并联运行的系统会因为控制的响应速度不能达到精确控制的目的，甚至会出现环流的问题。假设逆变器的输出环节采用的是电流控制，不需要考虑环流的问题，而只是关心逆变器输出的电流与市电是否同等相位和频率，而不用关心其幅值问题。综上所述，一般情况下，逆变器的输出电流和市电的电压之间采用的是电流控制策略。

（2）锁相环。目前，用来实现锁相的方法有以下几种：

1）过零比较法。大多数常用的软件锁相环均采用过零比较法，它通过电网电压的上升沿（电网电压从负变为正跨越零轴时）产生中断，并由此时的周期 T_1 与设定的 T_0 之间进行比较，如果 $T_1 > T_0$ 表示此时的频率小于正常的 50Hz，通过调整程序中的指针变量的位置（此时要对指针变量加上一个小的常数）来靠近正常电网电压的周期和频率。为实现过零比较法，其鉴相器必须满足：信号周期与采样周期必须成整数倍关系；采样点时间间隔要保持严格一致。过零比较法虽然简单，但是锁相速度慢，抗干扰能力不足，无法实现相位的快速跟踪。

2）α-β变换锁相法。基于α-β变换的同步相位检测电路的结构原理如图2-14所示。采用空间矢量滤波法实现电网频率恒定不变情况下的相位同步；而在电网频率变换的情况下，可采用同步矢量滤波法和扩展的卡尔曼滤波器法实现相位同步。基于α-β变换来实现同步锁相的这几种方法虽然可以检测出电网电压在任意时刻的同步相位，但易受三相不平衡的影响，虽然用滤波器可滤除谐波的影响，但这样就引入了相位偏移。

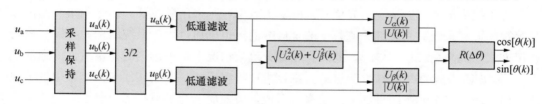

图 2-14　基于 α-β 变换的同步相位检测电路的结构原理

3）基于虚拟坐标系变换的锁相方法。基于虚拟坐标系变换的同步锁相方法可以检测出电网电压在任一个时刻的同步相位。电网电压中的负序分量和谐波分量对应于坐标系变换后 u_d 中的交流分量，而电网电压中的基波正序分量对应于 u_d 中的直流分量。可采用截止频率较低的低通滤波器来滤除电网中负序分量和谐波分量所带来的交流分量。

除上述方法外，还有基于离散傅里叶变换、最小二乘法和比例积分控制等相位同步检测方法，其不受电网电压畸变的影响，稳态性能好，但实时性较差，实际硬件设计时不易实现且算法相对较为复杂。目前通过搭设一些辅助电路与采用单片机软件编程来实现锁相算法相结合的这种新型的软件锁相环技术日益成为人们研究的热点。使用软件编程的特点有形式灵活、可移植性强，可实现模拟或数字锁相环不易实现的功能（只需修改算法和程序即可），因而逐渐为越来越多的工程应用所采用。

4. 孤岛检测

根据美国桑迪亚国家实验室提供的报告指出，孤岛效应就是当电力公司的供电系统因故障事故或停电维修等原因停止工作时，安装在各个用户端的光伏并网发电系统未能及时检测出停电状态而不能迅速将自身切离市电网络，从而形成的一个由光伏并网发电系统向周围负载供电的一种电力公司无法掌控的自给供电孤岛现象。

（1）孤岛效应的影响。一般来说，孤岛效应可能对整个配电系统设备及用户端的设备造成不利的影响，包括：①危害电力维修人员的生命安全；②影响配电系统上的保护开关动作程序；③孤岛区域所发生的供电电压与频率的不稳定性质会对用电设备带来破坏；④当供电恢复时造成的电压相位不同步将会产生浪涌电流，可能会引起再次跳闸或对光伏系统、负载和供电系统带来损坏；⑤光伏并网发电系统因单相供电而造成系统三相负载的欠相供电问题。因此，一个安全可靠的并网逆变装置，必须能及时检测出孤岛效应并避免所带来的危害。

（2）孤岛检测方法。孤岛检测方法根据技术特点，可以分为三大类：被动检测方法、主动检测方法和开关状态监测方法（基于通信的方法）。

1）被动检测方法。被动式方法利用电网断电时逆变器输出端电压、频率、相位或谐波的变化进行孤岛效应检测。但当光伏系统输出功率与局部负载功率平衡时，则被动检测方法将失去孤岛效应检测能力，存在较大的非检测区（non-detection zone，NDZ）。并网逆变器的被动式反孤岛方案不需要增加硬件电路，也不需要单独的保护继电器。

a. 过/欠电压和高/低频率检测法。过/欠电压和高/低频率检测法是在公共耦合点的电压幅值和频率超过正常范围时，停止逆变器并网运行的一种检测方法。逆变器工作时，电压、频率的工作范围要合理设置，允许电网电压和频率的正常波动，一般对 220V/50Hz 电网，电压和频率的工作范围分别为 $194V \leqslant U \leqslant 242V$、$49.5Hz \leqslant f \leqslant 50.5Hz$。如果电压或频率偏移达到孤岛检测设定阈值，则可检测到孤岛发生。然而当逆变器所带的本地负荷与其输出功率接近于匹配时，则电压和频率的偏移将非常小甚至为零，因此该方法存在非检测区。过/欠电压和高/低频率检测法的经济性较好，但由于非检测区较大，所以单独使用进行孤岛检测是不够的。

b. 电压谐波检测法。电压谐波检测法（harmonic detection）通过检测并网逆变器的输出电压的总谐波失真（total harmonic distortion，THD）是否越限来防止孤岛现象的发生，这种方法依据工作分支电网功率变压器的非线性原理。发电系统并网工作时，其输出电流谐波将通过公共耦合点 a 点流入电网。由于电网的网络阻抗很小，a 点电压的总谐波畸变率通常较低，一般此时 a 点电压的总谐波失真总是低于阈值（一般要求并网逆变器的总谐波失真小于额定电流的 5%）。当电网断开时，由于负载阻抗通常要比电网阻抗大得多，因此 a 点电压（谐波电流与负载阻抗的乘积）将产生很大的谐波，通过检测电压谐波或谐波的变化就能有效地检测到孤岛效应的发生。但是在实际应用中，由于非线性负载等因素的存在，电网电压的谐波很大，谐波检测的动作阈值不容易确定，因此，该方法具有局限性。

c. 电压相位突变检测法。电压相位突变检测法（phase jump detection，PJD）是通过检测光伏并网逆变器的输出电压与电流的相位差变化来检测孤岛现象的发生。光伏并网发电系统并网运行时通常工作在单位功率因数模式，即光伏并网发电系统输出电流电压（电网电压）同频同相。当电网断开后，出现了光伏并网发电系统单独给负载供电的孤岛现象，此时，公共耦合点 a 电压由输出电流 I_o 和负载阻抗 Z 所决定。由于锁相环的作用，I_o 与 a 点电压仅仅在过零点发生同步，在过零点之前，I_o 跟随系统内部的参考电流而不会发生突变，因此，对于非阻性负载，a 点电压的相位将会发生突变，从而可以采用相位突变检测法来判断孤岛现象是否发生。相位突变检测算法简单，易于实现。但当负载阻抗角接近零时，即负载近似呈阻性，由于所设阈值的限制，该方法失效。

被动检测方法一般实现起来比较简单，然而当并网逆变器的输出功率与局部电网负载的功率基本接近，导致局部电网的电压和频率变化很小时，被动检测方法就会失效，此方法存在较大的非检测区。

2）主动检测方法。主动检测方法是指通过控制逆变器，使其输出功率、频率或相位存在一定的扰动。电网正常工作时，由于电网的平衡作用，检测不到这些扰动。一旦电网出现故障，逆变器输出的扰动将快速累积并超出允许范围，从而触发孤岛效应检测电路。该方法检测精度高，非检测区小，但是控制较复杂，且降低了逆变器输出电能的质量。目前并网逆变器的反孤岛策略都采用被动式检测方案加上一种主动式检测方案相结合。

a. 频率偏移检测法。频率偏移检测法是目前一种常见的主动扰动检测方法。采用主动频移方案使并网逆变器输出频率略微失真的电流，以形成一个连续改变频率的趋势，最终导致输出电压和电流超过频率保护的界限值，从而达到反孤岛效应的目的。

b. 滑模频漂检测法。滑模频率漂移检测法是一种主动式孤岛检测方法。它控制逆变器的输出电流，使其与公共点电压间存在一定的相位差，以期在电网失压后公共点的频率偏离正常范围而判别孤岛。正常情况下，逆变器相角响应曲线设计在系统频率附近范围内，单位功率因数时逆变器相角比 RLC 负载增加得快。当逆变器与配电网并联运行时，配电网通过提供固定的参考相角和频率，使逆变器工作点稳定在工频。当孤岛形成后，如果逆变器输出电压频率有微小波动，逆变器相位响应曲线会使相位误差增加，到达一个新的稳定状态点。新状态点的频率必会超出高/低频率动作阈值，逆变器因频率误差而关闭。滑模频漂检测法实际是通过移相达到移频，与频率偏移检测法一样有实现简单、无须额外硬件、孤岛检测可靠性高等优点，也有类似的缺点，即随着负载品质因数增加，孤岛检测失败的可能性变大。

c. 周期电流扰动检测法。周期电流扰动检测法是一种主动式孤岛检测法。对于电流源控制型的逆变器来说，每隔一定周期，减小光伏并网逆变器输出电流，则改变其输出有功功率。当逆变器并网运行时，其输出电压恒定为电网电压；当电网断电时，逆变器输出电压由负载决定。每每到达电流扰动时刻，输出电流幅值改变，则负载上电压随之变化，当电压达到欠电压范围即可检测到孤岛发生。

d. 频率突变检测法。频率突变检测法是对频率偏移检测法的修改，与阻抗测量法相类似。频率突变检测在输出电流波形（不是每个周期）中加入死区，频率按照预先设置的模式振动。例如，在第四个周期加入死区，正常情况下，逆变器电流引起频率突变，但是电网阻止其波动。孤岛形成后，通过对频率加入偏差，检测逆变器输出电压频率的振动模式是否符合预先设定的振动模式，来检测孤岛现象是否发生。这种检测方法的优点是：如果振动模式足够成熟，使用单台逆变器工作时，防止孤岛现象的发生是有效的，但是在多台逆变器运行的情况下，如果频率偏移方向不相同，会降低孤岛检测的效率和有效性。

3）其他方法。孤岛效应检测除了上述普遍采用的被动法和主动法，还有一些逆变器外部的检测方法。如网侧阻抗插值法，是指电网出现故障时在电网负载侧自动插入一个大的阻抗，使得网侧的阻抗突然发生显著变化，从而破坏系统功率平衡，造成电压、频率及相位的变化。还有运用电网系统的故障信号进行控制，电网出现故障，电网侧自身的监控系统就向光伏发电系统发出控制信号，以便能够及时切断分布式能源与电网的并联运行。

5. 低电压穿越

低电压穿越（low voltage ride through，LVRT），指在光伏发电系统并网点电压跌落时，光伏发电系统能够保持并网，甚至向电网提供一定的无功功率，支持电网恢复，直到电网恢复正常，从而穿越这个低电压时间（区域）。低电压穿越是对并网光伏在电网出现电压跌落时仍保持并网的一种特定的运行功能要求。大中型光伏电站应该在电网故障期间保持一定时间不脱网，实现低电压穿越以减小对电网的影响。通过对光伏逆变器的解耦控制，可动态调节光伏电站的无功输出能力，从而减少甚至不用常规的无功补偿装置，降低系统的成本。根据国家电网公司（Q/GDW 1617—2015）《光伏电站接入电网技术规定》，大中型光伏电站在电网发生故障时要有低电压穿越的能力，能为保持电网稳定性提供支撑，如图 2-15 所示。当并网点电压在图中电压轮廓线及以上的区域内时，光伏电站必须保证不间断并网运行；并网点电压在图右侧电压轮廓线以下时，允许光伏电站停止向电网线路送电。一般选择 U_{L1} 设定为 0.2 倍额定电压，T_1 设为 1s，T_2 设为 3s。

制约光伏电站低电压穿越能力的主要是光伏电站出口处的电流，不因过电流而导致光伏逆变器跳开，所以既要保持逆变器不脱网，又不能损坏逆变器。由于电压跌落期间逆变器输出的电流主要是有功分量，因此要使输出电流不过电流（一般不超过额定电流的 1.1 倍）主要是控制电流内环的有功电流给定值，从而控制不过电流。除了限制有功电流的增大，在电压跌落期间，光伏电站不仅需要保持并网状态，而且应该能够动态发出无功功率，支撑电网电压。在必要时可

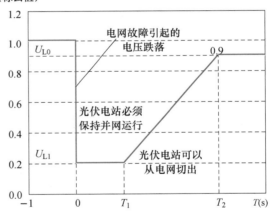

图 2-15　光伏电站低电压穿越的要求

以降低有功电流从而留出足够的容量用以输出无功电流。

以无功控制策略解决光伏发电系统的低电压穿越，具体来说光伏电站的无功控制分为电压控制模式和功率因数控制模式。正常运行时，光伏电站运行在功率因数控制模式，可根据调度的需要工作在设定的功率因数模式下，向电网输出一定的有功功率和无功率；在发生电网扰动故障等情况导致电网电压跌落时，能切换到电压控制模式，根据电压偏差情况输出无功功率，以支撑并网点电压。需要说明的是，光伏电站整定出的无功功率要受到一定的约束，即无功参考量不能越限，且不能超出系统功率因数的限制。

6. 虚拟同步

随着新能源并网比例越来越高，电力系统的电力电子化成为趋势，由于新能源或者分布式电源、储能装置都是通过电力电子器件接入电网，而电力电子器件因其快速的动态响应、较小的过载能力、低转动惯量和低短路容量等特性将对电网的静动态稳定性产生影响。而传统电网中的同步发电机具有优良的惯性和阻尼特性，并能够参与电网电压和频率的调节。因此，借鉴传统电力系统的运行经验和同步发电机的特性，可以实现逆变器友好地接入电网。

虚拟同步发电机技术简单地说，就是在传统并网逆变器的直流侧引入适量的储能单元，并在逆变器的控制中集成传统同步发电机模型。如果逆变器直流侧储存的能量足够大，当逆变器采用虚拟同步技术时，由于虚拟惯性的存在，可以使虚拟同步技术在受扰后具有和传统同步发电机一样的惯性，那么虚拟同步技术就能够参与一次调频；考虑到同步发电机转换过程缓慢，基于储能装置的转换时间更短，因此虚拟同步技术响应速度更快，能够参与调频的逆变器必须配备足够的储能。如果直流侧不能瞬时提供足够的能量，那么逆变器的调频能力也就非常有限。

2.3 风 力 发 电

风是最常见的自然现象之一，本章将重点介绍风力机的结构分类，风力发电系统的组成、分类及输出特性，风力发电关键技术。

2.3.1 风资源

风资源又称风力资源，是风力发电行业用于描述一个区域的风所蕴含的能量的专业名词。风资源的好坏取决于当地的风速和空气密度。我国幅员辽阔，海岸线长，风能资源比较丰富，仅次于俄罗斯和美国，居世界第三位。

我国风能资源丰富的地区主要分布在东南沿海及附近岛屿以及"三北"（东北、华北、西北）地区。另外，内陆也有个别风能丰富点，海上风能资源也非常丰富。根据全国 900 多个气象站陆地上离地 10m 高度资料进行估算，全国平均风功率密度为 $100W/m^2$，风能资源总储量约 32.26 亿 kW，可开发和利用的陆地上风能储量有 2.53 亿 kW，近海可开发和利用的风能储量有 7.5 亿 kW，共计约 10 亿 kW。

2.3.2 风力机用于发电的历史和分类

1. 风力机用于发电的历史

风力机，是指将风能转换为机械功的动力机械，又称风车。广义地说，它是一种以太阳为热源，以大气为工作介质的热能利用发动机。风力机用于发电的设想始于1890 年丹麦的一项风力发电计划。到 1918 年，丹麦已拥有风力发电机 120 台，额定功率为 5～25kW 不等。第一次世界大战后，制造飞机螺旋桨的先进技术和近代气体动力学理论，为风轮叶片的设计创造了条件，于是出现了现代高速风力机。

在第二次世界大战前后，由于能源需求量大，欧洲一些国家和美国相继建造了一批大型风力发电机。1941 年，美国建造了一台双叶片、风轮直径达 53.3m 的风力发电机，当风速为 13.4m/s 时输出功率达 1.25MW。英国在 20 世纪 50 年代建造了 3 台功率为 100kW 的风力发电机，其中一台结构颇为独特，它由一个 26m 高的空心塔和一个直径 24.4m 的翼尖开孔的风轮组成，风轮转动时造成的压力差迫使空气从塔底部的通气孔进入塔内，穿过塔中的空气涡轮再从翼尖通气孔溢出。法国在 20 世纪 50 年代末到 60 年代中期相继建造了 3 台功率分别为 1MW 和 800kW 的大型风力发电机。现代的风力机具有较强的抗风暴能力；风轮叶片广泛采用轻质材料；运用近代航空气体动力学成就，使风能利用系数提高到 0.45 左右。

20 世纪 50 年代末，我国的风力机主要是各种木结构的布篷式风车，1959 年仅江苏省就有木风车 20 多万台。60 年代中期主要是发展风力提水机。70 年代中期以后风能开发利用列入国家"六五"重点项目，得到迅速发展。80 年代中期以后，中国先后从丹麦、比利时、瑞典、美国、德国引进一批中、大型风力发电机组。在新疆、内蒙古的风口及山东、浙江、福建、广东的岛屿建立了 8 座示范性风力发电场。进入 21 世纪，我国风力发电进入了快速发展期，目前我国的风电装机容量已经排在了世界的第一位，截至 2020 年底，国内并网风电装机容量达 28153 万 kW，占全国发电装机规模总量 22 亿 kW 的 12.79%，风电已超过核电成为继煤电和水电之后的第三大主力电源。

2. 风力机分类

风力机大都按风能接收装置的结构形式和空间布置来分类，一般分为水平轴结构和垂直轴结构两类。以风轮作为风能接收装置的常规风力机为例，按风轮转轴相对于气流的方向可分为水平轴风轮式（转轴平行于气流方向）、侧风水平轴风轮式（转轴平行于地面、垂直于气流方向）和垂直轴风轮式（转轴同时垂直于地面和气流方向）；按桨叶数量，分为单叶片、双叶片、三叶片、四叶片和多叶片式；按塔架位置，分为上风式（迎风式）和下风式（顺风式）；按桨叶和形式，分为螺旋桨式、H 型、S 型等；按桨叶的工作原理，分为升力型和阻力型。以风力机的容量分，有微型（1kW 以下）、小型（1～10kW）、中型（10～100kW）和大型（100kW 以上）。此外，还有一些特殊种类的风力机，如扩压式、旋风式和浓缩风能型等。常见风力机如图 2-16 所示。

（1）水平轴风力机。水平轴风力机可分为升力型和阻力型两类。升力型旋转速度快，阻力型旋转速度慢。对于风力发电，多采用升力型水平轴风力机。大多数水平轴风力机具有对风装置，能随风向改变而转动。对小型风力机，这种对风装置采用尾舵；而对于大型风力机，则利用风向传感元件及伺服电动机组成的传动装置。水平风力机的式样很多，有的具有反转叶片的风轮；有的在一个塔架上安装多个风轮，以便在输出功率一定的条件下减少塔架成本；有的利用锥形罩，使气流通过水平轴风轮时集中或扩散，从而加速或减速；还有的水平轴风力机在风轮周围产生旋涡，集中气流，增加气流速度。

（2）垂直轴风力机。垂直轴风力机是风轮垂直于风向的风力机。

1）阻力型垂直轴风力机。阻力型垂直轴风力机的种类主要有萨渥纽斯型（S 型）、涡轮型［见图 2-16（g）］、风杯型［见图 2-16（i）］、平板型等。S 型风力机由两个轴线错开的半圆柱形叶片组成，其优点是启动转矩较大，缺点是围绕着风轮产生的不对称

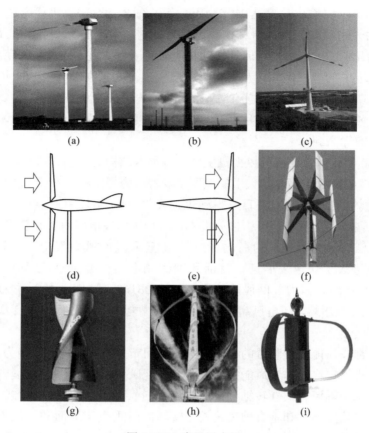

图 2-16 常见风力机

(a) 单叶片；(b) 双叶片；(c) 三叶片；(d) 上风式；(e) 下风式；(f) H型；

(g) S型；(h) 升力型；(i) 升力型结合阻力型

气流，产生侧向推力，而且尖速比一般小于1。对于较大型的风力机，受偏转、安全极限应力以及尖速比的限制，采用这种结构形式是比较困难的。S型风力机风能利用系数低于高速垂直轴和水平轴风力机，在风轮尺寸、质量和成本一定的情况下提供的输出功率较低，因而缺乏竞争力。

2）升力型垂直轴风力机。图 2-17 所示升力型垂直轴风力机，包括 Φ 形、H 形、Y 形、V 形、◇形等变形，其中 Φ 形、H 形为典型。目前研究应用的主流是直叶片和弯叶片，以 H 形和 Φ 形最为典型，是现在水平轴风力机的主要竞争者。Φ 形风轮所采用的是 Troposkien 曲线（又称跳绳曲线）叶片，使叶片只承受纯张力，不承受离心力载荷，从而将弯曲应力减至最小，但叶片制造成本也比直叶片高。对于相同强度的叶片，因为材料可承受的张力比弯曲应力要强，所以 Φ 形叶片比较轻，且比 H 形达里厄风力机具有更高的尖速比。但是 Φ 形叶片几何形状固定不变，不便采用变桨距方法实现自启动和控制转速；对于相同高度和直径的风轮，Φ 形转子比 H 形转子的扫掠面积要小。直叶片即 H 形叶片要采用横梁或拉索支撑，以防止引起的弯曲应力；这些支撑将产生气动阻力，降低风轮效率。直叶片（H 形）风轮结构简单，风轮叶片可以采用变桨距角控制，从而适应相对风速的变化，提高风能利用率。

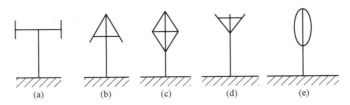

图 2-17 升力型垂直风力机的类型
(a) H形；(b) △形；(c) ◇形；(d) Y；(e) Φ形

3）其他。其他形式的垂直轴风力机有马格努斯效应（Magnus effect）风轮，它由自旋的圆柱体组成，当它在气流中工作时，产生的移动力是由于马格努斯效应引起的，其大小与风速成正比。有的垂直轴风轮使用管道或者漩涡发生器塔，通过套管或者扩压器使水平气流变成垂直气流，以增加速度；有些还利用太阳能或者燃烧某种燃料，使水平气流变成垂直方向的气流。

与水平轴风力机相比，垂直轴风力机具有以下优点：

1）总体结构合理。垂直轴风力机的风轮结构布置对称，可降低对大型高塔架的强度要求；齿轮箱、发电机和传动系统可以安装在地面上，安装维护方便。

2）不需要偏航系统。垂直轴风力机叶片的转动与风向无关，可以吸收来自任意方向风的能量，在风向改变时无需对风，不需要调向机构，使结构设计简化，避免了因偏航机构的频繁动作产生的噪声，同时也可以有效地提高风力机的运行可靠性。

3）对叶片的结构要求较低。垂直轴风力机的叶片可由形状单一的翼型拉伸成 Troposkien 曲线，在旋转时，旋转离心力在叶片上产生了纯拉力，因此降低了对叶片的强度要求；叶片材料通用，有效地降低了大型叶片的制造成本。

4）运行条件宽松。当风速达到 50m/s 时，通常垂直轴风力机仍可运行，因此其满负荷运行范围要宽得多，能够使高风速风能得到更有效的利用。同时由于垂直轴风力机的叶片可采用结构危险的悬臂梁结构，抗台风能力要强得多。

垂直轴风力机具有以下缺点：

1）由于靠近地面的风速较小，捕获的风能比较少。

2）垂直轴风力机总体效率比较低，风能利用效率系数只能达到 0.4。

3）一般的垂直轴风力机无法自启动（如果垂直轴风力发电机并网，此问题并不突出）。

4）大型垂直轴风力机的机械振动问题和气弹性问题较为复杂。

2.3.3 风力发电系统

1. 风力机输出特性

图 2-18 显示了在相同风速不同桨距角时风力机的输出特性。在桨距角 $\beta=0°$ 时的风能利用率最高，而随着 β 的增加，风能利用率逐渐下降。而且不同的 β 对应不同的最佳 C_p 值，由于小型风力发电机组采用定桨距方式发电，所以在固定的桨距条件下，最佳

C_p 和 λ_{opt}（最佳叶尖速比）是唯一的。

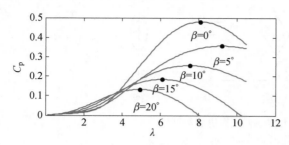

图 2-18　不同桨距角时风力机的输出特性

C_p—风能利用系数；β—桨距角；λ—叶尖速比

不同风速下，桨距角风力机的输出特性如图 2-19 所示。为了获得风力发电机组的最大输出功率，在风速达到切入风速前，风力发电机组不工作；当风速大于切入风速并小于额定风速（12m/s）时，C_p 是恒定的，转速 n 是线性上升的，叶尖速比 λ 是恒定的，输出功率 P 非线性上升；当风速大于额定风速并小于切出风速时，n 恒定，P 恒定，为了保持输出 P 的恒定，C_p 和 λ 开始非线性下降；当风速大于切出风速时，风力发电机组通过制动系统停止工作，并连接耗能负载。

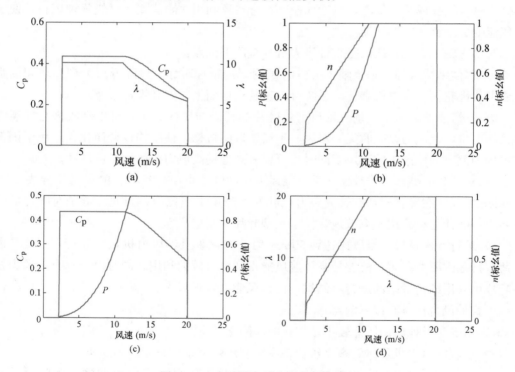

图 2-19　定桨距角风力机的输出特性

（a）C_p 与 λ 间的关系；（b）n 与 P 间的关系；（c）C_p 与 P 间的关系；（d）n 与 λ 间的关系

2. 风力发电系统的组成和分类

风力发电系统是实现风能转换为电能的设备，如图 2-20 所示，通常包括风轮、传动机构、发电机、自动控制装置、支撑铁塔和基础等。

（1）风力发电系统结构。

1）风轮：由叶片和轮毂组成，是风力发电机组获取风能的关键部件。

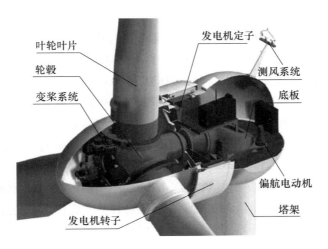

图 2-20　风力发电系统构成

2）传动系统：由主轴、齿轮箱和联轴节组成（直驱式除外）。

3）偏航系统：由风向标传感器、偏航电动机或液压电动机、偏航轴承和齿轮等组成。

4）液压系统：由电动机、油泵、油箱、过滤器、管路和液压阀等组成。

5）制动系统：分为空气动力制动和机械制动两部分。

6）发电机：分为异步发电机、同步发电机、双馈异步发电机和低速永磁发电机。

7）控制与安全系统：保证风力发电机组安全可靠运行，获取最大能量，提供良好的电能质量。

8）机舱：由底盘和机舱罩组成。

9）塔架和基础：塔架有筒形和桁架两种结构形式，基础为钢筋混凝土结构。

（2）风力发电机组分类。目前，主流的大中型风力发电机组从工作原理上区分，包括以下类型：

1）恒速恒频的笼型感应发电机组。特点：在有效风速范围内，发电机组的运行转速变化范围很小，近似恒定；发电机组输出的交流电频率恒定。通常该类风力发电系统中的发电机组为笼型感应发电机组，通过定桨距失速控制的风力机使发电机的转速保持在恒定的数值，继而使风电机组并网后定子磁场旋转频率等于电网频率，因而转子、风轮的速度变化范围小，不能保持在最佳叶尖速比，捕获风能的效率低。

2）变速恒频的双馈感应式发电机组。特点：在有效风速范围内，允许发电机组的运行转速变化，而发电机定子发出的交流电能的频率恒定。通常该类风力发电系统中的发电机组为双馈感应式异步发电机组，它结合了同步发电机和异步发电机的特点。这种发电机的定子和转子都可以和电网交换功率，"双馈"因此而得名。它一般都采用升速齿轮箱将风轮的转速增加若干倍，发电机转子转速明显提高，因而可以采用高速发电机，因为体积小、质量轻。双馈变流器的容量仅与发电机的转差容量相关，效率高、价格低廉。这种方案的缺点是升速齿轮箱价格贵，噪声大，易疲劳损坏。

3）变速变频的直驱式永磁同步发电机组。特点：在有效风速范围内，发电机组的转速和发电机组定子侧产生的交流电能的频率都是变化的。因此，此类风力发电系统需要在定子侧串联电力变流装置才能实现联网运行。通常该类风力发电系统中的发电机组为永磁同步发电机组，其风轮与发电机的转子直接耦合，而不经过齿轮箱，"直驱式"因此而得名。由于风轮的转速一般较低，因此只能采用低速的永磁发电机，因为无齿轮箱、可靠性高；但采用低速永磁发电机，体积大、造价高，而且发电机的全部功率都需要变流器送入电网，变流器的容量大、成本高。如果将电力变流装置也算作是发电机组的一部分，只观察最终送入电网的电能特征，那么直驱式永磁同步发电机组也属于变速恒频的风力发电机组。

变速恒频的风力发电机组（包括双馈感应式发电机组和直驱式永磁同步发电机组）都是变速变距型的。通过调速器和变桨距控制相结合的方法使风轮转速可以跟随风速的变化，保持最佳叶尖速比运行，从而使风能利用系数在很大的风速变化范围内均能保持最大值，能量捕获效率最大，可以提高机组的发电量3%～10%，并且机组结构受力相对较小。发电机组发出的电能通过变流器调节，变成与电网同频、同相、同幅的电能输送到电网。从性能上来讲，变速型风力发电机组具有明显的优势。

（3）风力发电系统辅助部件。除了风轮和发电机这两个核心部分，风力发电系统还包括一些辅助部件，用来安全、高效地利用风能，输出高质量的电能。

1）传动机构。虽说用于风力发电的现代水平轴风力机大多采用高速风轮，但相对于发电的要求而言，风轮的转速其实并没有那么高。考虑到叶片材料的强度和最佳叶尖速比的要求，风轮的转速是18～33r/min。而常规发电机的转速多为800r/min或1500r/min。

对于容量较大的风力发电系统，由于风轮的转速很低，远达不到发电的要求，因而可以通过齿轮箱的增速作用来实现。风力发电系统中的齿轮箱也称增速箱。在双馈式风力发电系统中，齿轮箱就是一个不可缺少的重要部件。大型风力发电系统的传动装置，增速比一般为40～50，这样，可以减轻发电机质量，节省成本。也有一些采用永磁同步发电机的风力发电系统，在设计时由风轮直接驱动发电机的转子，而省去齿轮箱，以减轻质量和减小噪声。

2）对风系统（偏航系统）。自然界的风，方向多变。只有让风垂直地吹向风轮转动面，风力机才能最大限度地获得风能。为此，常见的水平轴风力机需要配备调向系统，使风轮的旋转面经常对准风向（简称对风）。

对于小容量风力发电系统，往往在风轮后面装一个类似风向标的尾舵（也称尾翼），来实现对风功能。对于容量较大的风力发电系统，通常配有专门的偏航系统，一般由风向传感器和伺服电动机组合而成。大型系统都采用主动偏航系统，即采用电力或液压拖动来完成对风动作，偏航方式通常采用齿轮驱动。

3）限速和制动装置。风轮转速和功率随着风速的增大而增加，风速过高会导致风轮转速过高和发电机超负荷，危及风力发电系统的运行安全。限速安全机构的作用是使风轮的转速在一定的风速范围内基本保持不变。风力发电系统一般还设有专门的制动装置，当风速过高时使风轮停转，保证强风下风电系统的安全。

4）塔架和机舱。机舱除了用于容纳所有机械部件外，还承受所有外力。塔架是支撑风轮和机舱的构架，目的是把风力发电装置架设在不受周围障碍物影响的高空中，其高度视地面障碍物对风速影响的情况，以及风轮的直径大小而定。现代大型风力发电机组，塔架高度有的已达 100m。塔架除了起支撑作用，还要承受吹向风力机和塔架的风压，以及风力机运行中的动荷载。此外，塔架还能吸收风中机组的振动。

2.3.4　风力发电关键技术

1. 风力发电系统最大功率点跟踪

为了让风力发电系统从风能提取尽可能多的电能，最大功率点跟踪控制技术是必不可少的。由于风速的随机性与风电系统的非线性，最大功率点跟踪控制比较困难，也是风力发电领域的研究热点问题之一。图 2-21 显示了定桨距角风力机的最大输出功率曲线。风电系统常用的最大功率点跟踪控制方法包括测量法、扰动法、最优叶尖速比法、功率信号反馈法和智能控制方法等。

（1）测量法：包括测风速法和测转速法。

1）测风速法。如果风速可测得，则在风速处于运行范围情况下，C_p 是一个常数，可得到风电机组的最大功率值 P_{Wmax}，与发电机的输出功率值相比，得到误差值，然后通过比例积分调节器给出发电机可控参数的值，调节发电机的输出电流或电压的大小，实现发电机的输出功率的调节。该方法的优点：原理

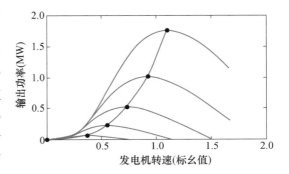

图 2-21　定桨距角风力机最大输出功率特性

简单，控制方法简洁明了，理论上输出效率非常高。缺点：需要知道风电机组的功率特性和发电机的相关参数，便于确定最佳功率线；需要安装风速计以便测量风速，增加了成本，可靠性降低；而且由于风速的测量一般不可能非常准确，所以实际上的输出效率不是非常高。

2）测转速法。如果发电机转速 n 可以测得，则 $\omega=2\pi n/60$ 已知，而由于风轮与发电机轴直接连接，所以风轮角速度等于发电机角速度，而最佳叶尖速比为已知量，则可得到该时刻的风速，将该值作为最大功率点跟踪控制的给定值就可以实现最大功率点跟踪，所以关键的问题是求取发电机转速 n，例如可采用测速电机和编码盘等采集转速信息。该方法的优点：原理简单，控制方法简洁明了，成本比测风速有所降低。缺点：需要知道风电机组和发电机的相关参数，便于确定最佳功率线；需要安装测转速的装置，增加了成本，降低了可靠性；同时由于发电机所具有的较大的转动惯量使得风轮转速对风速的快速变化有一定的延迟，即测得的转速信息不能反映实际的风速情况，所以输出效率不是非常高。

（2）扰动观察法（爬山法）。扰动观察法包括扰动功率、转矩、电流、转速法和脉宽调制等方法。以功率扰动法为例，就是给系统的输出电流加上一个扰动，通过测量输出功率的变化来决定扰动的变化方向。该方法的优点：原理简单，控制方法简洁明了，

成本较低，不需要知道风电机组和发电机的相关参数。缺点：必须对控制信号加入扰动量，在系统输出稳定时振动不可避免，输出效率降低，另外在风速变化较快的情况下，跟踪速度较慢。

（3）智能方法。例如，模糊法是根据专家经验设计出模糊规则和隶属函数，模糊控制器的输出去控制脉冲宽度，从而实现最大功率点跟踪。该方法的优点：不需要知道风电机组和电动机的相关参数，实现容易，成本较低。缺点：在系统输出稳定时振动不可避免，控制效果多根据专家经验。

（4）最优叶尖速比法。最优叶尖速比法是当风速变化时要维持风力机的叶尖速比 λ 始终保持在最佳值，最佳叶尖速比一般是通过计算或实验获得，这样在任何风速下风力机对风能的利用率都最大。它将风速 v 和风力机转速 n 的测量值作为控制系统的输入信号，通过计算得出此时的实际叶尖速比，然后与最优叶尖速比相比较，所得误差值送入控制器，控制器控制逆变器的输出来调节风机转速，从而保证叶尖速比最优。该方法的优点：原理简单，控制方法简洁明了，在风速测量精确的前提下，具有很好的准确性和反应速度。缺点：需要测量风速和转速，而风速的准确测量较为困难，导致控制精度较差。

（5）功率信号反馈法。功率信号反馈法是测量出风力发电机组的转速 n，并根据风力发电机组的最大功率曲线，计算出与该转速所对应的风力机的最大输出功率 P_{max}，将它作为风力机的输出功率给定值 P_{ref}，并与发电机输出功率的观测值 P 相比较得到误差量，经过调节器对风力机进行控制，以实现对最大功率点的跟踪。该方法的优点：不需要知道精确的风力发电机组特性，也不需要测风装置，控制思路简单，易于实现。缺点：需检测风力发电机组转速和发电机输出功率；还需知道最优功率曲线，此曲线较难获得。

此外，还有在上述控制策略上改进的最优转矩法、小信号扰动和极值搜索等方法。

2. 风力发电偏航系统

偏航系统是水平轴式风力发电机组必不可少的组成系统之一。偏航系统的主要作用有两个：一是与风力发电机组的控制系统相互配合，使风力发电机组的风轮始终处于迎风状态，充分利用风能，提高风力发电机组的发电效率；二是提供必要的锁紧力矩，以保障风力发电机组的安全运行。风力发电机组的偏航系统一般分为主动偏航系统和被动偏航系统。被动偏航指的是依靠风力通过相关机构完成机组风轮对风动作的偏航方式，常见的有尾舵、舵轮和下风向三种；主动偏航指的是采用电力或液压拖动来完成对风动作的偏航方式，常见的有齿轮驱动和滑轮两种形式。小型风力发机组一般采用尾舵的方式，即被动偏航方式；对于大型的（并网型）风力发电机组来说，通常都采用主动偏航的齿轮驱动形式。机舱的偏航是由电动偏航齿轮自动执行的，它是根据风向仪提供的风向信号，由控制系统控制，通过驱、传动机构，实现叶轮与风向保持一致，最大效率地吸收风能。偏航时间的长短，是由计算机控制的，一旦风向仪出现故障，自动偏航操作将中止，仅可以从控制柜或机舱顶部控制盒上人工方式操作偏航。偏航的控制：在风速低于 3m/s 或 3.5m/s 时，自动偏航不会工作，风力发电机组将不会偏航到与风向一致。只有风速大于该值后，风力发电机组才自动捕捉风向，这样可以避免不必要的偏航和电能消耗。

3. 风力发电系统变桨距技术

桨距角最重要的应用是功率调节，变桨机构通过电动机或者液压机构，带动风机桨叶根据风速的变化而调节桨叶的迎风角度以实现风力发电机组输出功率的调节，并起到保护风力发电机组的目的。在额定风速以下时，风力发电机组应该尽可能地捕捉较多的风能，这时没有必要改变桨距角，此时的空气动力载荷通常比在额定风速之时小，因此也没有必要通过变桨距来调节载荷。然而，恒速风力发电机组的最佳桨距角随着风速的变化而变化，因此对于一些风力发电机组，在额定风速以下时，桨距角随风速仪或功率输出信号的变化而缓慢地改变几度。

在额定风速以上时，变桨距控制可以有效调节风力发电机组吸收功率及叶轮产生载荷，使其不超过设计的限定值。然而，为了达到良好的调节效果，变桨距控制应该对变化的情况作出迅速的响应。

4. 其他

风力发电系统的并网、低电压穿越、孤岛检测和虚拟同步等技术与光伏发电系统的相关技术有相似之处，也有各自的特点，此处不再赘述。

2.4 氢能与燃料电池工作原理

氢，在宇宙中和地球上的含量非常丰富，大多以化合物的形态存在。氢气质量轻，含能量大，是非常优质的燃料。以氢为燃料，具有诸多优点，具有非常好的应用前景。

2.4.1 氢和氢能的应用

1. 氢和氢能简介

元素周期表中排在首位的氢（H），是目前已知的最轻的化学元素。在标准状态下，氢气（H_2）为无色无味的气体，密度是空气的 1/14.5。在地球及其周围大气中，除了空气中的少量氢气以外，绝大部分氢元素都以化合物的形态存在，在地球上各种元素的含量中排第三位。氢能是氢在物理与化学变化过程中释放的能量。氢能是氢的化学能，工业上生产氢的方式很多，常见的有水电解制氢、煤炭气化制氢、重油及天然气水蒸气催化转化制氢等，但这些反应消耗的能量都大于产生的能量。虽然甲烷（CH_4）、氨（NH_3）和各种烃类中也有氢，但氢元素主要还是存在于水（H_2O）中，而水是地球上最广泛的物质。地球上的水约有 14 亿 km^3，水中大约含有 11% 的氢。如果把全球水中的氢都提炼出来，约有 1.5×10^9 亿 t，所产生的热量是地球上化石燃料的 9000 倍。

2. 氢能利用方式

氢能主要是指氢元素燃烧、发生化学反应或核聚变时所释放出的能量。由于氢气必须从水、化石燃料等含氢物质中制得，因此是二次能源。工业上生产氢的方式很多，常见的有水电解制氢、煤炭气化制氢、重油及天然气水蒸气催化转化制氢等。氢能够以气体、液体或固态金属氢化物的形式出现，能适应储运及各种应用环境的不同要求。

（1）氢燃料。氢气是一种无色的气体。燃烧 1g 氢气能释放出 142kJ 的热量，是汽油发热量的 3 倍。氢气的燃烧性能好，点燃快，燃点高，在混合的空气中体积分数为

4%～74%时都能稳定燃烧，它燃烧的产物是水，没有灰渣和废气。氢本身无毒，燃烧后只生成水和微量的氮化氢，而没有其他任何可能污染环境的排放物，而氮化氢经过适当处理后也不会污染环境，生成的水还可继续制氢，反复循环使用，不会污染环境，因此氢是最清洁的燃料。到21世纪中叶，氢燃料有可能取代石油，成为使用最广泛的燃料之一。

（2）氢的核聚变。热核反应是氢弹爆炸的基础，可在瞬间产生大量热能，但尚无法加以利用。根据爱因斯坦质能方程 $E=mc^2$，原子核发生聚变时，有一部分质量转化为能量释放出来，只要微量的质量就可以转化成很大的能量。4个氢（H）原子聚变成一个氦（He）原子，在质量上会减少 0.711%。那么，1g 氢聚变为氦释放的能量为 $6.39×10^8kJ$，相当于 23t 标准煤燃烧产生的热量。可见，氢的核聚变能量是巨大的。而且，氢的核聚变过程中没有放射性，对环境没有任何污染。如能使热核反应在一定约束区域内，根据人们的意图有控制地产生与进行，即可实现受控热核反应，聚变反应堆一旦成功，则可向人类提供最清洁和取之不尽的能源。

（3）氢燃料电池。氢燃料电池是将氢气和氧气（O_2）的化学能直接转换成电能的发电装置。其基本原理是电解水的逆反应，把氢和氧分别供给阳极和阴极，氢通过阳极向外扩散和电解质发生反应后，放出电子通过外部的负载到达阴极。氢燃料电池的特点如下：

1）无污染。氢燃料电池对环境无污染。它是通过电化学反应，只会产生水和热。如果氢是通过可再生能源产生的（光伏电池板、风能发电等），整个循环就是彻底不产生有害物质排放的过程。

2）低噪声。氢燃料电池运行安静，噪声大约只有 55dB，相当于人们正常交谈的水平。氢燃料电池适合于室内安装，或是在室外对噪声有限制的地方。

3）高效率。氢燃料电池的发电效率可以达到 50% 以上，这是由其转换性质决定的，直接将化学能转换为电能，不需要经过热能和机械能（发电机）的中间变换。

2.4.2 氢的制取

氢能，通常指游离的分子氢（H_2）所具有的能量。地球上的氢元素相当丰富，但游离态的很稀少，大气中的含量只有 200 万分之一的水平。氢通常以化合物形态存在于水、生物质和矿物质燃料中。从这些物质中获取氢，需要消耗大量的能量。全世界每年生产的氢气超过 5 万亿 m^3。

1. 化石燃料制氢

（1）煤制氢。煤的主要成分是碳。煤制氢的本质是用碳置换水中的氢，生成氢气和二氧化碳。以煤为原料制取含氢气体的方法主要有两种：

1）煤的焦化，在隔绝空气条件下以 900～1000℃ 高温制取焦炭，副产品为焦炉煤气。每吨煤可制得煤气 300～350m^3，可作为城市煤气，也是制取氢气的原料。焦炉煤气组分中体积分数为氢气 55%～60%、甲烷 23%～27%、一氧化碳 5%～8%。

2）煤的气化，在高温下与水蒸气、氧气或空气等发生反应转化成气体。煤的气化制氢是一种具有中国特色的制氢方法，既可以将煤放到专门的设备中进行反应，也可以在地下进行，在煤矿的地表建两口井，一个进气，另一个送出含氢的混合气，净化后可得氢气。

（2）天然气制氢。天然气的主要成分是甲烷。以天然气为原料制氢的方式主要有两种：

1）天然气蒸汽转化法是以甲烷中的碳取代水中的氢，碳起到化学试剂作用并为置换反应提供热。氢大部分来自水，小部分来自天然气本身。这种传统制氢过程曾经是较普遍的制造氢气的方法，伴有大量的二氧化碳排放。每转化 1t 甲烷，要向大气中排放 2.75t 二氧化碳。

2）甲烷（催化）高温裂解法。出现在 20 世纪中叶，在制取高纯氢气的同时，还得到易于储存的固体碳，而且不排放二氧化碳。该方法制得的氢完全来自甲烷本身所含的氢元素。该方法技术较简单，但是制造成本仍然较高。和煤制氢相比，用天然气制氢产量高、排放的温室气体少，因此天然气成为国外制造氢气的主要原料。

（3）重油部分氧化制氢。重油是炼油过程中的残余物，在一定的压力下进行，部分氧化过程中碳氢化合物与氧气、水蒸气反应生成氢气和二氧化碳。催化部分氧化通常是以甲烷或石脑油为主的低碳烃为原料，而非催化部分氧化则以重油为原料，反应温度为 1150～1315℃。重油部分氧化制得的氢主要来自水蒸气。

化石燃料制造氢气的传统方法，会排放大量的温室气体，对环境不利。氢气中的 90% 是以石油、天然气和煤为主要原料制取的。在我国由化石燃料生产的氢气所占比例更高。

2. 水分解制氢

地球上的氢绝大多数都以化合物的形态存在于水中，将水分解制取氢气是最直接的方式。

（1）电解水制氢。电解水制氢已经有很长的历史了，也是目前使用最广泛的制氢方法。水的电解过程就是在导电的水溶液中通入直流电，将水分解成 H_2 和 O_2。水电解制得的氢气纯度高，操作简便，但需要消耗电能。理想状态下，水的理论分解电压为 1.23V，制取 1kg 氢大约需要消耗 33kWh 电，实际的耗电量大于此值。常压下电解制氢的能量效率一般在 70% 左右。为了提高制氢效率，水的电解通常在 3.0～5.0MPa 的压力下进行。水电解制氢的效率为 75%～85% 时，生产 $1m^3$ 氢气的耗电量为 4～5kWh。

（2）高温水蒸气分解制氢。水直接分解需要在 2227℃ 以上的温度，工程实现难度很大。为了降低水的分解温度，用多步骤热化学反应制造氢气，使反应温度降低到 1000℃ 以下。利用化学试剂在 2～4 个化学反应组成的一组热循环反应中互为反应物和产物，循环使用，最终只有水分解为氢和氧。

（3）等离子体制氢。通过电场电弧能将水加热到 5000℃，水被分解成 H^-、H_2、O^-、O_2、OH^- 和 H_2O，其中 H^-、H_2 的总体积分数可达 50%。要使等离子体中氢组分含量稳定，就必须对等离子体进行淬火，使氢不再和氧结合。该过程能耗很高，因而制氢成本很高。

我国的氢气生产，除了用化石燃料以外，其余的主要通过水电解法生产。水电解制造氢气不产生温室气体，但是生产成本较高，主要适合于水电、风能、地热能、潮汐能以及核能比较丰富的地区。

3. 生物制氢

生物制氢一般来说包括生物质气化制氢和微生物制氢两种。

（1）生物质气化制氢。生物质气化制氢是将生物质原料压制成型，在气化炉（或裂解炉）中进行气化（或裂解）反应制得含氢的混合燃料气。其中的碳氢化合物再与水蒸气发生催化重整反应，生成氢气和二氧化碳。生物质超临界水气化制氢是正在研究的一种制氢新技术。在超临界水中进行生物质的催化气化，生物质气化率可达100%，气体产物中氢的体积分数可达50%，反应不生成焦油、木炭等副产品，无二次污染，因此有很好的发展前景。

（2）微生物制氢。微生物制氢是在常温常压下利用微生物进行酶催化反应制得氢气。利用生理代谢过程中能够产生分子氢的微生物制氢，能源消耗低、环境良好，可充分利用各种废弃物，是一条重要的可再生能源制氢途径。目前产氢过程利用太阳能的微生物可归纳为三类，即真核藻类、蓝细菌和厌氧光营养细菌（光合细菌）。由于微生物在产氢的同时也会释放出氧气，而氧气不但能与氢重新结合形成水外，还是促进产氢的氢酶活性抑制剂，进而影响产氢速率。现阶段微生物制氢的效率比较低，要实现工程化制氢的目标，还不太成熟。

2.4.3 氢的储存

氢是最轻的元素，在标准状态下的密度为0.0899g/L，是空气的1/14.5，为水的万分之一。即使在−252.7℃的低温下可变为液体，密度也只有70kg/m³，氢气可以储存，但是很难高密度地储存。同时，氢是易燃、易爆的高能燃料。如图2-22所示，氢能体系包括氢的生产、储存运输、氢能应用等环节。氢能的储存是关键，也是目前氢能开发的主要技术障碍。

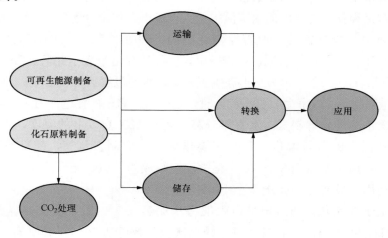

图2-22　氢能体系

氢能的储存大致可分为物理储氢、化学储氢和吸附储氢，具体分类、优缺点及应用场景见表2-1。

表 2 - 1 <center>不 同 储 氢 技 术 对 比</center>

技术类别		氢气质量密度	优点	缺点	应用场景
物理储氢	高压气态储氢	4%～5.7%	技术成熟，成本低廉，充放气速度快，使用广泛	储量小，耗能大，需要耐压容器、存在泄漏和容器爆破的不安全因素	运输，加氢站，燃料电池车，通信基站，无人机
	低温液态储氢	>5.7%	单位体积密度高，储氢量大	对转化技术、存储材料要求较高，成本较高昂，技术未成熟	航天领域，车载系统
化学储氢	有机液体储氢	>5.7%	存储密度高，通过加氢和脱氢过程可实现有机液态循环利用，成本相对较低	对应的加氢和脱氢设备成本较高，脱氢反应效率低，氢气纯度不高，非零排放	化工领域，燃料领域
	无机化合物储氢	2%	活化容易，平衡压力适中，抗杂质气体中毒性能好，适于室温操作	储氢量和可逆性都不是很理想	储氢实验领域
吸附储氢	金属合金储氢	1%～8%	单位体积压力降低为高压气瓶的1/7，有效储氢为高压气瓶3倍	储氢性能差，易于分化，运输不便，技术未成熟	电化学储氢，储氢装置，氢压缩机，纯化，催化，医学和农业等
	碳质材料储氢	5.3%～7.4%	吸附能力强，储氢质量密度较高，质量较轻，易脱氢	技术处于早期阶段	实验室研究

2.4.4 燃料电池工作原理

燃料电池是将燃料具有的化学能直接变为电能的发电装置。在燃料电池中，不经过燃烧而以电化学反应方式将燃料的化学能直接变为电能。和其他化学电池不同的是，它工作时需要连续地从外部供给反应物（燃料和氧化剂），所以被称为燃料电池。

燃料电池是一种电化学装置，其组成与一般电池相同，基本原理如图 2-23 所示。其单体电池是由正、负两个电极（负极即燃料电极和正极即氧化剂电极）以及电解质组成。不同的是一般电池的活性物质储存在电池内部，因此限制了电池容量。而燃料电池的正、负极本身不包含活性物质，只是个催化转换元件，所以燃料电池是名副其实的把化学能转化为电能的能量转换机器。燃料电池工作时，燃料和氧化剂由外部供给，进行反应，原则上只要反应物不断输入，反应产物不断排除，电池就能连续地发电。

燃料电池由阳极、阴极和夹在这两个电极中间的电解质以及外接电路组成。工作时，向燃料电池的阳极供给燃料（氢或其他燃料），向阴极供给氧化剂（空气或氧气）。氢在阳极分解成氢离子 H^+ 和电子进入电解质中，而电子则沿外部电路移向正极。在阴极上，氧同电解质中的氢离子吸收抵达阴极上的电子形成水。电子在外部电路从阳极向阴极移动的过程中形成电流，接在外部电路中的用电负载即可因此获得电能。燃料电池

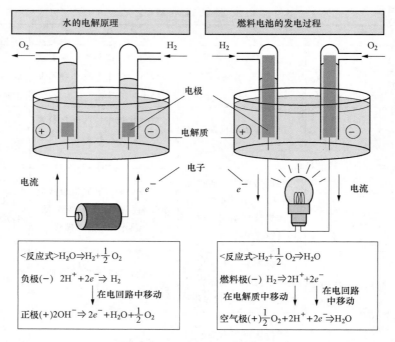

图 2-23 燃料电池的基本原理

利用电能将水分解为氢气和氧气的过程为水的电解，燃料电池利用的水电解的逆反应，即氢元素和氧元素合成水并输出电能。

　　燃料电池不同于常见的干电池与蓄电池，它不是能量储存装置，而是一个能量转化装置。一方面，需要不断地向其供应燃料和氧化剂，才能维持连续的电能输出，供应中断，发电过程就结束；另一方面，燃料电池可以连续地对自身供给燃料并不断排出生成物，只要供应不断，就可以连续地输出电力。

　　与其他发电方式相比，燃料电池具有很多独特的优点：

　　（1）氢是世界上最多的元素，资源广泛，建设灵活；

　　（2）相比内燃机的燃烧作用，不会产生大量废气与废热，能量转换效率高；

　　（3）使用寿命长于电化学电池，并且电池维护工作量很小，噪声极小；

　　（4）燃料电池加注氢气的时间很短，几乎与内燃机汽车添加燃油时间相当；

　　（5）污染物排放少。

　　总之，燃料电池是一种高效、洁净、方便的发电装置，既适合于做分布式电源，又可在将来组成大容量中心发电站，对电力工业具有极大的吸引力。

思 考 题

　　2-1　如果要在我国建设 100MW 以上的大规模太阳能电站，请选择 4 个以上合适的建站地址，并估计一下这些太阳能电站的占地面积。

　　2-2　你认为太阳能热发电在我国的发展前景如何？请说明你的理由。

2-3　对比各种太阳能利用方式，考虑资源条件、建设成本、发展规模、适用场合等因素。

2-4　设计一个能综合利用太阳能的节能住宅，说明你的具体设想。

2-5　在你的家乡或者你所熟悉的其他地区，分析风是怎样形成的。

2-6　比较各种类型风力机的特点和适用场合。

2-7　尝试设计一种新型的风力机，说明其优点；或为现有风力机安排一种新的应用场景。

2-8　分析国外或者国内典型风电场的情况，如世界最大的风电场、我国第一个风电场、最著名的海上风电场，等。

2-9　探讨我国风力发电的前景和发展方向。

2-10　总结氢能的特点。

2-11　对各种常见的制氢方式进行比较。

2-12　分析各种储氢方式的特点及适用场合。

2-13　描述燃料电池的基本工作过程。

第 3 章

电力储能技术

传统的火力发电主要是根据电网的实际用电需求，进行发电、输配电以及用电的调度与调整，而新能源发电技术，如风力发电、太阳能发电等，依赖的则是自然界中可再生的资源。然而，由风能和太阳能的性质来看，均具有波动性和间歇性的特点，对它们的调节和控制有一定的难度，由此给并网后的电力系统运行安全性和稳定性造成了不利的影响。储能技术在电力系统中的应用，可以有效解决这种影响，从而使整个电力系统和电网的运行安全性及稳定性获得提升，能源的利用效率也会随之提高，使新能源发电的优势更充分体现出来。

对于传统的电网而言，发电与电网负荷处于动态平衡，具体来讲，就是电力随发随用，整个过程并不存在电能存储的问题。输配电运营中，为满足电网负荷最高峰时相关设备的运行正常，需要购置大量的输配电设备作为保障，从而造成电力系统的负荷率偏低。储能技术的应用，可将电能从原本的随发随用，转变成可以存储的商品，供电和发电不需要同时进行，不但有助于推动电网结构的发展，而且还有利于输配电调度性质的转变。

储能技术在电力领域的应用包括以下两类：一类为直接式储能技术，即通过电场或磁场将电能储存起来，如超级电容器、超导磁储能等；另一类是间接式储能技术，这是一种借助机械能或化学能的方式对电能进行存储的技术，如电池储能、飞轮储能、抽水储能、压缩空气储能等。其中，抽水储能、电池储能、超级电容储能等相对较为成熟，压缩空气储能也有较大规模应用，超导储能和飞轮储能尚处研究或试用阶段，短期内还难以大规模应用。

3.1 电力系统与电力储能

能量存储技术可以提供一种简单的解决电能供需不平衡问题的办法。这种方法在早期的电力系统中已经有所应用，例如在 19 世纪后期纽约市的直流供电系统中，为了在夜间将发电机停下来，采用了铅酸蓄电池为路灯提供照明用电。随着电力技术的发展，抽水蓄能电站被用来进行电网调峰。抽水蓄能电站在夜晚或者周末等电网负荷较小的时间段，将下游水库的水抽到上游水库，在电网负荷峰值时段，利用上游水库中的水发电，补充峰值负荷的需求。

储能技术目前在电力系统中的应用主要包括电力调峰、提高系统运行稳定性和提高供电质量。

各种形式的储能电站可以在电网负荷低谷时作为负荷从电网获取电能，在电网负荷峰值时刻改为发电机方式运行，向电网输送电能，这种方式有助于减少系统输电网络的损耗，对负荷实施削峰填谷，从而获取经济效益。另外，和常规的发电机及燃气轮机相比，这种方式在成本方面具有很大的优势。它在电网低谷时使用电能，用电成本较低，不像柴油发电机或者燃气轮机那样需要消耗高成本的燃料。为了实现效益最大化，合理选择储能电站的位置非常重要。

储能装置用于电力调峰，需要装置具有较大的储能容量。显然，容量越大，制造和控制越困难。但是，如果将储能装置用于系统稳定控制，就有可能采用小容量的储能，通过快速的电能存取，实现较大的功率调节，快速地吸收剩余能量或补充功率缺额，从而提高电力系统的运行稳定性，目前的研究包括频率控制、快速功率响应、黑启动等。

将储能电站用于用户侧，可以提高电能质量，增强系统的供电可靠性。从技术上来说，现在已经可以利用储能装置为每一个用户（家用、商用或者工业用户）提供不间断的高质量供电电源，而且可以让用户自主选择何时通过配电回路从电网获取电能或向电网回馈电能。

储能电站工程通常都是由各自的投资企业全权负责运行管理。实际经验证明，这种电站的工程设计与制造、现场安装以及运行维护等费用都超过了预想值。因此，储能系统制造商转而寻求另外一种系统解决方案，即分布式储能（DES）系统。

对于供电紧张的电力系统来说，分布式储能技术可望提供最佳的解决方案，这是因为：

（1）分布式储能系统是模块化的，可以快速组装，现场安装费用低；

（2）由于模块化的灵活性，当某一地区负荷需求增加时，采用分布式储能系统代替建设地区发电厂效果更好；

（3）分布式储能系统不会增加电力系统在环境保护方面的压力，而且有助于减少主力电厂以及分布式发电设备的化石燃料消耗和废气排放；

（4）分布式储能系统一般具有更高的转换效率以及更快的响应速度；

（5）采用分布式储能系统可以提高现有发电和输配电设备的利用率和运行经济性。

3.2　电力储能原理及关键技术

3.2.1　抽水储能

抽水储能最早于 19 世纪 90 年代在意大利和瑞士得到应用，1933 年出现了可逆机组（包括泵水轮机、电动机与发电机），现在出现了转速可调机组。抽水蓄能电站可以按照任意容量建造，储存能量的释放时间可以从几个小时到几天，效率在 $70\%\sim85\%$ 之间。抽水储能是在电力系统中得到最为广泛应用的一种储能技术，其主要应用领域包括能量管理、频率控制以及提供系统的备用容量。

截至 2019 年底，全世界共有超过 90GW 的抽水蓄能机组投入运行，约占全球总装机容量的 3%。限制抽水蓄能电站更为广泛应用的一个重要因素是建设工期长，工程投资较大。在负荷低谷时，发电厂的发电量可能超过了用户的需要，电力系统有剩余电能；而在负荷高峰时，又可能出现发电满足不了用户需要的情况。建设抽水蓄能电站能够较好地解决这个问题。

抽水蓄能电站主要由一个建在高处的上水库（上池）和一个建在电站下游的水库（下池）构成。在负荷低谷时段，抽水蓄能设备工作在电动机状态，将下游水库的水抽到上游水库保存。在负荷高峰时，抽水蓄能设备工作在发电机的状态，利用储存在上游水库中的水发电，送到电网。一些高坝水电站具有储水容量，可以将其用作抽水蓄能电站进行电力调度。利用矿井或者其他洞穴实现地下抽水蓄能在技术上也是可行的，海洋有时也可以当作下游水库用。1999 年日本建成第一座利用海水的抽水蓄能电站（30MW）。

抽水蓄能电站的关键设备是水泵、水轮、电动发电机组。初期的机组是水泵与水轮机分开的组合式水泵水轮机组。以后才发展为可逆水泵水轮机组，把水泵与水轮机合为一台机器，正转是水轮机，反转即是水泵。电动发电机也是一台特殊的电机，受电时是电动机，驱动水泵抽水，为上池放水；水泵变为水轮机时，电动发电机也就成为发电机。抽水蓄能的基本原理框图如 3-1 所示。

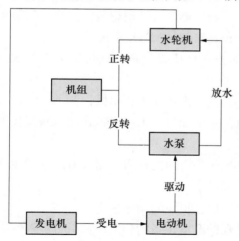

图 3-1 抽水蓄能的基本原理框图

抽水蓄能电站除调峰、填谷之外，也可用作调频、调相和事故备用。抽水蓄能电站能提高电力系统高峰负荷时段的电力（功率），但抽水和发电都有损耗，俗称用 4kWh 换 3kWh，即低谷时段以 4kWh 的电量去抽水，换来高峰时段放水发电只有 3kWh。抽水蓄能电站的效益除峰谷电价差之外，更重要的是改善了电网的供电质量，提高了火电机组，特别是核电机组的负荷率，降低了这些机组的发电成本。

风电作为清洁的可再生资源是国家鼓励发展的产业，核电是国家大力发展的新型能源，风电和核电的大力发展，对实现能源结构优化、可持续发展有着不可替代的作用。风能是一种随机性、间歇性能源，风电场不能提供持续稳定的功率，发电稳定性和连续性较差，这就给风电并网后电力系统实时平衡、保持电网安全稳定运行带来巨大挑战，同时风电的运行方式必将受到电力系统负荷需求的诸多限制。抽水蓄能电站具有启动灵活、爬坡速度快等常规水电站所具有的优点和低谷储能的特点，可以很好地缓解风电给电力系统带来的不利影响。

核电机组运行费用低，环境污染小，但核电机组所用燃料具有高危险性，一旦发生核燃料泄漏事故，将对周边地区造成严重的后果；同时，由于核电机组单机容量较大，一旦停机，将对其所在电网造成很大的冲击，严重时可能会造成整个电网的崩溃。在电网中必须要有强大调节能力的电源与之配合，因此建设一定规模的抽水蓄能电站配合核电机组运行，可辅助核电在核燃料使用期内尽可能地用尽燃料，多发电，不但有利于燃料的后期处理，降低了危险性，而且有效降低了核电发电成本。

抽水蓄能电站是电力系统中最可靠、最经济、寿命周期长、容量大、技术最成熟的储能装置，是新能源发展的重要组成部分。通过配套建设抽水蓄能电站，可降低核电机组运行维护费用、延长机组寿命；有效减少风电场并网运行对电网的冲击，提高风电场和电网运行的协调性以及电网运行的安全稳定性。为了保障电源端大型火电或核电机组能够长期稳定地在最优状态运行，也需要配套建设抽水蓄能电站承担调峰调荷等任务。

3.2.2 电池储能

1. 电池储能系统的组成及特点

（1）电池储能系统（battery energy storage system，BESS）的组成。

1）电池。用于储存或释放直流电力，由一系列电池组通过串联和并联组成。

2）能量转换系统。根据输入指令把电力系统的交流电转换成直流电，或是相反，整个装置包括功率开关器件、电压电流信号检测、控制设备等。

3）辅助设备。包括一些防护设备、保护开关等。

电池储能系统构成如图 3-2 所示。在充电时，电能经过变流器整流变为直流电压，对电池进行充电；放电时，电池电能经过电力电子装置转换为与电网兼容的交流电压供给负载。将电池储能系统用于系统侧时，通常需要通过变压器与电网相连，在分布式电源中可不通过变压器直接与电网相连。滤波回路放置在逆变器侧用来滤除逆变器输出，补偿电压中的高次谐波，以此来降低串联变压器的设计容量，滤波回路也可以根据需要放置在线路侧的其他位置。其中，铅酸电池储能系统最为成熟，在电力系统中最早投入运行。

（2）电池储能系统的特点。蓄电池储能仍被视为是电力系统中最有前途的短期储能技术之一，具有如下特点：

1）新型电池具有较高的储能密度。传统的铅酸电池虽然应用广泛，但能量密度较低。随着新型电池，如镍镉电池、镍氢电池、锂离子电池、液流电池的出现，电池的储能密度越来越大，如镍氢电池的功率密度达到 $7067.1kW/m^3$，钠硫电池的功率密度可达 $833.4kW/m^3$。

2）电池特性好。化学电池负荷响应及启动、停止特性良好，反应时间常数小。另外不同的化学电池还有不同的特性，如氧化还原液流电池可以 100% 深度放电而不对电池造成伤害，锂离子二次电池无充放电记忆效应等。

3）对安装地点无特别要求。电池储能系统的安装不受地理位置的限制，对安装地点无特殊要求，占地面积小，有利于分散布置，可以接近负荷中心。而且建设工期短，采用模块化结构，增减方便，组成灵活，容易满足负荷增大的需要。

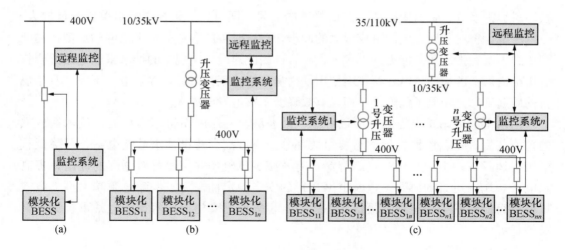

图 3-2 电池储能系统构成

(a) 低压小容量；(b) 中压大容量；(c) 高压超大容量

4）环境条件好。电池储能系统属于静止的储能设备，运行时没有振动或噪声，所需要的维护少，而且不需要特殊的润滑、冷却和防护等辅助设备，维护成本低。

5）技术成熟。目前在电力储存中真正实施的技术只有抽水蓄能电站和化学蓄电池等。电池储能是目前最为成熟的储能技术，可以规模化生产，而且随着技术的更新换代，性能不断提高，成本将不断降低。

电池储能由于使用材料的不同而分为多个种类。铅酸电池能量和功率密度较低，充电时间较长，同时废旧电池会带来环境污染问题，深度放电对电池损伤非常大，循环寿命较短，尤其在高温下寿命短。钠硫电池不能过充与过放，需要严格控制电池的充放电状态，要保持高能量效率需要给电池保温，高温操作会带来结构、材料、安全方面的诸多问题。就整体而言，目前镍氢电池、锂离子电池、液流电池等高能电池普遍都成本昂贵。

2. 电池储能系统的关键技术

电池储能虽然在电力系统中已经得到了较为广泛的应用，但是随着其他储能技术的发展，以及电力系统和用户对电能质量的要求越来越高，仍需解决一系列的实际问题以使电池储能技术更具经济性、竞争力。电池储能系统需要解决的关键问题是如何提高电池储能系统的容量、能量转换效率，扩大适用范围，发展多重功能，减少成本等。解决这些问题包含三个方面的关键技术：

（1）高性能化学电池。成本过高是限制目前电池储能技术推广应用的共同问题之一，提高能量转换效率和降低成本是电池储能技术研究的重要方向。

在改善电池本身性能方面，电池有多种类型。铅酸电池是人们最熟悉的一种可充电电池。现在密封型免维护的铅酸电池已成为这类电池的主流。碱性电池中的镉镍电池已被镍氢电池逐步取代。碱性电池相比铅酸电池有容量大、结构坚固、充放循环次数多等优点，但其价格也贵得多，这就限制了它在能源领域中的应用。还有各类锂离子电池，彻底解决了充放电的记忆效应，大大方便了使用，在制造过程中基本上避免了对环境的污染。其主要缺点是价格昂贵，目前主要用于通信和信息设备中。由于它的高储能密度，也广泛用在电动汽车等交通工具中。如果能进一步提高储能密度并降低成本，那么它很有希望用于供电设备的储能中。钠硫电池要解决其高温工作环境带来的结构、材料、成本、安全等诸多问题。另一些性能优异的钒电池尚处于研究阶段，技术尚未成熟。

储能电池的另一重要问题是它的充放电控制，这是因为合理的充放电是正确使用电池的关键因素。

（2）能量转换系统。任何一种形式的储能系统都要解决电池与电网、用户之间的能量转换问题。近几年电力电子转换设备在功率和耐压方面得到了较大的提高，但是还没有满足储能系统的要求，需要进一步开发新型的电力电子转换设备，用较低的成本实现大功率、高电压、大电流级别系统的能量转换。用于电池储能系统中的电力电子接口分为以下四类：DC-DC转换器、逆变器、输出过滤器、处理器。这四种标准接口要进行合理的设计，使其具有较低的成本、很高的可靠性，最终实现接口的模块化。模块化的接口根据不同的连接方式以适应不同功率、电压等级的储能系统以及使用场合。此外，还需要探索研究电力电子接口电路给储能系统提供辅助性的服务，如无功功率的补偿、电压频率的控制、统一潮流控制等。

储能系统中用电力电子设备来控制电能质量，现在应用得还很保守，只有在非常重要的负荷（如医院）才采用这种方法。另外多种功能之间的切换与协调、电流和电压信号的实时准确的检测与跟踪、相应的保护等均有待做更深入的研究。

（3）电池储能系统容量需求。储能系统根据系统的需要发出相应的功率，能够解决许多电力系统中的电能问题，这些应用包括从改善功率品质的快速响应（毫秒级）的大功率和短时间调节（几秒到几分钟），到改善经济调度的低速响应（几秒到几分钟）的高能量和长时间调节（几分钟到几小时）。

1）快速备用（发电）。桑迪亚国家实验室（SNL）报告中把快速备用定义为电力公司为了满足用户需求而保持的备用发电能力，以避免当正在运行的发电站发生故障时中断对用户的供电。快速备用这个词意味的是满足这些需求的储能系统不必一直运行。例如，高功率品质应用要求一个备用电源在4ms内投入使用（大约60Hz周期的1/4），然而一个传统运转的能源备用系统最快也要在几秒内才能投入使用。对提供快速备用的储能系统的功率和运行时间需求，通常是在$10\sim100min$内分别持续提供$10\sim100MW$功率，大约每年运行10次。

2）区域控制和频率响应备用（发电）。区域控制是互联的电网之间为了防止在它们内部和邻近电网之间出现计划外电力传输；频率响应备用是指单独的电力系统对频率畸变的瞬时响应能力。为了防止互联的电网失步，解决方法是有故障的电力系统额外发电，对于单独的电力系统，如岛屿电力系统，频率偏离标准频率是发电不足的首要表现，也就是过载，补救措施可以从储能系统中额外发电，应用的功率需求为$10\sim100MW$。

3）日常储存（发电）。日常储存是把获得的廉价的非高峰电能，用于高峰时段的调度。从发电角度的角度看，日常储存的目的是负荷平衡（节约能量成本）、削峰（节约需求成本）和延缓发电设备建设。对储能系统的需求是在 1～10h 内持续提供 1～100MW 功率，大约每年运行 100 次。

4）传输系统稳定性（传输与配电）。传输系统的稳定性是用来保证传输线上所有部件相互间的同步运行，这样可以防止系统崩溃。需求是在 60～6000ms 内持续提供 1～100MVA 无功功率电能，每年大约运行 100 次。

5）传输电压调节（传输与配电）。传输电压调节用于把发电站和负荷端之间的传输线路的电压保持在波动 5% 的范围以内。这包括在指定位置提供满足负荷需求的供电功率和无功功率。对储能系统的需求是在 10～100min 内持续提供 1～10MVA 无功功率电能。

6）延缓输电设施建设（传输与配电）。延缓输电设施建设指电力公司通过在现有的设施中补充其他的资源来延缓安装新的传输线和变压器的能力，例如，电能储能系统的作用是作为指定位置发电站的快速响应电源。对储能系统的需求是在 100min 内持续提供 0.1～1MW 功率，大约每年运行 100 次。

7）可再生能源管理（用户服务）。可再生能源管理包括使用储能系统使能源在电力公司高峰用电期间以一致的电平和速率供电（相同峰值）。对储能系统的需求是在 0.001～1000min 内持续提供 0.01～100MW 功率，每年运行几百次。

8）用户能源管理（用户服务）。在非高峰或低价时段，通过储能调度对用户的电能需求进行管理。从用户的角度看，这也包括削峰和负荷平衡。对储能系统的需求是在 10～100min 内持续提供 0.01～10MW 功率，每年运行几百次。

9）功率品质与可靠性（用户服务）。对于防止尖峰电压、电压跌落和持续几个周期的停止供电（小于 1s 到几分钟），对储能系统的需求是大约 1MW 功率。

3. 电池储能系统的应用和前景

当前，电池储能应用技术上受限于三个因素：长循环寿命低成本的电池技术；高精度高性能的电池管理技术；电池组合应用技术。这些因素相互影响、相互制约。

（1）长循环寿命低成本的电池技术。长寿命低成本的储能电池技术一直是电池厂商努力追求的目标，目前应用规模较大的储能电池有钠硫电池、钒液流电池、铅酸电池和锂离子电池。

钠硫电池和钒液流电池是典型的液态储能电池。日本在钠硫电池的开发与应用上处于世界领先地位，日本 NGK 是唯一实现钠硫电池商业化生产的公司。我国钠硫电池技术尚处在研发原型产品阶段，尚无商业化成熟应用。

钒液流电池商业化水平较高的公司有中国普能公司（收购原加拿大的钒电池动力公司）、大连融科和日本住友电气工业公司。相比钠硫电池，钒液流电池容量密度和能量转换效率较低。

铅酸电池和锂离子电池属于固态电池，对场地无特殊要求，使用灵活。近年出现的超级铅酸电池在寿命和性能方面得到了较大的提升。锂离子电池是目前应用最广的储能电池，我国在锂离子储能上具有一定的产业优势。国内外众多的锂离子储能电池的公司中，美国 A123 公司处于领先水平。珠海银隆钛酸锂电池（收购控股美国奥钛）单体寿命较磷酸铁锂电池提高数倍，虽体积能量密度较磷酸铁锂电池低 25%，但适合大倍率充放电，具有较好的应用前景。

在已投运锂电池储能示范工程中，电池成本占比偏高，达系统成本的 80% 左右，限制了锂电池储能的推广应用。在电池成本和循环寿命短期无法突破的情况下，电池梯次利用技术从另外的角度延长了电池的使用寿命，降低了其价格/寿命比，充分挖掘了电池的价值。日本住友电气工业公司利用 16 台 Leaf 电动车废旧锂电池，开发出600kW/400kWh 电池储能系统，作为光伏发电的辅助系统；通用汽车与 ABB 利用雪佛兰 Volt 电动汽车的废旧电池作为微网系统的后备电源，系统的储能容量达到 50kWh；福特汽车在密西根的工厂屋顶利用废旧电动车电池安装了 50kWh 的储能系统配合500kW 的太阳能光伏发电系统；宝马汽车与 Vattenfall 研究将 MINIE 和 BMW Active E 的电池的二次利用，用于快速充电站和光伏电站。

目前对于电池梯次利用的技术着眼点限于筛选和重新配组。各辆车实际运行路况千差万别，从电动车退役的电池参数离散性加大，重新组配困难，且组配到一起的电池单体数量越多，难度越大，这无疑增加了梯次利用的成本。在应用中，利用电路拓扑结构的模块化来减少电池实际串并联的数量，从而细化电路管理和控制的粒度，可以降低电池筛选和组配的难度，也增加了电池对管理和控制的手段。该研究提出的模块化储能系统具有模块化的结构，可从电路控制的角度促进电池的梯次利用。

（2）高精度高性能的电池管理技术。由电池单体参数的离散性、工作温度差异造成的短板效应是限制电池储能规模化应用的关键问题。电池单体差异越大，串并联数量越多，短板效应越严重。因此在所有运行的储能系统中，每个储能功率转换系统（power conversion system，PCS）的直流侧均采用单一厂商的电池串并联，电池整体运行性能通过电池厂商对电池一致性的严格筛选和配组来保证。通常 PCS 的直流侧电压较高，需要数百节单体电池串联，短板效应严重。

具有电池均衡能力的电池管理系统（battery management system，BMS）可有效减弱短板效应的影响。对储能系统而言，对能量的管理和控制从下到上分为四个层次，即电池单体、电池模块、电池串和储能系统。

对电池单体的管理负责监视和解决电池模块内的单体不一致性问题；对电池模块的管理负责监视和解决电池串内电池模块的不一致性问题；对电池串的管理则负责监视和解决并联的电池串之间的不一致性问题。这三个层次中，被管理的对象均为电池，对这三个层次的监控、均衡及荷电状态（SOC）估算等均应属于电池管理系统的范畴。电池管理层次示意图如图 3-3 所示。

电池单体进行串并联构成电池模块，在 GB 51048—2014《电化学储能电站设计规范》中，推荐的电池模块为 12/24/36/48/72V 等规格。很多芯片厂商提供电池模块管理的专用芯片，这些芯片基本可以实现数据采集、均衡控制和数据通信的功能。单体电压测量精度 5～20mV，均衡电流 50～200mA，单个芯片管理电池单体的数量多为 5～

16 个。

目前，电池模块之间多采用简单的串并联构成电池串，电池模块之间暂无有效监测和均衡等管理手段。

一个电池串或者数个并联的电池串配以储能功率转换系统构成储能系统。如一个储能系统直流侧的数个电池串并联运行，这多个电池串之间也无有效技术手段避免环流的产生。对于当前的储能系统，在两个层次上对电池的管理缺乏有效的手段。

从储能系统管理的角度，BMS 和 PCS 均实现对储能系统能量处理的功能：

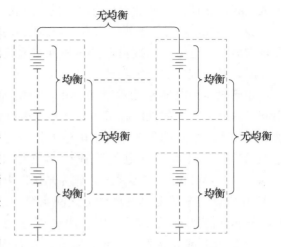

图 3-3 电池管理层次示意图

①BMS 实现对电池单体和电池模块两个层次的数据采集、电池单体和电池模块的荷电状态估算、电池单体间的均衡控制、全部电池的热管理和安全管理，是以信息处理为主、能量处理为辅的管理。BMS 处理能量以实现电池单体间的均衡为目的，功率等级从百毫瓦至数瓦。②PCS 实现对电池串的监测和能量控制功能，是以能量处理为主、信息处理为辅的管理。PCS 处理能量以实现对外电气接口为主要目的，功率等级从数千瓦至数百千瓦。

在 BMS 和 PCS 之间，存在一个能量处理的空白区域：电池模块之间的均衡尚无实现的技术手段。这一空白区域的存在，导致储能系统无法实现整个系统内全部电池之间的完全均衡。电池模块之间不一致性造成的短板效应也将对储能系统的运行性能产生严重影响。

（3）电池组合应用技术。由于电池单体电压低，单体容量有限，出于电路成本和效率的原因，将电池串联到较高的电压、并联扩大容量后进行整体管理和控制是通常采用的最为简单经济的方案。但简单串并联电路不具备对电池的管理和控制能力，无法避免电池的短板效应带来的不利影响。电池整体寿命下降明显的同时，串联后电压提高，并联后内阻降低，使电池系统的安全性也大大降低。这些情况在已投运的示范工程中有所反映，如比亚迪 500kW×4h 储能系统中，PCS 直流侧采用 15 个电池串进行并联，其串间环流甚至达到电池额定电流的 25%，严重影响了寿命；特斯拉电动车 Model S 采用约 8000 节松下 18650 电池串并联方案，其安全性问题一再受到关注。简单的串并联的组合方式并不适用于电池的规模化应用。

将多个电池经 DC/DC 变换后并联、储能 PCS 交流侧并联、储能 PCS 交流侧串联（即级联）都是实现电池组合应用的形式。实际使用中也可能存在上述几种形式的组合。原理上讲，只有利用电力电子拓扑结构实现的对电池的组合应用才具有对电池的控制能力，从而才能实现对电池的区别化控制、管理和削弱短板效应。从这个意义上讲，储能系统 PCS 拓扑结构在一定程度上决定了电池的组合应用方式。

　　根据功率和应用场合的不同，目前 PCS 拓扑结构有多种形式。按照级数分可分为单级式和双级式。DC/AC 单级式结构（见图 3-4）是将电池组直接接于功率变换器直流母线端，再经功率变换器逆变后接入电网。该结构的优点是结构简单，效率较高；缺点是电池组出口电压较高导致必须数百节电池串联，电压范围较宽导致变换器调制比优化设计较为困难。双级式 PCS 采用 DC/DC＋DC/AC 双级式结构（见图 3-5），其优点是直流电压降低，串联电池数减少，变换器调制比设计简化，电池利用率高；缺点是效率较低。含 Z 源网络的变流器介于单级式和双级式之间，由于加入了阻抗网络，允许逆变桥上下管直通状态，省去了死区补偿环节，提高了变流器的安全性和可靠性，提高了输出波形质量，并且具有高升降压比，其在电池储能方面的应用值得进一步研究。目前单级式和双级式 PCS 在示范过程中都有应用，其中以单级式为主。

图 3-4　DC/AC 单级式结构　　　　图 3-5　DC/DC＋DC/AC 双级式结构

　　储能 PCS 按照电平数可分为两电平和多电平。两电平 PCS 多用于低压 220/380V 场合。大多数储能工程 PCS 采用两电平结构，直流侧电压 600～800V，交流 380V 输出，PCS 单机容量一般不超过 500kW。采用多 PCS 并联提高储能系统容量，利用升压变压器并入中压电网。

　　图 3-6 所示的 DC/AC 级联式结构是多电平储能 PCS 的典型结构，是一种基于 H 桥的级联模块化结构。通过多个 DC/AC 变换器串联组合交流侧高压，可以不需要工频变压器而把储能系统接入中压电网，减小损耗和降低了成本。通过增加储能模块的额定电流和单体电池的容量，易于实现储能系统的大容量化，单机容量可达 10MW，同时避免了电池并联的环流问题。该拓扑结构中，PCS 控制粒度为一个储能模块。在某一储能模块故障时将其旁路可实现冗余容错运行。通过对不同储能模块的差别化控制，该结构还可以实现储能电池的相内均衡和相间均衡。由于基于 H 桥级联的模块化储能 PCS 无公共直流母线，故只能用于交流电网。

　　图 3-7 所示的级联 DC/DC＋DC/AC 双级式结构，第一级采用双向 DC/DC 变换器升压，第二级采用 H 桥级联结构。通过 DC/DC 变换可以有效降低电池上电流脉动，避免脉动电流对电池的潜在影响，但同时降低了能量转换效率。

　　模块化多电平变流器（modular multilevel converter，MMC）在轻型直流输电方面的应用受到广泛关注。自 2002 年 MMC 的概念和拓扑首次提出后，经过不断研究，衍生了许多新的结构与控制策略。MMC 可以实现电能在直流电网侧、交流电网侧和模块直流侧的可控流动，是一种实现交直流电网储能的灵活的拓扑结构。

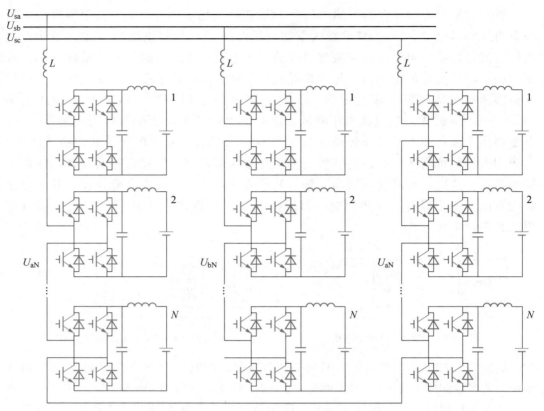

图 3-6　DC/AC 级联式结构

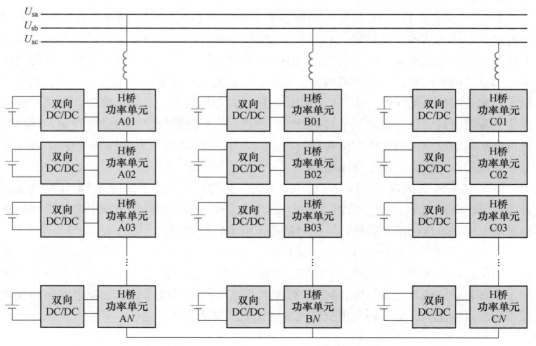

图 3-7　DC/DC＋DC/AC 级联式结构

MMC 单级式储能系统中，储能半桥电路和与其连接的电池构成一个储能模块，如图 3-8 所示；MMC 双级式储能系统中，储能半桥电路、DC/DC 电路和与其连接的电池构成一个储能模块，如图 3-9 所示。串联在直流母线上的储能模块与电感构成一个相单元。与基于 H 桥级联结构的储能系统类似，由于 MMC 具有模块化结构，且每个模块都是可控的，为实现电池以模块为单位的差异化管理和控制提供了结构保证。由于 MMC 拓扑结构具有公共的直流端和交流端，可以很方便地同时连接直流电网和交流电网，其各个模块直流侧电池相互独立的特点恰恰与电池管理细化的需求相匹配。基于 MMC 结构的储能系统，可以实现交流电网、直流电网和储能电池三者之间能量的一对一或一对二相互流动，能量控制具有极大的灵活性。

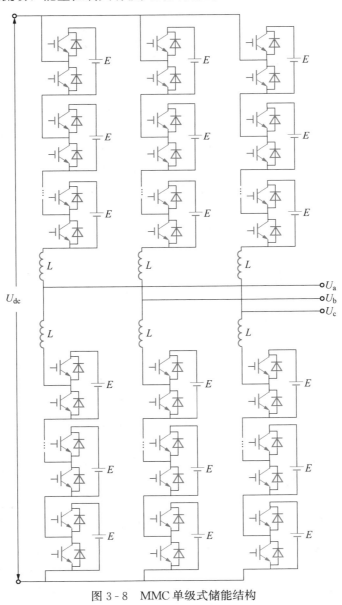

图 3-8　MMC 单级式储能结构

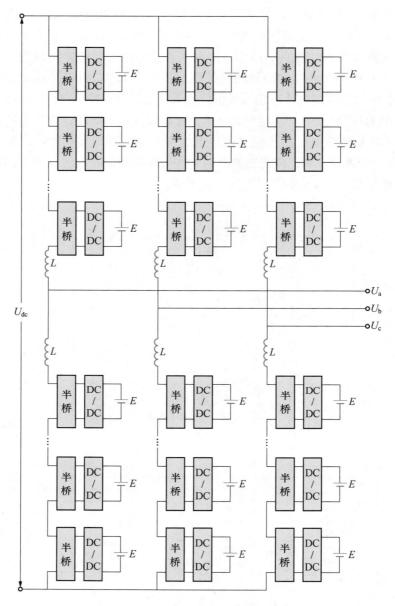

图 3-9　MMC 双级式储能结构

　　与基于 H 桥级联的储能系统一样，MMC 结构储能系统 PCS 控制粒度为一个储能模块。应用于中低压微网/配电网时，通过增加相单元模块的数量，可以使单个模块的电压等级降低到 100V 以内，甚至 48、36V 或 24V。模块电压的降低增加了对电池管理的细粒度，降低了电池管理系统的压力。在模块内部这种低电压场合，金属半场效晶体管（MOSFET）较绝缘栅双极型晶体管（IGBT）在效率上更具优势。由于单个模块电压的降低，模块功率的减小，可以采用软开关技术进一步提高储能系统的效率。

　　因避免了电池的直接串并联，以模块的形式隔离了电池特性的差异，即使各个模块中采用不同类型的电池，只要辅以合适、完善的电池管理系统，甚至电池容量不同也可以在 MMC 结构的储能系统中混合使用。

3.2.3 超级电容储能

1. 超级电容

超级电容作为新型电力储能器件，一方面它具有功率密度极高、循环寿命长和免维护等优点，另一方面它在提高能量密度和降低成本方面，还有很大的发展空间，具有替代蓄电池实现大容量电力储能的潜力，因此超级电容储能系统（super capacitor energy storage system，SCES）在新型电力储能技术方面具有广阔的发展前景。在现有技术水平上，超级电容储能系统已经实际应用于提高电能质量、新能源发电储能、能量缓冲、变电站终端直流屏等领域。

超级电容又可称为超大容量电容器、双电层电容器、（黄）金电容、储能电容或法拉电容，是近年来随着材料科学的突破而出现的新型功率型电子元器件。它填补了普通电容器与电池之间的比能量与比功率空白，具有高至数千法拉的电容量，瞬间放电电流可达数千安培，同时还具有安全可靠、适用范围宽的特点，是改善和解决电能动力性能应用的突破性元器件。

超级电容具有如下一些优良特性：

（1）电容量大。超级电容采用活性炭粉与活性炭纤维作为可极化电极，与电解液接触的面积大大增加。根据电容量的计算公式，两极板的表面积越大，则电容量越大。因此，一般双电层电容器容量都超过 1F。超级电容的出现使普通电容器的容量范围骤然跃升了 3～4 个数量级。目前单体超级电容器的最大电容量可达到 10000F。

（2）比功率高。比功率是指单位时间能够储存或释放的能量，比功率越高，储存或释放能量的速度就越快。超级电容器的内阻很小，并且在电解液界面和电极材料本体内均能够实现电荷的快速储存和释放，因而它的输出功率密度每千克高达数千瓦，是一般蓄电池的数十倍。

（3）比能量低。比能量是指在单位体积或质量中能够储存或释放的能量。超级电容的比能量一般为是普通电容器的 100 倍，但只有一般蓄电池的 1/10。

（4）充放电寿命长。超级电容充放电次数可达一百万次，而蓄电池的充放电寿命很难超过 1000 次；可以提供很高的放电电流，如 2700F 的超级电容额定放电电流不低于 950A，放电峰值电流可达 1680A，一般蓄电池通常不能有如此高的放电电流，即使是一些高放电电流的蓄电池在如此高的放电电流下的使用寿命也将大大缩短。

（5）充放电速度快。超级电容可以在数十秒到数分钟内快速充电，而蓄电池在如此短的时间内充满电将是极危险的或是几乎不可能的。

（6）储存寿命极长。超级电容器充电之后储存过程中，虽然也有微小的漏电电流存在，但这种发生在电容器内部的离子或质子迁移运动是在电场的作用下产生的，并没有出现化学或电化学反应，没有产生新的物质。而且所用的电极材料在相应的电解液中也是稳定的，故理论上超级电容的储存寿命可以认为是无限的。

（7）工作温度范围宽。超级电容的工作温度范围为 $-40 \sim 85$℃，蓄电池的工作温度一般为－20～60℃。

（8）可靠性高。超级电容器工作过程中没有运动部件，维护工作极少，因而超级电容器的可靠性是非常高的。

储存在超级电容里的能量可以表示为

$$E = \frac{1}{2}CU^2 \tag{3-1}$$

式中：C 为超级电容的容量；U 为超级电容的耐压。

超级电容的最大输出功率可以表示为

$$P = \frac{U^2}{4R} \tag{3-2}$$

式中：R 为超级电容的串联等效电阻。

由式（3-2）可知，超级电容的最大输出功率会受到其串联等效电阻的制约。

2. 超级电容储能系统

典型的超级电容储能系统框图如图3-10所示，主要包括超级电容组和能量管理系统两部分。

（1）超级电容组。超级电容单体耐压通常只有2～3V，无法达到通常使用的耐压等级，所以需要将超级电容进行串联，构成超级电容组。串联的过程中，由于超级电容的单体差异导致每个超级电容上的电压分布不均，会引发一系列不良后果，因此超级电容组的均压至关重要。

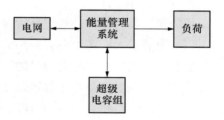

图3-10　典型超级电容储能系统框图

（2）能量管理系统。能量管理系统根据不同的应用场合会有所差别，一般都会包括 DC/AC 逆变器、DC/DC 功率变换器。DC/AC 逆变器是超级电容储能系统与电网之间能量转化的一个重要接口，而 DC/DC 功率变换器要求能够实现能量双向传送，高的效率和快速的响应速度。能量管理系统的构成见表3-1。

表3-1　　　　　　　　　　　　能量管理系统的构成

应用技术	能量管理系统结构
负荷电能质量调节	双向 DC/DC 功率变换器、双向 DC/AC 逆变器
太阳能发电储能	最大能量跟踪系统、双向 DC/DC 功率变换器、双向 DC/AC 逆变器
风能发电储能	单向 AC/DC 整流器、双向 DC/DC 功率变换器、单向 DC/AC 逆变器
能量缓冲	DC/DC 双向功率变换器、双向 DC/AC 逆变器

在超级电容能量管理系统中的功率变换器主要为双向 DC/DC 功率变换器、双向 DC/AC 逆变器，由于超级电容储能系统对双向和单向 DC/AC 逆变器并没有特殊要求，所以这里不作具体介绍，主要对双向 DC/DC 功率变换器进行详细分析。

在超级电容器组充放电过程中，端电压变化范围较大，必须采用 DC/DC 变换器作为接口电路来调节超级电容的储能和释能。超级电容器储能装置可将充放电合二为一进行储能和释能控制。由于超电容储能装置中的 DC/DC 一般没有隔离、绝缘的要求，所以通常首选非隔离型降压—升压双向 DC/DC 做超电容储能装置，电路拓扑如图 3-11 所示。该功率变换拓扑的优点为：器件数量少，造价低廉；没有变压器损耗，效率高，无源器件少，易于包装和集成；控制电路简单。

（3）超级电容器储能装置。超级电容器储能装置主要运行在 4 种状态：①充电储能态，双向 DC/DC 变换器给超级电容充电；②放电释能态，超级电容通过双向 DC/DC 变换器向负载放电；③恒压运行态，为维持 U_0 侧电压恒定，超级电容器向直流母线 U_0 侧提供功率，相当于正向升压运行，某些情况需要吸收 U_0 侧的电功率时，则保持 U_0 侧电压恒定，电流反向，相当于负向升压运行，即要求储能装置通过 DC/DC 变换器充、放电为直流母线提供恒定的电压支撑；④备用保持态，储能装置不工作，无能量流动。

超级电容器储能装置持续不断地循环运行于这 4 种状态，有效地实现了电能在时间上的分割、储备，确保必要时的能量供给，其储能装置状态转换如图 3-12 所示。

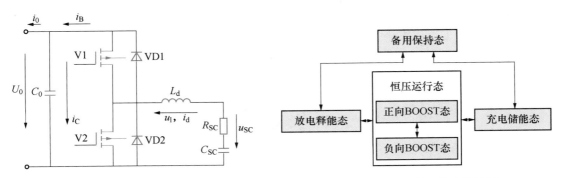

图 3-11 双向 DC/DC 变换器电路拓扑图   图 3-12 储能装置状态转换图

在能量的双向传输过程中，通常要求储能装置向系统释放电能时输出电压恒定，这里以超级电容储能系统放电时的工况进行分析。首先作如下设定：①图 3-11 中 R_{SC} 包括超级电容器内阻、滤波电抗器 L_d 直流内阻及 V2 或 VD2 通态电阻；②不考虑 V1、V2、VD1 和 VD2 开通关断时的开关过程；③不考虑线路中的分布电感；④暂时考虑输出电压无纹波，即滤波电容器为足够大。可以得到电压、电流波形图如图 3-13 所示。图 3-13 中，I_{dp}、I_{dv}、I_d 分别为 i_d 的最大值、最小值和平均值；T、D 分别为 S1 的开关周期和占空比；I_0 为输出电流 i_0 的平均值。

如果电感电流连续，在 $0 \sim DT$ 时段中有

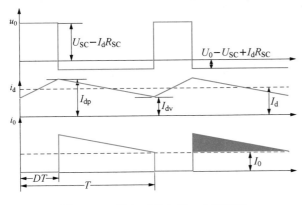

图 3-13 放电时的电压、电流波形

$$I_{dv} - I_{dp} = \Delta I_d = \frac{(U_{SC} - I_d R_{SC})DT}{L_d} \tag{3-3}$$

式（3-3）假定电感足够大，电感电流脉动 ΔI_d 不大，故可用平均值 $I_d R_{SC}$ 代替 $i_d R_{SC}$。

结合式（3-4）

$$\frac{I_{dv} + I_{dp}}{2} = I_d \tag{3-4}$$

可得

$$I_{dp} = I_d + \frac{(U_{SC} - I_d R_{SC})DT}{2L_d} \tag{3-5}$$

$$I_{dv} = I_d - \frac{(U_{SC} - I_d R_{SC})DT}{2L_d} \tag{3-6}$$

通常希望储能装置为系统提供连续的电流，如有 $I_{dv} = 0$，此时超级电容模块输出电流 i_d 则处于临界连续状态。

在 $(1-D)T$ 时段中，有

$$I_{dv} - I_{dp} = \Delta I_d = \frac{(U_0 - U_{SC} + I_d R_{SC})(1-D)T}{L_d} \tag{3-7}$$

联立式（3-4）得

$$U_0 = \frac{U_{SC} - I_d R_{SC}}{1-D} \tag{3-8}$$

在升压电路中易知

$$I_0 = I_d(1-D) \tag{3-9}$$

将式（3-8）、式（3-9）代入式（3-7）中，可解出电流 i_0 的临界连续值

$$I_{0c} = \frac{U_0 TD(1-D)^2}{2L_d} \tag{3-10}$$

将所需的最小负载电流作为临界连续电流值代入式（3-10），结合式（3-8）、式（3-9）和超级电容模块的工作电压范围以确定 D 的范围，从而得出滤波电感值 L_d。

由于电路电流连续，由图 3-11 可知

$$i_B = i_0 + i_C \tag{3-11}$$

认为 i_B 中纹波均由 C_0 吸收，而 i_0 中仅含有直流分量 I_0，则式（3-11）可写为

$$i_B = I_0 + i_C \tag{3-12}$$

结合图 3-13 可知 i_B 波形中阴影面积即表示电容电流 i_C 充放电荷量，则与此对应的输出电压脉动量为

$$\Delta U_0 = \frac{I_0 DT}{C_0} \tag{3-13}$$

设输出所带的直流负载为 R_0，则式（3-13）也可写为

$$C_0 = \frac{U_0 DT}{\Delta U_0 R_0} \tag{3-14}$$

依据对输出电压脉动值的不同要求，类似可以选择合适的滤波电容值 C_0。

3.2.4　压缩空气储能

目前抽水蓄能使用最多、规模最大，压缩空气储能居第二位。

围绕提高效率和储能密度这两个技术关键，压缩空气储能先后发展出传统压缩空气储能技术、绝热压缩空气储能技术、深冷液化空气储能技术和超临界压缩空气储能技术四种主要技术方案。

将空气液化并存储，同时回收利用压缩过程中的余热以及膨胀过程中的余冷，可提升系统效率。此外，液态空气能量密度高，约是高压储气的 10 倍甚至更高，安全性好、储气罐成本低，彻底摆脱了地理条件限制。液态空气所回收的低温冷能品位高，能量高效储能利用的要求高，但设备造价高。

目前压缩空气储能的应用主要是传统的压缩空气储能技术。下面介绍传统压缩空气储能系统（以下简称压缩空气储能系统）。

1. 压缩空气储能系统构成

压缩空气储能系统（compressed air energy storage system，CAES）的构成包括储气室、燃气轮机、电动机/发电机、功率变换器等主要部分，如图 3 - 14 所示。其中燃气轮机由压气机、燃烧室和燃气透平三个主要部分组成。

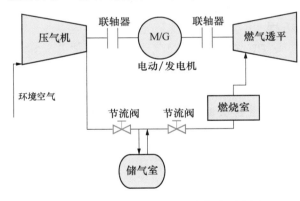

图 3 - 14　压缩空气储能系统构成示意图

任何 CAES 的重要特点是都有储存压缩空气用的储气库或储气洞，通常选用地下储气库、岩洞或者废矿井，在此统称为储气室。CAES 的效率和经济性在一定程度上由其最小损失容纳压缩空气的能力决定。因为 CAES 装置所需要的空气量极大，在地面上储存相对困难，大部分需要在地下储存。这种地下储存结构层可以有下面三种类型：地下盐岩矿内的盐岩洞（salt dome storage）、现存矿洞或挖掘成的岩石洞（rock cavity）、地下含水的岩石层（aquifer）。盐岩洞可以由水冲刷盐岩石形成，冲刷形成的洞穴逐渐向地表扩展，其深度一般是中等深度，花费的代价较小，但需具备一定地质条件。岩石洞既有自然形成的，也有人工挖掘的，这种洞穴需要对洞穴四周的墙壁进行密封保证气密性，但如果由人工挖掘而成则其花费要比盐岩洞昂贵得多。含水的岩石层是地下具有很高穿透率的岩石层，含水岩石层水位的高度可以变化，可以利用地下水位高度的变化存储空气，同时直接由水起密封作用。其中利用盐岩洞储存石油、天然气及其他碳氢化合物的储存技术已经有 40 多年的实践经验。

电动机与发电机共用一机，压气蓄能时用作电动机，使用电网电能驱动压气机压缩空气；放气发电过程中则用作发电机由燃气透平驱动发电。其发电原理与燃气轮机发电装置发电原理相同。

压缩空气储能系统是通过电动/发电机从电网吸收能量或者向电网释放能量，中间通常需要通过高效率的电力电子功率变换器进行必要的幅值、频率、相位控制。对于一些用于负荷调节、频率调整等功能的压缩空气储能系统，还需要通过电力电子变换器的控制，在实现系统能量流入和流出（电动/发电）的同时进行电能质量的调节。

2. 压缩空气储能发电过程的能量转化

（1）理想转化过程。压气机压缩空气储能过程若当作绝热过程，空气当作理想气体，过程可逆，则过程遵循可逆绝热过程方程

$$PV^\gamma = P_0V_0^\gamma \tag{3-15}$$

式中：P、P_0 分别为空气压缩后及压缩前绝对压力，Pa；V、V_0 分别为空气压缩后及压缩前体积，m^3；γ 为空气的绝热指数，环境温度和环境压力时，$\gamma = 1.4$，其值随温度和压力的增大而减小。

但在压缩空气存储过程中，其值变化不超过 10%。则可计算出存储的能量为

$$W = \int_{V_0}^{V} P_0\left(\frac{V_0}{V}\right)dV = \frac{P_0V_0}{\gamma-1}\left[\left(\frac{V_0}{V}\right)^{\gamma-1} - 1\right] = \frac{P_0V_0}{\gamma-1}\left[\left(\frac{P}{P_0}\right)^{\gamma-1/\gamma} - 1\right] \tag{3-16}$$

式（3-16）实际上是绝热压缩过程消耗的功。

因为其体积是固定的，因此存储能量数量由压缩空气的压力和温度决定，如果把气体当作理想气体，则符合理想气体状态方程

$$T/T_0 = PV/P_0V_0 \tag{3-17}$$

和绝热过程方程联立可得

$$T = T_0(P/P_0)^{\gamma-1/\gamma} \tag{3-18}$$

在实际应用中压强比高达 70 倍以上，因此最大温度高达 1000K 以上，这对于存储空间来说是不可接受的，因此必须把进入存储空间之前的高压、高温气体降温，假设气体被等压冷却，所释放的热量为 $H = C_p(T - T_s)$，所释放热量可以被热能存储设备保存起来，在利用压缩空气发电时用来加热压缩空气。

（2）实际转化过程以及转化效率。实际上，压气机存在能量损失，高温气体冷却过程释放热量也不能完全被利用来加热压缩空气，在燃气轮机内膨胀做功时也有 10% 以上能量损失，因此整个系统的存储效率在 65% 左右，最高可到 70%。因此考虑到压缩机效率，实际上压缩空气所能存储能量为

$$W_{in} = \frac{P_0V_0}{\gamma-1}\left[\left(\frac{P}{P_0}\right)^{\gamma-1/\gamma\eta_c} - 1\right] \tag{3-19}$$

在燃气轮内做功为

$$W_{out} = \frac{P_1V_1}{\gamma-1}\left[\left(1-\frac{P_2}{P_1}\right)^{\gamma-1/\gamma\eta_\gamma} - 1\right] \tag{3-20}$$

式中：η_c、η_γ 分别为压气机和燃气轮机内效率。

综合以上分析，如果压缩空气蓄能系统只包含一级压缩、一级膨胀，则整个循环能量转换系数为

$$\xi = W_{out}/(W_{in} + H_0) \tag{3-21}$$

（3）系统性能和储能效率改进技术。

1）改进燃气轮机循环技术。储气室出来的压缩空气压力较高，一般应用高压膨胀机排气进行再热循环，可使功率大幅度提高。应用回热技术，美国亚拉巴马州（Alabama）机组容量为 110MW 的压缩空气储能电站应用了回热，其经济性有很大程度的提高，热效率比德国亨托夫（Huntorf）压缩空气储能电站热效率提高了 25%，以高位发热量计算其发电热耗仅为 5565kJ/kWh，综合投资费用为 450 美元/kW。根据相关文献数据，应用阿尔斯通（Alstom）11N 型燃气轮机，若是常规的燃气轮机电站，其功率为 87MW，若改进燃气轮机循环则功率为 130MW。我国华北电力大学也在这方面进行了系统集成及性能优化。

2）联合循环技术。利用燃气轮机排气余热的燃气 - 蒸汽联合循环技术及其动力装置、燃煤的燃气轮机联合循环技术，如 IGCC（整体气化联合循环技术）和 PFBC - CC（增压流化床燃烧—联合循环）技术，都在进行应用于压缩空气储能发电机组的可行性研究，一些装置的热效率已达到 50%～60%。瑞士 ABB 公司正在开发联合循环压缩空气储能发电系统，发电机用同轴的燃气轮机—蒸汽轮机驱动，储能发电功率为 442MW，压气运行时间为 8h，湿度 60%，储气空洞为硬岩地质，采用水封方式，发电机输出功率时储气效率高达 95%。

3）高压双机联合循环技术。超高压、双轴系、双机式的联合循环压气储能发电系统，其高压部分，包括高压空气压缩机（简称高压空压机）、高压燃烧器、高压燃气轮机，和电动/发电机单独构成另一个轴系，机器之间还通过齿轮啮合，而不限于采用联轴器。因为高压燃气轮机转速太高，必须变速传动。与传统压缩空气储能系统相比，它多了一台电机、一台压缩机，但压力、温度、功率等都提高了，功率增加将近 1 倍（829MW），除了电动机驱动外，还采用辅助的蒸汽轮机同时驱动高压空压机。

4）热、电、冷联供技术。如图 3 - 15 所示，使用空气透平替代带有燃烧室的燃气透平，用电高峰时压缩空气在空气透平中膨胀做功，带动发电机输出电能，同时输出冷量；在空气压缩储能的过程中，所产生的热将以提供热水的形式被利用，同时压缩空气进入空气透平前被冷却，也是为了透平出口获得更低温的冷量。该技术实现了电热冷联产，也实现了对环境的零污染排放。

压缩空气储能既能对发电厂进行峰谷调节，又能较快地响应负荷变化，具有较好的调荷、调频性能，可用作事故备用。压缩空气储能电站初期投资低，使用成熟的 100MW 等级燃气轮机可建成 300MW 等级压缩空气储能电站，占地面积小，建设周期短，大容量电站可建在城市近郊，节省燃料，发电成本低于抽水蓄能电站，有较好的经济性，因此压缩空气储能具有良好的应用前景。

3.2.5　飞轮储能

1. 飞轮储能系统原理

飞轮储能具有储能密度较大、转换效率很高、使用寿命长、充放电时间很短、允许放电深度大、充放电次数多、单机或多机灵活工作、适合各类环境等优点，近十多年随着高强度复合材料、磁悬浮技术、高速电机以及电力电子技术的迅猛发展，飞轮储能呈现出巨大的发展潜力。

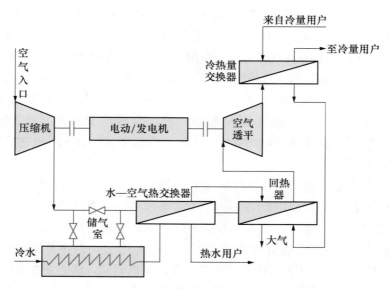

图 3-15　电热冷联产的压缩空气储能系统示意图

飞轮储能的基本原理是由电能驱动飞轮到高速旋转，电能转变为机械能储存，当需要电能时，飞轮减速，电动机作发电机运行，将飞轮的动能转换成电能释放，原理如图 3-16 所示。

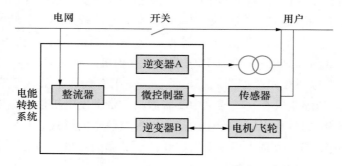

图 3-16　飞轮储能系统原理图

飞轮储能的基本原理公式如下

$$E = \frac{1}{2}J\omega^2 = mK_sK_m\frac{\sigma}{\rho} \tag{3-22}$$

式中：J 为飞轮转动惯量；ω 为飞轮的旋转角速度；m 为飞轮质量；K_s 为飞轮的形状系数；K_m 为飞轮的材料利用系数；σ 为飞轮材料的强度；ρ 为飞轮材料的密度。

根据式（3-22）可以看出提高飞轮的储能能力，无外乎增加惯量和增加转速两条路径，也就有了低速和高速飞轮两个发展方向，而由于储能量与转速二次方成正比（实质是与材料强度成正比），所以发展高速飞轮成为未来的趋势。简单地说，提高惯量的方法就是尽量将飞轮体积和质量做大，例如巨型的钢制飞轮；而提高转速的方法就是尽量提高飞轮材料的强度以及相应的加工工艺，例如缠绕式的复合材料飞轮。

飞轮在能量、功率、循环寿命以及充放电特性等各个方面较为均衡，非常适合用于电网以及分布式发电中的电能调整。许多国家都在从事各种用途的飞轮储能装置和系统的研究工作，在市场上已经能够见到一些成熟的飞轮储能产品。

如前所述，根据增加飞轮储能能力的不同途径，可以简单地按照飞轮转速进行分类。通过增加飞轮体积和质量来提高储能能力的飞轮，一般称为低速飞轮（以 6000r/min 为界限），此类飞轮多采用大型金属飞轮，所以转速受到材料强度的限制。低速飞轮储能系统结构简单实用，由于转速较低一般不需要抽真空和采用电磁轴承；相应的电动/发电机频率较低，变换器甚至采用晶闸管作为开关元件即可，技术较为简单成熟，比较适合高压大功率方面的应用；但是其占地面积和质量均较大，单位体积储能以及单位质量储能有限，效率也比较低，所以相应的研究也越来越少。

通过增加飞轮转速来提高储能能力的飞轮，一般称为高速飞轮。它的特点在于转速很高，但是尺寸和质量均较小；储能量一般不大，但输出功率可以做得很大，在电动机车、电磁炮、卫星姿态调整以及工业不间断电源中应用较多。变换器多选用 IGBT 高频开关元件，比较适合于低压中小功率的应用；主要通过采用新型复合材料和加工工艺增加飞轮的强度，通过抽真空和采用电磁轴承来减小高速旋转下的磨损。高速飞轮目前已经成为飞轮储能的研究方向，其各个部件如飞轮本体、轴承、电动/发电机、电力电子变换器、真空及安全保护罩等均已成为研究热点。

2. 飞轮储能系统的特点

（1）较高的储能密度。虽然有不少储能方式的储能密度可以超过飞轮储能，但是需要较多的辅助设施。比如超导储能需要冷却设备，钠硫电池等新型电池需要辅助设备对温度进行控制，所以整体设备的储能密度未必能达到预测的水平。根据美国得州大学机电研究中心的数据，同样储能水平下，与铅酸电池和超导储能相比，飞轮储能系统的相对尺寸最小。

（2）充放电深度大，充放电时间短。大部分化学电池都难以做到深度放电，而飞轮储能系统可以做到 90% 的放电深度。而充放电时间只需要几分钟甚至几秒，明显快于大部分的化学电池以及抽水储能和压缩空气储能设备。

（3）工作寿命长。从目前技术上看，飞轮储能和超级电容储能设备的循环使用次数和使用寿命是最高的，所以，飞轮储能设备特别适合于需要频繁充放电的场合，例如频率调节、电压补偿等电能质量控制。

（4）能量利于预测和控制。对于一个特定的飞轮储能设备，其储能量仅仅与飞轮转速有关，所以能量易于测量，也易于控制。相对来说，一些化学电池的充放电特性曲线受到很多因素的影响，不易测量与控制。

（5）对安装地点无特别要求。飞轮储能系统的一个重要特性就是一旦安装后，几乎不需要维护，且对安装地点无特殊要求。典型的商业化飞轮储能产品，对环境温度仅要求在$-50 \sim +40$℃之间，不需要任何润滑、冷却等辅助设施，只需要远程进行控制，寿命可以长达 20 年，所以降低了整个寿命周期的维护成本。

（6）环境无污染。由于存储的是机械能，而且不需要润滑和冷却设备，节省了由于治理环境污染而造成的附加成本，同时也降低了运输的要求。

（7）全寿命成本低。由于飞轮储能设备寿命长，可循环使用的次数大，而且免维护，所以从整个寿命周期来看，其成本具有相当的竞争性。

3. 飞轮储能的应用

对于目前的应用和研究而言，绝大多数飞轮储能系统的容量从几百瓦到几十兆瓦不等，储能量从几百千焦到几百兆焦不等，按照额定功率提供能量的时间从几毫秒到几十分钟不等。从这点上看，飞轮储能的容量/功率目前相对较小，存储能量时间较短，在同样的成本下，可以相对容易地将功率做得较大而不容易将容量做得很大，并不适合纯储能模式以及大容量电力调峰的需求；但是其具有响应时间短、安装灵活、无污染等特点，与电力电子技术结合后，在电能质量调节以及可再生能源并网发电方面有着广阔的应用前景。

3.2.6　超导储能

1. 超导储能系统的构成

超导储能系统（superconducting magnetic energy storage system，SMES）能够反复进行储能和放能，可独立控制系统的有功和无功。因潮流波动而导致电力系统的电压和频率波动时，在电网中引入超导储能系统，能够降低不良影响，稳定地为用户输送高品质电能。

电流在电感中存储的能量可表示为

$$W = \frac{1}{2} L I_{\mathrm{d}}^{2}$$ （3-23）

式中：L 为超导线圈电感；I_{d} 为超导线圈上的电流。

超导储能系统是利用超导材料特殊性能，将其绕制成电感线圈，因超导体电阻为零，超导线圈内部的循环电流不会衰减，理论上可以无损地储存电能，通过变流器转换环节接入电网中，对电网能量进行储存，实现对电能充分利用。

典型的超导储能系统一般由超导线圈、低温冷却系统、功率调节系统和监控系统四部分组成，如图 3-17 所示。

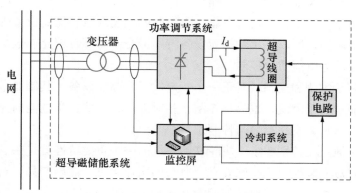

图 3-17　典型超导储能系统构成

（1）超导线圈。超导线圈的形状通常是环形和螺旋管形。小型及数十兆瓦时的中型超导储能系统比较适合采用漏磁场小的环形线圈。螺旋管形线圈漏磁场较大，但其结构简单，适用于大型超导储能系统及需要现场绕制的超导储能系统。线材可以是低温超导线材或高温超导线材，高温超导线材是发展方向。

（2）低温冷却系统。传统超导线圈的低温冷却方式有两种：一种是将线圈浸泡在低温液体（液氦或液氮）之中的浸泡冷却方式；另一种是在导体内部强制通过超临界低温液体的强制冷却方式。浸泡冷却方式下超导稳定性好，但交流损耗大，而且耐压水平低。强制冷却方式在机械强度、耐压、交流损耗等方面都具有优点，但提高超导热稳定性则是其应解决的问题。

随着高温超导材料的出现和小型低温制冷机的进步，逐步发展到了用制冷机直接冷却超导器件与超导装置的应用。这与传统的单一低温液体冷却的模式不同，是以导热为主的新的冷却模式。直接冷却的优点是：①运行简便，不需要加注液氦、液氮；②长时间运行不需补液，维护操作容易；③装置系统结构紧凑，体积小；④可简化杜瓦的设计，如只要设置一个辐射屏，因此降低了低温设备的费用，减轻了质量；⑤安全、高效，没有储存低温液体的部分，失超时不会产生高压气体。

（3）功率调节系统。功率调节系统（power conditioning system，PCS）是连接超导线圈和交流电网的接口。超导储能系统的能量传输和功率变换通过功率调节系统实现。对功率调节系统的基本要求是：能量可以双向传送；有功和无功可以独立控制；高的效率和快速的响应速度。

（4）监控系统。监控系统是控制超导储能系统快速向电网放出或吸收有功功率和无功功率的主控器。为了能与电网良好地匹配，根据不同的控制目标使得超导储能系统更好地改善电力系统的性能，必须相应地设计不同的控制策略。

超导磁储能在储能效率、响应时间上均具有一定的优势。同时，超导储能系统的储能持续时间范围较大，可以在较大范围内对能量释放速度进行控制，这为满足电力系统的不同需求提供了有利的条件。

2. 超导储能系统特性分析

超导储能系统的优良性能。不经过其他形式的能量转换，可以长期无损耗地储存能量，其返回效率高达95%；能快速独立地在四象限内进行有功功率和无功功率交换；功率调节系统采用灵活的现代电力电子装置，其响应速度很快（几毫秒至几十毫秒）；除真空和制冷系统外没有转动部分，故装置寿命长；建造不受地点限制，且维护简单、污染小。

3. 超导储能系统用变流器

超导储能系统所用的电力电子变流器是超导线圈和电网之间实现能量交换的装置，称为功率调节系统。它一般通过变压器与电网连接，能独立控制超导线圈与电力系统间的有功功率和无功功率交换。

以电力半导体器件为核心的电力电子技术经过近 50 年的发展已经相当成熟，遍及几乎所有电气工程领域。从器件上看，近 10 多年来，晶闸管（SCR）、可关断晶闸管（GTO）、MOS 控制晶闸管（MCT）、绝缘栅双极晶体管（IGBT）等大功率高压开关器件的开断能力不断提高。目前，已经生产出 6kA、6kV 的 GTO，单个元件的开断功率可达到 30MW 左右，这无疑是一个巨大的进步。目前电力电子变流器容量可达

1000MW 至几瓦不等，工作频率也可由几赫兹至 100MHz。

由于电力电子变流器在超导储能装置中的控制中心地位，其技术的进步在超导储能的发展中起着举足轻重的作用。应用于超导储能系统的功率调节系统需要满足如下要求：①用于电力系统稳定性改善时要求超导储能系统能够快速实时地吞吐不同数值的有功功率和无功功率，因此 PCS 必须能够在四象限快速、独立地控制有功功率和无功功率；②为保证超导储能系统的效率，PCS 必须具有很高的运行效率；③故障时为了保护储能线圈，PCS 必须能够自动短接线圈并提供一条旁路；④PCS 设计时应考虑减小作用于储能线圈上的交流电压，以减小超导储能线材损耗；⑤PCS 运行时不应产生过大的交流侧谐波电流，尤其对于电流型拓扑，应防止谐振；⑥可在高电压和大电流下工作，为得到大的电流和大的容量，应易于并联或多重化。

从拓扑上看，用于超导储能系统的变流器（又称超导储能变流器、功率调节系统）可以分为电压型和电流型，两种拓扑都可以满足超导储能系统对变流器的要求。

（1）电压型超导储能变流器。电压型 SMES 变流器包括一个四象限电压型变流器（VSC）和一个二象限斩波器，两者间以直流电容联系。如图 3-18 所示，当斩波器的 GTO 导通占空比大于 50% 时，直流电容对超导线圈充电；当 GTO 导通占空比小于 50% 时，超导线圈对直流电容充电。通过调节 GTO 的占空比，就可以调节直流电流和电压，从而可对 PCS 吸收或发生的无功进行初步调节。在 VSC 部分，通过调节电容电压和交流电压相角，可以实现 PCS 与交流电网间的有功功率和无功功率流动。

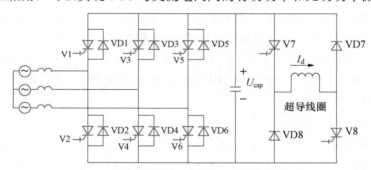

图 3-18　电压型 SMES 变流器

在大功率时，开关元件工作在较低的频率下，有研究文献为 SMES 设计了一种零电压转换的三电平斩波器，开关工作在 20kHz，在减少了变流器的体积和质量的同时，软开关使开关损耗大为降低，与一个同样工作在 20kHz 的 IGBT 三电平电压型变流器组合构成一个体积小、质量轻的 SMES 用 PCS，具有极快的动态响应。这种方式适用于容量为数百千瓦的微型 SMES 系统（μSMES）。

有研究采用一种模块化 SMES 的设计思想，使用电压型变流器加斩波器的结构。但使用了三个独立的超导线圈，对应的三套斩波器和电压型变流器在直流侧和直流电容并联，电压型变流器的交流侧用多绕组变压器并联，如图 3-19 所示。对于这种方案，当某一个线圈失超时，其能量可以被转移到另一个线圈，而不必像通常的失超保护那样将能量全部消耗在一个放磁电阻上。若失超线圈需要输出的有功功率为 P_q，另外一个正常工作的线圈需要处理系统的指令给定的功率为有功 P_{sm}，则保护动作后此线圈需要处理的有功功率为 $P_q + P_{sm}$。失超时的能量转移不会影响正常工作的线圈与电网的能量交换。

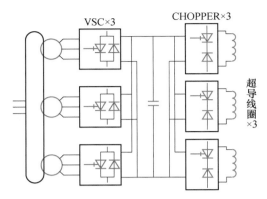

图 3-19　三模块的电压型 SMES 结构

（2）电流型超导储能变流器。超导线圈实质上是一个电流源，电流型 PCS 相对于电压型 PCS，具有更简洁的主电路、更快的功率传输响应、更简洁的控制及更低的成本等特点。基本的电流型 PCS 如图 3-20 所示，它将 VSC 型 PCS 的两级电路变为一级，直接将网侧交流电流整流对超导线圈充电，或是直接将超导线圈中的直流电流逆变注入交流电网，工作于四象限，采用脉宽调制（PWM）以降低谐波及实现功率控制。输出滤波器是电路正常工作必需的，应合理设计以降低网侧谐波并避免谐振。

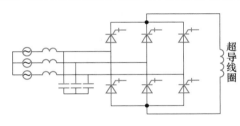

图 3-20　基本的电流型 PCS

在功率容量较大时，开关元件的工作频率不能太高，一般在几百赫兹，使得 6 脉波方式时交流侧谐波较大。12 脉波电流型 PCS 如图 3-21 所示，两个 6 脉波变流器在交流侧通过移相 30°的变压器并联，直流侧通过相互耦合的电抗器并联以均流，用这种方式实现更大的功率变换并得到更低的网侧谐波。5、7、17 次和 19 次谐波因变压器间 30°的相移而去除。与 6 脉波结构相比，12 脉波方式不仅能提供更大的功率容量，更低的交流侧谐波，直流侧电压纹波也较小，超导线圈中的交流损耗得以降低。

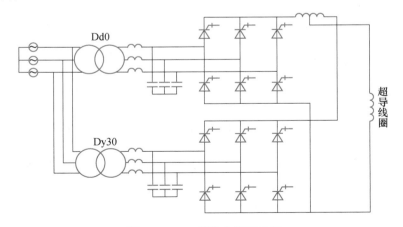

图 3-21　12 脉波电流型 PCS

在交流侧不需要移相时，电流型变流器可以直接并联，无需变压器即可实现多重化。多模块直接并联的电流型 PCS 主电路拓扑如图 3-22 所示。有文献提出了用相移正弦脉宽调制（SPWM）的方法，仿真结果表明，由 48 个模块构成的 PCS 工作在 120Hz 开关频率下，可以得到优良的交流侧电流波形和纹波极低的直流侧电压。

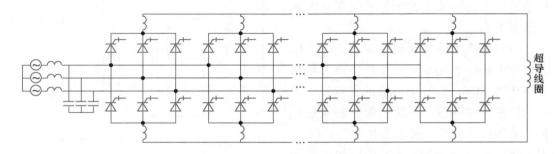

图 3-22　多模块直接并联的电流型 PCS 主电路拓扑

（3）电压型 PCS 与电流型 PCS 的比较。

1）P、Q 变换能力。电压型 PCS 和电流型 PCS 都能在 P、Q 平面四象限里实时独立地进行有功功率和无功功率的控制。电流型 PCS 由于在交流侧并有滤波电容，能向电网提供更多的容性无功功率。电压型 PCS 必须经过一组数值较大的电抗器与电网连接，以保证其正常的工作和适当的性能，因此，在相同的有功容量下，其向电网提供容性无功功率的能力比电流型弱。两种 PCS 的工作范围如图 3-23 所示。

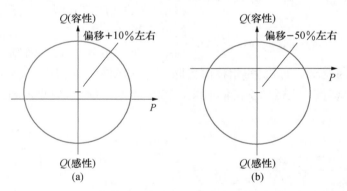

图 3-23　电流型 PCS 和电压型 PCS 的工作范围比较
（a）电流型 PCS 的工作范围；（b）电压型 PCS 的工作范围

2）直流侧电压交流分量。电流型 PCS 的直流侧电压交流分量比电压型 PCS 的要低，意味着前者的超导线圈交流损耗比后者低。

3）交流侧谐波。通过合理的设计，两种 PCS 都可以得到总谐波失真较低的交流侧电流。电流型 PCS 需防止输出滤波电容与电抗参数的谐振。

4）结构。电流型 PCS 为单级电路，而电压型 PCS 为 VSC 加斩波器两级电路，前者较为简洁，所用器件数目较少。

5）控制。由于电流型 PCS 是单级电路，且是直接电流控制，对它的控制比电压型容易，易于得到快速的有功、无功控制效果。电压型 PCS 不仅要控制 VSC 与电网间的

PQ 交换，还必须协调 VSC 和斩波器之间的有功流动，使得控制较为复杂。

6) 开关器件耐压与过电流。电流型 PCS 直接控制着强电流，超导储能线圈、均流电感和分布电感在开关换流时极易产生过电压；电压型 PCS 中的 VSC 直流侧经过电容与斩波器连接，线圈过电压已被电容吸收，对于斩波器，即使有短暂的开关误动，其拓扑结构保证了电感电流具有通路，从而不易产生过电压。电流型变流器中的开关器件耐压一般需要比相同电压等级的电压型变流器要高，电流型变流器必须具备良好的缓冲电路和过电压保护电路。电压型变流器无法避免地存在上下桥臂直通过流问题，必须保证上下桥臂驱动脉冲之间足够的死区时间。电流型变流器具有固有的限流特性，因此开关器件不会发生过电流。

由于电力电子变流器在 SMES 装置中的控制中心地位，其技术的进步在 SMES 的发展中起着举足轻重的作用。

自 20 世纪 80 年代以来，在 4kV 以上电压等级的应用中，GTO 一直扮演重要角色，GTO 的价格也每年在递减。但由于 GTO 反向阻断能力较弱，可关断增益小，并需要复杂且损耗大的吸收电路以保证安全关断等问题，使得在大容量功率调节系统中基本上采用电压型变流器而未采用更为经济的电流型变流器。20 世纪 90 年代中期，与 GTO 有相同的基本结构的新型器件门极换流晶闸管（GCT）被发展起来，它具有与 GTO 相同的低导通压降，但有更优异的关断性能。具有反向阻断能力的对称型 GCT（SGCT）也已被研发出来，参数为 6kV/4kA。新型 SGCT 的发展将使高性能大容量电流型变流器的研究和应用快速发展，也保证了功率调节系统成本的进一步下降。多电平拓扑结构在高压变流器中的应用、电力半导体器件 IGBT 及集成门极换流晶闸管（IGCT）功率等级的不断提高以及软开关技术的发展等，都大大地提高了 SMES 装置的效率、响应速度、功率质量和性价比。

3.2.7　电力储能系统集成、运行控制、测试与评价

1. 储能系统集成与装备技术

储能系统主要由储能电池、电池管理系统（BMS）、能量管理系统（EMS）、功率转换系统（PCS）、安全与防护系统组成。

（1）大容量储能电池组和系统集成技术。大容量储能电池组和系统集成技术将储能电芯按照一定电管理、热管理及安全管理要求，通过串并联方式集成成组、成簇、成单元，经过储能变流器 PCS 和升压变压器与并网点母线建立电气联系，并通过与 BMS、PCS 及 EMS 构建设备通信网络，实现储能系统的集成与分层分级监控管理。

大容量储能电池组和系统集成技术，应用于储能电站设计、储能产品生产及储能电站建设施工过程，提升储能应用过程的安全性与充放电性能。储能电池成组过程应充分考虑电管理、热管理及安全管理要求，确保储能电池应用安全性。储能电站分层分级通信架构的建立尽量采用统一的通信规约，避免规约转换环节，提升系统响应速度。

（2）储能电池安全防护及消防灭火技术。储能电池的安全涉及储能系统的整体安全，储能电池的热失控会引发连锁反应，使得个别电池的安全问题迅速演变为系统性的火灾事故，需要重点关注电池的安全防护技术及消防灭火技术。

储能电池安全防护技术的作用如下：防止储能电池热失控的连锁反应，通过材料和结构设计，延缓或抑制热失控连锁反应的速度和规模，为消防灭火和人员逃生、应急处理提供时间；防止储能电池燃烧爆炸后造成更严重的危害，通过模块级/系统级的防护措施，降低储能电池燃烧、爆炸的热冲击、超压冲击和烟气毒害等造成的二次危害。

储能电池消防灭火技术是指根据储能电池的燃烧特点而开发的消防灭火技术，采用电池火灾专用灭火剂和复燃抑制剂，在电池燃烧的初期阶段快速扑灭电池明火，并持续抑制电池复燃。采用气液复合灭火剂，根据不同类型电池采取不同的灭火策略，具有智能判定、自动启动功能，能够快速扑灭明火，不复燃，同时还具有成本低、对其他设施无损害和环境影响小等特点。目前，针对储能应用，需要解决防护材料选择局限、采用的防护材料负面效应等问题。此外，针对锂离子储能电池的防护材料，因电池容量更大、数量更多，将面临更多的约束条件，例如：阻燃隔热过程产生烟气的毒性问题、电池壳体破裂后高温烟气的抗烧蚀性和抗冲击性。我国开发的灭火装置的自动响应时间仅为 0.5s，在 3.5s 内能够扑灭电池明火，且 24h 内电池不再复燃。该技术及装置已用于国网浙江省电力有限公司杭州江虹变电站储能工程，并推广用于其他储能工程和电动车领域。

储能电池安全性与电池本体有关，也与电池系统结构有关，应根据实际情况针对性设计。

（3）广域分布式储能节点控制器。广域分布式储能节点控制器应用于分布式储能状态监测与集群控制技术领域，基于即插即用装置，实现对分布式储能设备的数据采集、监控、保护和控制功能；同时，对于接入系统的分布式储能设备，具有认证加密、就地能量管理和模式设定等功能。节点控制器由分布式储能设备由设备层、传输层、应用管理层和客户服务层组成。

1）分布式储能设备层包括分布式储能设备、即插即用装置和通信设备等，实现节点控制器前端数据采集。分布式储能设备主要包括电动汽车移动储能和工业/商业/居民用户固定式储能。即插即用装置是储能设备和电网进行交互的桥梁，对上进行分布式储能节点控制器接入认证、获取电网综合平台信息，对下实现对分布式储能装置的管控。通信设备完成分布式储能设备层对上以及即插即用装置之间底层设备的连接。

2）传输层为分布式储能设备层与节点控制器通信提供保障，采用多种实现方案，主要分为有线通信和无线通信两种。该平台主要采用光/4G/3G/GPRS 网络与节点控制器实现信息和数据的双向传输。

3）应用管理层包括数据采集区、交换区、数据存储区、内网区和平台服务区。其中，数据采集区读取传输层传送来的数据，经交换区到达数据存储区进行存储；内网区将电网内部调度数据和营销数据经过安全隔离装置送入节点控制器应用管理层；平台服务区综合底层数据和内网数据，实现相应的平台服务。

4）客户服务层是实现客户侧储能服务的终端，主要有全景展示 UI 界面、客户端 APP 等，支持电脑、手机等多种形式的终端访问，客户可根据需求选择相应的储能服务，但也受到节点控制器平台的管理。

采用该技术实现了汇聚分布式储能资源参与电网需求响应，降低了储能装置的运营成本。实际应用中，需要结合国家电网有限公司各部门的信息平台，采用不同的加密芯片以及认证方式，并对通信协议加以定制，保障信息安全。

2. 储能运行及控制技术

储能运行及控制技术涉及储能系统建模与仿真技术、调度运行与能量管理技术等。

(1) 储能系统建模与仿真技术。储能系统建模与仿真技术指的是通过建立储能本体、单元到系统的各层次仿真模型，真实反映储能系统在各种电网应用场景及工况下的充放电响应过程，结合大电网仿真软件在电源侧、电网侧以及用户侧不同时间尺度、不同电压等级储能应用场景下实现含储能系统的全时域动态仿真。

储能系统建模与仿真技术涉及储能电池本体的充放电性能，以及储能系统整体在大电网仿真过程中的外特性，其开发过程包括以下步骤：建立储能电池本体模型；结合PCS 及监控系统技术参数建立储能电站充放电响应模型；针对调峰、调频、调压、新能源出力跟踪/平抑、紧急功率支撑等不同应用场景，设置典型控制策略相关参数，建立储能控制策略模块。

实际应用中应该根据不同的应用场景需求，合理确定储能模型类型及相应的控制参数。

(2) 储能系统调度运行与能量管理技术。实施储能系统调度运行与能量管理，对储能系统进行科学的功率指令下达及系统内功率分配的储能运行控制，结合电网实时工况，针对调峰、调频、调压、紧急功率支撑、黑启动等应用目标，综合电池寿命、容量等储能系统工况，调节储能出力，实施储能电站有序功率自动控制，满足调度系统对于有功功率、无功电压快速响应要求，延长设备运行寿命，提升储能系统对于提高电网运行安全性、经济性等方面的作用。

从 10kV 及以上电压等级接入公共电网的储能系统，实施储能系统调度运行与能量管理，应结合日常调度与紧急功率支撑等不同的应用场景需求，合理确定储能控制响应时间，按需配置控制通信架构；应与电网调度部门确定通信规约，确保储能系统调度运行与能量管理系统能够接收并响应调度自动化系统下达的控制指令；站内能量管理系统应充分考虑储能单元荷电状态 (SOC) 差异性，发挥储能电站能量管理功能，在储能单元间合理分配功率指令。

3. 储能系统测试与评价技术

储能系统的评价与标准化包含核心零部件的安全可靠性、辅助零部件的可靠性、储能系统设计、储能系统的可靠性、储能系统的运行维护、储能系统的安全预警与防护、储能系统的消防灭火等环节，涉及储能系统并网性能测试与评价技术、储能系统安全防护测试与评价技术等。

(1) 储能系统并网性能测试与评价技术。储能系统并网性能测试与评价技术以储能系统并网运行数据为基础，综合考虑储能电池、电池管理系统、功率调节系统、能量管理系统等核心部件的性能，对储能系统接入电网时的电网适应性、高低电压穿越、电能质量、保护功能、响应时间、调节时间、转换时间、额定能量、能量效率等综合性能进行系统性的测试与评价，据此判定储能系统是否满足设计、功能及运行要求，以及储能系统的质量等级，为储能系统的正式投运设置准入门槛，为储能系统运维提供依据，实现储能系统全寿命周期管理。

（2）储能系统安全防护测试与评价技术。储能系统安全防护测试与评价技术针对储能电池等核心部件的安全性能以及储能系统的预防及保护技术措施或装置的性能进行测试与评价。针对储能电池，我国发布了保障电池大规模集中使用安全的、更为严苛的储能电池标准，关注电池本体层级的热失控安全性能，提出了电池发生热失控时不应起火和爆炸的要求。产品安全认证，则根据储能电池在安全试验过程中的不同现象，例如膨胀、漏液、冒烟、起火、爆炸等，对电池的安全性能进行分级评价，清晰展现储能电池安全性能的水平等级，为用户选型及系统安全设计提供重要的技术依据。

实践表明，储能在电力系统安全应用的前提是要充分认识电池的特殊性；同时，储能电池的安全性能只是电池综合性能的一部分，由于安全性能和其他性能之间存在制约的关系，评价储能电池是否满足安全标准的前提是其基本性能和循环性能是否也满足标准要求。

3.3 电力储能系统的应用

储能技术目前在电力系统中的应用主要包括削峰填谷，配合新能源接入，提高系统运行稳定性和改善供电质量。各种形式的储能电站可以在电网负荷低谷的时候作为负荷从电网获取电能充电，在电网负荷峰值时刻改为发电机运行方式向电网输送电能，这种方式有助于减少系统输电网络的损耗，对负荷实施削峰填谷，从而获取经济效益。另外，和常规的发电机和燃气轮机相比，储能电站在成本方面具有很大的优势：在电网低谷时刻使用电能，用电成本较低，不像柴油发电机或者燃气轮机那样需要消耗高成本的燃料。储能装置用于电力调峰，需要装置有较大的储能容量，但如果储能装置的主要目的是用于系统的稳定控制，就可以采用小容量的储能，通过快速的电能存取，实现较大的功率调节，快速地吸收剩余能量或补充功率缺额，从而提高电力系统的运行稳定性。储能装置不仅能提高电力系统的动态稳定（低频振荡、小扰动），也能提高电力系统的暂态稳定、次同步振荡、轴系扭振，提供削峰填谷作用，提高电能利用率等。

3.3.1 削峰填谷

为了应对电网负荷峰谷差日益扩大和高峰负荷的不断增加，电力公司需要连续投资发输配电系统来满足尖峰负荷的容量需求，导致系统整体负荷率和资产的综合利用率偏低。电池储能系统可在用电低谷时作为负荷从电网吸收电能存储在电池中，在用电高峰时作为电源向电网释放电能，在一定程度上削弱峰谷差，从而变相削减峰值负荷。

对于削峰填谷的应用，并不需要储能系统具有很快的响应，但通常认为的最小放电时间为 2h，而电力系统日峰值负荷的典型时间上限是 6h。储能系统的运行效率和实际利用小时数对其成本影响显著，一个完整充放电周期的运行效率一般要高于 60% 才具有较好的经济性。

削峰填谷控制策略是根据调度指令设定 PCS 有功功率数值的一种控制策略。PCS 给定有功功率为负值时电池充电，PCS 给定正值时电池放电。削峰填谷的功率值也可以由人工设定，30～60min 一个功率值，为了保证电池在运行一天后的可充电电量保持不变，削峰填谷控制策略是 24h 的功率值之和应该为 0。无论是基于负荷预测的削峰填谷算法，还是手动设定的削峰填谷控制，由于功率给定变化缓慢，所以该应用场景对实时性要求不高，为分钟级别。

3.3.2　配合新能源接入

对于风电渗透率较高的地区电网，例如风电装机容量达到全网发电容量的 20% 以上时，风电输出有功功率的大幅度波动将使电网失去稳定。储能装置可以在风电输出大幅下降时短时提供有功功率的支撑，从而有利于维持系统的频率稳定。

国内外现有的风电接入电网标准一般都对风电场输出功率控制作规定，要求风电场应具有功率调节能力，确保风电场最大输出功率及功率变化率不超过电网调度部门的给定值，在电网紧急情况下，风电场还应保证风电场有功控制系统的快速性和可靠性。

储能装置通过合理的充、放电控制，可以有效地控制风电场的有功功率的输出，满足接入电网接入技术规定的要求。从标准上看，在该应用场合下，储能系统的响应时间必须小于 1min，具体的响应速度的量化指标则随不同控制策略而变化。

输出功率波动包括短期波动和长期波动，针对两种不同时间级的波动形态，可以采用平滑输出控制和计划输出控制两种控制策略。

（1）平滑输出控制。平滑输出控制主要针对新能源输出功率分钟级的短期波动。从控制效果上看，可认为是通过具有时间窗口为 Δt 的低通滤波器对风力发电的输出功率进行滤波，其某一时刻滤波输出值应等于 Δt 时间段内的输出功率平均值，并以该平均值作为总输出功率目标值。显然，储能系统滤波作用所具备的时间窗口 Δt 越长，所需的储能容量越大。

总体来说，采用平滑输出控制方式所需储能容量较小，配套储能系统只需具备分钟级的响应能力及充放电状态的迅速切换能力，可应用于减少新能源对系统稳定以及电能质量的影响。

平滑输出控制策略是当风机出力波动较大时，通过快速充放电协调控制，降低总输出功率的波动，减少风电对电网的谐波影响。平滑输出控制策略将风机出力进行低通滤波，与风机功率相减，得出下一周期的有功功率值。平滑效果与选取的时间常数有很大关系，时间常数越大，总输出功率越平滑。

（2）计划输出控制。计划输出控制适用于抑制输出功率短期波动和长期波动。控制系统根据调度计划安排，结合风电场的发电预测结果，制订合理的总输出功率目标曲线。通过实时调整储能系统的充、放电功率以及充放电状态的迅速切换，使总功率输出符合计划安排。

采用计划输出控制方式所需储能容量较大，根据不同的调度计划，输出功率曲线不同，所需容量会有所不同。因此该控制方式所配套储能系统除具备分钟级的响应能力及充放电状态的迅速切换能力，还需要一定的储能容量保证，从而解决新能源随机性和波动性所带来的电力调峰、稳定和电能质量等问题。

计划输出控制策略实现是根据电网给定的风电场发电功率表与风机的发电功率相减，得出电池的充放电功率。需要在前一天获取电网给出的发电计划，每 15min 一个功率指令。算法也比较简单，对实时性要求不高。

3.3.3　系统调频

电池储能系统的有功动态调节能力使其可发挥类似于发电机对电网的频率调节作用。但是，储能系统参与一、二次调频，需占用一定的有功容量，影响削峰填谷的运行效果，而且，在阈值设定不合适情况下，一次调频动作可能会比较频繁。因此，一般建议储能系统日常不参与接入点频率实时控制（一次调频），只考虑作为自动发电控制系统的执行单元，参与全网有功频率优化调节，且只在系统发生明显频率异常时进行一次调频控制。

一次调频是对系统频率的小范围偏差进行的快速调节过程，用于平抑发电机组出力和负荷之间的瞬时差值。传统的一次调频是由发电机组来完成的，但相比较而言，储能系统更适合用于一次调频。理由如下：储能系统运行在非额定工况下时也具有较高的效率；由于能量可以双向流动，储能系统可以提供 2 倍于额定容量的调节能力；储能系统具备更快的调节能力，通常可在几秒内从待机到满功率运行。

具体来说，一次调频由系统的频率偏差来触发，只在额定频率±0.1Hz（国外为±0.2Hz）的范围内进行调节，且调节的频差死区为±0.033Hz。在调节范围内时，电池储能系统根据频率的偏差成比例函数，或者根据分区控制误差来控制信号，持续地按照给定容量进行充电和放电。储能系统用于一次调频时，需要在 5s 内作出快速响应。

一般情况下，用于一次调频的储能系统无法同时兼顾其他应用功能，但可以将一次调频和其他应用进行分时结合。

利用储能系统进行调频是电池储能系统对电网进行辅助服务的重要功能之一，在美国电池储能应用以调频服务为主。

3.3.4　系统调压

投切电容器是目前电力系统调节无功的重要手段，然而在故障状态下，电容器并不能为系统提供很好的无功支持。电池储能系统一般都是经过电压型变流器接入电网，电压型变流器运行于静止同步补偿模式时，通过调节交流侧输出电压的相位和幅值或者直接控制交流侧电流，使变流器吸收或者发出满足要求的无功电流，可以为系统提供动态无功支持。目前，静止同步补偿集成储能系统也是当前柔性交流输电技术研究方向之一。

对系统来说，根据电网调度和控制的需要，无功支持可以起到以下作用：提高暂态电压稳定性，防止电压崩溃事故；提供动态无功支撑，加速故障后电压恢复，减少低压释放负荷；作为无功容量参与日常运行的稳态调压；提供阻尼控制，抑制电网功率振荡；作为电压无功自动控制系统的子单元，参与全网无功/电压控制。

配电网中，将中小容量的静止无功补偿器安装在某些特殊负荷附近，可以显著地改善负荷与公共电网连接点处的电能质量，例如提高功率因数，克服三相不平衡，消除电压闪变和电压波动，抑制谐波污染等。

电池储能系统中，PCS 的控制技术已经完全可以实现有功功率和无功功率的解耦控制，理论上，储能系统运行于静止同步补偿模式时，还可以兼顾其他有功功率调节功能，但是由于 PCS 的容量限制，实际使用时与其他基于有功控制的应用功能之间会存在一定冲突，此时应根据各种应用功能的设计目标，按照优先级来分配 PCS 的容量。

提供紧急动态无功支持的储能系统需要在几秒内快速响应，用于其他应用功能的储能系统也可以在系统故障条件下提供紧急的系统无功功率，持续时间只需数秒即可。因此，用于提供紧急无功支持的储能系统还能用于实现削峰填谷、新能源接入等应用功能。

从理论分析来看，为了确保电压稳定并不一定需要有功的支撑，然而分析表明，在动态无功补偿装置上增加一定有功输出可以显著提高系统的性能，可增加系统稳定性的恢复速度，或者减少所需的无功容量。

3.3.5 抑制电网低频振荡

电力系统低频振荡产生的原因是系统的控制措施带来的负阻尼，因此，低频振荡的控制思路有两类：①调整控制措施，减小其带来的负阻尼；②通过附加控制提供额外的阻尼，这是最常用的方法。由于前者的控制措施一般都是为了提高系统的稳定性、经济性或供电质量，调整控制会带来其他损失，一般避免使用这一类方法。

目前，常用的控制方法一般都基于第二种思路。系统一般分为发电、输电和用电三块，在这三块中，用户的管理和调控比较困难，因此抑制低频振荡的措施一般都集中于发电和输电部分。发电侧主要是对励磁系统和调速系统增加附加控制，输电侧主要是在线路上安装运用电力电子设备，以其快速的控制性能给系统提供附加控制。抑制电力系统低频振荡的关键就是通过各种方法将电力系统状态方程所有特征根的实部整定为负。目前最常用的措施就是在励磁系统中加装电力系统稳定器（PSS），虽然 PSS 对抑制低频振荡效果不错，但仍具有一些局限性，例如 PSS 的参数选择非常烦琐和复杂，而且多机 PSS 的参数之间需要相互配合协调才能起到抑制低频振荡的作用，如果参数整定不好，那么 PSS 不仅不能起到抑制振荡的作用，相反地还会导致系统运行环境恶化；另外，如果系统的拓扑变化之后，PSS 的参数要重新整定，适应性不好。另外一种常用的方法就是柔性交流输电技术（FACTS），如统一潮流控制器（UPFC），静止无功发生器（SVC），晶闸管控制的串联电容器（TCSC），静止同步补偿器（STATCOM），静止同步串联补偿器（SSSC）等，这些设备也对电力系统低频振荡有抑制作用。

储能装置用于系统的稳定控制，可以采用小容量的储能，通过快速的电能存取，实现较大的功率调节，快速地吸收剩余能量或补充功率缺额，从而提高电力系统的运行稳定性。储能装置不仅能提高电力系统的动态稳定（低频振荡、小扰动），也能提高电力系统的暂态稳定、次同步振荡、轴系扭振等。相应地要求储能系统的响应速度与电力系统的电磁暂态和机电暂态相匹配，应为毫秒至秒级，实现满功率充放电的转换。

3.3.6 电网黑启动

在制订电网的黑启动预案时，一般先将系统划分成几个子系统，各子系统分别依靠本区域内的黑启动电源独立启动，然后通过各子系统的互联逐步实现整个系统的恢复。国内外大停电、南方冰灾等事故表明，电网的恢复速度与系统内黑启动电源的容量、布点等有关。水力发电站（含抽水蓄能电站）由于厂用电小、启动速度快，成为电网黑启动电源的最佳选择。但受地域资源条件限制，中国内蒙古、西北等一些地区的水资源匮乏，水力发电站较少，一旦发生大面积停电事故，电网的恢复将严重依赖于主网，恢复时间较长，会给当地造成严重的经济损失。因此，针对局域电网所处特殊地理位置和需求，寻找和建设可以作为黑启动电源的新型电源，对于提高电网在故障后的恢复速度具有重要作用。

电池储能系统作为黑启动电源为电网提供辅助服务，不仅可以使储能获得额外收益，同时能够提高局域电网的恢复速度，降低由电网大停电造成的经济损失。其启动步骤如下：采用电压—频率控制策略对电池储能系统进行控制，将储能系统端口电压的频率控制在额定值，并通过调整其端口电压的幅值，使储能系统能够实现零起升压启动；在储能系统启动的同时，完成对储能站内集电线路、箱式变压器的空载充电；按黑启动路径对变压器和输电线路空载充电；带动常规电厂辅机运行，之后启动主发电机并带厂用电运行。黑启动过程较为缓慢，对储能系统的响应速度要求不高。

思 考 题

3-1 超导储能系统的功率调节系统有哪些类型？系统特性和对变流器的要求如何？

3-2 超级电容储能装置有哪些典型工作状态？放电工作状态下电压电流如何变化？

3-3 飞轮储能系统的技术特点是什么？有哪些关键技术？

3-4 压缩空气系统的技术特点是什么？有哪些关键技术？

3-5 电池储能系统的构成和原理是什么？如果要在交流微网中接入储能系统，该如何选择系统拓扑及相应控制方案？实现什么样的基本功能？

第 4 章

现 代 电 力 传 输 技 术

本章围绕现代电力传输技术及应用，分析了电力系统及其发展历程、电力传输技术及其演变，电力传输技术的分类及特点，分别从技术原理、关键技术及应用案例剖析等多维度，重点介绍了特高压交直流输电技术、柔性直流输电技术和无线电能传输技术等。

4.1　电力系统及其发展历程

自 1799 年伏特（A. Volta）发明第一只电池以来，历经 200 多年的发展历程，电气技术得以不断发展、完善与应用。1820 年，奥斯特（H. C. Oersted）建立了电与磁的联系；1821 年法拉第（M. Faraday）发明了第一台电动机；1826 年欧姆（George Simon Ohm）建立了欧姆定律；1831 年法拉第发现电磁感应现象，发明了第一台发电机原型（法拉第圆盘发电机）；1835 年佩奇（C. J. Page）发明了第一台自耦变压器；1870 年格拉姆（Z. Gramm）制造了环形电枢自激直流发电机；1879 年第一家商业化发电厂在美国旧金山问世；1882 年高兰德（L. Gaulard）、吉布斯（J. Gibbs）发明了第一个感应线圈（二次发电机）及其供电系统，制造了第一台 3kV/100V、5kVA 的二次发电机、变压器，采用开环磁路变压器串联交流输电系统（133Hz），输送 30kW 电力至 40km 以外；1888 年特斯拉（N. Tesla）发明了交流感应电机和多相交流系统；1889 年第一条连接美国俄勒冈威拉米特瀑布至波特兰的 4kV、21km 长的单相交流输电线建成、投运；1891 年 10 月第一条 15.2kV、总长 175km 的三相交流输电线在德国建成，用于连接劳芬水电站与法兰克福；1965 年加拿大建成了第一条 765kV 交流输电线；1972 年美国西屋电气投产单机容量 1300MW 汽轮发电机组（双轴）；1986 年 N. G. Hingorani 提出了灵活交流输电技术（FACTS）；1989 年苏联建成了第一条 1150kV、长 1900km 的交流输电线；1999 年美国第一次提出微电网概念，涉及可靠性、经济性及其对环境的影响等；2009 年中国投运第一条 1000kV 特高压交流输电线（山西晋东南至湖北荆门）、第一条 ±800kV 特高压直流输电线（云南至广州）；2011 年里夫金（Jeremy Rifkin）首次提出能源互联网（energy internet）概念；2020 年首个柔性直流电网工程（张北柔性直流电网试验示范工程）四端带电组网成功、首个特高压多端混合直流工程（昆柳龙直流工程）昆北站、龙门站单极单阀组系统调试送电成功；2022 年美国发布核聚变能源利用取得新进展。

电力系统通过将发电厂、变电站（所）、电力输送线路及用户（负荷）连接成一个整体，电力输送线是电能输送的通道和载体，分为输电线和配电线。其中，输电线将发电厂发出的电能输送到负荷中心，或者将一个电网的电能输送至另一个电网，实现电能互联；配电线从降压变电站（所）将电能分配给用户。随着风电、光伏等分布式可再生能源的规模化开发利用，以及大量高比例分布式电源的接入和就地消纳对于传统配电网络提出了新的挑战，同时，传统意义上的电力生产、输送、变电、配电和用电模式已不再适用。现代电力系统历经了以下三个发展阶段：

（1）第一阶段，19世纪末到20世纪50年代，发电机组容量小、电压低，电网规模小、安全性及可靠性不高。

（2）第二阶段，20世纪后半世纪，发电机组容量大、超高压，电网规模大、安全性及可靠性高，存在大电网停电风险，高度依赖化石能源，不可持续发展。

（3）第三阶段，21世纪初到21世纪中叶，可再生能源、清洁能源发电占比预期超过60%～70%，骨干电网与分布式电源结合、主干电网与局域配电网和微电网结合，电网可靠性大幅提高，基本排除用户意外停电风险，以非化石能源为主的综合能源电力系统，可持续发展，具有以下特征：

1）高比例接入可再生能源。可再生能源发电量占比逐步提高，并逐步成为电力系统第一大主力电源。

2）大量使用电力电子装备。预计到2050年，我国风电、光伏总装机占比将接近70%，电力电子装备在电源端的应用日益广泛，如风电机组变流器、光伏逆变器、储能变流器等，大容量电力电子换流器用于特高压直流输电、柔性直流输电工程，变频负荷的大量使用等，预计将有90%的电力需要经过电力变换，这将造成含有电力变换中间接口装置的多样性、强非线性负荷数量急剧增加。

3）多能互补的综合能源系统。电源端的综合能源系统包括水电、风电、光伏发电、灵活煤电和储能等，通过直流输电网实现多能互补、向中东部输送或就地消纳转化；负荷终端消费的综合能源系统，通过电-汽-热/冷联供、多能互补等方式提高能源利用效率。

4）信息流与能量流融合。网络信息流与能量流有效结合，以电网为核心，通过整合各种可再生能源和传统能源进行能源互联，实现面向用户的智能电力系统的开放、共享和高效服务。

4.2 电力传输技术及其演变

4.2.1 输电系统的发展

如表4-1所列，输电系统建设历经了直流输电、交流输电、高压（特高压）交直流输电、柔性直流输电和无线电能传输等形式，得益于相关电力装置的成熟与技术进步，满足了大容量、长距离等电力输送要求。

表 4-1　　　　　　　　　　　　　输 电 系 统 建 设 情 况

时间（年）	输电系统
1882	7月26日上海电气公司第一台12kW蒸汽发电机组发电，负载为外滩6.4km大道上15盏路灯
1886	美国马萨诸塞州大巴林顿建立了第一条单相交流输电试验系统，电压3kV、长1.2km，受端配电系统电压500V、负载为150只灯泡
1889	美国第一条单相4kV交流输电线在北美俄勒冈州建成和投运，俄勒冈威拉米特瀑布至波特兰市的输电距离21km
1889	第一座电灯公所在北京西苑建立，发电机功率不到15kW
1891	德国第一条三相15.2kV交流输电线建成，劳芬电厂至法兰克福175km、输送功率200kW
1891	第二座电灯公所在北京颐和园建立，拥有3台蒸汽发电机
1893	北美第一条三相2.3kV交流输电线路在加利福尼亚州南部投运，输电距离12km
1896	美国建成尼亚加拉大瀑布水电站至水牛城三相交流输电线路，输电距离35km
1897	上海裴伦路电厂建设了5条输电线路给路灯供电
1900	建成第一条长25kV、18km的输配电网，采用铅包橡胶绝缘架空电缆，有12个配电站
1912	建成云南石龙坝水电站至昆明钟街变电所23kV、34km长输电线路
1921	北京建设了石景山电厂至北京城的33kV输电线路
1933	东北建成抚顺电厂44kV输电线路
1934	东北建成延边至老头沟66kV输电线路
1935	东北建成抚顺电厂至鞍山154kV输电线路
1943	东北建成镜泊湖水电厂至延边110kV输电线路
1952	建成京津塘110kV输电网
1954	丰满水电站至抚顺李石寨变电所370km输电线路工程投运，建成东北220kV骨干网架
1954	瑞典建成第一条380kV输电线路，美国、加拿大等欧美国家相继建成330~345kV输电线路
1954	ABB建成了第一条商用高压直流输电系统，通过96km海底电缆连接瑞典大陆和Gotland岛。标志着以电流源换流器为基础的直流输电（LCC-HVDC）进入了商业化时代
1955	建成北京东北郊至官厅110kV输电线路
1964	苏联建成500kV交流输电线路
1965	苏联建成±400kV直流输电线路
1965	加拿大建成765kV交流输电线路
1967	美国开始研究1000kV特高压输电特性，建设相应的试验设施
1972	刘家峡水电站至关中汤峪变电站543km输电工程投运，建成东北电网330kV骨干网架
1973	日本开始研究特高压输电技术，建成特高压输电线路
1981	平顶山至武昌500kV、595km超高压输电线路投运
1983	建成葛洲坝至武昌、葛洲坝至双河两回500kV线路，形成华中电网500kV骨干网架
1985	苏联建成第一条1150kV特高压输电线，包括车里雅宾斯克—库斯坦奈—科克切塔夫—埃基巴斯图兹—巴尔脑尔—伊塔特总长2362km，从西伯利亚经哈萨克斯坦到乌拉尔建有四座1150kV变电站。其中，有907km线路和三座1150kV变电站从1985~1990年按照额定电压运行，1991年后，降为500kV运行

时间（年）	输电系统
1989	第一条±500kV、长1080km直流输电线路（葛洲坝—上海）投运，华中电力系统与华东电网互联，形成第一个跨大区的联合电力系统
1990	加拿大McGill大学的Boon-Teck Ooi等首次提出采用脉宽调制技术（PWM）进行控制的电压源换流器直流输电（VSC-HVDC）的概念
1992	日本研发了特高压输电设备，建成了两条同塔双回路的特高压交流输电线路，其中一条从福岛到东京的线路于1992年建成，变电站为500kV设备
1995	意大利建成了1050kV输电试验工程，计划把南部的煤电送到北部，并建立了试验站，研究绝缘子与电磁环境特性，建成了数十公里的试验线路。1997年12月，在系统额定电压1050kV下运行了两年多时间
1997	瑞典ABB开发了轻型高压柔性直流输电技术（HVDC-Light，之后统称VSC-HVDC），可以独立控制有功功率和无功功率
1999	日本建成两条总长427km、1000kV输电线路和一座1000kV变电站，其中，南北线长188km，连接北部沿海一带的福岛核电站与东京地区，包含两条主干线；东西线长239km，连接太平洋沿岸发电站，包含两条主干线
2005	青海官亭至甘肃兰州东750kV、长140.7km输变电工程投运
2009	第一条1000kV特高压输电线路——中国山西晋东南至湖北荆门投运
2009	第一条±800kV特高压直流输电线路——中国云南至广州特高压直流输电工程单极投产
2010	德国西门子高压柔性直流输电技术（HVDC PLUS，之后统称VSC-HVDC）首次使用，通过一条穿越东湾区的长85km的电缆将坐落于加利福尼亚州的天然气电厂生产的电力输送至旧金山市中心
2020	±500kV、长666km中国张北柔直电网试验示范工程四端带电组网成功（4座换流站、9GW）
2020	中国昆柳龙直流工程昆北站、龙门站单极单阀组系统调试送电成功，±800kV、线路长1465km
2021	中国南昌—长沙1000kV特高压交流工程投运
2022	中国昌吉—古泉±1100kV特高压直流工程投运

4.2.2 电力传输技术的演变

电能通过输电系统和配电系统等送至终端用户。电力传输根据电能输送形式分为交流输电、直流输电和无线电能传输等。

1. 交流输电

（1）输电电压与输电频率。早期的交流系统采用线电压为2.3、4、12、44kV和60kV。随着大容量、长距离输电的应用，输电电压逐年提高，例如1922年165kV、1923年287kV、1953年330kV、1969年765kV、1989年1150kV等。高压系统分为高压（35~200kV）、超高压（330~750kV）和特高压（1000kV及以上）三类。

输电频率不统一，包括25、50、60、125Hz和133Hz，北美采用60Hz，我国采用

50Hz 频率。交流输电除了常用的工频输电形式外，还包括分频输电。1994 年王锡凡院士提出了分频（50/3Hz）输电方式（fractional frequency transmission system，FF-TS），通过降低输电频率和线路阻抗，大幅提升线路的电能输送容量。

（2）高压、特高压交流输电。由于输电线上的功率损失量正比于电流的平方，在远距离输电时通常需要通过采用大型电力变压器提升电压来降低电流，减少输电线发热和电能在输电线上的损失量。特高压交流输电电压等级通常在 1000kV 及以上，具有工作电压高、输电距离长、线路损耗小和充电功率大等特点；同时，可能产生绝对值相当高的操作过电压，影响输电线路的绝缘配合。

（3）灵活交流输电。灵活交流输电（flexible AC transmission system，FACTS）技术自 1986 年由美国电力科学研究院电力专家提出以来，逐渐成熟并在实际工程得到成功应用，大范围控制潮流，保证输电线路输电容量接近热稳定极限，在控制区域内传送更多的功率、减少发电机热备用，依靠限制短路和设备故障的影响来防止线路串级跳闸，阻尼电力系统振荡。目前，已成功应用或正在研发的 FACTS 装置有十多种，通过将两台或多台控制器集成为一组 FACTS 装置，构成一个统一的控制系统。典型的FACTS 控制器主要有以下七种类型：

1）静止无功补偿器（static var compensator，SVC）。通过晶闸管快速调整并联电抗器的大小、投切电容器组，维持电压稳定、消除电压闪变、抑制系统振荡等，提高电力系统稳定性。

2）静止同步补偿器（static synchronous compensator，STATCOM）。属于第二代FACTS 装置，基于电压源换流器发出或吸收无功，控制输配电系统动态电压，调节输电系统功率振荡阻尼，提高电力系统暂态稳定性。

3）统一潮流控制器（unified power flow controller，UPFC）。属于第三代 FACTS装置，由两台共用直流侧电容的电压源换流器组成，其中，换流器 1 通过变压器并联接入系统，除了向换流器 2 提供有功功率外，还可以通过变压器吸收或注入无功功率。因此，UPFC 也常常被视为可控的并联静止无功补偿器，综合了 FACTS 元件的多种灵活控制手段，包括电压调节、串联补偿和移相等功能，可以同时、快速、独立控制输电线路的潮流分布，提高系统稳定性。2003 年美国电力公司联合美国电科院、西屋电气研制出世界上第一套 UPFC 装置，并安装在肯塔基州的 INEZ 变电站；纽约电力公司联合美国电科院、西门子公司研制出世界上第一套可重构静止补偿器 CSC（也称广义 UP-FC），安装在纽约州 Marcy 变电站。

4）静止同步串联补偿器（static synchronous series compensator，SSSC）。与输电系统串联，由电压源换流器、耦合变压器、直流环节以及控制系统组成。其中，耦合变压器与输电线路串联；直流环节包含电容器、直流电源或蓄能器，采用电压补偿或电抗补偿控制方式；电压源换流器通过向输电线路注入可控电压，调节电压幅值、相位，实现输电线路、邻近电网潮流重新分配与优化。

5）超导储能器（superconducting magnetic energy system，SMES）。通过 SCR 或GTO 等控制一个大容量超导蓄能线圈，充放电效率超过 95%，可快速提供时长数秒的备用电能，提供同步或阻尼功率以提高输电系统的静态、暂态稳定性和远距离输送能力，延长发电设备寿命，提供无功功率以改进电压稳定性、电压质量等。采用 GTO 可独立控制 SMES 的有功、无功功率，改善系统的短期、中期动态响应过程。

6）固态断路器（solid state circuit breaker，SSCB）。没有机械运动部分，包括晶闸管型单环断路器、限流断路器和自关断型断路器等。其中，单环断路器在电流第一次自然过零时开断，开断延迟较大且不能准确控制开断时刻；限流断路器则是在电流第一次自然过零之前，通过转移回路产生人工高频零点而开断，需要采用相应的配套技术并增加电流转移回路的投资；自关断型断路器采用 GTO、IGBT 等自关断器件，准确控制开断时刻、解决了故障电流限流开断问题。例如，美国某企业生产的 15kV/600A SSCB 样机的开断时间达到 4ms。

7）晶闸管串联电容补偿器（thyristor controlled series compensator，TCSC）。基于 TCSC 的可控串补技术通过连续调节线路电抗控制潮流、改变电网潮流分布；用于阻尼因系统阻尼不足或系统大扰动引起的低频功率振荡；在系统受到大的冲击时，通过调整晶闸管触发角改变串联电容的补偿度，提高系统暂态稳定性；当系统发生次同步振荡（SSR）时，由于次同步频率呈感抗特性，需要通过调整串联电容器容抗至最小值来有效抑制 SSR。TCSC 提高了交流输电线路输送能力、增强了系统稳定性，减少了输电走廊占地面积。2008 年当时世界串补度最高、串补容量最大的 500kV TCSC 伊冯工程投运，提高输送能力达到 35%。

根据 FACTS 控制器与电网中能量传输方向之间的关系，将 FACTS 控制器分为如图 4-1 所示五种类型。

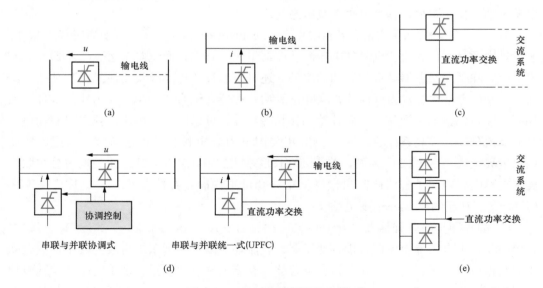

图 4-1　FACTS 控制器基本类型

（a）串联型；（b）并联型；（c）串联—串联组合型；（d）串联—并联组合型；（e）多回路串联—并联统一型

1）串联型。FACTS 控制器与线路串联（方框内用一个晶闸管符号代表 FACTS 控制器），可以是一个串联的可变阻抗，如晶闸管投切或控制的电容器、电抗器，或者是基于电力电子变换器的用于满足特定的需要而具有基频、次同步和谐波频率（或其组合）的可控电源。所有的串联型 FACTS 控制器都产生一个与线路串联的电压源，通过调节该电压源的幅值和相位，改变其输出无功功率甚至有功功率的大小，直接改变线路等效参数（阻抗）。串联型 FACTS 控制器能调节线路等效阻抗，会直接影响电网中电流和功率的分布以及电压降。因此，实际应用中对于控制潮流、提高暂态稳定性和阻尼振荡等具有非常好的效果。由于是串联在输电线路上，串联型 FACTS 控制器必须能有效应对紧急和动态的过载电流，以及短时间内大量的短路电流。

2）并联型。FACTS 控制器与能量流动的方向呈垂直（并联）关系，可以是一个并联可变阻抗，如晶闸管投切或控制的电容器、电抗器，或者是基于电力电子变换器的可控注入电源。所有的并联控制器都相当于一个在连接点处向系统注入的电流源，通过改变该电流源输出电流的幅值和相位，改变其注入系统的无功甚至有功功率的大小，起到调节节点功率和电压的作用，间接调节电网潮流。潮流控制方面的效果虽然不如串联型 FACTS 控制器明显，但在维持变电站母线电压方面性价比更高，而且仅对母线节点而不是单一的线路起补偿作用。

3）串联—串联组合型。在多回路输电系统中，可以将多个独立的串联型 FACTS 控制器组合起来，通过一定的协同控制方法使其协调工作，构成组合型 FACTS 控制器。通过将两个或多个串联在不同回路上的变换器的直流侧连接在一起，构成串联—串联统一型 FACTS 控制器，串联部分能提供无功补偿，同时，通过调节直流环节之间的有功功率，又可在各输电回路之间交换有功功率，从而能够同时平衡多回输电线路上的有功和无功潮流，实现输电系统的优化控制。

4）串联—并联组合型。有两种实现方式，一是由独立的串联和并联控制器组合而成，通过适当的控制使其协调工作，或者通过将串联型和并联型 FACTS 控制器的直流侧连接在一起构成 UPFC。通过并联部分向系统注入电流，通过串联部分向系统注入电压，并联和串联部分通过直流环节连接起来后，可以在它们之间交换有功功率。UPFC 将串联型和并联型 FACTS 控制综合成一个整体，因此兼具二者的优点，能更好地控制电网潮流、提高系统稳定性和进行电压调节。

5）多回路串联—并联统一型 FACTS 控制器。

以下是灵活交流输电技术得以成功应用的部分工程实例。

1）2005 年中国首个国产 220kV TCSC 成碧工程投运、提高了输送能力 68%。

2）2015 年中国提出柔性变电站概念，以电力电子换流阀替代传统变压器、断路器、无功补偿等一次设备，按需分配潮流，提高了配电网灵活性，快速隔离故障，灵活组网、"一站多能"。

3）2017 年 12 月 19 日，500kV UPFC 在江苏苏州南部电网投运，成为当时世界上电压等级最高、容量最大的 UPFC 工程，在世界范围内首次实现 500kV 电网潮流的灵活、精准控制，保障了电网安全，电能流动更经济，增强了城市电网的供电能力，并使苏州电网消纳清洁能源的能力提升约 1.20GW。

4）2018 年 12 月 6 日，基于 IGBT 的 220kV 等级、额定容量 30MVA、额定电流 1690A 的 SSSC 装置在中国天津科技示范工程完成 168h 试运行，实现了输电线路及输电断面功率均衡、限流等灵活调节，解决了高场—石各庄双线潮流分布不均、电力输送能力受限的问题，提升了南蔡—北郊供电分区内 10% 的供电能力，大幅提高了系统安全稳定裕度。相对于潮流控制器，SSSC 装置造价节省了 67%，损耗降低了 50%。后续正在开展 500kV 或 750kV SSSC 在电网中应用的选点研究。

5）2018 年 12 月，基于柔性变电站的交直流配电网示范工程实现了全容量复合接入，完成了整体工程全部试验、试运行并商业化运行。该工程包含光伏直流升压站一座，接入 2.5MW 光伏电站进行直流升压并网；10kV 交直流变电站一座，接入 10kV 交流和 ±10kV 直流两路电源，该柔性变电站容量 5MW，具备交流 10kV、交流 380V、直流 ±10kV 和直流 750V 四个端口，直流侧配备超级电容储能元件，构成包含源—网—荷—储完整元素的柔性交直流配电网，满足光伏就地接入需求，提升了系统整体效率和运行灵活性。

6）2020 年，全球首个 220kV 分布式潮流控制器（DPFC）示范工程在浙江湖州投运，能够双向动态调节电网潮流分布、快速缓解重载线路的过载压力，提升了区域电网的整体承载力和安全性。

尽管 FACTS 已在多个输电工程中得到应用，并证明了其在提高线路输送能力、阻尼系统振荡、快速调节系统无功、提高系统稳定等方面的优越性能，但其推广应用的速度比预期慢，主要原因包括工程造价比常规的解决方案高。此外，目前 FACTS 技术的应用还局限于个别工程，如果大规模应用 FACTS 装置，还要解决一些全局性的技术问题，例如，多个 FACTS 装置控制系统的协调配合问题，FACTS 装置与已有的常规控制、继电保护的衔接问题，FACTS 控制如何纳入现有的电网调度控制系统问题等。

（4）分频输电。

1）分频输电技术原理。以海上风电分频系统为例，海上风电机组通过背靠背 VSC 换流站（如倍频变压器）将风电变换为 50/3Hz 交流电、升压、接入集电系统，经海底电缆输送至岸上换流站，再将 50/3Hz 交流电变换为 50Hz 工频交流电并网。采用较低的频率进行远距离输电，有利于大幅度提高线路的输送能力，用电侧采用较高的频率，可显著减小设备体积和质量。

交流输电系统输送的有功功率极限值为

$$P_{\max} = U^2/X \tag{4-1}$$

式中：U 为系统额定电压；X 为输电系统电抗。

最大输送的有功功率与系统额定电压的平方成正比、与输电系统电抗成反比。同时，交流输电系统电压降为

$$\Delta V = QX/V^2 \tag{4-2}$$

式中：Q 为输送的无功功率，在输送无功功率一定的情况下，电压降与输电系统电抗成正比、与系统额定电压的平方成反比。

由式（4-1）和式（4-2）可见，为了提高输送的有功功率 P、减小压降，既可以通过提高系统的额定电压 U，又可以通过减小输电系统电抗 X 达到。由于电抗 X 与频率 f 成正比，即 $X=2\pi fL$，L 为电感值，因此降低频率，则电抗 X 相应减小，输送的有功功率增大，电压降降低。可见，在同等电压等级下，降低频率、线路等效电抗也相应减小，利于降低线损和提高输送功率。

2）分频输电的特点。海上风电采用分频系统有助于解决长距离海底电缆充电功率及损耗过大问题，降低海上风电输送电压，减少远距离送电海底电缆的回路数，具有经济性。例如，同样电压和送电距离，FACTS 输电能提高线路 30%～40% 的送电容量，分频输电方式线路送电容量理论上为前者的 3 倍，由此能大大减少输电回路数和占地走廊；再如，对比特高压和低频输电方式，以 500kV 输电线路为例，频率降低至工频的 1/3，则容量提升 3 倍，而通过升压降流，达到相同效果的电压等级为 1500kV。海上风电分频系统因受到杆塔、绝缘、避雷及相关装备制造的限制，实际应用存在较大难度。海上风电分频系统的特点为：在同样电压等级下，FFTS 较 HVAC 的电缆载流量大、海底电缆充电无功功率小，利于选用截面积更小的海底电缆或更少的海底电缆回路数，减小线路损耗；采用同型号的海底电缆，FFTS 较 HVAC 具有更高的系统输送容量、更远的输送距离，利于降低输电系统电压等级、减小线路损耗和提高输电系统经济性；FFTS 组网及故障清除特性优于直流系统，相对于 VSC-HVDC 而言，具有较为成熟的变压器、断路器等关键设备的解决方案，同时，也无须配置海上换流站，系统建设与运维费用更低、可靠性更高；相较多端柔性直流输电系统（VSC-MTDC）应用，变压器、断路器设备成熟、投资和运维成本低，更能够满足大规模海上风电建设、跨海输电应用需求。

2. 直流输电

直流输电主要采用高压直流（±330～±750kV）和特高压直流（±800kV 及以上）输电方式。其中，特高压直流输电具有长距离、大容量、电力输送损耗小、输电成本低的特点，利于实现更大范围的资源优化配置，例如 ±800kV 特高压直流的输电能力可达 700 万 kW，是 ±500kV 超高压直流线路输电能力的 2.4 倍。

直流输电技术逐渐成熟并在实际工程得以成功应用。例如，采用 500kV/500km 架空线相对 50km 电缆或者海底电缆输电方式，直流输电较交流输电具有更高的技术经济性，同时高压直流输电方式还适合进行异步互联。晶闸管换流阀出现后，换流站体积大幅减小、设备成本显著降低、可靠性更高，高压直流输电应用更具吸引力、应用量稳定增长。

（1）高压、特高压直流输电技术。高压直流输电技术（high voltage direct current transmission，HVDC）具有输送容量大、输电线路成本低、功率调节特性灵活、可实现区域电网异步互联等，已广泛应用于长距离输电、区域能源互联和可再生能源输送与并网等工程领域。

采用晶闸管等半控型电力电子器件构成电流源型换流器 HVDC（current sourced converter based HVDC，CSC-HVDC），其换相依赖交流电网电压，因此也称作线路换相换流器高压直流输电（line commutation converter based HVDC，LCC - HVDC）。20世纪 50 年代，第一条基于汞弧阀换流器（拓扑结构为 6 脉动 Graetz 桥）的 LCC - HVDC 输电线路于 1954 年在瑞典投运，连接哥特兰岛（Gotland）和瑞典本土；20 世纪 70 年代后期，采用大功率晶闸管开关器件替代汞弧阀，简化了设备操作和维护难度，提升了额定电流、降低了损耗，LCC - HVDC 广泛用于高压大容量长距离电力传输、区域电网异步互联等领域。尽管 LCC - HVDC 相比传统高压交流输电（HVAC）技术具有输电距离更远、容量更大、可实现潮流快速双向控制，以及异步电网互联等优势，但在实际运行中仍暴露出诸多不足。例如：需要吸收大量无功进行电流换相，我国西部地区交流电网强度和网架结构比较薄弱，易发生 LCC - HVDC 换相失败事故，需要交流侧提供换相电流；谐波含量高，需要配置滤波装置；无法向无源网络供电；基于 LCC - HVDC 技术构建的直流电网在进行潮流反转时控制相当复杂，且 LCC 无法独立控制有功功率和无功功率，在构建直流电网时存在一定的局限性。

特高压直流输电电压等级已达到 ±1100kV，输送容量大、距离长，输电能力主要受导线最高允许温度限制。20 世纪 80 年代，苏联曾动工建设哈萨克斯坦—俄罗斯中部的长距离直流输电工程，输送距离为 2400km、电压为 ±750kV、输电容量 6GW；巴西和巴拉圭两国共同开发的伊泰普工程采用了 ±600kV 直流和 765kV 交流的超高压输电技术，第一期工程分别于 1984 年、1990 年投运；1988～1994 年，为了开发亚马孙河的水力资源，巴西电力研究中心和 ABB 组织了包括 ±800kV 特高压直流输电的研发工作，后因该工程停止而被迫终止。我国加大了特高压直流输电技术研发与工程建设，2009 年云南—广州 ±800kV 特高压直流工程成功投运。

（2）柔性直流输电。柔性直流输电（voltage source converter，VSC - HVDC）潮流反转方便快捷，事故后可快速恢复供电和黑启动，可以向无源电网供电，受端系统可以是无源网络，无须滤波器提供无功功率，以及紧凑化与模块化设计便于扩展至多端直流输电应用，双极运行，不需要接地极且无需注入地下电流等，适合向城市中心、弱交流系统和孤岛供电，并用于输送风电、光伏等可再生能源。

1990 年加拿大麦吉尔大学的 Boon - Teck Ooi 等人首次提出了基于 PWM 的 VSC - HVDC 概念（柔性直流输电）；在此基础上，ABB 提出了轻型高压直流输电（HVDC light）概念，并于 1997 年 3 月在瑞典中部的赫尔斯杨进行了第一例工业性试验；1999 年 ABB 哥特兰柔性直流输电工程投运；2002 年 ABB 长岛柔性直流输电工程投运，电压 ±150kV、输送容量 330MW；西门子最初将柔性直流输电定义为新型直流输电（HVDC plus），2010 年投运的美国跨海工程电压 ±200kV、输送容量 400MW；我国称作柔性直流输电技术（HVDC flexible），2011 年投运的上海南汇柔直工程，电压 ±30kV、输送容量 18MW。后来，国际大电网会议（CIGRE）和 IEEE 将柔性直流输电统称为 VSC - HVDC。

柔性直流输电具有很强的功率和电压调节能力，势必成为未来实现大规模清洁能源灵活稳定送出的主要方式，具有以下特征：

1）高电压、大容量。柔性直流输电已逐步由超高压发展至特高压、端对端发展至多端和联网形式。特高压、大容量柔性直流输电系统具有灵活可控的特点，将成为解决大规模可再生能源并网问题的一种重要手段；同时，随着柔性直流输电工程数量的增多、应用领域越来越大，需要进一步提升其电压等级及容量。

2）广泛采用高性能基础器件与核心装置。进一步提升器件电气特性，开发新型高性能器件，提高其容量水平、降低故障率、增强故障穿越能力；进一步开发大容量高速开断直流断路器，提高开断容量、速度、可靠性，开发大容量直流潮流控制器，实现直流电网潮流最优分配，促进大规模清洁能源高效、灵活外送。

3）对系统运行控制的性能要求更高。进一步开发完善高可靠性的快速控制、保护技术，实现对直流系统稳态运行控制、突破暂态故障穿越的核心技术，保障直流电网系统高效、可靠运行。

4）扩大架空线应用。柔性直流输电工程均由电缆传输电能，因目前已投运工程针对直流侧故障并不具备直流故障自清除能力，而通过采用电缆来降低直流故障率。但是，昂贵的电缆势必大大增加工程投资，影响工程经济性，且不适合长距离输电应用。

5）系统成本显著降低。换流设备因 IGBT 单管容量逐步提升、成本逐渐降低，换流器单位造价也逐渐逼近特高压直流输电，且随着 IGBT 的国产化与规模化应用，将进一步降低柔性直流输电系统的造价。到 2025 年将突破 $\pm 800 \sim 1100 kV/8 \sim 10 GW$ 核心基础器件和运行控制技术，换流站损耗从当前的 1.5%～2%下降至 1%左右，接近传统直流输电换流站的水平；可靠性进一步提升至目前常规直流工程水平；经济性达到当前常规直流工程水平，换流站单位容量造价下降至 500～600 元/kW。

3. 无线电能传输

无线电能传输（wireless power transfer，WPT）又被称作非接触电能传输（contactless energy transfer，CET），无须利用导线或其他物理接触，就能够直接将电能转换成电磁波、光波、声波等形式，通过空间将能量从电源传递到负载，实现电源与负载之间的完全电气隔离，克服了裸露导体造成的用电安全、接触式供电火花、接触机构磨损等问题，避免在潮湿、水下、含易燃易爆气体等工作环境下因导线或接触式供电引起触电、爆炸、火灾等事故，因此，更具安全性、可靠性和灵活性。

无线电能传输的起源可追溯到电磁波的发现与应用，涉及电学、物理学、材料学、生物学、控制等多学科和领域，按照传输方式不同主要分为以下四种类型，即电磁感应（磁耦合），非辐射型，短程传输；耦合（磁、电场谐振式），非辐射型，中程传输；电磁辐射（微波、激光），辐射型，远程传输；超声波（超声），非辐射型，短程传输。

4.3 特高压交直流输电技术

4.3.1 特高压交直流输电工程建设

随着全球能源供需矛盾日益突出和能源布局深刻变化，特高压电网在构建国家级电网及跨地区、跨国乃至跨洲能源通道中的作用更加重要，发展前景广阔。同时，随着特高压输电等先进技术的全面推广应用，电网不仅是传统意义上的电能输送载体，还是功能强大的能源转换、高效配置和互动服务平台，实现多能互补、协调开发、合理利用，连接大型能源基地和负荷中心，实现电力远距离、大规模、高效率输送，在更大范围内优化能源配置；与互联网、物联网、智能移动终端等相互融合，满足客户多样化需求，服务智能家居、智能社区、智能交通、智慧城市发展。

我国特高压电网承担着将西北、东北、蒙西、川西、西藏及境外电力输送至我国东中部地区负荷中心的重要功能，通过以特高压为特征的大电网接入水电、风电、光伏发电等电源，构建多能互补的配置平台，有助于推动绿色、清洁能源大发展，显著减少碳排放量。

1. 国外特高压输电工程建设情况

自 20 世纪 70 年代建成 500kV 超高压电网后，世界各国纷纷开展了特高压输电技术及工程建设工作。

（1）苏联 1150kV 特高压交流输电工程。苏联 1000kV 级交流系统的额定电压（标称电压）1150kV，最高电压达到 1200kV。自 1985 年 8 月建成以来至今共建成 2350km、1150kV 输电线路和 4 座 1150kV 变电站（其中 1 座为升压站）。其中，有 907km 线路和 3 座 150kV 变电站（其中 1 座为升压站）从 1985～1990 年按系统额定电压 1150kV 运行了 5 年之久。之后由于经济解体和政治原因，全线降压为 500kV 电压等级运行，在整个运行期间，过电压保护系统的设计并未做修改，至今运行情况良好，并积累了特高压输电工程运行经验。

（2）日本 1000kV 特高压交流输电工程。日本 1000kV 电力系统集中在东京电力公司，1988 年开始建设 1000kV 输变电工程，1999 年建成 2 条总长 430km 的 1000kV 输电线路和 1 座 1000kV 变电站，第 1 条是从北部日本海沿岸原子能发电厂到南部东京地区的 1000kV 输电线路，称为南北线（长 190km），南新泻干线、西群马干线；第 2 条是连接太平洋沿岸各发电厂的 1000kV 输电线路，称为东西线路（长 240km），东群马干线、南磐城干线。此外日本还建成了 1 座新榛名 1100kV 变电站，所有的 1000kV 线路和变电站从建成后都一直降压为 500kV 电压等级运行。但是，考虑配合太平洋沿岸和东北地区核电厂的建设拟升压至额定电压 1000kV 运行，由于负荷增长停滞不前，电源建设和 1000kV 升压计划也将推迟。

（3）意大利 1050kV 特高压交流输电试验工程。20 世纪 70 年代，意大利和法国受西欧国际发供电联合会的委托进行意大利 1050kV 试验工程，至 1997 年 12 月，在系统额定电压（标称电压）1050kV 电压下进行了 2 年多时间，取得了一定的运行经验。该试验工程位于意大利苏韦雷托 1000kV 试验站内，包括 1050/400kV 变电站，2.8km、1050kV 输电线路。

（4）巴西 750kV 交流工程。巴西水电资源和电力负荷中心分布不均衡，采取了加强电网互联措施，实现能源的传输和利用。巴西电网结构按区域可分为南部电网、东南以及中西部电网、北部和东北部电网，通过互联形成全国同步电网。其中，南部地区

——东南部地区电网通过 750kV 伊泰普交流干线实现同步互联。北部、东北部地区电网由单回 500kV 交流线路互联，实现跨流域补偿。

为了将大量水电远距离输送到负荷中心，经过充分论证和详细的经济比较，巴西选择了三回 765kV 交流和两回 ±600kV 直流输电方案。同时，为了开发亚马孙河右岸几条重要支流的巨大水能，20 世纪 90 年代，巴西电力中央研究所开始与有关制造厂家共同研究特高压直流输电技术，制造了部分模型设备，并进行了长期带电试验，取得了初步成果。

2. 中国特高压输电工程建设情况

中国对特高压输电技术的研究始于 20 世纪 80 年代，经过 40 多年的努力，取得了一批重要科研成果。中国科研院所、企业开展了特高压外绝缘放电特性、特高压输电对环境的影响、架空线下地面电场测试研究，以及工频过电压、操作过电压试验研究等。随着特高压试验示范工程前期研究、开工建设，组织实施了近百项关键技术课题研究，涵盖换流器及相关设备、试验及运行技术、电磁环境等；制定了特高压电网的电压、特高压电磁环境指标、过电压与绝缘配合方案、特高压直流工程输电容量等技术标准，论证了特高压输电的经济性、绝缘配合、高海拔应用和防雷技术方案等。自 2006 年以来，中国特高压示范工程建设历经四个发展阶段：

（1）第一阶段（2011～2013 年），规划建设"三横三纵"特高压骨干网架和 13 项直流输电工程，形成了大规模"西电东送""北电南送"格局。

（2）第二阶段（2014～2016 年），提出了加快推进大气污染防治行动计划 12 条重点输电通道的建设和推进 9 条特高压线路建设实施方案。

（3）第三阶段（2018～2020 年），列入"新基建"投资建设规划，加快了特高压发展进程。截至 2020 年底，已累计建成"14 交、16 直"特高压线路工程，在建"2 交、3 直"特高压线路在建工程，在建和投运的特高压线路长度超过 4.8 万 km、4 亿 kVA，在华北、华东地区已初步形成特高压骨干网架，特高压电网跨省跨区输电能力达到 1.3 亿 kW，形成"强交强直"电网结构。

（4）"十四五"期间新增规划建设"24 交、14 直"特高压线路工程，线路长度超过 3 万 km。其中，2021 年已建成投运特高压工程包括雅中—江西 ±800kV 特高压直流工程、南昌—长沙 1000kV 特高压交流工程。2022 年建成投运的特高压工程包括陕北—湖北 ±800kV 特高压直流输电工程、白鹤滩—浙江 ±800kV 特高压直流输电工程、青海—河南 ±800kV 特高压直流输电工程、昌吉—古泉 ±1100kV 特高压直流工程、南阳—荆门—长沙 1000kV 特高压交流工程等。对此，我国还制定了特高压交流同步电网建设目标：

1）在东部加快形成"三华"特高压同步电网建设，以应对华东、华中电网直流落点密集，并随着直流馈入规模不断加大，进一步加剧了电网的安全稳定风险，由于交流故障引发多回直流同时换向失败和直流闭锁，导致大量功率损失，带来严重频率稳定和大面积停电风险。2025 年"三华"建成"五横四纵"特高压交流主网架，大幅提升电网安全稳定水平，其中，华北优化、完善特高压交流主网架，华中建成"日"字形特高压交流环网，华北—华中建成 2 个特高压交流通道、华中—华东建成 3 个特高压交流通道。

2）西部加快构建川渝特高压交流主网架。2025 年川渝将形成"两横一环网"特高压交流主网架，建成阿坝—成都东双回特高压交流线路（北横）、甘孜—天府南双回特高压交流线路（南横）和成渝环网。

表 4-2 列举了中国已投运的若干特高压交直流输电工程。

表 4-2 　　　　　中国部分已投运的特高压输电工程

交/直流	序号	工程名称	电压（kV）
交流	1	晋东南—南阳—荆门	1000
	2	淮南—浙北—上海	1000
	3	浙北—福州	1000
	4	锡盟—山东	1000
	5	蒙西—天津南	1000
	6	淮南—南京—上海	1000
	7	胜利—锡盟	1000
	8	榆次—潍坊	1000
	9	苏—通特高压交流 GIL 综合管廊工程	1000
	10	潍坊—临沂—枣庄—菏泽—石家庄	1000
	11	张家口—雄安	1000
	12	张北—雄安	1000
	13	蒙西—晋中	1000
	14	驻马店—南阳	1000
	15	南昌—长沙	1000
直流	16	云南—广州	±800
	17	向家坝—上海	±800
	18	锦屏—苏南	±800
	19	哈密南—郑州	±800
	20	溪洛渡—浙西	±800
	21	宁东—浙江	±1100
	22	酒泉—湖南	±800
	23	晋北—江苏	±800
	24	锡盟—泰州	±800
	25	上海庙—山东	±800
	26	扎鲁特—青州	±800
	27	准东—皖南	±1100
	28	张北柔直电网试验示范工程	±500

交/直流	序号	工程名称	电压（kV）
直流	29	昆柳龙混合直流工程	±800
	30	青海—河南	±800
	31	雅中—江西	±800
	32	陕北—湖北	±800
	33	白鹤滩—浙江	±800
	34	青海—河南	±800
	35	昌吉—古泉	±1100

4.3.2　特高压交直流输电系统

1. 特高压交流输电系统结构

特高压交流输电电网是指 1000kV 及以上的交流输电网络，具有容量大、距离长、损耗低等优势，适应东西 2000～3000km、南北 800～2000km 远距离、大容量电力输送需求，促进煤电就地转化和水电大规模开发，实现跨地区、跨流域的水电与火电互济，将清洁的电能从西部和北部大规模输送到中、东部地区，满足我国经济快速发展对电力的需求。

以 1000kV 晋东南—南阳—荆门特高压交流试验示范工程为例，该工程跨越山西、河南和湖北三省，线路全长 645km。图 4-2 所示为 1000kV 晋东南—南阳—荆门特高压输电线路试验模型示意图。采用模拟 60km 的 6 个 Ⅱ 单元模拟晋东南—南阳特高压线路 360km，采用 60km 的 3 个 Ⅱ 单元和 15km 的 7 个 Ⅱ 单元模拟南阳—荆门特高压线路 285km，在整条线路上设有 7 个短路点，每条线路两侧均有模拟并联电抗器。

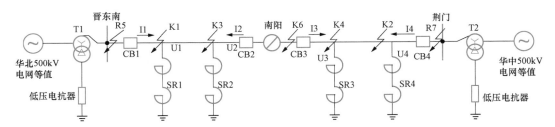

图 4-2　1000kV 晋东南—南阳—荆门特高压输电线路试验模型示意图

（1）输电线路。输电线路分为两段，即晋东南—南阳开关站段、南阳开关站—荆门段，晋东南—南阳开关站特高压线路长度为 360km，南阳开关站—荆门特高压线路长度为 285km。线路采用型号为 8×LGJ-500/35 分裂导线，模型线路电压选定为 1000V，则电压模拟比为 1000，电流模拟比为 400，阻抗模拟比为 2.5，功率模拟比 40 万。模型线路采用等值链型电路以分段集中参数来模拟分布参数，模型设计了 16 个 Ⅱ 单元电抗元件来模拟，电抗元件之间的连接端头采用镀银处理，最大限度地减少了接触电阻，充分考虑到系统总体接触电阻的影响。

正序阻抗角的设计值不小于 88.53°，与实际参数相比保留一定的裕度，为了满足频率特性以及降低集肤效应和邻近效应的影响，电抗器元件采用 19 股高强度绞合漆包线制成空心电感，每股导线直径为 ϕ1.45mm。另外为了使模型具有通用性，采用了并、串联方式使每组 II 单元可模拟原型系统 15km 或者 60km，即模拟线路总长可在 240～960km 之间调整，即在模拟 15km 线路电抗时，相当于 38 股导线并绕而成，因此正序电抗的用铜量高达 102kg。

（2）并联电抗器。特高压交流线路产生的充电无功功率约为 500kV 的 5 倍，为了抑制工频过电压，线路须装设并联电抗器。当线路输送功率变化，送、受端无功将发生大的变化。如果受端电网的无功功率分层分区平衡不合适，特别是动态无功备用容量不足，在严重工况和严重故障条件下，电压稳定可能成为主要的稳定问题。

模型中采用了 6 种规格的模拟电抗器，即 504、672、806、112、148、176Ω，每只电抗器均有 8 个抽头，阻抗角不小于 89.1°，在 1.3 倍额定电压下，阻抗线性度不大于 5%。

（3）变压器。1000kV 特高压变压器原型结构如图 4-3 所示。以晋东南开关站 1000kV 特高压变压器为原型，采用中性点变磁通调压，分为主变压器（不带调压的自耦变压器）和调压变压器（含低压电压补偿功能）两部分，调压变压器与主变压器通过架空线连接。主体为单相四柱结构，两心柱套线圈，每柱 50% 容量，高、中、低压线圈全部并联。主体油箱外设调压变，内有调压和补偿双器身。其中，主变压器每相容量为 1000MVA，调压变压器每相容量为 59MVA，补偿变压器每相容量为 18MVA。原型主变压器主要参数为：变压器容量 3000MVA，各侧电压 1050/525±5%/110（kV），高压—中压短路阻抗 18%，高压—低压短路阻抗 62%，中压—低压短路阻抗 40%，空载电流 0.07%，空载损耗 155kW。

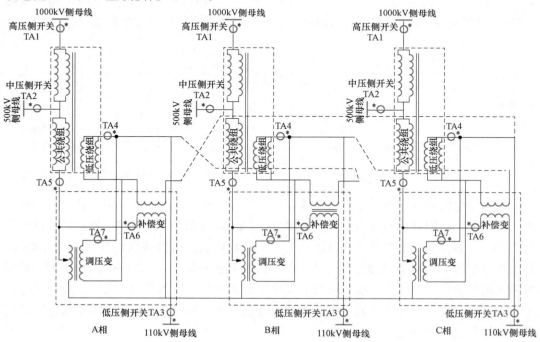

图 4-3　1000kV 特高压变压器原型结构

模拟变压器的结构采用与原型一一对应方式，即由模拟主变压器、模拟调压变压器和模拟补偿变压器组成。考虑模型的通用性和灵活性，即在每台主变压器的双绕组上都设有 21 个抽头，调压变压器和补偿变压器也设有多个抽头，方便调节变比和进行匝间短路试验，短路阻抗可大范围调整。

1）模拟主变压器。容量为 $S_1 = 2.5\mathrm{kVA}$（对应 1000V），变比为 1000V/500V/110V，容量比为 1∶1∶1/3，损耗为 $I_0 < 1.2\%$，$P_0 < 1\%$，短路阻抗 $U_k\% = 18\% \sim 60\%$。

2）模拟调压变压器。容量为 $S_2 = 147.5\mathrm{VA}$，变比为 3.81∶1。

3）模拟补偿变压器。容量为 $S_3 = 45\mathrm{VA}$，变比为 5.35∶1。

2. 特高压 LCC‐HVDC 直流输电系统

（1）LCC‐HVDC 基本原理。LCC‐HVDC 技术成熟且建造成本低，目前我国已投运数 10 条 ±800kV 及以上的特高压直流输电工程，成为中国实现"西电东送，南北互供"的主要方式。图 4‐4 所示为 LCC‐HVDC 输电系统单线原理图，其中，整流侧采用定电流控制方式，逆变侧采用定电压控制方式。各符号变量的下标"r"代表整流侧相关变量，下标"i"代表逆变侧相关变量。u_s 和 U_s 为交流系统的电网电压及其幅值，R_s、L_s 分别代表交流系统的等值电阻和等值电感，U_{pcc} 为公共连接点电压，i_s 为交流系统的电网电流，i_c 为流经换流变压器网侧的电流，k 为换流变压器的变比，L_{ec} 为换流变压器对直流侧的等效影响电感，R_{dc1}、R_{dc2}、L_{dc1}、L_{dc2} 和 C_{dc} 代表 T 形直流输电线路的等值电阻、电感和电容，I_{dc} 代表流经直流输电线路的直流电流，U_{cdc} 代表直流输电线路中点对地电压，$R_{r1} \sim R_{r3}$、$R_{i1} \sim R_{i3}$、L_{r1}、L_{r2} 及 $C_{r1} \sim C_{r4}$、$C_{i1} \sim C_{i4}$ 为交流滤波器组相关支路的电气元件，其参数与 CIGRE 标准测试模型中交流滤波器组参数一致。

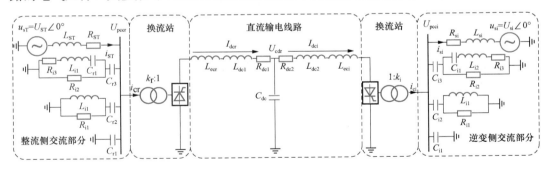

图 4‐4　LCC‐HVDC 输电系统单线原理图

LCC‐HVDC 输电系统主要由整流站、直流输电线路和逆变站三部分组成。其中，换流装置、换流变压器、平波电抗器、无功补偿装置、滤波器、直流接地以及交直流开关设备均配置在两侧换流站中。LCC‐HVDC 换流阀由多个晶闸管串联而成，特高压直流输电工程的输电容量直接取决于超大功率晶闸管的电流和电压等级，尤其是晶闸管的电流容量，对输电容量影响较大。目前，我国已能生产的晶闸管芯片最大直径为 6in，电流为 6250A。因为晶闸管耐压水平高、输出容量大，所以目前超高压直流输电工程（±800、±1100kV）均采用 LCC‐HVDC 方案。

（2）LCC - HVDC 的特点。

1）当输送功率相同时，直流线路造价更低。直流电仅需两根导线（若为单极只需一根）且直流电峰值等于有效值，因此节省了大量输电材料，从而也减少了大量运输和安装费用；同时，直流输电架空线杆塔结构较简单，线路走廊窄，同绝缘水平的电缆可以运行于较高的电压。

2）功耗小。由于直流架空线路仅使用 1 根或 2 根导线，有功损耗较小，具有"空间电荷"效应，电晕损耗和无线电干扰均比交流架空线路要小。

3）适宜海底电力输送。地下电缆及海底电缆，由于电缆与陆地海洋之间形成了较大的电容，因此容抗较高空架设小，相当于形成额外的支路，进而会带来额外的线损。

4）无功功率角稳定性问题。采用直流线路连接两个交流系统，由于直流线路不存在电抗，直流输电不受输电距离的限制。

5）能限制系统的短路电流。交流输电线路连接两个交流系统时，由于系统容量增加，使短路电流增大，有可能超过原有断路器的遮断容量，这就要求更换大容量设备，无疑会造成投资增加。采用直流输电方式，不存在这些问题。

6）调节速度快、运行可靠。直流输电通过晶闸管换流器能够方便、快速地调节有功功率和实现潮流翻转。如果采用双极线路，当一极故障，另一极仍可以大地或水作为回路，继续输送一半的功率，这也提高了运行的可靠性。

4.3.3 特高压交直流输电关键装备技术

1. 特高压交流输电关键装备

（1）特高压变压器。针对特高压变压器的工程应用现场环境、铁路或公路运输条件，需要研究变压器现场组装条件及工艺、安装环境控制和现场试验方案等，同时，通过优化变压器结构，保证绝缘裕度、温升及漏磁控制和抗短路能力。表 4 - 3 所列为国内外特高压变压器产品容量及特点等。

表 4 - 3　　　　　　　　　国内外特高压变压器产品容量及特点

序号	生产国	容量（MVA）	特点	备注
1	日本	1000（单相）	分体式，分体运输；每个分体容量 500MVA，每个分体为三柱、单柱容量 167MVA	
2	苏联	单柱 334 单体 667	两柱式	
3	意大利	400	容量较小	
4	中国	1000 1500（单相）	三柱、两柱、单体式、解体式	1000kV 特高压交流试验示范工程及扩建工程，皖电东送工程，浙北—福州 1000kV 特高压交流输变电工程

（2）特高压开关设备。针对特高压开关设备，围绕其绝缘水平、开合能力、可靠性及功能应用等进行创新，主要包括特高压气体绝缘金属封闭开关设备（GIS）、敞开式

隔离开关和交流滤波器小组用断路器及其关键组部件，结合特高压输变电工程建设，推广特高压开关设备及灭弧室、操动机构、盆式绝缘子、复合套管等组部件的应用，推动绝缘拉杆产业化进程。表 4-4 列举了国内外研发及生产的特高压开关设备等。

表 4-4　　　　　　　　　　　　　国内外特高压开关设备

序号	设备	生产国	技术参数	备注
1	敞开式隔离开关	苏联	4000A	1100kV 串补用敞开式旁路隔离开关，通过降低隔离开关操作速度，采用电动操动机构，取消了阻尼电阻，实现了隔离开关小型化
		中国	6300A	
2	敞开式柱式断路器	中国	63kA/120ms	1100kV 交流滤波器小组用敞开式柱式断路器，±800kV 锡盟—泰州、上海庙—山东特高压直流工程；采用可控避雷器，取消了合闸电阻，通过小型化灭弧室及简化传动机构，实现了断路器小型化
		日本	63kA	

（3）特高压气体绝缘金属封闭输电线路。气体绝缘金属封闭输电线路（GIL）由同轴结构的中间导体和接地外壳构成，管道中充以压缩 SF_6 气体、SF_6/N_2 混合气体或新型环保气体作为绝缘介质，端部与 GIS、变压器等直接连接或通过套管连接。

世界上首条 GIL 于 1972 年投入商业运行，用于发电厂和变电站 GIS 引出或联络时短距离延伸；20 世纪 80 年代美国建成首条特高压 GIL 试验线段，两期工程的单相长度合计达 420m、额定电流 5000A。目前，全世界 GIL 主要采用 SF_6 绝缘，累计敷设长度超过 500km，电压等级涵盖 72～1200kV，其中 550、420kV 的 GIL 安装占比最大。表 4-5 列举了我国开展 GIL 研发及应用情况。

表 4-5　　　　　　　　　　　　　我国 GIL 研发及应用情况

时间	特点	备注
2015 年	SF_6 气体绝缘	1000kV 淮南—南京—上海特高压交流工程，南京、苏州、泰州变电站替代特高压 GIS 母线，长度超过 300m
2019 年	SF_6/N_2 混合气体绝缘	苏通 GIL 综合管廊工程投运。地下穿江隧道敷设特高压 GIL 跨江输电，避免了采用架空输电线路带来的江中立塔影响航运问题

特高压 GIL 具有传输容量大、损耗低、受环境影响小、运行可靠和节省占地空间的特点，其主要应用场景如下：

1）替代特高压变电站中的 GIS 母线，大幅简化了 GIS 母线结构、降低成本、提高可靠性；此外，部分取代架空出线连接，简化了变电站布置、节省占地空间。

2）用于特殊地理环境的特高压输电工程，涉及沿线的江河（设立跨越塔）、高山等特殊地形和高海拔、低气压等环境条件，解决施工难度大，且存在雷电防护、覆冰、舞动等运行问题。

（4）特高压支柱绝缘子及空心绝缘子。特高压支柱绝缘子及空心绝缘子分别用于电气设备带电部分的绝缘、支撑，输变电设备引线的绝缘、支撑或绝缘容器，可靠性要求高。例如，瓷支柱绝缘子及空心绝缘子通过喷涂防污闪涂料，以增强其在重污秽地区应用时的防污闪性能；此外，避雷器兼作支柱绝缘子时还需满足机械性能和抗震性能要求。表 4-6 列举了我国生产的特高压支柱绝缘子及空心绝缘子产品主要技术参数及应用情况。

表 4-6　　我国生产的特高压支柱绝缘子及空心绝缘子产品主要技术参数及应用情况

序号	产品	技术指标	备注
1	特高压支柱瓷绝缘子	单柱式支柱瓷绝缘子； 高 2m，最大弯矩 160kN·m，结构高 10m，爬电比距 25mm/kV，额定弯曲破坏负荷 16kN，额定扭转破坏负荷 10kN·m； 40.5～1100kV 交流，±500～±1100kV 直流	复合支柱瓷绝缘子用于锦苏工程裕隆换流站±800kV 户外母线支柱、750kV 新疆与西北主网联网第二通道工程等
2	特高压空心复合绝缘子	40.5～1100kV 交流，±500～±1100kV 直流； 由玻璃钢筒、硅橡胶伞裙及法兰组成	特高压交流线路示范工程

（5）特高压交流油—SF_6 套管。特高压交流套管根据主绝缘材料类型分为油浸纸电容式（油浸式）、胶浸纸电容式（干式）、SF_6 气体绝缘套管和油—SF_6 套管。其中，油浸式套管用于特高压交流变压器、电抗器；特高压 GIS 使用空心复合绝缘子作为外套的 SF_6 气体绝缘套管；油—SF_6 套管一端浸入变压器内的变压器油中，另一端浸入 GIS 母线内的 SF_6 气体中，直接连接变电站变压器与 GIS，大大缩短变压器与 GIS 间的距离，没有外绝缘部分，不受外界环境影响。日本制造的 1100kV/2500A 油—SF_6 套管用于特高压试验站，三相主变压器均采用油—SF_6 套管与 GIS 直接连接方式；德国制造了 800kV 干式油—SF_6 套管；2012 年我国研制成功 1100kV/3150A 干式油—SF_6 套管样机和 1100kV/3150A 交流油浸式油—SF_6 套管样机。

油—SF_6 套管的应用场景包括特高压工程变电站、地下变电站、地面全 GIS 变电站和地震多发地区的变电站等。例如，特高压工程变电站"变压器套管—架空线—GIS 套管"接线方式套管间架空线长约 45m，油—SF_6 套管总长仅约 5m；城市地下变电站应用减少了建筑面积和体积，利于降低地下变电站建设成本和提高变电站运行可靠性。

（6）特高压磁环型阻尼母线。相对于在 GIS 隔离开关加装阻尼电阻抑制快速暂态过电压（very fast transient overvoltage，VFTO）的常规方法，高频磁环抑制 VFTO 方法，即在 GIS 母线高压导杆上套装适当数量的高频磁环。当 VFTO 的高频电流经过时，高频磁环的电感效应和损耗效应能大幅降低 VFTO 的陡度和幅值。2019 年我国研发的特高压磁环型阻尼母线已在北京西—石家庄特高压工程的石家庄变电站使用，并获准在蒙西—晋中特高压工程的蒙西变电站扩建工程应用。

（7）特高压可控避雷器。特高压可控避雷器通过控制旁路开关控制可控部分阀柱的投入、退出，即正常运行时投入可控部分阀柱来维持避雷器低荷电率，过电压下则通过闭合旁路开关退出可控部分阀柱，降低避雷器残压，深度抑制过电压。特高压可控避雷器用于抑制线路合闸空载线路过电压，线路断路器无须合闸电阻，简化了结构，降低了成本，提高了可靠性。根据旁路开关型式不同，可控避雷器分为机械开关式和晶闸管式两类。其中，机械开关式特高压可控避雷器于 2019 年在北京西—石家庄特高压变电站投运；晶闸管式特高压可控避雷器采用串联晶闸管阀，在雷电和操作过电压下的响应时间不到 $10\mu s$。

2. 特高压直流输电关键装备

（1）直流换流变压器。换流变压器作为交、直流输电系统中换流、逆变两端接口的核心设备，用于将交流系统电压变换到换流器所需的换相电压；利用变压器绕组的不同接法，串接两个换流器，提供两组幅值相等、相位相差 30° 的三相对称换相电压以实现十二脉动换流。我国自主设计的 $\pm800kV$ 换流变压器已在哈密—郑州特高压直流输电工程中使用；同时，$\pm1100kV$ 换流变压器的关键技术研发已经基本完成，具备 $\pm1100kV$ 换流变压器的研发能力。

（2）直流穿墙套管。直流穿墙套管穿过换流站阀厅墙体，连接阀厅内部和外部的电气设备，发挥绝缘、电气连接和机械支撑的作用。根据绝缘结构，直流穿墙套管分为油浸纸电容式结构、环氧芯体 SF_6 气体复合绝缘结构、纯 SF_6 气体绝缘结构三种形式。

国外最早开始直流穿墙套管的研究，包括 $\pm800kV$ SF_6 气体绝缘直流穿墙套管产品、$\pm1100kV$ 直流穿墙套管技术。2014 年后，我国先后研制了 ±400、$\pm500kV$ 直流穿墙套管，研发了 $\pm1100kV$ 直流 SF_6 气体绝缘穿墙套管环氧材料配方和设计技术、工艺技术和试验技术等，完成了环氧芯体 SF_6 气体复合绝缘和纯 SF_6 气体绝缘两种结构的 $\pm1100kV$ 直流穿墙套管的研制与全套试验，应用于我国昌吉—古泉 $\pm1100kV$ 特高压直流输电工程。

（3）调相机。新一代调相机技术主要应对"强直弱交"系统矛盾，旨在增强电网动态无功支撑、解决大容量直流馈入弱交流系统引起的电压稳定和换相失败等问题，具有暂动态特性优、安全可靠性高、运行维护方便的特点，相比常规无功补偿设备其受系统电压波动和短路故障影响更小，短路比约为 0.7，具有瞬时大容量无功输出特性，无功补偿与电压波动程度成正比，快速支撑母线电压恢复；采用"双水内冷""全空冷"方式和"调变组"保护系统等。我国首批 17 台 300Mvar 新一代调相机已在酒泉、湘潭、古泉等多个 $\pm800kV/\pm1100kV$ 换流站中成功应用，总容量达 5100Mvar。

4. 4　VSC - HVDC 柔性直流输电技术

目前，全球已投运和在建的 VSC - HVDC 柔性直流输电工程 60 多项，主要分布在欧洲，其次在北美、亚洲和澳大利亚。表 4 - 7 列举了自 2010 年以来，国内外已投运的 MMC（modular multi - lever conventer）VSC - HVDC 工程，在交流电网互联、海岛供电和海上风电等新能源接入的诸多场景中得到广泛应用，系统拓扑结构也从两端发展到多端输电形式（VSC based multi - terminal HVDC，VSC - MTDC），在新能源并网和远距离传输方面发挥了重要的作用。其中，背靠背柔直系统的输电线路长度为零，属于两端柔直系统，由两个换流站直流侧经过直流电抗器或者直接连接。例如，图4-5所示渝鄂背靠背柔直工程分为施州直流和宜昌直流南北两个通道，每个通道由两单元背靠背换流站组成，每单元传输容量为1250MW，总传输容量为5000MW，换流器采用MMC拓扑结构，电压为±420kV，实现了华中和西南电网异步互联，提高了大电网的供电灵活性和可靠性；同时，也带来一些稳定性问题。例如，由于降低了交流系统惯量，需要采取附加阻尼；再如，影响了交流系统次同步振荡特性，交流系统的频率响应特性变差，需要引入直流频率限制控制器，以提升系统的频率稳定运行水平等。

表4-7 　　　　　　　　　　　　　　　MMC VSC-HVDC 输电工程

序号	工程名称	国家/地区	投运时间	容量（MW）	电压(±kV)	工程用途
1	跨海工程	美国	2010	400	200	两端，城市供电
2	上海南汇柔直工程	中国	2011	18	30	两端，风电并网
3	英国—爱尔兰联网工程	欧洲	2012	500	200	电网互联
4	广东南澳柔直工程	中国	2013	200	160	三端，风电并网
5	舟山柔直工程	中国	2014	1000	200	五端，海岛供电
6	西班牙—法国联网工程	欧洲	2014	2000（2×1000）	320	电网互联
7	立陶宛—瑞典联网工程	欧洲	2015	1000	300	电网互联
8	厦门真双极柔直工程	中国	2015	1000	320	两端，城市供电
9	DolWin2 海上柔直工程	德国	2016	916	320	风电并网
10	云南鲁西柔直工程	中国	2016	1000	350	背靠背，电网互联
11	DolWin3 海上柔直工程	德国	2018	900	320	风电并网
12	渝鄂柔直工程	中国	2018	5000（2×2×1250）	420	背靠背，电网互联
13	张北柔直环形电网工程	中国	2020	9000（2×3×1500）	500	四端，风电、光伏、抽蓄送出
14	昆柳龙混合直流工程	中国	2020	8000	800	三端，电网互联
15	乌东德直流	中国	2020	5000	800	三端
16	如东海上风电柔性直流送出工程	中国	2022	1100	400	两端，风电并网
17	广东背靠背柔性直流输电工程	中国	2022	6000（4×1500）	300	背靠背，电网互联
18	江苏白鹤滩	中国	2022	8000	800	两端，LCC＋VSC混合输电

4.4.1　VSC-HVDC 技术原理

1. VSC-HVDC 拓扑结构

如图4-6所示VSC-HVDC的拓扑结构主要有两种形式：①采用两电平或三电平换流器，换流阀由IGBT器件直接串联构成，存在开关频率高、损耗大等不足；②采用

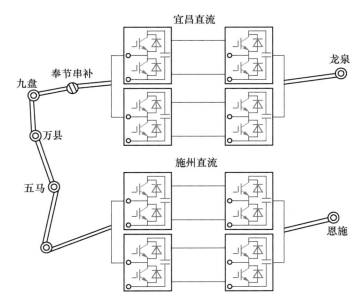

图 4 - 5 渝鄂柔性直流拓扑

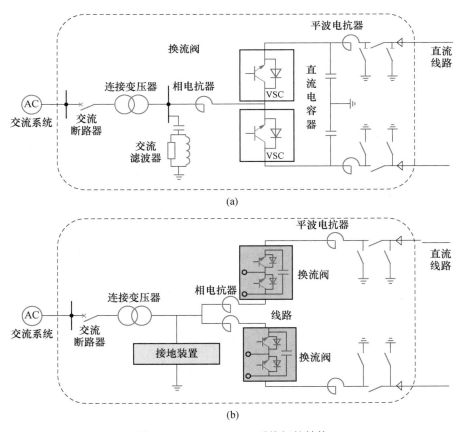

图 4 - 6 VSC - HVDC 系统拓扑结构

（a）两电平 VSC - HVDC 系统；（b）MMC - HVDC 系统

MMC 换流器，其中子模块有半桥子模块（half-bridge submodule，HBSM）、全桥子模块（full-bridge submodule，FBSM）、混合型和钳位双子模块（clamp double submodule，CDSM）等多种结构形式，换流阀由子模块级联构成，不需要将 IGBT 直接串联，易于制作、开关频率低、损耗小等。

如图 4-7 所示 MMC 采用子模块串联方式，工作时子模块依次投入或者切除，不需要同时导通，有助于避免多个 IGBT 串联时出现动态均压问题，换流器输出阶梯波形与理想正弦波近似程度高、电压谐波含量低、无须附加滤波器。

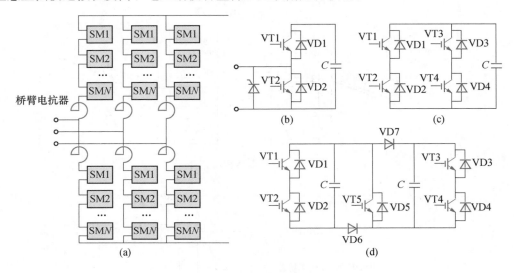

图 4-7　MMC 及子模块拓扑
（a）MMC 拓扑；（b）半桥子模块；（c）全桥子模块；（d）钳位双子模块

2. 两端/多端柔性直流输电系统

（1）主回路。德国学者于 2001 年提出了模块化多电平柔性直流输电系统（MMC-HVDC），采用级联子模块拓扑，避免了高电压等级场景下开关器件直接串联的难题，换流器制造、投运难度大为降低。采用 VSC-HVDC 输电技术能够有效克服传统直流输电技术存在的诸如换相失败等固有缺陷，传统两端 VSC-HVDC 输电工程实现了两点之间的直流功率传送。若多个异步交流系统采用直流方式互联，则需要建立多个两端 VSC-HVDC 输电系统，投资成本和系统维护与运行费用势必会极大提高。随着柔性直流输电技术的不断成熟，交直流混联等增加了电网复杂性，未来电网必须能够实现多电源供电以及多落点受电，解决区域性可再生能源并网和消纳问题。

发展 VSC-MTDC 受到了广泛关注，包含至少 3 个电压源型换流站，连接 3 个以上（含 3 个）交流系统，实现多点之间的功率传输，使得多个电源区域能够为多个负荷中心供电。VSC-MTDC 换流站既可作为逆变站运行，又可以作为整流站运行，还可以根据具体工况切换工作模式，运行方式灵活，充分发挥柔性直流输电的经济性和灵活性。图 4-8 所示为典型的四端柔性直流输电系统，其中，换流站 VSC1 与 VSC2 两端连接强交流系统，再通过直流输电实现非同步互联；换流站 VSC3 给无源网络供电；换流站

VSC4 连接风电场、光伏电站等弱交流系统，实现风电、光伏等可再生能源并网。

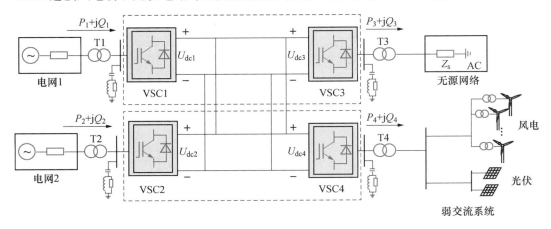

图 4-8 四端多端柔性直流输电系统主回路

（2）拓扑结构。VSC-MTDC 拓扑直接关系着系统传输效率、投资成本以及系统运行特性等，按照接线方式将 VSC-MTDC 拓扑分为并联型、串联型以及混合结构型三类。

1）并联型拓扑，指定一个换流站采用直流电压控制方式，整个系统具有相同的电压，功率分配则通过改变其他换流站的电流实现；

2）串联型拓扑，各个换流站依次串联，只有一个接地点，指定一个换流站采用直流电压控制方式，由于整个系统具有相同的电流，因而功率分配则通过改变其他相应换流站的电压实现；

3）混合型结构，系统采用的控制策略往往根据具体应用情况和各个换流站间电压关系或电流关系，进行分析和选取。

总的来说，当输送额定功率时，系统采用并联型结构线路损耗较小、控制相对灵活和具有更快的故障恢复速度，同时也更加容易拓展端数和与其他系统连接。实际工程应用的拓扑结构如图 4-9 所示，包括辐射式、简单网状、环形以及复杂网状拓扑结构。

1）辐射式拓扑结构。如图 4-9（a）所示，拓扑结构简单、投资成本最低，也是现阶段多端柔性直流输电工程采用最多的一种拓扑结构；分别以三个换流站为中心形成星形结构，需要的直流电缆少，每个换流站只有一条连接线且整个拓扑没有直流母线。当某一条直流电缆出现故障时，所连接的换流站则完全退出运行。

2）环形拓扑结构。如图 4-9（b）所示，依次串联各个换流站，因而每个换流站均由两条直流电缆连接。相对于辐射式拓扑结构，该结构所需直流电缆多一条，投资增加并不多；不足是加长了电能输送距离，势必会增加线路损耗、降低系统可靠性，该结构用得不多。

3）简单网状拓扑结构。如图 4-9（c）所示，与环形拓扑结构一样，比辐射式拓扑结构多了一条电缆，其输电可靠性优于环形拓扑结构和辐射式拓扑结构，投资成本较低、可靠性较高，因而性价比较高。

4）复杂网状拓扑结构。如图 4-9（d）所示，相对于简单网状拓扑结构，该结构额外增加了许多电缆，提高了系统的安全性和可靠性，同时缩短了直流节点的最小连接距

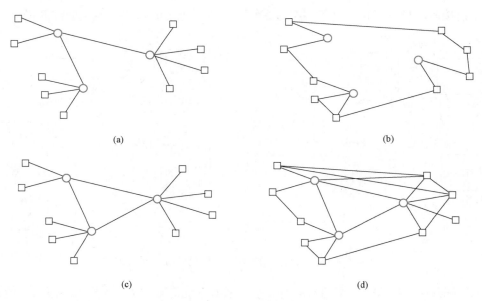

图 4 - 9　VSC - MTDC 拓扑结构
（a）辐射式；（b）简单网状；（c）环形；（d）复杂网状

离，交流系统间的功率交换也更加灵活。不足是投资成本高，几乎是前三种拓扑结构的两倍左右。

3. VSC - HVDC 核心设备

（1）电压源换流器。通过控制换流器清除直流故障已受到关注，常用的子模块包括 FBSM、HBSM、CDSM、SDSM、DCSM 和 SBSM 等。为了降低换流器投资成本，采用多种混合拓扑结构，例如，通过 FBSM 与 HBSM 混合，满足直流故障隔离要求，同时降低投资成本。混合式拓扑结构子模块数量配置需综合考虑隔离能力、经济性等综合因素。

工程中采用的换流器的每个桥臂一般由一定功能的子模块串联而成，若干串联的子模块与有关附属设备构成换流器的一个阀，再将一个或多个阀组合构成换流器的一个桥臂，多个桥臂（如三个）构成 MMC 换流器阀塔。阀作为换流器的一个单向开关，根据控制系统发出的控制触发信号进行开通或关断，使换流器交流侧和直流侧进行电能交换（直流侧电流可以在换流器阀中双向流通）。至今，我国已陆续投运多个柔性直流输电工程，包括上海南汇、广东南澳、浙江舟山、福建厦门、鲁西背靠背、渝鄂背靠背、张北柔直电网、昆柳龙柔直工程等，除了昆柳龙柔直工程采用了由半桥子模块和全桥子模块构成的混合型 MMC 换流器外，其余工程均采用半桥子模块构成 MMC 换流器。

例如，上海南汇风电场柔性直流输电示范工程的电压为 ±30kV、电流为 300A、功率为 18MVA，两端换流站均采用地下一层、地上三层结构，其中，MMC 换流器的构成如下：

1）子模块。由 IGBT 元件及子模块控制器、电容、保护晶闸管、旁路开关、取能模块水冷管道等组成，采用半桥结构，每个子模块包含 2 只 IGBT，子模块控制器用于触发子模块，电容为储能元件，保护晶闸管用于子模块的过电流保护，快速旁路开关用于子模块出现故障时旁路该子模块，不会因该子模块的故障而影响系统正常运行。

2）阀塔。每个 MMC 换流器阀塔由上、下 2 个半塔交叉接线组成。其中，每个半塔有 4 层，每层包含 7 个子模块，每个 MMC 换流器阀塔由 56 个子模块串联而成，其中，48 个子模块为运行模块，其余 8 个模块为冗余模块。换流站包含六个阀塔，分别对应 A、B、C 上下桥臂。

3）换流器工作过程。换流器每相的上、下桥臂分别由 48 个子模块及 1 个电抗器串联而成。在充电完成后，子模块间的电压不平衡值低于 10%，整个工频周波内上、下桥臂总共开通了 48 个子模块，维持直流电压恒定。通过规律性触发每相上、下桥臂中的子模块，调整上、下桥臂开通的子模块个数进行独立调节和控制交流侧和直流侧的电能交换。

（2）桥臂电抗器。桥臂电抗器串接在换流器每个桥臂的交流侧（也称作阀电抗器），是换流站与交流系统之间传输功率的纽带，决定了换流器的功率输送和有功、无功功率控制能力，抑制换流器输出电流和电压中的开关频率谐波量，以获得期望的基波电流和电压；当系统发生扰动或短路时，抑制电流上升率和限制短路电流峰值。要求桥臂电抗器的杂散电容小。

（3）平波电抗器。输电距离较长时，直流线路上通常需要串联一个平波电抗器来削减谐波电流、消除谐振。一旦发生直流接地故障，抑制电流上升速率，配合继电保护装置发生作用。

（4）交流变压器。连接交流系统与换流站，主要功能如下：

1）在交流系统与换流站之间提供换流电抗作用；

2）变换交流系统的电压，使得换流站工作在最佳电压范围，减少输出电压和电流谐波，交流滤波装置的容量也相应减小；

3）实现换流器的多重化、增加换流器容量；

4）利于连接不同电压等级的换流器；

5）阻止零序电流在交流系统与换流站之间流动。

（5）直流变压器。高压大容量 DC/DC 变压器，解决 DC/DC 变换器新型拓扑结构、电气隔离、故障机理、损耗优化等问题。

（6）开关设备。开关设备包括断路器、隔离开关和接地开关等，用于故障的保护切除、转换运行方式和检修隔离等。

1）交流侧断路器及开关设备用于连接或断开直流系统与交流系统；

2）要求直流侧断路器能够在数毫秒（例如 2ms）内切断直流故障电流。直流断路器实现故障清除和隔离，由于直流故障电流无过零点，且上升速度快，需在数毫秒内创造人工过零点，并通过能量的转移和耗散实现开断。

国外已研制出额定电压 120kV、额定电流 2kA、开断电流 8.5kA、开断时间 5ms 的混合型直流断路器；2015 年，我国研制出额定电压 ±200kV、额定电流 2kA、开断电流 15kA、开断时间 5ms 的混合型直流断路器，2016 年该产品已用于舟山五端柔性直流示范工程。

图 4-10 所示为某 ±200kV 直流断路器，主要指标为：分断时间 2.7ms，分断电流

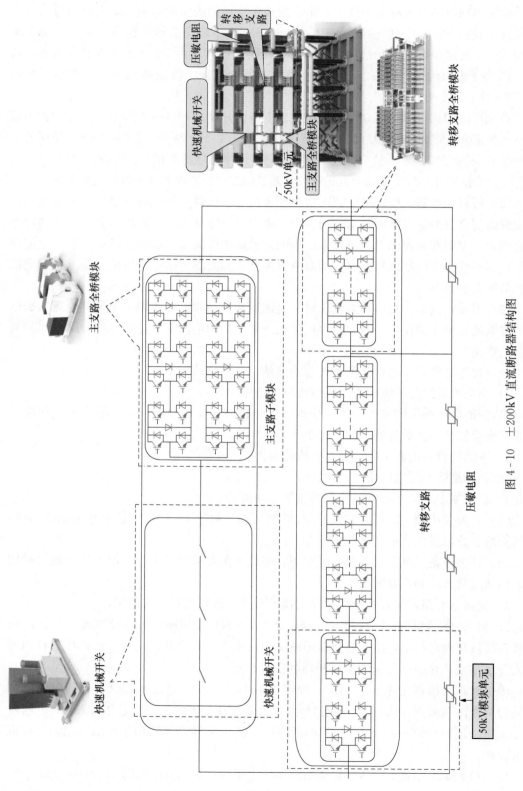

图 4-10　±200kV 直流断路器结构图

15.5kA，暂态电压峰值 332kV，直流电压 210kV。目前，±500kV 直流断路器产品的主要技术参数：分断时间 3ms，开断电流 25kA，分断电磁能量 160MJ，故障电流上升率 5kA/ms，分断电压 800kV，分断容量 20GVA。

3）系统检修时，通过隔离开关和接地开关切断电气连接，保证可靠接地。

4.4.2　VSC - HVDC 的关键技术

1. VSC - HVDC 系统运行控制技术

VSC - HVDC 系统的动态性能与控制保护系统有关，涉及柔性直流输电系统供能的实现与安全运行。

（1）运行控制。VSC - HVDC 系统通常采用冗余设计（工作系统、备用系统），正常运行时一套控制系统处于工作状态，另一套处于热备用状态，两套系统同时处理、备份数据，仅仅由工作系统对一次设备实施指令控制。VSC - HVDC 控制系统大致分成系统级、换流器级和阀级控制三个层次。

1）系统级。系统级主要功能包括与电力调度中心通信，接受调度中心控制指令、向通信中心传送有关运行信息，或根据调度中心指令改变运行模式及整定值等；当一个换流站有多个换流器并联运行时，应能结合调度中心给定的运行模式、输电功率指令等分配各换流器输电回路的功率，且当某一回路换流器或者直流线路故障时，能够通过重新分配其他回路的功率降低故障对系统的影响；控制功率快速提升或回降，满足所连接的交流系统或并列输电交流线路的紧急功率支援、潮流反转控制要求。

2）换流器级。作为 VSC - HVDC 系统控制的核心，采用直接控制、矢量控制等控制方式，实现有功功率、直流电压、交流电压、频率和交流电流控制（电流指令计算、限制控制），以及过电流、负序电流控制，直流过电压、欠电压控制等。其中，直接控制方式接收系统级控制器指令，通过调节调制信号的调制度和相位来调节换流器输出额定电压幅值和相位，控制方式简单、直接，但是存在响应速度较慢、过电流控制困难等不足；矢量控制采用功率外环、电流内环双环控制方式，外环控制器接收系统级控制器发出的指令参考值，结合控制目标产生合适的参考信号、传递给内环电流控制器，内环电流控制器接收外环功率控制器指令信号，经运算处理后获得换流器侧期望的交流电压参考值，输送至阀控制器。该控制方式具有结构简单、响应速度快和易于实现过电流控制的特点。

3）阀级。接收换流器级控制器信号，实施同步锁相、直流侧电容电压平衡控制、谐波和损耗控制、串并联 IGBT 控制等。

（2）保护控制。如图 4 - 11 所示，通过将 VSC - HVDC 系统的保护控制进行分区，分别为变压器保护区、站内交流保护区、换流阀保护区和直流侧保护区，以减小故障影响范围，并最大限度地保证 VSC - HVDC 系统持续可靠运行。

2. 直流故障电流抑制技术

基于架空线的柔性直流电网阻尼小，在直流线路发生短路故障后，故障电流会在数毫秒内上升到 8～10 倍额定值，严重威胁直流电网关键设备的安全运行。因此，柔性直流电网直流故障电流的抑制已成为亟待解决的关键技术之一。

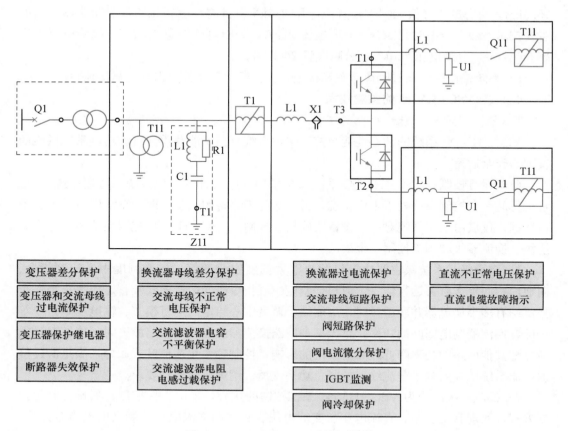

图 4‐11 VSC‐HVDC 系统保护分区

目前，在高压大容量柔性直流电网直流故障电流抑制方面采用的手段按处理区域分为三种方法，即：

1）采用阻断型换流器抑制交流侧馈入的电流，在换流器桥臂中使用了阻断型子模块，使得换流器具备故障阻断能力，从而能够进行闭锁换流器抑制交流侧馈入电流。

2）通过控制换流器实现直流侧短路故障的自清除，采用主动型换流器阻断故障电流，典型的主动型换流器包含混合型 MMC、全桥 MMC。

上述方法虽然能够抑制系统交流侧馈入的故障电流，但无法阻止电容向直流侧故障点放电，同时，切除故障一般需要 30～100ms，所耗时间较长，在多端柔性直流系统中对并联交流系统的运行会产生很大的冲击，降低了系统的可靠性。

3）采用高速大容量直流断路器（direct current circuit breaker，DCCB）被动开断直流故障电流，采用直流断路器 DCCB，可以在数毫秒内快速切除故障线路，保证系统非故障部分的正常运行，提高系统的稳定性和可靠性。该方法已用于张北直流电网工程。

由于柔性直流电网阻尼小，故障电流上升速度快、峰值大，对 DCCB 提出了极高的技术要求，DCCB 成本很高。因此，在实际 VSC‐HVDC 工程中，限制故障电流的主要手段还是通过在直流线路安装限流电抗器，通过限流电抗器抑制故障电流的上升。但是，针对多端柔性直流输电系统而言，由于换流站数量较多，发生故障时换流站之间的电流馈入，势必增加故障电流的上升速度，对直流电网设备的安全造成严重的威胁。在不使用 DCCB 的情况下，限流电抗器的电感需要取较大的值才能避免直流电网设备受损。过大的电感取值会影响系统的暂态特性和动态特性，同时也增大了设备体积。

（1）限流式混合直流断路器。

1）直流断路器分类及特点。根据开断方式分为振荡过零型、自然换流型、强迫熄弧型三种，根据结构分为机械直流断路器、固态直流断路器、混合直流断路器，如图 4-12 所示。

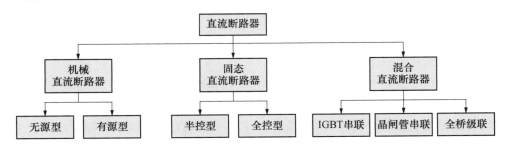

图 4-12　直流断路器分类

a. 机械直流断路器。通过改造交流断路器来开断直流电路，因直流故障电流无自然过零点（见图 4-13），造成电弧较难熄灭。在低压情况下，一般可以通过分段串接限流电阻或增大电弧电压实现直流熄弧；而在高压情况下，机械直流断路器一般是通过增加振荡换流支路来产生振荡电流过零点。振荡型机械直流断路器的基本拓扑如图 4-14 所示，其中，图 4-14（a）所示无源振荡型机械直流断路器由机械开关和振荡换流支

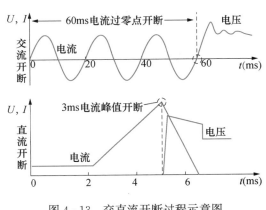

图 4-13　交直流开断过程示意图

路及金属氧化物避雷器（metal oxide arrester，MOA）组成的能量吸收回路构成。当断路器切除故障电流时，机械开关断开并产生电弧，电弧、电感与电容回路出现自激振荡，振荡电流幅值不断增大，当幅值大于机械开关中直流故障电流时，机械开关上的电弧熄灭，这时直流故障电流从机械开关支路转移至电感与电容串联的支路，对支路中的电容进行充电。当电容电压升高到一定值时，通过 MOA 吸收直流系统中的剩余能量；图 4-14（b）所示为有源注入型机械直流断路器，在无源振荡型直流断路器基础上通过引入外部电源来提升机械直流断路器的分断能力，开断时间为 10～15ms，通过采用电磁斥力结构，有源型机械直流断路器已能够在 5ms 内开断 10.5kA 短路电流。

b. 固态直流断路器。如图 4-15 所示，固态直流断路器由半导体器件和 MOA 并联构成，采用电力电子开关器件，无机械开关，具有体积小、动作速度快、可靠性高等优

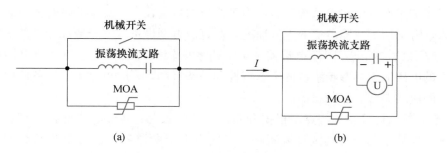

图 4 - 14　振荡型机械直流断路器拓扑

(a) 无源；(b) 有源

点，分为半控型和全控型两类。图 4 - 15（a）所示半控型固态直流断路器，采用晶闸管作为直流断路器开关器件，结构简单、可靠性高、技术成熟，但与机械直流断路器一样，线路故障电流无过零点，因此需要增加振荡换流支路，同时，因晶闸管的工作频率较低，其开断速度有限；图 4 - 15（b）所示全控性固态直流断路器，采用 IGBT、门极可关断晶闸管 GTO（gate - turn - off thyristor，GTO）、集成门极换流晶闸管 IGCT（integrated gate - commutated thyristor，IGCT）等。GTO 静态特性较好，但通态损耗较大、响应速度较慢；IGBT 响应速度快，通态损耗与 GTO 相差不大，但容量较小；IGCT 通态损耗低、容量大，但由于其生产工艺尚未成熟，成本较高，还不能工业化应用。固态直流断路器的开断速度比机械直流断路器快很多，一般在 10ms 以内，但由于电力电子器件容易出现过电压的情况，因此固态直流断路器一般常用于低电压的场合。

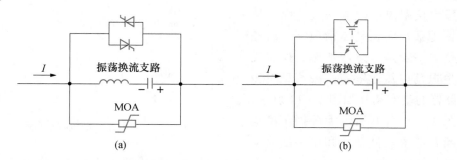

图 4 - 15　固态直流断路器拓扑

(a) 半控型；(b) 全控型

c. 混合直流断路器。如图 4 - 16 所示，它分别由主支路、辅助支路和能量吸收支路三部分组成，结合了电力电子器件与机械开关。其中，主支路一般由机械开关和电力电子器件组成；辅助支路也称作电流转移支路，一般由电力电子器件组成；能量吸收支路一般由 MOA 组成。在通态情况下，电流流过主支路，由于主支路主要是机械开关和少量电力电子器件，通态损耗较小；一旦出现故障，辅助支路的电力电子器件导通，故障电流从主支路转移至辅助支路；断开主支路机械开关，接着再断开辅助支路的电力电子器件，电流从辅助支路转移至能量吸收支路，由 MOA 吸收直流系统的剩余能量，消除故障电流。图 4-17 所示为某混合直流断路器在故障检测阶段、电流转移阶段和能量吸收阶段故障电流响应曲线。目前，100kV 的耦合负压换流型混合直流断路器最高可以开断 25kA 的故障直流电流。

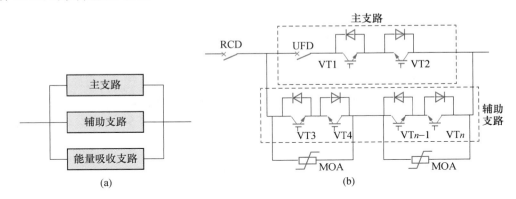

图 4-16　混合直流断路器拓扑

（a）基本原理；（b）某产品拓扑

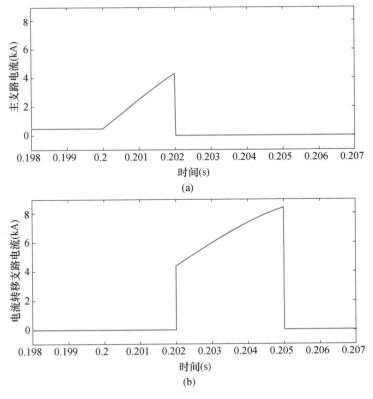

图 4-17　故障电流响应（一）

（a）主支路；（b）电流转移支路

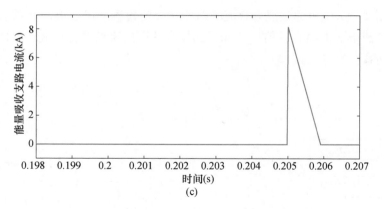

图 4-17 故障电流响应（二）

（c）能量吸收支路

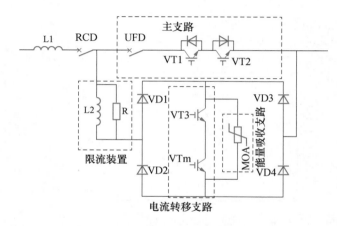

图 4-18 限流式混合直流断路器拓扑

2）限流式混合直流断路器拓扑及工作原理如图 4-18 所示，主支路由快速隔离开关 UFD 和双向关断的 IGBT 模块（VT1、VT2）组成，辅助支路通过整流桥拓扑实现断路器的双向开断，同时在辅助支路增加一个限流装置，该限流装置由电感和电阻并联组成。其中，RCD 为剩余电流直流开关；VT3、VTm 为全控型电力电子器件开关；L1 为限流电抗器的电感，在故障情况下是抑制故障电流上升的第一层保障；L2 为限流装置的电感，在故障电流转移阶段投入使用，是抑制故障电流的第二层保障；R 为限流装置的电阻，其作用主要有两个方面，一是与 L2 共同抑制故障电流，二是在能量吸收阶段与 L2 形成回路，吸收电感 L2 储存的能量，加快能量的耗散；VD1～VD4 为二极管。

如图 4-19 所示，限流式混合直流断路器的响应过程分为故障检测、电流转移和能量吸收三个阶段：

a. 故障检测阶段。如图 4-19（a）所示，系统正常运行的情况下，RCD、UFD、VT1 - VT2 均处于导通状态，由于辅助支路阻抗比主支路阻抗大，电流主要从限流电抗器 L1、RCD、UFD、VT1 - VT2 主支路流过。一旦直流线路发生故障时，则进入故障检测阶段，断路器的开关器件维持常态，故障电流快速上升。

b. 电流转移阶段。如图 4-19（b）所示，在检测到故障发生后，断路器主支路 VT1、VT2 关断，强迫故障电流从主支路转移至电流转移支路，经过 $250\mu s$ 左右断开 UFD、主支路断开，故障电流流经限流电抗器 L1、限流装置、电流转移支路。由于流通回路增加了限流装置，电流呈现先下降后上升的变化趋势。该阶段电流的响应特性和电感、电阻取值有关。

　　c. 能量吸收阶段。如图 4 - 19 (c) 所示，当 VT3 - VTm 断开时，直流断路器进入能量吸收阶段，故障电流将从电流转移支路转移至能量吸收支路，由于电流转移支路中限流装置在该阶段存在回路，电阻会吸收部分电感释放的能量，MOA 吸收的能量减少，利于降低 MOA 配置要求，同时，切除故障所需时间更短。

　　限流电抗器电感取值越大，故障检测阶段短路故障电流上升率越小，流过限流电抗器电感电流的最大值也越小；电感取值过小，线路电流的峰值电流和电流上升率都会超过断路器所能承受的最大故障电流和最大故障电流变化率；若限流电抗器取值较大，故障电流的上升率很小，电流转移阶段限流装置投入的意义不大；限流电抗器电感取值越大，能量吸收阶段持续的时间也越长，系统的动态特性和暂态稳定性能会下降。

　　限流装置电阻对断路器性能的影响并不像电感那样有明显的规律，但可以看出电阻取值对故障电流到达极小值点的快慢以及极小值的大小有很

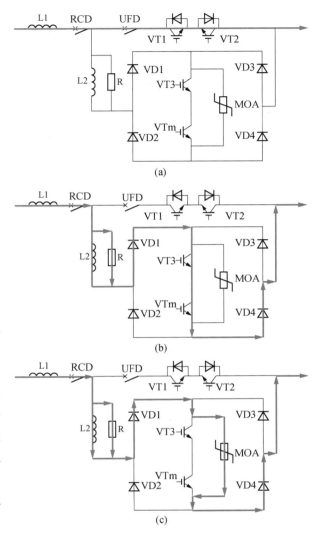

图 4 - 19　限流式混合直流断路器
故障电流流通路径

(a) 故障电流检测阶段；(b) 故障电流
转移阶段；(c) 能量吸收阶段

大的影响，同时，电阻值大小也会影响能量吸收阶段电感能量的释放速度，从而影响到 MOA 吸收能量的大小以及能量吸收阶段的持续时间。

　　(2) 混合型 MMC 故障电流抑制技术。

　　1) VSC - HVDC 直流侧故障特性。在 VSC - HVDC 系统中，直流线路的短路故障主要有单极接地故障和双极短路故障两种。其中，单极接地故障发生概率最大，尤其在架空线应用场合；而双极短路故障对输电系统危害性最大。

　　VSC - HVDC 系统接地方式包括直流侧接地（主要是在直流正、负极上串联钳位大电阻接地）、变压器阀侧星形绕组中性点经电阻接地和交流二次侧经星形电抗和电阻接

地三种方式。如图 4 - 20 所示为直流侧单极接地故障电流流通图，故障发生后，正极接地导致正极母线的对地电压变为零，此时直流电压并未改变，因此负极母线的对地电压变为之前的两倍。由于系统交流侧接地，换流器各相上桥臂子模块通过故障接地点和交流侧接地点形成电容放电通路，放电路径如图 4 - 20 中虚线所示。可见，星形接地电抗 L1、电阻 R1、上桥臂投入电容、桥臂电感 L0、桥臂等效电阻 R0 共同构成放电回路，而下桥臂子模块电容并未参与放电过程。

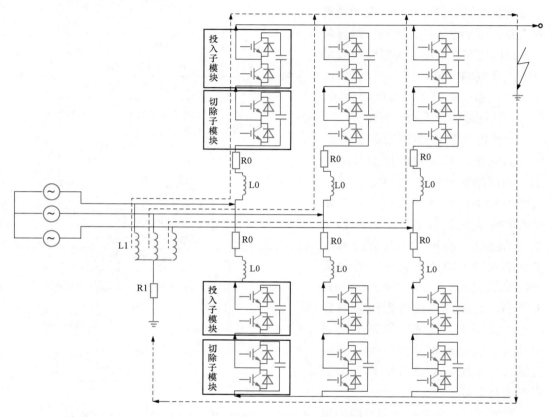

图 4 - 20　直流侧单极接地故障电流流通图

　　直流侧双极短路故障多属永久性故障，短路故障电流大、故障清除时间长，故障电流产生的大量热量可能导致多个器件损坏。在故障开始阶段，由于 IGBT 的闭锁信号没有立即触发，处于投入状态的子模块的 IGBT 仍然导通。如图 4 - 21 所示为直流侧双极短路故障电流流通图，故障电流分成交流侧放电和子模块电容放电两部分。交流侧三相电源与桥臂构成的电路结构是三相对称的，交流系统相当于发生三相短路故障，故系统不存在零序电流，交流侧不会向直流线路故障点馈入故障电流。

　　2）混合型 MMC 拓扑结构。假设每个桥臂有 N 个子模块，包括 F 个全桥子模块和 $N-F$ 个半桥子模块，记为 $FBSM_1 \sim FBSM_F$ 和 $HBSM_{F+1} \sim HBSM_N$。U_{dc} 为直流母线电压，L0 为桥臂电感，C0 为子模块电容器，u_c 为子模块电容器电压。

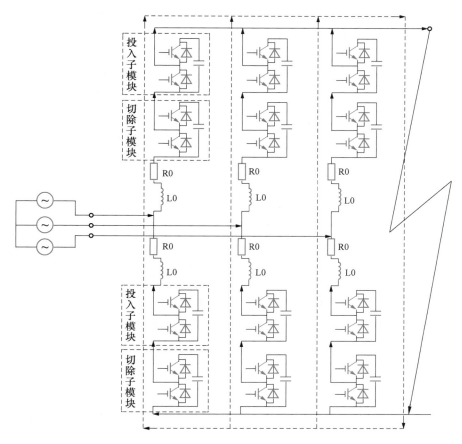

图 4-21　直流侧双极短路故障电流流通图

以图 4-22 所示昆柳龙特高压多端直流工程（±800kV）为例，送端昆北站（8000MW）采用双极四阀组 LCC，受端柳州站（3000MW）和龙门站（5000MW）采用对称双极高低端阀组串联的全桥、半桥子模块混合型模块化多电平换流器。其中，每个阀组由 6 个桥臂组成，每个桥臂包含 200 个子模块（另有 8％冗余）且全桥子模块比例不低于 70％。

不考虑子模块冗余设计，相同条件下由 FBSM 构成的 MMC 的开关器件数量是 HBSM 的 2 倍。FBSM 工作模式较为复杂，但是工作原理类似。根据四个 IGBT 的开断情况共有五种工作状态，见表 4-8，可见，HBSM 只能输出两种电平，FBSM 输出电压可在 $-U_c$、0、$-U_c$ 之间切换。

由于 FBSM 具有输出负电平的能力，在子模块数相同的情况下相比于 HBSM 输出的电平数更多。因此，运行状态更加灵活多变，可工作于过调制状态，提高交流电压幅值，降低交流电流幅值，进而降低损耗；或在不改变变压器分接头的前提下实现直流侧降压运行。

直流侧的故障电流主要由子模块电容放电产生，并经过桥臂电抗和线路电阻放电。减小子模块电容电压或增加桥臂电抗有助于抑制故障电流。例如，增大桥臂电抗，可在

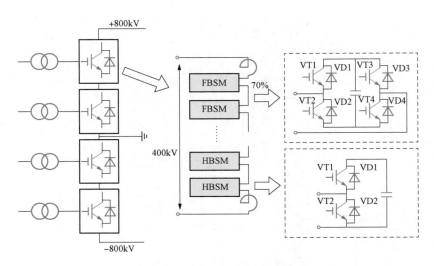

图 4 - 22　昆柳龙工程柔直换流阀全半桥子模块混合拓扑结构

换流器出口处增加平波电抗器，减缓故障电流上升速度，但势必会增大运行损耗；减小子模块电容电压，通过在故障时让 FBSM 输出负电压，即通过将 HBSM 子模块电容给 FBSM 充电来减小故障电流，再结合小容量高压直流断路器，完成对故障电流的协同抑制。

表 4 - 8　　　　　　　　　　　　　　　**全桥子模块的工作状态**

工作状态	IGBT1	IGBT2	IGBT3	IGBT4	U_{SM}
投入状态	开通	关断	关断	开通	U_c
	关断	开通	开通	关断	$-U_c$
切除状态	开通	开通	关断	关断	0
	关断	关断	开通	开通	0
启动或直流故障时	关断	关断	关断	关断	U_c
	关断	关断	关断	关断	$-U_c$

3）直流故障部分闭锁保护。FBSM 具备直流故障自清除能力，当 HBSM 子模块处于闭锁状态时，通过控制 FBSM 输出负压，使 FBSM 子模块电容为充电状态，从而为放电回路提供反电动势以切断故障电流。利用该特性，对于单极接地瞬时故障，可以在不跳开交流断路器的前提下，仅通过换流器部分闭锁就能够实现直流侧故障保护。该保护策略分为三个阶段，即：

a. 放电阶段，系统正常运行直至故障，电流和电压传感器延时一般为 $60 \sim 90 \mu s$，而测量装置的采样频率一般为 40kHz，因此，换流器控制系统在约 $120 \mu s$ 后接收到故障信息，换流器控制系统的控制频率一般为 $10 \sim 20$kHz，接收到故障信息至发出控制保护指令需要两个控制周期，即 $100 \sim 200 \mu s$。在此过程中子模块电容放电，故障电流急剧增大。

b. 闭锁阶段，对于双极短路故障，换流器中的 HBSM 闭锁，控制 FBSM 输出负压，至直流侧故障清除后，换流阀解锁系统重新启动。此过程中故障电流为 FBSM 子模块充电直至故障电流衰减至 0，对于单极接地故障，换流器仍采取稳态时的控制方法，由于 FBSM 可以输出负压，在瞬时性故障被清除后 MMC - HVDC 依然可以保持稳定。

c. 重启阶段，换流阀解锁，系统由部分闭锁状态重新恢复为正常运行状态。

该保护策略对于单极接地故障可以在不中断功率传输的情况下隔离故障，完成故障穿越。但是，对于双极短路等永久性故障，需要闭锁部分 HBSM，中断功率传输，但仍然能够抑制故障电流，利于减小直流断路器的容量。

如表 4 - 9 所列，按 FBSM 临界值选取的混合型 MMC 使用的 IGBT 数量最少，故障隔离时电容电压也没有击穿风险，更具经济性和工程应用价值。

（3）混合型 MMC 与 DCCB 协调控制。直流电网故障清除方法主要借鉴交流电网的故障清除方式，即一旦检测到发生故障，向相应的 DCCB 发送开断指令、隔离故障线路，换流器与 DCCB 之间无信息交互与动作协调。随着直流电网电压等级和输送容量的进一步提升，直流短路电流可能超出 DCCB 的开断能力，损坏直流电网关键设备，因此，要求通过发挥不同限流装置的协调配合作用，实施混合型 MMC 与 DCCB 协调控制，限制高压大容量直流电网发生直流故障时的短路电流、降低直流电网对 DCCB 等限流装置的要求，并提升直流电网在直流故障期间的功率不间断运行能力、经济性与可靠性水平。

表 4 - 9 混合型 MMC 与半桥 MMC 使用 IGBT 数量对比

类型	半桥 MMC	混合型 MMC (20％FBSM)	混合型 MMC (45％FBSM)	混合型 MMC (80％FBSM)
极间短路故障电流峰值（kA）	9.7	8.3	7	6.5
MMC IGBT 数量	1216	1472	1772	2192
直流断路器 IGBT 数量	3400	2905	2450	2275
IGBT 总数	4616	4377	4222	4467

1）故障检测与 DCCB 开断控制。如图 4 - 23 所示，故障发生后，一旦检测到直流故障，立即向相应的 DCCB 发送开断命令，线路保护系统及 DCCB 控制系统无须与换流器进行信息交互，各自独立响应直流故障。一旦换流器检测到直流故障已被清除，经过一定延时（如 100ms）等待直流电网电压和电流达到新的稳态后，换流器控制器重新从直流电流直接控制模式恢复至直流功率精准控制，直流电网恢复至新的稳态运行状态。

2）主动限流与 DCCB 开断控制。直流故障发生后换流器进行主动限流控制，将线路电流限制在预先设定的目标区间，然后，再通过直流电网保护系统向相应的 DCCB 发送开断命令。如图 4 - 24 所示，故障发生后换流器控制器经过 $140\mu s$（其中，$90\mu s$ 测量时间，$50\mu s$ 控制周期）故障检测延迟，切换控制模式、实施主动限流控制；当故障线

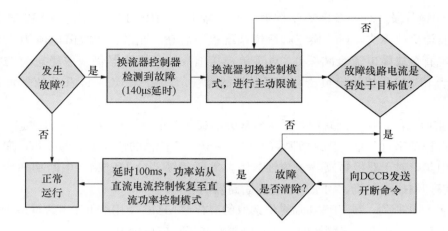

图 4-23   直流电网故障清除流程

路电流在换流器的限流控制作用下达到预先设定的 DCCB 目标开断值或者目标开断区间后，直流电网保护系统向 DCCB 发送开断命令；DCCB 接收到开断命令，按照其内部动作时序开始分闸以开断直流故障电流；直流故障被清除后，经过一定延迟，待直流电网电压和电流达到新的稳态值，换流器再从直流电流控制模式恢复至直流功率控制模式，实现直流功率精准控制，直流电网恢复至新的稳态运行状态。

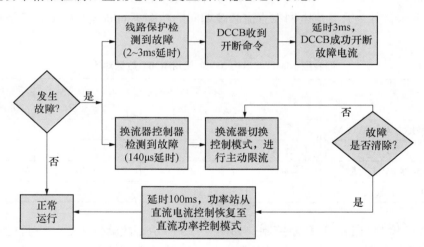

图 4-24   主动限流与 DCCB 开断控制直流电网故障清除流程

可见，对于具备相同开断时间的 DCCB，采用故障检测与 DCCB 开断控制方法，可能会引起更高的开断电流和避雷器能量耗散需求，对故障检测和识别的时间要求极短（如，需要在 2~3ms 内完成）。特点为相对于主动限流与 DCCB 开断控制方法，不需要等待换流器将直流电流控制设置为目标值，其直流故障清除时间将更短，故障清除后直流电网功率恢复时间也更短，尤其在某些运行工况下，要求远端换流站直流母线电压的跌落幅值不能过大，以确保远端换流站在故障期间维持部分直流功率传输能力，故障检测与 DCCB 开断控制方法能够更快清除直流故障，阻止直流电压跌落；针对某些允许直流功率中断达数十至数百毫秒的应用场合，主动限流与 DCCB 开断控制方法不仅可以降低对 DCCB 的开断电流、耗散能量等技术指标要求，而且还可以降低故障期间换流器的过电压水平。因此，这两种控制方法的选择需要综合应用场景和系统运行要求等多因素进行选择。

4.4.3　VSC - HVDC 的发展趋势

（1）电压等级、传输容量不断提高。2011 年 7 月投运的我国首个柔性直流示范工程（上海南汇）额定传输容量为 20MVA、直流电压等级为 ±30kV。2022 年 7 月投运的白鹤滩柔性直流输电工程额定传输容量已高达 8000MVA、电压为 ±800kV。柔性直流输电工程电压等级已由中压到高压、再到特高压的转变，同时额定传输容量提升了两个数量级。采用高压直流输电方式传输相同的电能，产生的线路损耗更低、输电效率更高；不存在交流功角不稳定、频率不稳定等问题，还能为交流系统故障提供功率支援，提升系统运行稳定性；远距离输电应用，直流线路节省的成本可抵消换流站建设投资，相较于交流输电方式更具经济性。

（2）由两端向多端输电演变。有别于 LCC 型常规直流输电系统，柔性直流输电系统潮流翻转时无需改变电压极性，因而适合于构建多端直流系统。同时，考虑绝缘配合和拓扑扩建，目前已投运的多端直流输电系统均采用并联接线方式。多端直流输电系统不同换流站间可以通过多条直流线路连接，每条线路均配置有直流断路器，一旦某条线路发生故障，直接通过直流断路器动作保障选择性故障线路切除，不影响整个输电系统的连续运行，利于提升系统的运行可靠性。此外，多端直流输电系统可将地理位置较为分散的多站点能源汇集起来，经直流电能传输为不同区域的用电负荷供电，解决实际工程中面临的多电源供电和多落点受电的技术问题。可见，随着直流控制保护技术的成熟，有望组建端数更多的柔性直流输电系统，形成包含多电压等级的直流电网架构，实现数千公里范围内的电能传输与分配。

（3）用于解决风电、光伏等可再生能源并网和消纳问题。例如，风电并网系统正常运行时，经多端柔性直流组建的网络可实现多个风电场随机性输出功率互补，保障风能资源大范围、高效汇集；一旦风电场发生故障，换流站可灵活调节风电场并网电压，保障风电机组不脱网连续运行，提高风能资源的消纳利用水平。2020 年投运的张北柔性直流工程采用风、光、储多能互补形式，实现了 225 亿 kWh/年可再生能源的接入和消纳。

（4）运行控制更加复杂。

1）换流站级控制。海上风电的输送作为柔性直流输电系统的重要应用场景之一，随着传输容量的加大，MMC 子模块电容的配置量增大，换流站占地面积显著增加。限于海上平台建设空间，对风电场侧 MMC 换流站的轻型化设计提出了较高要求。由于 MMC 子模块电容配置与电压波动量直接相关，电容电压波动量受相间环流影响，通过实施 MMC 换流站级环流控制，控制子模块电容电压波动量，降低换流站占地面积。

2）直流系统级控制。大规模、高比例新能源接入柔性直流输电系统后，波动性输出功率引起系统直流电压快速变化，严重威胁直流系统的安全稳定运行。此外，不同于两端系统的一端采用定有功功率、另一端采用定直流电压控制方式，多端直流输电系统的协调控制策略更为复杂,通过采用多端柔性直流系统级控制策略,保障扰动后系统功率的快速平衡和直流电压的稳定控制。

3)交、直流交互稳定性。随着直流传输容量和电压等级的不断提升,MMC 换流器的电平数逐渐增加,子模块占据一定的空间分布、运行电气量的采集和开关控制信号的分配过程均需要考虑时延,随着 MMC 电平数的增加,产生的控制时延效应将不断加剧,导致 MMC 等值输出阻抗呈现负电阻特征,引起谐振现象的发生。通过建立 MMC 换流器的等值阻抗频率响应模型,揭示交、直流系统间的谐波交互机理,准确预估和合理规避系统谐波失稳风险。

(5)LCC-VSC 混合直流输电应用。1994 年美国哥伦比亚大学的学者、伊朗圭兰大学的学者提出了图 4-25 所示基于 LCC-VSC 的混合直流输电方式,采用对称双极结构,左端(送端)采用 LCC 方式,基于晶闸管的传统换流阀,每极为 12 脉波整流桥结构;右端(受端)为基于 MMC 的柔性直流换流阀,L 为直流电抗器,传统换流阀为整流站,输出直流电压为 E_{dr},MMC 为逆变站,直流侧电压为 E_{di}。LCC 采用晶闸管作为开关元件,耐受电流水平较高且经济性好,但是由于晶闸管为半控型器件,其关断过程需要借助于交流系统提供的换相电压,对连接的交流电网强度提出了较高要求,难以适用于海岛、城市电网供电等应用场景,同时还存在换相失败的风险;此外,晶闸管只能单向导通,在潮流反转时势必会改变电压极性。VSC 采用 IGBT 与二极管反并联结构,可实现双向功率传输,无需改变电压极性;同时,不存在换相失败问题,对连接交流电网的强度没有要求。近年来,基于 LCC-VSC 的混合直流输电应用工程案例逐渐增多,例如:

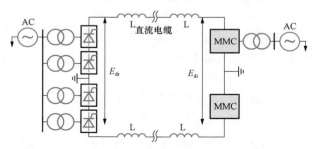

图 4-25　LCC-HVDC 混合直流输电主回路结构图

1)ABB 完成了基于 LCC 和 VSC 双极混合直流输电工程——丹麦—挪威 Skagerrak 工程。Skagerrak 工程是第一个将柔性直流与特高压直流以极—极混合的直流输电系统应用工程,为两端系统(极 1/2/3 采用 LCC、极 4 采用 MMC)。

2)乌东德(昆柳龙)水电送出工程采用 ±800kV 特高压三端混合直流输电技术,输送容量 800 万 kW,将水电从云南昆北换流站输送至广西柳北换流站和广东龙门换流站,途经云南、贵州、广西、广东四省区,送端 LCC、受端 MMC(混合子模块)。

3)白鹤滩水电送出工程采用 ±800kV 特高压两端混合直流输电技术,输送容量为800 万 kW。

相对于常规直流 LCC 与 VSC 柔性直流,LCC-VSC 的混合直流输电应用的特点如下:

1)运行损耗、造价均低于柔性直流输电系统;

2）故障时，对交流系统的冲击小于特高压直流输电系统；

3）具有良好的稳态及暂态特性，有效扩展了特高压直流输电系统的适用范围，成为未来大规模、远距离、大容量输电的一个发展方向，适用于±800kV、8GW级、空间跨度超过2000km的直流输电工程。

4）在跨区域异步联网应用场景下，可采用混合直流输电技术，在不增加区域电网短路容量及现有网架结构的前提下，实现较好的输电效益及对无源网、弱电网的可靠供电。

4.4.4　VSC-HVDC 应用案例分析

1. 广东南澳柔性直流输电示范工程

广东南澳柔性直流输电示范工程建设旨在增强南澳岛内风电外送能力，为南澳发展海上风电提供支撑。南澳柔性直流输电示范工程规划建成一个±160kV、输送容量为200MW的三端柔性直流输电系统，即汕头南澳岛建设两个送端换流站（金牛换流站和青澳换流站）、澄海区塑城站近区建设一个受端换流站（塑城换流站）、同期建设直流侧、交流侧线路以及相关变电站的配套扩建设施。

1）风电场。牛头岭风电场、云澳风电场通过金牛换流站送出，青澳风电场接入青澳换流站，通过青澳至金牛的直流线路汇集至金牛换流站。

2）直流送出。通过直流架空线和电缆混合线路送出至大陆塑城换流站。

3）交流输送。塑城换流站交流出线送至220kV塑城站的110kV侧。

4）塔屿风电场。二期将建成四端柔性直流输电系统。

在南澳岛上的110kV金牛站及110kV青澳站各自建设1个换流站（表4-10列举了换流站主要参数），将岛上牛头岭、云澳及青澳等风电场产生的交流电能逆变为直流功率，金牛换流站、青澳换流站的直流功率在金牛换流站汇集，并通过直流架空线及电缆混合线路集中送出；直流线路出岛后改为以直流海缆的形式过海、接入塑城换流站，逆变成交流功率后接入汕头电网，从而实现岛上大规模风电送出。金牛换流站、青澳换流站采用MMC拓扑结构，每个换流站主要包括换流阀组、换流变压器、桥臂电抗器、交流场设备、直流场设备等。

表 4-10　　　　　　　　　　　　换 流 站 主 要 参 数

换流站名称	塑城换流站	金牛换流站	青澳换流站
额定容量（MVA）	200	100	50
无功输出范围（Mvar）	−200～100	−100～60	−50～35
额定直流电压（kV）	±160	±160	±160
额定直流电流（A）	625	313	157
换流器（阀）侧额定交流电压（kV）	166	166	166
额定交流电流（A）	696	348	174
桥臂额定电流（A）	406	203	102

2. 舟山五端柔性直流输电工程

（1）工程概况。舟山五端柔性直流输电工程由舟定、舟岱、舟衢、舟泗、舟洋五个直流换流站和多段直流电缆构成，直流电压等级为±200kV，各换流站采用 MMC 的容量分别为舟定站 400MW、舟岱站 300MW、舟衢站 100MW、舟洋站 100MW、舟泗站 100MW。其中，舟定和周岱换流站通过 220kV 单线分别接入 220kV 云顶变和蓬莱变，舟衢、舟洋和舟泗换流站通过 110kV 单线分别接入 110kV 大衢变、沈家湾变和嵊泗变。工程的投运使得舟山电网成为一个同时包含多端柔性直流、传统直流的复杂交直流混联电网，电能可同时通过交流通道和直流通道到达各岛，运行方式复杂多变。

（2）换流站主要一次设备配置。换流站一次接线如图 4-26 所示，包括连接变压器、换流阀（由启动电阻、换流电抗器、平波电抗器和子模块组成）等一次设备。

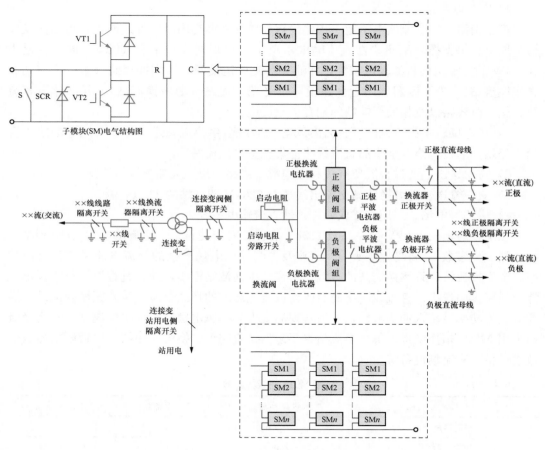

图 4-26　换流站一次接线示意图

1）连接变压器。交流系统通过连接变压器与柔性直流输电系统换流器交换能量并起换流电抗作用。其中，连接交流系统侧的绕组（一次侧）一般采用星形接法；靠近换流器侧的绕组（二次侧）一般采用三角形接法，该绕组带有分接头开关，通过分接头调节二次侧基准电压，获得最大有功和无功功率输送能力。

变压器绕组基本不含谐波电流分量和直流电流分量，能够防止由调制模式引起的零序分量向交流系统传递。

通过变压器将系统交流电压变换到与换流器直流侧电压相匹配的电压，确保开关调制度不至于过小，减小了输出电压和电流的谐波量。

2）换流阀。由启动充电电阻、换流电抗器（桥臂电抗器）、子模块和平波电抗器组成。

a. 启动充电电阻。子模块充电时，用于限制充电电流；充电结束后，启动电阻旁路隔离开关自动合上将其短接。充电电阻的选取主要考虑换流阀的电流耐受能力、电阻功率、充电时间三方面因素。

b. 换流电抗器。电压源换流器对应的每一相分别安装一个换流电抗器，连接换流器与交流系统，决定换流器的功率输送能力，影响有功功率与无功功率的控制；抑制换流器输出的电流和电压中的开关频率谐波量，以获得期望的基波电流和基波电压；抑制短路电流。

c. 子模块。子模块是电压源换流器直流侧的储能元件，缓冲桥臂开断的冲击电流、减小直流侧的电压谐波，支撑直流母线电压。每个子模块由 IGBT 模块（T_1、T_2）、储能电容（C）、并联电阻（R）、保护晶闸管（SCR）和旁路开关（K）组成。其中，子模块电容值决定其抑制直流电压波动的能力，也影响控制器的响应性能；在发生过电流时，通过控制器触发晶闸管的导通，避免大电流流过 IGBT 模块因过热损坏；旁路开关保证故障模块的快速切除和冗余模块的快速投入，使系统在部分子模块故障的情况下仍能正常运行，提高其可利用率；并联电阻用于为均压控制中的电容电压反馈提供电阻分压后的检测通道，同时，为电容电压提供一个静态均压电阻。

d. 平波电抗器。用于直流侧电压滤波，保持电压稳定；同时，一旦直流线路发生短路故障，减小短路电流对阀组的冲击。

（3）换流站运行方式。采用交直流并联、单换流站直流孤岛、多换流站直流孤岛、单换流站 STATCOM 四种运行方式。其中，交直流并联方式属于有源 HVDC，单换流站直流孤岛方式和多换流站直流孤岛方式属于无源 HVDC。

1）交直流并联方式。柔性直流系统通过直流和交流线路联网运行，共同向电网供电。正常运行情况下采用交直流并联方式，此时，选一个换流站作为整流站运行，其他换流站则作为逆变站运行，可分为五端、四端、三端和两端系统等类型。

2）单换流站直流孤岛方式。换流站交流侧电网与交流主网联络线断开，仅通过单个换流站对局部孤立电网供电。当大嵊 1931 线检修时，舟泗站采用单换流站直流孤岛方式；当上海同盛—沈家湾线检修时，舟洋站采用单换流站直流孤岛方式；当云昌 2R39 线、朗云 2R41 线同时检修时，舟定站采用单换流站直流孤岛方式。单换流站直流孤岛方式下，该换流站承担局部电网调频和调压任务。

3）多换流站直流孤岛方式。换流站的交流侧电网与交流主网联络线断开，通过多个换流站对局部孤立电网供电。当蓬大 1943 线、蓬衢 1950 线同时检修时，舟衢站和舟洋站采用多换流站直流孤岛方式；当蓬洲 2R48 线、朗蓬 2R42 线同时检修时，舟岱站、舟衢站和舟洋站采用多换流站直流孤岛方式。

4）STATCOM 方式。换流站与交流系统有电气连接，通过直流线路与其他换流站的电气连接完全断开。主要用来调节系统无功，根据系统需要，换流站可采用 STAT-COM 运行方式。

（4）换流站控制模式。各换流站的控制模式分为有功控制和无功控制两类。其中，有功控制通过换流站直接控制注入到交流系统的有功功率或者间接调节与有功功率相关的物理量，包括定直流电压控制、定有功功率控制和定频率控制等；无功控制通过换流站直接注入到交流系统的无功功率或者间接调节与无功功率相关的物理量，包括定无功功率控制、定交流电压控制等。

1）有功控制模式选取原则。定直流电压控制，正常运行时，直流联网换流站中必须有且只有一个换流站采用定直流电压控制模式；定有功功率控制，正常运行情况下，非定直流电压控制的换流站一般采用定有功功率控制模式；定频率控制，在单换流站（或多换流站）直流孤岛供电区域与交流主网失去联络时，承担局部电网调频任务的换流站采用定频率控制模式。

2）无功控制模式选取原则。正常运行情况下，各换流站无功控制可选择定无功功率控制和定交流电压控制模式；STATCOM 运行方式下的换流站可选择定无功功率控制和定交流电压控制模式；在单换流站和多换流站直流孤岛供电区域与主网失去交流联络时，承担局部电网调压任务的换流站采用定交流电压控制模式。

（5）系统控制保护。系统控制保护采用模块化、分层分布式结构，如图 4 - 27 所示，由系统级控制保护层、换流器级控制保护层、阀级控制保护层和子模块级控制保护层构成。

1）系统级控制保护层。级别最高，主要功能有运行方式控制、控制模式控制、系统启停控制、系统稳定控制、快速功率变化控制、潮流反转控制、连接变压器保护、交流场保护等。

2）换流器级控制保护层。核心层，联系上层系统级控制保护层和下层阀级控制保护层，主要功能有直流电压控制、直流功率控制、换流器闭锁解锁控制、换流器限流控制、负序电流抑制控制、直流线路故障重启、运行信息采集处理、换流器保护、直流场保护等。

3）阀级控制保护层。联系上层控制系统与底层开关器件控制层，接收换流器级控制保护层输出的控制信号，并通过适当的调制方式产生相应的阀触发脉冲以控制阀组的导通、关断，从而实现对换流器阀的触发控制；同时，接收各子模块开关器件驱动电路的回报信号及状态信息并上报至换流器级控制保护系统的监控单元。实现各种指令的具体执行操作，与系统级控制保护层、换流器级控制保护层相比，其响应速度更快。主要功能有开关调制、阀组导通/关断控制、阀组保护控制、子模块电容电压平衡调制、子模块故障检测与保护、桥臂故障检测与保护等。

4）子模块级控制保护层。直接对 MMC 中的每个子模块进行触发控制，其主要功能有子模块触发控制、旁路控制、过压控制、子模块电容电压及状态信息检测。

控制保护系统采用双重化设计，主要保护配置包括：

1）连接变压器保护，包括变压器差动保护、变压器过电流保护、非电量保护。

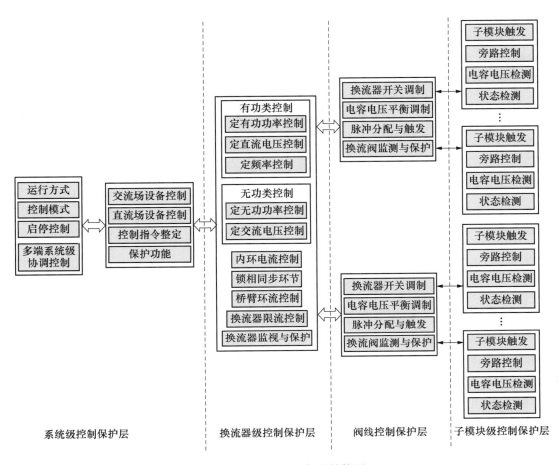

图 4 - 27　系统控制保护结构图

2）交流场保护，包括交流连接母线差动保护、交流连接母线过电流保护、交流过电压保护、交流欠电压保护、交流频率保护。

3）换流器保护，包括交流过电流保护、桥臂过电流保护、桥臂电抗差动保护、阀侧零序分量保护、阀差动保护、桥臂环流保护。

4）直流场保护，包括直流电压不平衡保护、直流欠电压过电流保护、直流低电压保护、直流过电压保护、直流线路纵差保护。

3. 张北柔性直流电网工程

图 4 - 28 所示张北柔性直流电网工程是当今世界首个柔性直流电网工程，也是当时世界上电压等级最高、输送容量最大的柔性直流工程，额定电压为±500kV，输电线路（架空线）总长为 666km，于 2020 年 6 月 25 日成功通过调试试验和 168h 试运行，并于 2020 年 6 月 29 日正式投运。该工程以柔性直流电网为中心，通过多点汇集、多能互补、时空互补、源网荷协同，实现新能源侧自由波动发电和负荷侧可控稳定供电。

（1）工程基本情况。

1）Ⅰ期工程。已建成四站（张北换流站、康保换流站、丰宁换流站、北京换流站）、四线口字形直流环网，总换流容量为 9000MW。张北换流站、康保换流站汇集当地风电和光伏电能，经过丰宁抽搐接入丰宁换流站，北京换流站接入当地 500kV 交流电网，张北、康保、丰宁和北京换流站形成四端直流环网。其中，张北、北京换流站设计容量为 3000MW，康保、丰宁换流站为 1500MW，系统直流，电压设计为±500kV。

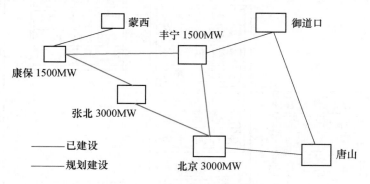

图 4-28　张北柔性直流电网工程示意图

2）Ⅱ期工程。规划建设御道口、唐山两个±500kV 换流站，分别连接到丰宁换流站和北京换流站，建设±500kV 蒙西换流站连接到张北换流站，形成泛京津冀的日字形六端±500kV 直流电网，实现大范围清洁能源调峰调频。同时，满足张家口地区超过 20GW 可再生能源安全并网、故障穿越能力提升、灵活汇集（汇集风、光、储或抽蓄等电源）和送出要求。

（2）故障电流抑制方案。采用架空线路的张北柔性直流电网与常规直流系统不同，其故障恢复需要考虑重合闸。采用图 4-29 所示半桥 MMC 再结合混合直流断路器配置方案，通过混合直流断路器实现故障隔离与系统恢复，快速切除大电流故障线路。

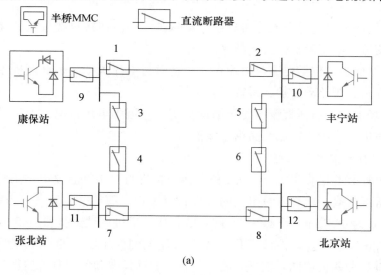

(a)

图 4-29　半桥 MMC 配置混合直流断路器电流抑制方案（一）

（a）半桥 MMC＋混合直流断路器方案

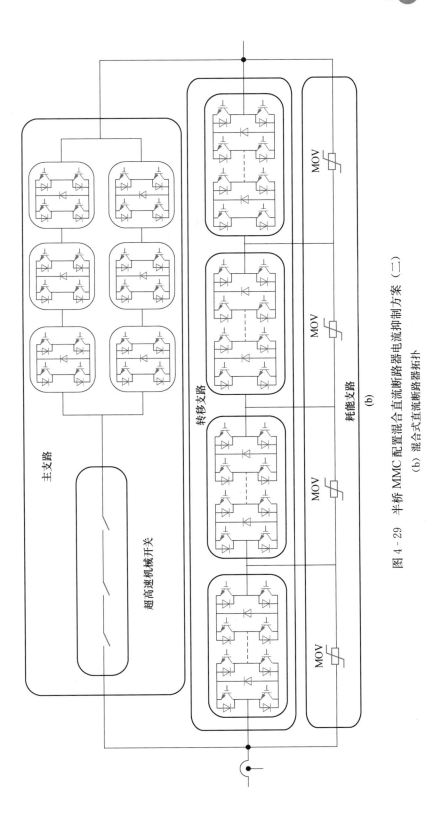

图 4 - 29　半桥 MMC 配置混合直流断路器电流抑制方案（二）

(b) 混合式直流断路器拓扑

4.5 无线电能传输技术

4.5.1 无线电能传输技术的发展历程与技术特点

无线电能传输方式包括电磁感应、耦合谐振、微波和激光等。

1. 电磁感应无线电能传输技术

（1）发展历程。

1）1831年，英国法拉第发现电磁感应现象。

2）1865年，英国麦克斯韦尔归纳出麦克斯韦方程组，为电磁波建立了理论基础。

3）1885年，英国法拉第发明变压器，实现了近距离无线供电应用。

4）1890年，美国特斯拉设想将地球作为内导体，距离地面约60km的电离层作为外导体，通过在地球与电离层之间建立起大约8Hz的低频电磁共振（舒曼共振），再利用环绕地球的表面电磁波远距离传输电能，像广播那样将电能传遍全球；1893年在哥伦比亚世界博览会上，特斯拉通过改进赫兹波发射器的射频电源，隔空点亮了一盏磷光照明灯，开启了无线电能传输技术的应用，如图4-30所示。其中，发射端由高频交流电源、变压器、发射线圈P、电火花间隙开关SG和电容C组成，接收端由接收线圈S和一个40W的灯泡组成，发射线圈与接收线圈直径大约61cm。当发射线圈L、C与高频电源的频率发生串联谐振时，C上产生的谐振电压将击穿SG，发射线圈P与C经SG短路发生串联谐振，发射线圈P上流过的谐振电流产生磁场，耦合到接收线圈S，转换成电能并点亮灯泡。发射线圈与接收线圈最大工作距离约30cm。

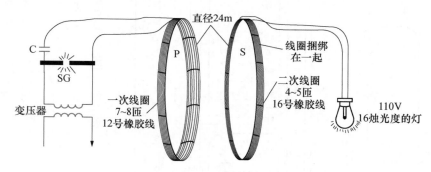

图4-30 特斯拉无线电能传输实验装置

5）1894年，胡廷（M.Hutin）和勒布朗（M.Leblanc）申请了"电气轨道的变压器系统"专利，发明了适用于牵引电车的3kHz交流电源感应供电技术。

6）1898年，特斯拉设计的图4-31所示无线电疗装置首次在美国电疗协会第8次年会上展示，发射线圈为直径不小于3ft（大约90cm）的铁环H，铁环上绕有几匝电缆P，并与可变电容C和电源Q并联，接收线圈为一普通漆包线绕制的线圈S，经两个木箍h和硬纸板固定连接到人体。该装置工作时，发射线圈与可变电容器在电源频率下发生并联谐振，流过发射线圈的谐振电流产生磁场，耦合到接收线圈并转换为电能对人体进行电疗。

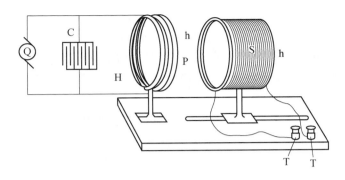

图 4-31 特斯拉的无线电能传输电疗实验装置

7）1899 年，特斯拉在科罗拉多州进行大容量无线电能传输试验，发明了谐振频率为 150kHz 的特斯拉线圈，并在纽约长岛建造了第一座无线高 57m 的供电塔——沃登克里弗塔。

8）1960 年，库赛罗（B. K. Kusserow）采用电磁感应进行了人体内血泵供电实验，随后舒德（J. C. Schuder）等开展了"经皮层能量传输"研究，接收线圈通过串联电容进行无功补偿，提高了电能传输效率。

9）1971 年，射频技术的应用促进了感应无线电能传输技术在医疗设备上的发展，旋转变压器取代了电刷。

10）1972 年，新西兰唐·奥托（Don Otto）申请了"采用晶闸管逆变器产生 10kHz 的交流电给小车感应供电"专利，验证了为移动物体感应供电的可能性。

11）1974 年，电动牙刷感应无线充电取得成功，装在杯型底座的电源通过电磁感应给牙刷中的电池充电。

12）20 世纪 80 年代，对电动汽车感应无线电能传输理论的探索和应用实践有了进一步发展；同时，在植入式医疗器械非接触供电技术方面也取得较大突破。1981 年，伊恩·福斯特（Ian C. Foster）提出通过在接收线圈并联电容补偿的方法，提高传输效率和位移容差。

13）1983 年，英国唐纳森（N. N. Donaldson）和珀金斯（T. A. Perkins）提出分别对发射线圈进行串联电容补偿、接收线圈进行并联电容补偿方案，获得最优耦合系数和最大接收功率，传输效率达到 50%。

14）新西兰 J. T. Boys 团队完善了感应无线电能传输的拓扑补偿和稳定性理论，1991 年申请了"感应配电系统"专利，提出了一种感应无线电能传输装置及设计方法（见图 4-32），三相电源经补偿网络后给发射线圈供电，产生磁场，接收端拾取线圈接收到电能后再通过补偿网络给负载供

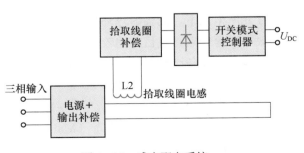

图 4-32 感应配电系统

电，成功应用于新西兰国家地热公园游览车的无线供电系统。

15）2005 年，英国 SplashPower 公司研制的无线充电器"SplashPad"上市，实现 1mm 内无线充电；同年，美国 WildCharge 开发了功率 90W 的无线充电系统，为多数笔记本电脑、各种小型电子设备充电；香港徐树源研制的通用型非接触充电平台的充电时间已达到传统充电器水平。

16）2006 年，日本学者利用印制塑性 MEMS 开关管和有机晶体管，制成大面积无线电能传输膜片，该膜片上印制有半导体感应线圈，其厚度约 1mm，面积约 20cm²，重约 50g，可以贴在桌子、地板、墙壁上，为装有接收线圈的圣诞树上的 LED 灯、装饰灯、鱼缸水中的灯泡或小型电机供电。

17）2007 年，微软亚洲研究院研发了一种通用型"无线供电桌面"，只需随意将笔记本电脑、手机等移动设备放在该桌面上即可自动充电或供电；同年 3 月，美国 Powercast 公司开发的无线充电装置可为各种小功率电子产品充电或供电，频率为 915MHz，传输距离为 1m，效率为 70%。

18）大功率感应无线电能传输产品开发应用，为移动设备，特别是在恶劣环境下运行的设备供电，例如电动汽车、起重机、运货车以及水下、井下设备。商业化产品的传输功率已达 200kW、效率 85% 以上，典型的有日本大阪福库（Daifuku）公司的单轨型车和无电瓶自动货车，新西兰奥克兰大学所属奇思（Univervices）公司的罗托鲁瓦（Rotorua）国家地热公园的 40kW 旅客电动运输车以及德国瓦姆富尔（Wampfler）公司的载人电动列车，总容量为 150kW，间隔距离为 120mm。此外，美国通用汽车公司推出的 EV1 型电动汽车感应充电系统、电车感应充电器 Magne - chargeTM，工作频率为 80～350kHz、传输效率达 99.5%。

（2）技术原理及特点。

1）基于电磁感应原理，类似于变压器，在供电端和受电端各有一个线圈（一次侧线圈、二次侧线圈）。一次侧线圈（亦称发射线圈）连接上一定频率的交流电，由于电磁感应的作用在二次侧线圈（亦称接收线圈）中产生一定的电流，从而将能量从发射端转移到接收端。发射线圈和接收线圈置于非常近的距离，当发射线圈通过电流时，产生的磁通在接收线圈中感应电动势，也就将电能传输到负载。

2）利用电感线圈之间产生的磁场进行能量传输，能量主要在近场范围内进行传输，传输功率大，最大功率可达数百千瓦以上，且效率较高（90% 以上），但传输距离很短，一般在几厘米以下，无辐射等环境影响，具有传输方向要求不高、对传输介质依赖小、传输效率高等特点，是目前比较成熟的技术。采用这种原理的一些手机和小型电子元器件的无线充电设备已经开始商业化应用。

2. 耦合谐振无线电能传输技术

（1）发展历程。

1）2006 年，美国索尔亚契奇（Marin Soljacic）基于磁谐振原理，通过电磁波发射器与接收器同频谐振进行能量交换，两个相同的铜线圈（线圈直径 60cm、线径 6mm）在同频谐振（10MHz）情况下，通过"电振"传输电能，将相距约 2m 的 60W 灯泡点亮，效率 40% 左右，即使在电源与灯泡之间放置木料、金属或其他电器等进行遮挡，灯泡仍会发亮。该技术被称为 "WiTricity"，基于非辐射电磁能谐振隧道效应和磁耦合谐振，通过不发射电磁波的天线（wireless non‐radiative power transfer）实现非辐射共振能量传输，证实了特斯拉磁谐振无线电能传输的设想。

2）2008 年 8 月，英特尔展示了与 Marin 类似的磁谐振无线电能传输装置，在 1m 距离传输 60W 电能，效率为 75%。同年，Marin 的传输实验系统效率提升到 90%；美国研制成功基于电场谐振的无线电能传输装置，传输距离 5m，功率 775W，效率 22%。由于电场对环境的影响和要求不同于磁场，电场谐振无线电能传输技术只能在一些特殊的场合应用，局限性较大。

3）2009 年，日本 Yoichi Hori 利用 15.9MHz 的谐振频率对电动汽车进行磁谐振无线充电，传输距离 200mm、功率 100W、效率 97%。

4）2010 年，Marin 团队以 6.5MHz 的谐振频率和超过 30% 的效率，实现了 2.7m 的无线电能传输；同年，中国海尔 "无尾电视" 在美国国际消费者类电子产品展览会展出，该电视省去了视频线、音频线、信号线、网线甚至电源线。

5）2011 年，韩国学者实验验证了两个超导线圈间的磁谐振无线电能传输机理，并于 2013 年又实现了 4 个线圈的超导磁谐振无线电能传输，仅在接收端用到了超导线圈。

6）2012 年 6 月，韩国发布了采用磁谐振技术无线充电手机 Galaxy S Ⅲ；同年，成立了以谐振无线电能传输技术为基础的无线充电联盟（Alliance for Wireless Power，A4WP），2013 年制订了 Rezence 无线充电标准。

7）2017 年，美国范汕洄研发了基于量子宇称时间对称原理的无线电能传输技术，传输距离 0.7m，功率 19mW（见图 4‐33）。宇称时间对称电路是一种由负电阻 RN、电感、电容构成的自治电路，负电阻同时为系统提供能量。宇称时间对称的概念源于量子力学，指量子系统在宇称（P）反演变换和时间（T）反演变换下具有对称性。当电路处于宇称时间对称

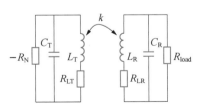

图 4‐33　基于宇称时间对称
电路的无线电能传输系统

时，电路的本征模频率保持为实数，能量会保持平均分布在增益和损耗区，这一特性应用在无线电能传输系统中，意味着传输效率和传输能量将保持不变。但是，当电路处于宇称时间非对称状态时，其中一个能量模会呈指数级增长，而另一个则呈指数级衰减。假设 $L_T = L_R$，$C_T = C_R$，$R_{LT} = R_{LR}$，则当 $R_N = R_{Load}$ 时，电路处于宇称时间对称状态。利用运算放大器构造了负电阻 R_N，使其在强耦合区可以自动实现 $R_N = R_{Load}$，从而实现宇称时间对称，利用电力电子变换器构造负电阻，大幅提高了宇称时间对称系统的传输功率。

8）2007 年以来，张波团队采用有别于 WiTricity 耦合模理论的电路分析方法，建立磁谐振无线电能传输系统的电路模型，提出频率跟踪控制的方法，还开展了分数阶非自治及自治电路磁耦合无线电能传输应用研究；朱春波采用直径 50cm 的谐振线圈，实现了 310kHz 谐振频率、1m 距离、50W 功率的传输；杨庆新团队对从几万赫兹到 13.56MHz 的磁谐振无线电能传输系统进行试验研究；黄学良团队采用频率控制技术，

实现了高速大功率电动汽车动态无线充电应用，传输距离 30cm、功率 4kW，动静态充电效率分别为 85% 和 90%；孙跃团队研发的磁谐振无线电能传输样机，谐振频率 7.7MHz，传输距离 0.8m，功率 60W，效率 52%。

（2）技术原理及特点。耦合谐振无线电能传输技术也称作共振感应耦合传输技术，基于非辐射性磁耦合、电场耦合原理，两个相同频率的谐振物体势必产生很强的耦合作用，采用单层线圈，两端各放置一个平板电容器共同组成谐振回路。耦合谐振无线电能传输技术分为磁耦合谐振技术和电场耦合谐振技术两种类型，表 4-11 列举了其特点。

表 4-11   电磁感应无线电能传输技术和耦合谐振无线电能传输技术的特点

类型	电磁感应无线电能传输技术	耦合谐振无线电能传输技术
工作原理	（1）变压器，发射线圈与接收线圈的磁耦合； （2）发射线圈与接收线圈间的磁场耦合程度决定系统性能；耦合系数或互感系数与传输功率、效率有关，限制了传输距离； （3）发射线圈和接收线圈同轴，两者之间不得有遮挡物	（1）能量耦合； （2）能量、磁场大小及其变化率，频率以及其他电参数有关，能量耦合系数是谐振频率、互感系数、品质因数等的函数； （3）发射线圈与接收线圈工作于谐振状态，不受空间位置和障碍物影响
系统组成	（1）无铁心分离式变压器； （2）发射线圈、接收线圈相当于变压器一、二次侧，发射线圈由高频交流电源供电，磁场耦合到接收线圈，电能传输到负载； （3）发射线圈和接收线圈可通过附加无功补偿网络提升电能传输功率	（1）两线圈结构。谐振频率较低，发射线圈与电容串联构成发射端，由高频交流电源供电；接收线圈与电容串联构成接收端，与负载相连。电磁能量在发射线圈与接收线圈之间交换，给负载供电； （2）四线圈结构。谐振频率较高（MHz），发射端由一个阻抗匹配线圈和一个开口发射线圈组成，高频交流电源连接到阻抗匹配线圈，阻抗匹配线圈产生的磁场在开口发射线圈中感应电动势，在高频感应电动势的作用下开口线圈电感与其寄生电容发生串联谐振；接收端由一个开口接收线圈和一个负载阻抗匹配线圈组成； （3）开口发射线圈产生的磁场耦合到开口接收线圈、产生感应电动势，开口接收线圈电感与其寄生电容发生串联谐振，电磁能量在开口发射线圈和开口接收线圈之间交换，通过负载阻抗匹配线圈给负载供电
分析方法	（1）发射线圈和接收线圈采用变压器模型，参数关系与变压器相同； （2）LC 无功补偿电路，有四种分析模型：发射线圈和接收线圈均为串联（SS）型补偿模型，发射线圈和接收线圈均为并联（PP）型补偿模型，发射线圈和接收线圈串并联（SP）型补偿模型，发射线圈和接收线圈并串联（PS）型补偿模型； （3）LC 补偿网络模型、发射线圈及接收线圈模型的分析、设计	（1）发射线圈与接收线圈间的能量耦合模型，直观反映发射线圈与接收线圈能量交换过程； （2）近似建模方法，对于较复杂的谐振无线电能传输系统参数确定有一定难度； （3）较低谐振频率运行时采用变压器模型分析系统特性，进行参数设计； （4）基于传输线理论的谐振无线电能传输系统建模分析方法需要考虑分布参数的影响

续表

类型	电磁感应无线电能传输技术	耦合谐振无线电能传输技术
运行条件	（1）发射线圈和接收线圈固有频率与电源频率无关，与系统无功、补偿网络电容的选取有关； （2）在电磁场近场范围传输距离与近场范围大小无关，厘米级近距离； （3）一个发射线圈对应一个接收线圈	（1）发射线圈和接收线圈固有谐振频率与电源频率密切相关，必须完全相同； （2）近场距离为 $c/(2\pi f)$（c 为光速、f 为谐振频率），谐振频率高、近场范围小、传输距离近，谐振频率低、传输距离远。如 MIT 谐振无线电能传输装置，谐振频率 10MHz，传输距离 4.778m； （3）近场为储能场，通过发射线圈与接收线圈的同频谐振，一个发射线圈可以给多个接收线圈供电，且不受一般非谐振外物的影响，适用面更广
综合指标	利用数百圈精密缠绕的线圈，数毫米传输距离，效率 60%	磁场弱，传输距离更远，能量损失小。天线线圈仅缠绕 5 圈粗铜线，传输距离 2m，效率 40%；传输距离 1m，效率 90%

1）磁耦合谐振技术，如图 4 - 34 所示，在近场范围内，使发射线圈与接收线圈均工作于自谐振或谐振状态，实现电能无线传输。

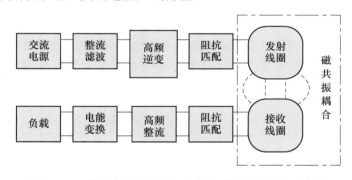

图 4 - 34 磁耦合谐振无线电能传输系统结构原理示意图

2）电场耦合谐振技术，使两个带有电感的可分离电容极板工作在谐振状态，通过电场耦合谐振实现电能的无线传输（亦称作电容耦合电能传输方式）。电场耦合谐振能量传输系统由供电线圈和受电线圈组成，当供电线圈和受电线圈谐振频率相同时，便能够实现能量的无线传输。传输功率从数十瓦到几千瓦，传输距离从十几厘米到数米，传输效率高达 90%，穿透金属能力强，受电磁干扰小，但对环境的影响与要求比磁场耦合式要高，需要避免电场泄漏等。近几年发展较快，目前主要研究应用于电动汽车以及其他大功率设备。该传输方式仅适用于一些特定场合，局限性大。

3. 微波无线电能传输

（1）发展历程。

1）微波无线电能传输技术（MWPT）始于 20 世纪 30 年代初，美国西屋公司实验室利用一对 100MHz 偶极子传输了约几百瓦的电力，传输距离约 7.62m。

2）20 世纪 50 年代末，古博（Goubau）和施瓦固（Schwering）理论上推算出在自由空间波束导波传输效率近似 100%，利用反射波束导波系统进行了验证。

3）1968 年，美国 Peter Glaser 提出卫星太阳能电站（SSPS）的概念，研究通过在地球同步轨道上的卫星把接收到的太阳能转换成电磁能，定向发射回地面接收装置，传输距离超过 30000km。

4）1992 年，日本完成又一项实验 MILAX（microwave lifted airplane experiment），第一次采用电子扫描相控阵，以 2.411GHz 的微波束给移动目标供电。

5）1994 年，日本设计了太阳能发电卫星演示系统，利用微波将 5kW 电力传送至 42m 外接收端。

6）1998 年，中国研究微波能量无线传输，并应用于管道探测微机器人的微波供电。

7）2003 年，法国 Pignolet 在留尼汪岛建造 10kW 实验型微波输电装置，以 2.45GHz 微波向相距 1km 的格朗巴桑村进行点对点供电实验，格朗巴桑村位于低于地面千米深的峡谷底，成为全球首个利用微波技术供电的乡村。

8）2008 年，Mankins 和美国得克萨斯州农工大学、日本神户大学的学者进行了微波能量从毛伊岛传输到夏威夷岛的实验，传输距离超过 148km，创造了微波电能长距离传输最高纪录，传输效率低于 10%。

9）2015 年，日本将 1.8kW 的电力精准地传输到 55m 距离外的接收装置，将 10kW 的电力转换成微波，点亮了 500m 外接收装置上的 LED 灯。

10）2015 年以来，我国研发了多个微波源高效功率合成和高效微波整流技术，实现了千米距离微波能量传输接收试验；完成 40m² 的展开式柔性太阳电池阵原理验证；建立了地面太阳光泵浦激光实验系统，实现了 30W 的激光输出，并开展了 100m 距离的能量传输试验等。

（2）技术原理及特点。

1）如图 4-35 所示，电能转换成微波，通过发射天线向空间发射，电磁波频率为 300MHz～300GHz（对应的波长在 1m～1mm），微波定向发射后在空间自由转换、传输，再通过接收端整流天线接收、整流为直流，对负载充电或者供给后级电路使用。

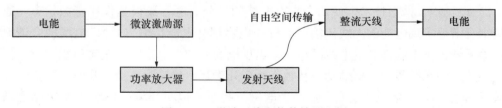

图 4-35 微波无线电能传输原理图

微波无线电能传输分为微波辐射式和电磁辐射式两种无线电能传输方式。其中，微波辐射式在空间长距离传输过程中损耗较少；电磁辐射式包括基于射频技术的无线电能传输、基于激光的无线电能传输和基于超声波的无线电能传输方式等，传输距离较远（数万公里）、传输功率从毫瓦级至兆瓦级，但成本高，效率极低，效率一般不足 10%。目前，微波无线电能传输技术主要应用在太阳能卫星电站、低轨道和同步卫星运输、空间飞行器等领域。太阳能卫星电站（见图 4-36）依托卫星技术，在太空把太阳能转化成电能，再通过微波无线电能传输方式传输到地面的电力系统以供人类使用。

2）微波无线电能传输技术的转换效率
不高，亟待提高发射端定向发射能力和接收
端整流效率。发射端，采用天线阵，基于天
线阵列定向辐射微波的固态功率放大器和
PLL 移相器控制输出电压相位。接收端，为
了稳定天线工作状态，通过保持输入阻抗不
变来提高微波无线电能传输的效率，降低整
流电路对后级负载电阻的敏感性；为了维持
输入阻抗，采用两级 AC-DC 同步整流电路，
包括前级整流和后级阻抗匹配电路，整流电
路对前级输入交流电进行整流，阻抗匹配电
路在负载电阻变化情况下，维持输入阻抗稳
定等。

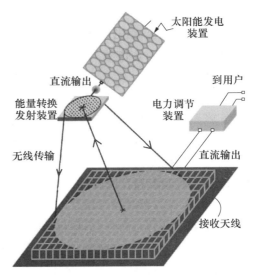

图 4-36　太阳能卫星电站微波
无线电能传输示意图

此外，激光无线电能传输具有方向性
强、能量集中的特点，可以用较小的发射功
率实现较远距离输电，不存在干扰通信卫星的风险。但是，因障碍物遮挡影响激光与接
收装置之间的能量交换，不能穿过云层，射束能量可能在中途衰减 50%。

4.5.2　无线电能传输关键技术及应用

1. 无线电能传输关键技术

（1）无线电能传输共性关键技术。

1）提高电能传输性能，满足高传输效率、大传输功率和远传输距离需求。目前达
到的有效传输距离、效率、功率等指标尚不能满足大规模推广应用需求，供电端还无法
达到无线网络那么大的覆盖范围，供电端和受电端彼此还不能相距太远。例如，针对家
庭应用，传输效率需要再提高 1 倍才可以取代化学电池；铜线圈小型化，目前铜线圈直
径 0.6m，若要给整个房间的电器进行无线充电，则线圈的直径达 2.1m；发射器工作的
有效传输距离仅为 2.74m，需要提高至 4～5m，同时，电脑等电器设备还需配置一个带
有铜丝线圈的接收器。

2）制定国际通用电能传输标准，不同厂家的产品满足兼容性和互操作性要求。针
对小功率无线充电领域，已逐渐形成以 Qi、PMA 及 A4WP 为代表的三大主流标准。但
随着手机、平板电脑、笔记本电脑等大量无线充电产品的应用，这三种标准势必引起普
通消费者的不便。在大功率无线充电领域，2016 年 5 月美国标准化组织 SAE 发布了第
一个插电式混合动力车以及纯电动车无线充电技术行业标准（SAE TIR J2954）；我国
于 2020 年发布了电动汽车无线充电国家标准［GB/T 38775.1—2020《电动汽车无线充
电系统　第 1 部分：通用要求》、GB/T 38775.2—2020《电动汽车无线充电系统　第 2
部分：车载充电机与充电设备之间的通信协议》、GB/T 38775.3—2020《电动汽车无线
充电系统　第 3 部分：特殊要求》、GB/T 38775.4—2020《电动汽车无线充电系统　第

4 部分：电磁环境限值与测试方法》]。

（2）磁耦合谐振式电动汽车充电关键技术。

1）传输效率和输出功率的负载敏感性技术。适应负载变化的恒流、恒压或恒功率输出特性，如 LED、电池和超级电容器等负载需要恒流供电。设计高阶补偿拓扑提高控制精度和稳定性；控制发射器，无需双边无线通信，采用高频采样电路和复杂的参数识别算法，获得接收器参数。

实施适应负载及耦合条件变化的充电系统高效稳定控制。收发端耦合参数变化引起频率分裂，同时，由于温度等因素变化使得传能部件参数发生漂移，采用频率分裂抑制技术和基于相控元件的高频电源频率稳定技术，克服了因频率分裂和传能部件参数漂移引起的系统性能下降，保证系统高效稳定运行；针对收发端耦合强度波动，结合多种初次级补偿拓扑，从阻抗、功率、效率等维度揭示耦合波动与充电系统性能的关系，通过调整接收端反射阻抗特性，采用阻抗匹配和最小接入方法，提升充电系统整体性能；针对接收端负载动态变化对系统性能的影响，采用基于源端感知的充电系统负载识别技术，通过调整源端电压控制接收功率，实现系统源端独立自适应反馈调节。同时，采用探测线圈/电阻的次级参数初级在线拾取方法，通过在主功率线圈上同轴安装探测线圈，辨识系统传输电压比和相位角等关键参数，实施初次级双端协调控制，有效提高了双端相位同步精度。

2）传输效率和输出功率的传输距离敏感性技术。系统传输距离变化影响传输效率和输出功率，例如，2007 年 MIT 搭建的磁谐振系统传输距离 1m、效率约 90%，距离 1.5m、效率约 76%；同时，系统输出功率也会改变。采用改变物理结构方式，通过预置多个不同参数的线圈，利用开关在不同距离下重构谐振线圈，使系统的传输特性在一定范围内随距离变化保持不变；采用动态调谐技术，通过动态调节电容阵列等参数，满足距离变化条件下稳定输出特性的要求；通过跟踪确保电源电压、电流，或电源电压和二次侧电流的工作频率，获得输出功率或电压不随距离变化的特性，但由于其发射端或接收端谐振频率受到干扰而偏移，会造成传输效率和输出功率不稳定；利用宇称时间对称自治电路，在发射端和接收端谐振频率不受干扰时，确保传输效率和输出功率稳定。

3）传输效率和输出功率的谐振频率敏感性技术。传输系统由两个或多个谐振电路构成，传输效率、功率对谐振频率十分敏感，包括发射电路和接收电路谐振频率。在金属物体产生的电磁环境或在非阻性负载条件下，谐振频率易受干扰而产生偏移。铁氧体可以用于屏蔽接收器线圈以避免外部干扰，但会增加接收器质量，且无法克服非阻性负载对谐振频率的干扰。当接收侧谐振频率变化时，只要能获取接收端谐振频率的信息，需重新调谐发射电路的谐振频率，使两个谐振器在同一频率共振，可是当接收电路受到干扰时，很难获得所需的信息。

4）大功率磁耦合谐振器。采用计及系统工作性能与综合效能的磁耦合谐振器性能参数层次化调控方法，通过建立电磁场调控手段与系统工作性能量化模型，实现充电系统工作性能与综合效能多目标优化；针对线圈匝数、阻抗与谐振器互感的关联特性，以及磁耦合谐振器结构、尺寸等参数的约束规律，建立基于环境损耗分析的谐振器多目标优化模型，优化设计大功率无线充电磁耦合谐振器，利于规范谐振器设计流程和保证设计精度和性能；通过建立邻频系统共存干扰分析模型，揭示基波、谐波磁场与系统间共存干扰的规律，对磁耦合谐振器共存干扰影响进行评估，实现了在系统性能较优情况下的低干扰磁耦合谐振器设计，满足电磁环境评估及共存干扰评估的需求。

5）高精准定位充电系统工作单元切换及功率稳定控制。针对短分段结构充电系统收发端线圈复杂耦合问题，建立了包含多线圈交叉耦合的电路模型，揭示了交叉耦合参数以及功率效率参数特性，提出系统性能关键影响参数的提取方法以及传输功率效率等系统性能综合优化方法；分析定位线圈感生电压随能量接收装置位置变化特性，实现电动汽车动态运行过程高速快响应精准定位控制，提高定位精度和响应速度；针对动态无线充电系统工作单元切换控制及功率波动抑制问题，采用系统工作单元切换及补偿电容协同控制方法，通过将切换控制和功率波动抑制相结合，进行区域激励式系统接收功率稳定控制。

（3）分数阶磁耦合无线电能传输关键技术。采用分数阶微积分描述分数阶元件，有别于整数阶微积分描述的电感、电容特性。

1）分数阶电容的阻抗和能量特性。基于分数阶微积分原理，分析分数阶电容的非自治电路，研究阶数大于1的分数阶电容的分数阶自治电路工作特性。

2）分数阶非自治电路串联谐振无线电能传输系统建模。研究分数阶阶数对传输性能的影响，设计适应的分数阶电容参数，使次级谐振电路的能量与负载大小无关、保持稳定，保持输出电流恒定，具有自然恒流输出特性。

3）大功率分数阶电容构造方法。研究适用于分数阶非自治电路、阶数大于1的大功率分数阶电容构造方法，实现功率、阶数可控的分数阶电容特性，为分数阶非自治串联谐振无线电能传输系统的设计提供硬件基础。同时，基于非自治电路大功率分数阶电容构造基础，采用适用于分数阶自治电路的大功率分数阶电容电路及其控制方法，并实现负电阻和分数阶电容特性，为分数阶自治串联谐振无线电能传输系统的设计提供硬件基础。

4）传输效率、功率与距离、谐振频率敏感性分析。分数阶自治电路无线电能传输系统建模，通过分析其稳态工作特性，研究分数阶电容的阶数对系统传输特性的影响；通过保持分数阶电容阶数恒定，控制传输系统的效率、功率对距离和谐振频率变化的敏感性。

2. 无线电能传输技术应用

无线电能传输技术的应用涉及多领域，如植入式医疗设备非接触式供电、超高压/特高压杆塔上监测设备非接触式供电、家用电器非接触式供电、移动设备非接触式供电及电动汽车无线充电等。伴随着智能电网和能源互联网的发展，电动汽车无线充电技术将极大地促进新能源汽车产业的发展。此外，在太空领域，还可以通过无线电能传输方式把外太空的太阳能传输到地面，在航天器之间实现无线电能传输；在军事领域，无线供电可以有效地提高军事装备和器械的灵活性和战斗力。

（1）移动机电设备无线供电，如电力机车、城市电车、工矿用车等，使其安全地工作在各种危险、恶劣环境下，提高运行性能。

（2）机器人无线供电，驱动器的输出无线传送到控制电机，避免电缆限制了机器的运动范围以及电缆磨损所带来的操作失误等。

（3）水下设备无线供电，采用无线电能传输技术对深海潜水装置和海底钻井等供电，避免了电缆不易安装、电缆金属接头易受海水腐蚀、设备工作区域受限、不灵活、供电效率低等问题。

（4）植入式医疗设备无线供电，如心脏起搏器、全人工心脏、人工耳蜗等，避免导线与人体皮肤直接接触，防止由于感染而出现并发症，同时避免植入式电池的电能耗尽之后需要进行手术来更换的问题，消除了由于手术造成的二次伤害，对植入人体的电子设备进行无痛苦、安全可靠充电。例如，日本科学家从外部向植入人眼球的人工视网膜用大规模集成电路进行无线充电，英国科学家研发将振动转化为电能的"迷你发电机"，通过心脏病患的心跳为其心脏起搏器供电。

（5）无线充电器，便携式计算机、手机、掌上电脑、MP3 播放器、数码相机、无线鼠标、蓝牙耳机、智能手环等，需要采用不同的接口和充电器。采用无线充电器可以将发射线圈置入一个外形犹如电磁炉的台面中，充电时只需将电子产品放在该台面上便能进行充电，从而适用于各种电子产品的充电，最终像无线网络那样随时随地充电。产品有无接触点充电插座、"免电池无线鼠标"、通用型无线供电"垫"（厚度不到 1mm，SplashModule）、无线充电器（厚 6mm，SplashPads）、Powercast 无线充电器（包含两个模块：915MHz 发射器和硬币大小的接收器，传输距离 1m、效率 70%）、通用型"无线供电桌面"、多功能家用电器无线供电"膜片"（柔软的塑料膜上面印刷有半导体感应线圈，厚 1mm、面积 $20cm^2$、重 50g）等。

（6）家用电器无线供电，改变白色家电、黑色家电如洗衣机、部分厨房电器、空调、电冰箱、彩电、音响等的供电方式，家电安置更灵活、使用更方便，彻底摆脱传统充电线缆对电器互联的限制和束缚，更具便捷和人性化特征。

（7）电动汽车磁耦合谐振式充电。根据中国汽车工程学会预测，2030 年我国电动汽车保有量将达 8000 万～1 亿辆，充电技术制约了电动汽车的推广，对此，国家发展改革委、能源局、工信部等已将发展电动汽车无线充电技术列为重点任务。采用无线电能传输方式可以便捷地将无线充电装置的发射线圈埋入停车场地下，接收线圈安装在电动汽车上，用户停车即可启动充电，充电过程简单、安全、灵活、高效，无需占地建设专门的充电站，且能够有效地抑制可再生能源的输出及波动，与电网能够产生更强的互动，通过智能互动系统的连接可以自动控制电动汽车合理地进行充放电，有效提高可再生能源的消纳能力。此外，对电动汽车进行动态无线充电，通过铺设一段充电道路，沿线安装一系列发射线圈，装有接收线圈的电动汽车运行到该路段就可动态充电，降低了电动汽车充电电池容量要求、整车质量和成本，节省充电时间。结合某 500m 长"三合一"电子公路项目测试证明，某 4kW 电动汽车磁耦合谐振式充电器的动态充电效率、静态充电效率和传输距离分别达到 85%、90% 和 30cm。

思 考 题

4-1 简述电力传输技术的发展历程。

4-2 简述特高压交流或直流输电技术特征，我国特高压建设及应用情况。

4-3 简述柔性直流输电系统的关键技术，分析基于柔性直流输电系统的风电、光伏发电长距离输送及并网技术。

4-4 简述柔性直流电网故障电流抑制技术，分析直流故障保护策略。

4-5 结合电动汽车无线充电应用，分析存在的技术瓶颈，提出如何进一步提高充电效率的实施方案。

第 5 章

电力市场运营技术

本章介绍了电力市场的基础知识和有关理论。首先，对电力市场的发展应用及市场结构体系进行了概述；其次，讲述了电力市场中不同电量交易模式及交易结果的调度执行方法，简要介绍了电力市场辅助服务和输配电价格的计算与分摊；最后，分析了未来电力市场建设的一些发展趋势。

5.1 电力市场基础

5.1.1 电力市场的发展及进程

20 世纪 80 年代初，许多国家陆续开展了电力工业的市场化改革，改革有多种模式，且这些模式也处在不断改进之中。电力市场改革的主要目标是打破传统电力企业垄断运营的模式，厂网分开，开放电网，实现竞争，进而降低发电成本，提高服务质量，促进电力工业健康发展。改革的主要内容有私有化、产业重组、引入竞争和实行激励性管制等。

1980 年以来，我国为了缓解长期电力短缺的局面，制定了一系列加快电力建设的政策措施，包括实行多家办电形成的多元化投资渠道。这些措施取得了很大的成效，缺电状况得到了明显缓解。这种情况下，我国电力体制不适应市场经济体制的现象也日益凸显出来，电力体制改革和电力市场化运营势在必行。2002 年，我国电力市场化工作正式启动。2015 年开始开启新一轮的电力体制改革，此轮改革是经济体制改革的一个重要组成部分，其方向是还原电能（电力）的商品属性，其目标是建立统一开放、竞争有序的电力市场体系。

我国是电力生产和消费大国，电力资产规模大，资源和负荷分布不均衡，各地情况迥异、发展不平衡。同时，由于我国的自身特点，其电力市场化改革一定会有不同的特点和路径，完全照搬任何现成的外国模式也是不可取的，但也确有必要学习和借鉴国际电力市场化改革的成功经验。放眼国际电力改革实践，尽管各国能源资源状况、经济发展阶段、电力发展状况不同，各国法律法规、体制机制也各有差异，电力改革路径相差很大，但总能反映出电力市场化改革的共同趋势和基本规律。以下分别对英国电力市场、美国 PJM 电力市场及我国的电力市场形态进行介绍，以期能从中得到一些对我国电力市场改革有益的经验教训。

1. 英国电力市场形态

英国是世界上率先实行电力工业市场化改革的国家之一。自 1990 年开始到现在，其电力市场化改革取得了显著的成效，且市场机制和结构仍在不断发展和改善。英国电力市场改革经历了电力库（power pool）模式、新电力交易规则（new electricity trading arrangements，NETA）模式以及英国电力交易、输电制度（british electricity trading and transmission arrangements，BETTA）模式及新一轮的市场化改革。

自 1990 年起，英国就开始了电力工业改革，建立了电力库模式。其改革的目的是建立一个竞争性的电力市场体系，使电力企业在经济上独立于政府，让电力企业职工更多地参与企业的规划和运营管理。通过改革，电力用户可以自由地选择电力供应商，将电力行业中的垄断环节（输电和配电）与可进行竞争的环节（发电和售电）分离开来。虽然电力库模式一直运作良好，但是在电力库模式下，参与竞争的发电企业数量有限，因而无法从根本上消除大型发电企业的市场力行为。为解决电力库模式所带来的问题，从 1998 年开始，英国提出了新的电力交易组织模式（NETA 模式），以在电力市场中建立真正的竞争环境，避免市场力行为。自 NETA 模式起，英国即形成了以双边交易为核心的电力生产—交易—监管体系。2004 年《能源法》颁布，为建立统一的 BETTA 提供了基本法律框架。为了打破苏格兰电力的区域垄断，将 NETA 模式在全国范围内推行，正式建立了统一的英国输电协议 BETTA。BETTA 模式形成后一直施行至今，其最大的作用是将苏格兰地区纳入英国电力体制之内，建立起完整统一的英国电力市场，因此本质上其实是 NETA 模式的推广。2011 年，英国政府发表了《规划我们的电力未来：关于发展安全、价格适宜和低碳电力的白皮书（2011）》，开启了新一轮旨在提高新能源消纳和更加环保的电力体制改革。该轮电力市场化改革的目标是为电源和电网建设提供正确的投资信号，保障未来的电力供应安全；大力推动电源的低碳化，降低碳排放，并通过合理的机制设计最小化用户的用电成本达到最小化。

2010 年英国对电力交易系统进行了改革。新的电力交易系统以市场为基础，以发电商、售电商、贸易商和用户之间的期货为主，通过配、售电业务的分开，实现用户侧市场的完全开放。通过市场改革，英国电力市场大体实现了市场化自由交易。英国电力市场主体及其之间的关系如图 5-1 所示。英国的电力业务主要有三个方面：

（1）发电公司、系统调度中心、配电公司和售电公司的业务联系。发电厂向系统调度中心提供发电计划和报价，供电商向系统调度中心提供负荷需求和负荷预测，供电商通过系统调度中心直接与发电厂签订合同。在此过程中，供电商只能选择一家发电厂。

（2）发电公司、电力交易中心、配电公司和售电公司的业务联系。供电商在电力交易中心（power exchange）进行电力期货交易，发电厂将与各供电商签订长期合同后的剩余发电量信息上报到电力交易中心，并给出报价；供电商则向电力交易中心提供负荷预测，发电厂向电力交易中心购买负荷信息以制订发电计划。这个过程中供电商可以根据用户需求的变动进行与多家发电厂电力的自由买卖，为用户提供满意的供电服务。

（3）用户、售电公司、发电公司的业务联系。开展直联的大用户直接与发电商开展交易，反馈业务需求。其余电力用户则向售电公司反馈业务需求。

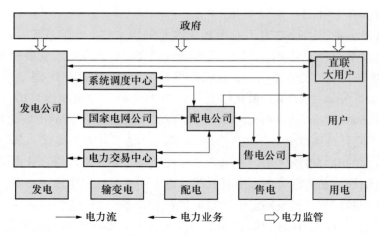

图 5-1　英国电力市场主体及其之间的关系

2. 美国 PJM 电力市场形态

PJM 是美国最大的区域电力市场运营商，不拥有输电资产，主要对其控制区中的所有发输电设备的运行进行统一的运行调度，确保电网的安全可靠运行及满足用户需求。PJM 的历史可以追溯到 1927 年，宾夕法尼亚州和新泽西州的三家公共事业公司形成了世界上第一个电力联营体，1956 年两个马里兰州公共事业公司加入，形成了宾夕法尼亚州—新泽西州—马里兰州互联网络（Pennsylvania - New Jersey - Maryland Interconnection，PJM）。1997 年 PJM 成立了独立的公司，2002 年成为美国首个区域输电组织（RTO）。

PJM 作为一个非营利性组织，其功能主要有以下三个方面：运营电网，保持供需平衡，监控电网运行。PJM 是一个竞争性电力批发市场，其允许市场参与者进行日前能量（day - ahead energy）、实时能量（real - time energy）、辅助服务（ancillary services）和容量（capacity）交易；制订电网规划的规划期长达 15 年。PJM 实行董事会管理，PJM 利用契约协定来规定能量市场中各成员之间的各种关系。美国 PJM 电力市场主体及其之间的关系如图 5-2 所示。

PJM 董事会负责对 PJM 区域内的电力事务进行统一监管，通过联络办公室实现对各个市场成员的运营协调。PJM 的电流输送主要由发公司进行发电，由输电网所有者和配电服务供应商提供输配电服务后送达用户端。市场的运营是由 PJM 联络办公室具体完成的，即所谓的 PJM－OI 系统，它是市场运营的核心，对市场成员的运营进行协调。

3. 我国电力市场形态

2002 年，电力行业分解为两家电网公司和五家发电公司，标志着我国电力工业市场化改革正式启动。在此后的 10 年内，基本实现了"厂网分家、竞价上网"的目标，但在输配和售电环节，还未展开有效改革。2015 年，《关于进一步深化电力体制改革的若干意见》（中发〔2015〕9 号）明确，新一轮电改将改变电网企业"购售电差"的经营模式，从核定输配电价出发，推动电力直接交易，放开两端的发售电市场，逐步形成

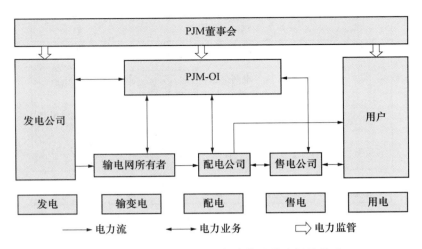

图 5-2 美国 PJM 电力市场主体及其之间的关系

电力交易市场。我国新一轮电力市场建设已经全面展开，输配电价改革、电力交易机构组建、电力市场建设等重点内容在若干省（区）取得重要突破，为经济社会持续健康发展提供了坚强有力的支撑。输配电价改革已有所成就，初步形成了覆盖区域电网、跨省跨区专项输电工程、省级电网、地方及增量配网等环节相对完整的体系；全国范围内电力交易机构陆续组建，北京、广州两个区域电力交易中心以及超 30 个省级电力交易中心先后成立，并相继开展实质性交易业务。电力交易体系日益丰富，已形成涵盖年度双边交易、月度双边交易、月度集中竞价交易、挂牌交易、合同电量转让交易等类型的多种交易方式。电力现货市场建设也取得重要进展，截至 2020 年，第一批 8 个现货试点均已经完成现货市场规则编制工作，并全部进入试运行。

在 2015 年我国新一轮电力体制改革之前，发电企业主要负责发电业务，生产出来的电能卖给电网企业；电网企业负责输、配、售业务以及电网建设和运营，将从发电企业买过来的电能卖给用户。新一轮电力体制改革之前的电力业务关系，主要有以下两方面的内容：①发电企业统一将电能卖给电网企业；②发电企业与大用户、售电公司直辖交易，向电网企业支付过网费；电网企业按政府规定的价格将电能卖给用户。

通过分析《关于进一步深化电力体制改革的若干意见》《关于推进电力市场建设的实施意见》等改革配套文件，2015 年新电力体制改革后电力市场主体及其之间的关系如图 5-3 所示。

新一轮电力体制改革实施以后的电流输送主要有两条线路：一是电能从发电企业出发，通过网企业的输电网络和配电网络，进行电能输送，最终到达用户；二是电能从发电企业出发，通过电网企业的输电网络，再通过有配电运营权的售电公司的配电网络，最终到达用户。电力业务主要包括以下两方面：一是发电企业、电网企业、售电公司和电力大用户与交易机构的业务联系，发电企业和售电公司、大用户通过交易机构进行交易，电网企业根据输配电价，通过交易机构收取相关交易方规定的过网费；二是售电公司与未参与电力直接交易的电力用户的业务联系。

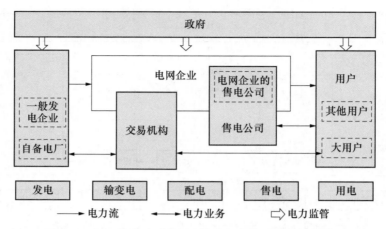

图 5-3 新一轮电改后我国电力市场主体及其之间的关系

5.1.2 电力市场结构体系

1. 电力市场结构

电力市场有其自身的特点，电力工业由发电、输电、配电和售电（或供电）等必不可少的环节构成，因此电力市场的结构就是这些环节以及用户之间的相互关系。市场结构主要分为以下四种：纵向一体、单一买方、趸售竞争、零售竞争。

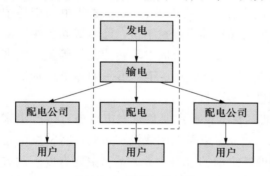

图 5-4 纵向一体结构

（1）纵向一体。图 5-4 所示为电力市场纵向一体结构。在电力体制改革之前，电力市场普遍采用的是纵向一体的垂直垄断结构，一个地区只有一个电力公司负责发电、输电、配电和售电。这种情况下用户没有选择余地，电力公司拥有电厂、电网的完全信息。纵向一体结构可以充分发挥发电的规模经济效益，其最大的经济优势就是几乎没有交易成本。纵向一体结构下，只有一家电力公司无需承担任何经营风险。

公司，也就无所谓竞争，采用垄断定价方式，

（2）单一买方。如图 5-5 所示为电力市场单一买方结构。单一买方又叫统一购买，即只有一个买电机构负责向发电商购电以满足负荷需求。单一买方结构下，发电环节独立出来，市场存在多个发电商，至于配电环节，可以仍然与输电一体。单一买方的市场结构并不意味着这是一个买方垄断的市场，这里的单一买电机构只是用户的电力代理，而不是用户的利益代理，不会为了用户的利益进行垄断定

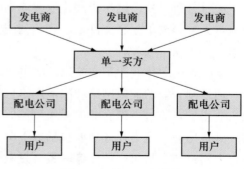

图 5-5 单一买方结构

价。单一买方结构区别于纵向一体结构的最大特点就是发电环节引入了竞争机制。

（3）趸售竞争。如图 5-6 所示为电力市场趸售竞争结构。趸售竞争结构下，配电公司和大用户有了选择发电商的权利，形成多买方和多卖方的格局。发电商也可以把电卖给不同的配电公司或大用户，而不是只能卖给单一买电机构。趸售竞争要求输电网必须向所有市场成员开放，在此市场结构下，小用户仍然没有选择权，必须由当地的配电公司供电。趸售竞争下市场成员之间的交易更多也更加频繁，交易成本会有所增加。由于该结构形成了多买多卖的市场，市场竞争将更加激烈，资源也会得到更合理的配置。

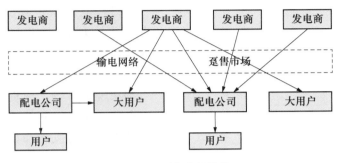

图 5-6　趸售竞争结构

（4）零售竞争。如图 5-7 所示为电力市场零售竞争结构。零售竞争允许所有的用户选择供电商，可以是零售商、配电公司甚至是发电商。零售商不拥有任何配电网络，只是将发电商的电转卖给用户，这就要求不仅输电网要向市场成员开放，配电网也必须开放。零售竞争结构下，原有的配电公司也可以经营零售业务，不再仅对本地区的用户售电，一些国家还允许发电商自己组建零售公司向用户销售电力。零售竞争市场下充满了竞争与选择，包括发电商之间的竞争、零售商之间的竞争、用户之间的竞争，甚至有分布式能源或综合能源公司也会加入竞争。发电商与零售商、零售商与用户、发电商与用户之间均可以双向选择。同时，发电商、零售商、用户都必须承担风险，包括投资风险、管理风险、价格风险、信用风险等。

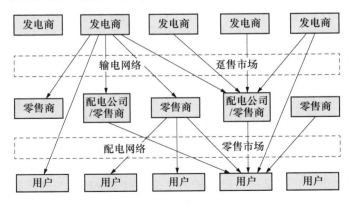

图 5-7　零售竞争结构

电力用户可以根据购电时是否有选择权分为有选择权用户和管制用户。管制用户必须通过电网企业购电，享受电网企业的非市场化售电和保底服务。有选择权用户则可以选择售电公司代理购电,或与发电企业进行直接交易;如果放弃选择权,则并入管制用户类。

2. 电力市场体系

如图 5-8 所示为多维度电力市场体系。按交易对象,电力市场体系分为电能量市场、辅助服务市场、容量市场、输电权市场等;按时间,电力市场体系分为中长期市场(包括多年市场、年市场、季市场、月市场和周市场等)、日前市场、日内市场和实时市场等;按市场性质,电力市场体系分为物理市场和金融市场。

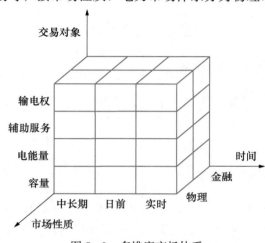

图 5-8 多维度市场体系

(1)电能量市场。从功能定位看,电能量市场始终是电力市场体系的核心,起发现价格、引导资源有效配置的作用。电能量市场从时间尺度上可分为中长期市场和现货市场,现货市场交易的是实时电能,交易机制相对复杂,出清价格波动大,交易风险和机遇并存;而中长期交易具有规避现货价格波动风险的作用。我国现阶段电力市场交易仍以中长期交易为主,市场主体通过双边协商、集中竞价、挂牌交易等方式开展多年、年、季、月及月内多日的中长期交易电力交易。目前国内现货市场的定位是现货交易作为市场化电力电量平衡机制的补充部分,发挥发现价格、完善交易品种、形成充分竞争的作用。

(2)辅助服务市场。辅助服务市场和电能量市场紧密耦合,保障电力实时供需平衡。电力辅助服务是指为维护电力系统安全稳定运行、保证电能质量,除正常电能生产、输送外,由发电企业、电网企业和电力用户提供的服务,主要品种有各类备用、无功补偿等。在传统电力计划管理体制下,电力辅助服务主要通过指令的形式强制提供,这种方式难以充分反映电力辅助服务的市场价值,损害了部分主体的利益。而随着新能源接入比例的不断扩大,需要电力系统能够提供更大规模、更多品种功能的辅助调节能力,辅助服务市场成为保障供需平衡、维持高比例新能源接入下系统稳定的关键因素。因此,随着电力市场化改革的持续推进,依靠市场化手段激励各类市场主体提供电力辅助服务已成为必然趋势。辅助服务内容包括频率调节服务、电压稳定服务、暂态稳定服务和其他类型的辅助服务。传统辅助服务市场的价格机制主要分为与电能量市场联合优化定价机制和单独定价两类定价机制。在辅助服务与电能量的联合优化定价机制下,电能量市场与辅助服务市场同时出清,实现统一优化和调度,在满足系统运行约束的前提下,使得生产成本最小,但是运行过程较为复杂,对安全校核与通信技术要求更高,主要适用于调频和备用。单独定价机制操作简单,易于操作,对各种产品都适用。

(3)容量市场。保证容量充裕性是实现电力系统可靠运行的基础,由于当前大部分发电资源的投资建设需要较长周期,电力行业平稳健康发展需要相应的机制来为发电资源长期投资提供激励。电力市场体制下,以短期价格信号引导长期发电资源投资易导致发电资源投资周期性过剩和短缺。发电容量短缺将损害电力系统供电可靠性，可能造成极大的福利损失和政府民生保障压力。而容量市场对于引导长期电力投资，保障电力系统容量充裕性，平抑短期市场过大波动具有重要作用。

同时，随着大规模新能源的接入，电力市场也在面临巨大挑战。新能源固有的间歇性和季不均衡性导致其难以匹配用电高峰的负荷需求，而储能技术仍不足以支撑系统不同时间跨度的峰荷需求，电力系统仍需依托传统机组来保证供电可靠性。然而，新能源的大规模发展将降低传统机组的利用小时数，从而降低了传统机组在电能量市场的收益，导致传统机组面临更为严峻的收入充分性问题。另外，新能源提高了电力系统的灵活性容量需求，激励灵活性容量投资建设是保证电力系统具备充足运行灵活性的前提和基础。因此，适应大规模新能源发展的电力市场机制需更充分体现传统机组的容量价值，以保证传统机组不过早因收入不足而退役，并激励新建机组投资保证系统容量充裕性。因此，建立容量市场可增加火电机组获益渠道，有助于解决电力市场改革过程中的搁浅成本问题，并激励现有的不太灵活的火电机组通过技改等措施增加其灵活性，从而保障新能源大规模接入场景下灵活性资源的充裕性。

从国际经验来看，为保障长期电力供给安全，包括英国、美国 PJM 和美国加利福尼亚州等在内的成熟市场都已建立起配套的容量市场机制。与西方国家电力需求已进入低速增长的饱和发展阶段不同，我国用电负荷增速仍处于较快增长阶段，为支撑未来国民经济高质量增长需要，设计合理的容量保障机制确保电力安全平稳供给尤为重要。容量机制的设计可以采取多种形式，结合欧美国家的容量机制设计经验，可将容量机制分为两类：目标容量机制和全市场机制。目标容量机制主要指在通过合同对一部分仅在容量短缺的情况下使用的发电容量和需求响应进行约定，可为满足可靠性目标的资源提供市场之外补偿的机制，这些容量也被称为战略备用或容量备用，可由不久面临退役或停用的发电机组提供，也可由新建的发电装机提供，签订目标容量合同的资源不再允许进入电能量市场；全市场容量机制属于一种为所有市场容量提供收益的管制手段，在该机制下，可对所有的容量进行补偿，不会偏袒任何市场参与者，以避免出现不公平现象，同时也会使系统拥有成本最低的发电结构。目标容量机制和全市场容量机制各有优缺点，由于目标容量机制易于操作，可快速实施，因此对于一些具有特殊容量目标（例如满足临时可靠性）的国家和地区更实用；而对于满足长期系统可靠性，全市场容量机制是一种更好的选择。目标容量机制和全市场容量机制的对比见表 5-1。

表 5-1　　　　　　　　　目标容量机制和全市场容量机制的对比

市场类型	适用对象	实施方式	缺陷	优势
目标容量机制	一些面临退役或停用的发电机组	在特定周期内组织招标采购	不能给新的发电投资带来直接的、正向的引导作用	可以快速实施，实施、交易和退出成本都比较低
全市场容量机制	各种类型的资源均可参与	通过容量市场进行采购	实施方式较复杂，若设计不完善，会存在激励不足、效率低下等问题，无法确保系统的长期可靠性	降低系统的成本，有助于实现长期的资源充裕性目标

（4）输电权市场。电力的传输必须通过电网，因此在电力交易中必须考虑电网的相关影响。在电力市场中，输电服务的提供者一般是电网公司，其负责电网的建设、运行和维护等，发电商和用户都可以看作是电网服务的用户。因此，用户使用电网提供的输电服务需要支付一定的费用，即输电费。然而，由于输电容量的限制，在跨地区电能交易过程中，可能会出现交易电能超过输电网络所能承受的最大负荷的情况，即网络阻塞。在欧洲、美国等成熟的电力交易市场中，时常也会出现该现象。网络阻塞会对输电网络的安全产生一定影响，在跨区域电能交易过程中需极力避免。因此，电网运营商需要在有限的输电容量下保证跨区域电能交易中各市场参与者的利益最大化，而不影响到输电网络的安全。在欧洲，为保证输电网络安全，一些输电容量受限的国家出现了输电权的概念，即市场参与者所拥有的跨区域输电容量权利。电网运营商在输电网络总输电容量允许的情况下，向市场参与者提供一定的输电权限。只有获取了一定的输电权的市场参与者，才能在跨区域电能交易中跨区域输送一定量的电能。

在输电权市场中，输电权被设计为一种重要的电能交易产品，电网运营商通过拍卖或竞价的方式向有需要的市场参与者提供一定的输电权。输电权交易从时间上可划分为年输电容量、月输电容量和时输电容量，在电能交易的日前和日内交易市场中输电权交易扮演着十分重要的作用。

输电权定义可分为物理输电权、金融输电权和含收益权的物理输电权三类。物理输电权定义为仅含使用的权利，即如果拥有了输电权就拥有使用电网进行输电的权利，但如果没有使用就会被收回，也不给予补偿；金融输电权定义为纯粹的收益权，仅含收益的权利，常用的方法是将输电权的单位收益转化为电网中某两个位置之间的电价差，即阻塞收益；含收益权的物理输电权定义为包含使用和收益两方面的权利，一方面可以选择使用输电权，即用此输电权进行电力买卖输送保证自相关交易的电量；另一方面也可选择自己不使用而是将其卖掉获得相关的收益。

（5）电力金融市场。在电力现货市场中电价的最大特点即是易受电力供需平衡所影响。一方面，由于电力生产与消费必须实时平衡，而电力供给在短期内不能大幅增加；另一方面，受限于电网结构的物理约束，某些时刻可能出现输配电阻塞。因此，电力现货市场的价格波动幅度可能相当巨大，其数值可能比正常电价高出十几倍，远远偏离真实的电能边际成本。在发达国家所建立的电力市场中，为管理电价风险，较为常见的做法是配套建立相应的电力金融市场，引入以电力期货为代表的金融衍生品，并应用其套期保值的功能以实现价格风险管理的效果。

健全的电力市场应该包括电力现货市场和电力金融市场。电力金融市场是电力现货市场发展的必然产物，是对电力现货市场的完善与补充，是电力现货市场的金融衍生属性，其参照期货、期权交易的基本原理进行交易。差价合同也属于电力金融产品。一般将电力期货交易等不以电力商品所有权转移为目的的金融衍生产品交易称为电力金融交易。电力金融交易可以在政府批准的证券交易所进行，不属于电力市场规则监管范围。建设电力金融市场，有利于发现电力产品的真实价格，促进电力市场公平竞争；并能为市场交易者提供风险管理工具，平抑电力现货市场价格波动，有利于电力市场的稳定。

电力金融市场交易主要被划分为电力期货交易和电力期权交易两部分。

期货合约是指交易双方签订的在确定的将来时间按确定的价格购买或出售某项资产的协议。期货交易不以交割实物为主，其作用可概括为价格发现和风险规避，其中风险规避的主要策略为期货的套期保值。期货持有者称为多头，期货售出者称为空头。期货的平仓就是从事一个与初始期货交易头寸相反的头寸。与普通商品相比，电力的最大特点是不能有效存储，而且由电力网络连接的发电和用电要求实时平衡。因此，电力期货明确规定了电力期货的交割时间、交割地点以及交割速率。电力期货即是指在将来的某个时期（如交割月）以确定的价格交易一定电能的合同。此外，物理交割期货必须在期货到期前数日停止交易，使系统调度有足够的时间制订包括期货交割的调度计划。

期权又称选择权，是指在特定的期限内以事先商定的价格购买或出售某标的物的权利，事先商定的价格称为敲定价。期权的标的物可以是有形的日常商品，也可以是无形的有价证券，如远期合约、期货合约等。并非所有的期权合约都在交易所中交易，金融机构和大公司间直接进行的期权交易市场称为场外期权交易市场。期权的交易策略灵活，可以构造多种组合期权策略，如差价期权、跨式期权等。而电力期权赋予其持有者在某一确定的时间以某确定的价格交易电力相关标的物的权利。

5.2 电力市场的电量交易

5.2.1 电量交易模式

由于电力需求的周期性波动较大和电力不可大规模储存的特点，为保证电力系统的安全稳定运行，电力市场一般由不同时间尺度的中长期市场和现货市场组成，如图 5-9 所示。因此，电力市场中的电量交易按交易周期的不同可分为中长期交易（或远期交易）和现货交易两大类。中长期交易（或远期交易）为市场成员规避市场风险，能够有效优化电力商品的生产、输送和需求，提供了一种传统的且易于实现的手段。现货交易为市场成员进行各类决策提供了较为丰富的信息，现货市场的价格也是电力金融交易价格和中长期（或远期）合同交易价格的主要参考。

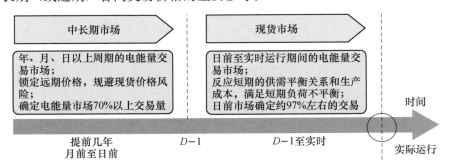

图 5-9 电能量市场示意图

1. 中长期电力市场

中长期电力市场是指年、月、日以上周期的电能量交易市场。在中长期电力市场中，市场参与者为了回避现货市场价格风险，减少由于未来现货市场价格波动带来的利益损失，一般通过中长期市场交易提前锁定交易电量，稳定用电价格。交易双方在中长期电力合约中规定，在未来某一段时期按约定的价格购买或销售一定的电能。中长期电力合约提供了类似于其他可存储商品的某种事先保存功能，它使得电能可以被虚拟地以双方议定的价格储存起来，一方面可以满足合约签订双方对于未来获利和风险两方面的要求，另一方面也有助于对实时电价的突变、波动起到平滑作用，降低市场电价风险，形成合理的市场价格，进而维持电力市场的稳定。

从交易品种上看，中长期市场交易包括多年、年、季、月、周、多日等多种交易类型，这里的多年、年、季、月等时间是指交割周期，即一次交易买卖的电力是持续多长时间的电。年度交易是指一次进行一年的电的交易，月度交易是指一次进行一个月的电的交易。交易时间可以与交割时间对应，也可以不完全对应。比如，对以月度电量为标的物的交易，可以提前一个月进行，也可以提前一年进行。

从交易方式上看，交易方式主要有以下三种：

（1）双边交易。双边交易只涉及买方和卖方双方。如图 5-10 所示，交易双方可以自由签订双边合同，自主协商确定交易的数量、价格、时间等。根据买卖双方交易数量和时间尺度的不同，买方和卖方可以选择不同的双边交易形式。

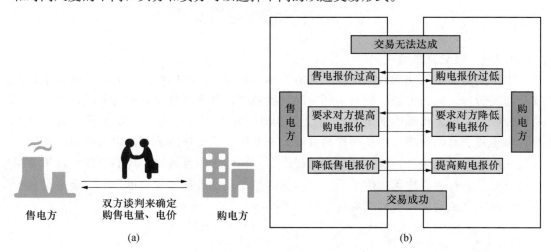

图 5-10 双边交易
(a) 双边交易示意图；(b) 双边交易过程

1）自定义长期合同（customized long-term contract）。此类合同非常灵活，供需双方可以通过私下协商，达成同时满足双方需要及目标的条款。如果涉及的交易电量很大（数百或数千兆瓦时以上），并且时间跨度比较长（几个月到几年），一般就可以采用这种交易方式。签订自定义长期合同会产生相当大的交易费用，因此只有当交易者希望购买或出售的电能数量非常大时，该类合同才比较合适。

2）场外交易（trading over-the-counter，OTC）。这类交易通常采用标准合同形式，主要应用于中、短期数量较小的电能交易。标准合同规定了一天与周之内各时段应交付的标准电能数量。这种合同的交易费用比较少，如果在实际交割即将发生前的很短时间内，生产者与用户想要对交易情况进行调整，可以使用此类合同。

3）电子交易（electronic trading）。在一个计算机化的市场环境里，售电方可以在市场上进行电力报价（bid），而购电方则可以报出自己可接受的电价。所有市场成员都可以看到每笔电能的数量与价格，但他们不知道各报价与投标具体对应于哪个参与者。如果有一个成员提交了一笔新的报价，交易执行程序会对报价对应的交付时段进行扫描，寻找与之匹配的投标（offer）。如果程序发现有一投标的价格高于或等于此报价给出的价格，即自动达成一笔交易，成交数量与价格会向所有成员发布。如果没有发现合适的投标，这一新增报价会被添加到未成交报价序列，只有在如下三种情形下，它才会被清除出该序列，即找到匹配的投标、报价撤销或因为对应时段的市场关闭而造成流标。如果系统中出现新的投标，采取的做法与上面相似。这种形式的交易非常便捷，并且成本低廉。随着交割期限的来临，发电商与零售商会重新调整自身的电量与电价，在市场关闭前的几分钟或者几秒钟内，往往会发生大量的交易行为。

（2）集中竞价交易。集中竞价交易由市场主体在规定的报价时限内通过电力交易平台申报报价等交易信息，按市场规则进行出清，通过电力调度机构的安全校核后形成最终交易结果。集中竞价交易若采用不同的出清方法，就形成了不同的市场价格机制。通常，集中竞价交易采用统一价格出清或者价差撮合出清。

1）统一价格出清方式。统一价格出清即以市场边际成本价格（marginal clearing pricing，MCP）出清，如图 5 - 11（a）所示，是当前应用最为广泛的出清方式，在中长期市场中，国内外很多国家或地区均采用统一价格出清方式。如图 5 - 12 所示，统一出清价格形成过程如下：市场主体提交申报信息以后，电力交易平台按照不同交易标的分别进行集中撮合，将买方申报按价格由低到高排序、卖方申报按价格由高到低排序，依次配对形成交易对。交易对价差为买方申报价格减去卖方申报价格，当交易对价差为负值时不能成交，交易对价差为正值或零时成交，价差大的交易对优先成交，以最后一个成交对的买方申报价格、卖方申报价格的算术平均值作为统一成交价格。

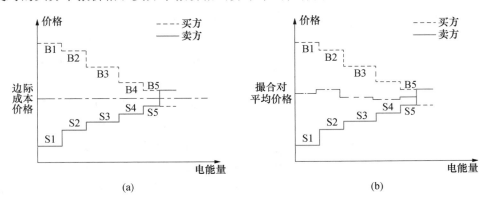

图 5 - 11 集中交易出清方式
（a）统一价格出清；（b）价差撮合出清

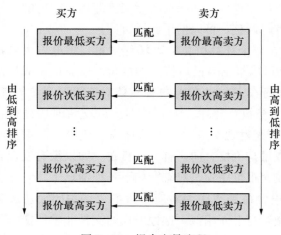

图 5-12　撮合交易流程

从理论上讲，集中竞价、统一出清所形成的是社会福利最大化的市场均衡价格。优点是全系统具有统一价格，更能反映市场供需关系；市场主体无需猜测其他市场参与者的动向，按自身成本报价即可，只要获得出清，出清价与自身报价无关，因此这种方式更有利于市场主体按成本真实报价。然而，在实践应用中，不同限制因素的存在使得统一出清价格无法真实反映均衡价格：一是市场主体在竞价时不一定会基于发电边际成本和用电边际效益进行报价，而是综合考虑自身的容量成本、电量成本以及收益等因素来进行申报决策，同时报价策略的决定还与市场主体的风险偏好特性相关；二是安全校核的各种约束条件会影响市场的出清顺序，使得出清价格偏离理想的市场均衡价格；三是当前市场环境下的行政命令特色明显，市场在严格的计划框架下运行，并不存在理想的自由竞争环境，出清价格难以反映真正的供需情况。

2）价差撮合出清方式。价差撮合出清的撮合过程与统一价格出清相同，但结算价格为各交易匹配对申报价格的平均值，如图 5-11（b）所示。价差撮合出清也有各种衍生形式，包括按价差比例分配和按价差不完全分配，区别在于价差对的市场红利（即价差电费）是按平均分配、按设定的比例分配还是预留部分红利后再进行分配。例如，我国贵州、云南等省份的中长期交易市场曾采用价差撮合出清的方式。

价差撮合出清的优点在于，每个中标的报价均具有结算意义，并且出清价格曲线会跟随着供需曲线的走势而变化，在市场红利（社会福利）的分配方面优于统一价格出清。分配的比例可根据政府利好发电侧或用电侧的意图来决定，给予政府对市场进行一定的干预空间。由于每个价差对均有结算价格，相对于统一价格出清只要成为边际机组或用户就能够影响整个市场所有电能量结算价格的情况，在价差撮合中最多只能影响自身交易匹配对的价格，因而市场主体操控整个市场价格的概率降低，价格稳定性可得到提高。

价差撮合出清的缺点在于，价格信息过于复杂甚至混乱，对于每一个成交的价差对就有一个价格，因此不同价格的数量相较于统一出清价格显得十分庞大。此外，结算价格是通过价差对生成的，相较按报价支付方式直接用报价结算的情况又增加了价格计算的复杂度，而且经济信号不明晰，也难以形成反映市场整体供需情况的价格信号。因而价差撮合出清适用于时间跨度较长的交易品种，如年度（多年）交易，由于交易开展的频次较低因此价格信息的复杂度相对可接受。

集中撮合交易流程如下：

a. 报价决策：卖方制定售电报价策略，买方制定购电价格的策略。

b. 组织报价：买卖双方的价格及购售电的上限和下限。

c. 报价排序：在各时段，根据卖方的报价，由高到低地进行排序；根据买方的报价，由低到高地进行排序。

d. 交易匹配：交易的规则是高低匹配。

e. 决定交易价格：在成交双方确定后，交易的价格为买卖双方报价的均价。

（3）挂牌交易。挂牌交易是指市场交易主体通过电力交易平台，将需求电量或可供电量的数量和价格等信息对外发布要约，由符合资格要求的另一方提出接受该要约的申请，经安全校核和相关方确认后形成交易结果。挂牌交易可以在一定时间内以锁定的价格进行挂牌，需求方按照申报量比重成交，也可以按照时间优先顺序成交。挂牌交易综合体现了招标、拍卖和协议方式的优点。

2. 现货市场

一般商品的现货交易是指一手交钱一手交货，进行实物交割。但是，电力系统有其特殊性，即电能量不能大量储存，电力的生产与使用必须严格实时平衡，电力的交割、生产、使用都在用电瞬间同时发生。因此，电力现货在系统实际运行前需要提前一定时间量进行交易，现货交易与电力交割（生产、使用）需要分开。

（1）电力现货市场的定义。现货市场（spot market）是指日前及更短时间内的电力产品交易的市场，这要求在组织市场交易时考虑供需平衡和安全约束。所有的中长期电能双边交易，都需要到现货市场上进行交割执行，在保障安全的前提下形成次日的发电计划安排。电力现货市场的组织必须尽可能地最贴近实时，紧密跟踪电力系统的运行状态与可能出现的变化；电力系统负荷以日为单位呈周期性变化，并受天气等因素影响较大，日前和日内预测才能保证较小的误差；风电、光伏和径流式水电在日前甚至当日预测才较为准确；改变机组的运行状态，调整设备的检修计划，往往也需要以天为单位。

1）现货市场的组成。现货市场是由日前市场、日内市场和实时市场组成。日前市场是于运行日的前一日以 1 天为时段组织交易的电能量市场；日内市场是日前市场关闭后市场成员进行发用电计划微调的平台；实时市场是在实际运行前 5～15min 组织的电力实时交易平台，为电量供给和阻塞管理提供经济信号。日前市场交易由交易中心或者调度中心每天组织，以应对短期负荷不平衡，反映了电力系统短期的供需平衡关系和生产成本，竞争力度和市场风险都相对较大，为中长期合约市场提供了价格风向标。

日前市场可以通过集中市场竞争，决定次日的机组开机组合，以及每台机组每15min 的发电出力曲线，实现电力电量平衡、电网安全管理和资源优化配置，发现电力价格。日内市场可以滚动调整未来 2～4h 的机组出力或制订燃气、水电、抽蓄等快速机组的启停计划，保障系统运行的安全性与可靠性。实时市场能够实现电力实时平衡的市场化调节、电网安全约束的市场化调整，在满足安全约束的条件下对发电机组进行最优经济调度，实现全系统发电成本最优，同时发现实时电力价格。

2）现货市场模式。国内外现货市场模式主要有集中式、分散式以及两者的混合模式。

a. 集中式市场模式。主要以中长期差价合同管理市场风险，配合现货交易采用全

175

电量集中竞价的电力市场模式。本质上是基于安全约束条件确定机组组合与发电曲线，是一种与电网运行联系紧密、将各类交易统一优化的交易模式。集中式现货市场以美国、澳大利亚、新西兰和新加坡为代表，调度交易机构统一管理。

b. 分散式市场模式。主要以中长期实物合同为基础，发用双方在日前阶段自行确定日发用电曲线，偏差电量通过日前、实时平衡交易进行调节。本质是发电方和购电方根据所签订的双边合同进行自调度、自安排，系统调度机构则需尽量保证合同的执行，并负责电力平衡调度。分散式现货市场主要以英国为代表，交易机构独立于调度机构。

c. 混合式模式。中长期既有物理合约又有金融合约，物理合约不参与日前市场优化，日内物理市场消除平衡偏差，以北欧电力市场为典型代表。

分散式市场模式对于电网运行方式复杂、调峰困难的地区适应性较差；集中式市场模式的中长期合同电量不强制物理交割，不会对电网的安全运行造成额外限制。

（2）差价合约。

1）定义。在电力市场中，差价合约不涉及实际电力的交割，是一种提前确定收益的工具，签订了差价合约的双方在相关市场完成后需要根据事先确定的公式进行价差补偿。如果中长期合同价格高于现货市场价格，买方需要向卖方支付一定金额，它等于这两种价格的差价乘以合同规定的交易量；如果中长期合同价格低于现货市场价格，卖方需要向买方支付一定金额，它等于这两种价格的差价乘以合同规定的交易量。

单时段的结算公式（对售方）为

$$合约收益 = （现货市场价格 - 中长期合约价格）\times 合约量 \qquad (5\text{-}1)$$

实际上，现货市场一般以小时或半小时为交易时段，而差价合约的结算也需要考虑多个时段。设时段数为 N，则多时段差价合约的结算公式（对售方）为

$$总合约收益 = \sum_{i=1}^{N}（现货市场价格 - 中长期合约价格）\times 合约量 \qquad (5\text{-}2)$$

2）差价合约结算案例。假定 A 电厂的发电成本为 0.45 元/kWh，与 X 用户进行市场交易情况见表 5-2。

表 5-2 中长期和现货交易结果表

市场模式	发电出力（万 kW）	X 用户负荷（万 kW）	成交价格（元/kWh）
中长期合同	10	10	0.50
现货结果	4	11	0.425

首先，先结算现货市场交易结果为

X 用户在现货市场上支付的金额＝11×0.425＝4.675(万元)

A 电厂在现货市场上的收入＝4×0.425＝1.7(万元)

然后，结算差价，结果如下

X 用户向 A 电厂支付差价金额＝10×(0.5－0.425)＝0.75(万元)

X 用户总支出＝11×0.425＋10×(0.5－0.425)＝10×0.5＋(11－10)×0.425

＝5.425(万元)

A 厂总收入＝4×0.425＋10×(0.5－0.425)＝10×0.5＋(4－10)×0.425＝2.45(万元)

A 电厂实际获得利润＝2.45－4×0.45＝0.65(万元)

3) 三部制结算。如图 5 - 13 所示，现货市场的结算主要是三部制结算：中长期交易合同电量按照中长期交易约定的价格进行结算；日前市场中标量与中长期合同分解的偏差电量按照日前现货价格进行结算；实际执行量与日前市场中标量的偏差电量按照实时现货价格进行结算。

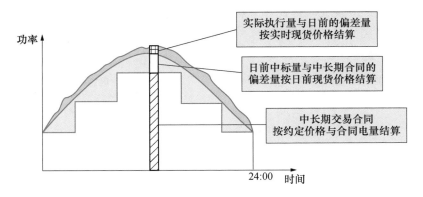

图 5 - 13 三部制结算

结算公式（用户侧）为

$$用电成本＝中长期成本＋日前市场成本＋实时市场成本 \tag{5-3}$$
$$中长期用电成本＝对应时段中长期合约电量×中长期合约价格 \tag{5-4}$$
$$日前市场成本＝（日前中标量－中长期合约电量）×日前现货价格 \tag{5-5}$$
$$实时市场成本＝（实时中标量－日前中标量）×实时现货价格 \tag{5-6}$$

(3) 出清流程。现货市场的出清机制，是基于市场成员申报信息以及电网运行边界条件，采用安全约束机组组合（SCUC）、安全约束经济调度（SCED）程序进行优化计算，出清得到日前市场交易结果，流程如图 5 - 14 所示。简单而言，就是在保证电网安全的前提下，优先调用系统中报价最为便宜的机组，直至满足负荷需求。

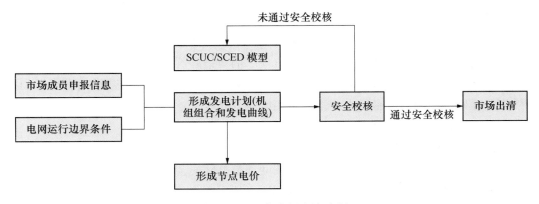

图 5 - 14 现货市场出清流程

（4）节点电价。

1）定义。节点电价是指在满足各类设备和资源的运行特性和约束条件的情况下，在某一节点增加单位负荷需求时的边际成本，即代表在某时间、某地点消费"多一度电"所需要增加的成本。设备和资源主要指发电机组和输电线路；运行特性和约束条件包括电力负荷平衡、发电机组最大最小出力与爬坡、输电线路和断面在正常和故障状态下的传输能力等。例如图 5-15 中，节点 1 负荷增加 1MW，此时 G1 增加 1MW 出力，系统发电成本增加 10 美元，因此，节点 1 的节点电价为 10 美元/MW。类似的，节点 2 的节点电价为 20 美元/MW。结算时，G1 和负荷 1 以节点 1 的电价结算，G2 和负荷 2 则以节点 2 电价结算。

图 5-15　两节点系统

节点电价的典型定义包含三个分量，关系如下

$$节点电价＝系统能量价格＋阻塞价格＋网损价格 \tag{5-7}$$

其中，系统能量价格反映全市场的电力供求关系，阻塞价格反映节点所在位置的电网阻塞情况，网损价格反映节点所在位置对电网传输损耗的影响程度。节点电价受多个因素综合影响，内在机理非常复杂。一般而言，负荷大小和分布、发电机报价、发电机组物理参数、网络传输能力是影响节点电价的主要因素。

2）节点电价的作用和价值。节点电价能够反映电能在不同时刻、不同地理位置的价值，体现电力生产和电网传输的稀缺程度，为电力生产者、消费者、投资者和管理者提供清晰的价格信号，引导发电、输电投资建设和用电转移，从而优化电力资源在时间和空间上的配置，提高电力资源的利用效率。具体而言，节点电价能够鼓励发电企业在高电价地区新建电厂，缓解局部供需紧张；在发电容量趋于饱和的低电价地区少建电厂，避免电力过度富余，为投资新建输电设施提供重要参考。在电价差异较大的地区之间投资新建输电设施，能将更多电能从低价地区输送到高价地区，由此产生的边际价值等于地区电价的差值。通过边际价值和投资成本的比较，可确定输电建设的必要性和投资效率，激励电力消费者在低电价地区多用电能、高电价地区少用电能，形成均衡合理的负荷分布，从而提高电网设施的整体利用效率。

5.2.2　交易结果的调度执行方法

无论在计划模式下还是市场环境中，调度都是电网安全稳定运行的核心，市场环境中的调度业务和市场运行紧密结合。市场环境下的调度业务不同于传统的以电网安全为调度核心的业务模式，还要同时兼顾市场运转和市场公平。且在现货市场环境下，调度发电计划的制订、修改主要是在日前市场和日内优化两个阶段通过相应的安全约束机组组合（security constraint unit commitment，SCUC）或安全约束经济调度（security constraint economic dispatch，SCED）算法来实现自动优化；电力系统的实时平衡则通过实时市场阶段的滚动优化来实现，传统的调度业务管理模式无法直接适用。

1. 中长期合同电量分解方法

中长期电量合约是电力市场的重要组成部分，随着电力市场化建设不断推进，发电计划中中长期电量合约占比越来越高，对电量合约执行计划的制订有了更高的要求。由于国内外电力市场的差异，对于合约电力分解的研究侧重点也有所区别。国外电力市场较为成熟，分散式电力市场采用中长期实物合约，发电曲线由发用双方自行确定，偏差通过现货市场平衡；集中式电力市场通过差价合约管理风险，采用全电量集中竞价。因此国外电力市场主要从发电商的方面研究，包括合约电力和竞价电力的分配问题，以及机组组合优化等。由于国外电力市场化改革大多没有经历计划发电与市场共存的阶段，对于合约电量的分解大多建立在用户和发电商的角度，在考虑现货市场收益的同时以利益最大化为目标进行分解。

（1）年度合约电量分解方法。目前电网企业采用的分解方法多为较为简单的分解方法，如直接简单平均分解，将每天的发电量按相同比例分配给合约电量。但在实际的运行中，电量合约的执行会受到各种限制，比如电网安全运行、为现货市场预留一定的发电空间、电网运行经济性，并且兼顾市场公平性，决策者希望能在这些需求中达到一个平衡，以达到各方都满意。

一个能令各方满意的分解方法，需要考虑的原则可以总结为：

1）每个市场主体都能完成自身合约电量。

2）各时间段的分解电量与电厂发电能力相关。

3）同一时间段内的分解考虑了各电厂之间的相对关系。

4）各时段内的分解电量考虑负荷大小的变化。

基于上述对分解方法的要求，可以看出，电量分解主要关注每个时段内电厂合约电量执行的相对进度，因此，为了考察电量分解结果的合理性，将电厂 i 在 m 月的合约电量执行度 $\rho_{i,m}$ 作为考察对象，即

$$\rho_{i,m} = Q_{i,m}/Q_{i,Y} \tag{5-8}$$

式中：$\rho_{i,m}$ 为电厂 i 在 m 月的合约电量执行度；$Q_{i,m}$ 为电厂 i 在第 m 月的分解电量；$Q_{i,Y}$ 为电厂 i 的年度合约电量。

对于该合约电量执行度，期望能找到一个理想值，即均衡执行度，使得当合约电量执行度越接近理想值时，可认为分解结果越合理。

首先以平均进度为执行度理想值的方式为例介绍该思想，即使全网各电厂的合约执行进度相同的方式。以年度合约电量分解到月为例，在此定义第 m 月的全网平均进度为

$$H_{m,\text{av}} = \frac{Q_{\text{G},m}}{Q_{\text{G},Y}} \tag{5-9}$$

式中：$Q_{\text{G},m}$ 为第 m 月所有电厂分解电量总和；$Q_{\text{G},Y}$ 为所有电厂年度合约电量总和。

把全网平均进度作为执行度理想值，即希望分解结果中每个电厂都满足 $\rho_{i,m} = H_{m,\mathrm{av}}$，这说明电量分解结果中各电厂的电量进度是否一致，是决策者所关注的重点。这是一种简单直接的原则，对完全可控的电厂是一种可行的方法，但这样不能考虑不同电源电厂的差异性，电厂未必能按此进度执行电量计划，随着时间的推进，各月的合约执行偏差会逐渐积累，增大了合约周期结束后未能完成电量合约的风险。

因此，基于全网平均进度，对于 m 月内的电厂 i，使用电厂可用发电能力为衡量因素进行修正，定义其均衡执行度为

$$H_{i,m} = \frac{Q_{\mathrm{G},m}}{Q_{\mathrm{G,Y}}} \times \frac{C_{i,m} / \sum_{m'=1}^{T_\mathrm{M}} C_{i,m'}}{C_{\mathrm{G},m} / \sum_{m'=1}^{T_\mathrm{M}} C_{\mathrm{G},m'}} \tag{5-10}$$

式中：$C_{i,m}$ 为电厂 i 在 m 月的可用发电能力，即考虑了检修、水量情况、厂用电等情况的电厂月最大可发电量等效值；T_M 为总时间段数，在年度电量分解中为 12；$C_{\mathrm{G},m'}$ 为整个电力系统 m 月的可用发电能力，即所有电厂发电能力之和；$C_{i,m} / \sum_{m'=1}^{T_\mathrm{M}} C_{i,m'}$ 称为电厂 i 的可用发电能力占比；$C_{\mathrm{G},m} / \sum_{m'=1}^{T_\mathrm{M}} C_{\mathrm{G},m}$ 称为全网可用发电能力占比。

式（5-10）右侧部分整体称为可用出力修正系数，能够反映电厂可用发电能力和系统整体可用发电能力间的相对大小。在某个时段内，若电厂的可用发电能力与系统整体发电能力相比较为稀缺，其可用出力修正系数会偏小，电厂的均衡执行度会比其他电厂小，从而减小电厂在该月分解电量，放缓其电量执行速度；相反，如果电厂该月的可用出力相对充足，为了加快其合约执行进度，其可用出力修正系数会偏大，电厂的均衡执行度会比其他电厂大，从而增加电厂在该月分解电量。经过修正后，均衡执行度能够较好地满足上述电量分解原则。

需要额外说明的是，上述的电厂发电能力 $C_{i,m}$ 对不同类型的机组有不同的含义，对于火电机组即为机组月最大发电量；对于水电机组，可认为水电各月发电量应与来水量相当，其发电能力可认为当月来水量对应的发电量；而对于新能源机组，发电能力则为当月预测发电量。在目前新能源预测误差较大的情况下，发电能力也可设为电厂的计划发电量，代表决策者能接受的电厂最大发电量。

（2）月度电量分解策略。月度合约电量分解，是指在年度电量分解至每月的基础上，将当月合约电量再分解至每天以便执行。月度的合约电量包括从年度分解到当月的电量和当月新增的合约电量。

可再生能源电厂的月度合约向各日分解的原则和其年度电量分解到月的原则基本类似，但由于分解单位具体到每日，火电厂电量分解涉及了开停机计划问题，对于单个火电机组，由于有最小技术出力、运行成本以及开停机成本等约束，原则上允许其在一个月内以集中时段开机完成合约电量后在剩余时段内关闭机组，因此在分解时对火电机组不能采用单纯的进度均衡目标，需要对目标函数进行处理。

火电厂作为常规电源，在高比例可再生能源电力系统中的作用主要为提供电压支撑、调峰容量和爬坡备用，因此在电力系统的运行中，需要一直保持一定容量的火电机组开机，但为了经济需求又不要求全部机组同时开启。因此月度合约电力分解策略可分

为两步。

月度合约电量分解的第一步是将所有火电机组的电量作为一个整体参与到与可再生能源电厂的考虑均衡进度的电量分解中，得到每天的火电厂总量，因此与年度合约分解类似，其目标函数如下

$$\min \sum_{d=1}^{T_{\mathrm{D}}} \sum_{i=1}^{N_{\mathrm{P}}} W_{i,d} \mid \rho_{i,d} - \widetilde{\rho}_{i,d} \mid + \sum_{d=1}^{T_{\mathrm{D}}} \lambda_1 (\varepsilon_{d,\mathrm{demand}}^+ + \varepsilon_{d,\mathrm{demand}}^-) + \sum_{i=1}^{N_{\mathrm{P}}} \lambda_2 (\varepsilon_i^+ + \varepsilon_i^-)$$

$$(5-11)$$

式中：T_{D} 为月总天数；d 为天序号；N_{P} 为将所有火电机组视为一个电厂处理后系统内所有电厂的集合，i 为电厂序号；$W_{i,d}$ 为偏差加权系数；$\rho_{i,d}$ 为电厂在该时段的合约电量执行度；$\widetilde{\rho}_{i,d}$ 为决策者设定的均衡执行度；λ_1，λ_2 分别为松弛变量的权重系数；$\varepsilon_{d,\mathrm{demand}}^+$，$\varepsilon_{d,\mathrm{demand}}^-$ 为负荷松弛变量；ε_i^+，ε_i^- 为电厂合约完成率松弛变量。

得到每天的火电厂总电量后，第二步是以火电厂月内启停成本和发电成本最小为目标，建立火电厂电量月度合约分解模型，对火电厂的总电量进行分解。目标函数为

$$\sum_{d=1}^{T_{\mathrm{D}}} \sum_{i=1}^{N_{\mathrm{T}}} f(Q_{i,d}) + \sum_{d=1}^{T_{\mathrm{D}}} \sum_{i=1}^{N_{\mathrm{T}}} SU_{i,d}$$

$$(5-12)$$

式中：N_{T} 为火电厂的集合；$f(Q_{i,d})$ 为火电厂发电成本；$SU_{i,d}$ 为火电厂 i 在第 d 天的启停成本。这里对于火电厂的考虑以天为单位的启停机状态约束，若火电厂在该天无分解电量，则在月度计划中默认该天火电厂不开机。

2. 跟踪日前电量计划的日内滚动调度技术

由于新能源在日前的预测准确性有限，并且在日内运行中出力可能会急剧波动，这导致日前已经确定的电量合约的执行计划的实施效果受到限制。因此，在日内需要根据系统实际运行状况和新能源的短期预测，滚动修正日内调度计划，对日前电量计划的完成进行跟踪控制，以保障电量合约的执行效果。因此，需要建立跟踪日前电量计划的日内滚动调度策略，通过以 15min 水平滚动更新的新能源短期预测，并考虑全天电量计划的完成，滚动修正日内调度计划，跟踪新能源出力变化，以减小其出力波动对系统运行和电量计划完成的影响。

(1) 日内滚动调度策略流程。基于以上研究，考虑到日内滚动需要对日前计划电量进行跟踪的问题，本章建立跟踪日前电量计划的日内短期滚动优化调度策略：把日内的 24h 以 15min 为间隔划作 96 点，每 15min 更新系统状态和预测。从第一个时刻开始，更新当前机组状态和实际出力，以及当前时刻到当天结束时刻之间的新能源短期功率预测和负荷预测，对当前时刻到当天结束时刻之间的时间点以新能源消纳最大、日前电量和电力计划修正成本最小进行短期优化调度，在得到的当天剩余时间的机组发电计划中选取当前时间点的发电计划作为当前机组出力的修正方案。然后，在下一个时刻，同样更新系统状态信息和新能源短期预测，进行同样的修正。按照此类推，直至一天结束，完成所有 96 个时段的调度方案的修正。

日内滚动调度策略流程如图 5 - 16 所示。

具体步骤包括：

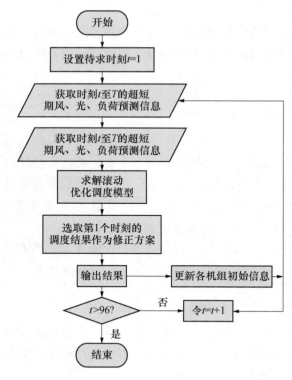

图 5-16　日内滚动调度策略流程

1）读取日前发电计划中的机组启停和出力信息，以及电量计划，作为日内修正的参考；读取日内已运行时刻的机组实际启停状态和出力，以及储能系统的荷电状态。

2）更新新能源和负荷从当前时刻 t 到当天结束的每 15min 预测出力。

3）以当天剩余时段内的新能源消纳最大、发电计划修正成本最小、电量计划修正成本最小为目标，包括机组启停状态的修正成本、发电出力调整成本以及储能功率调整成本等，综合考虑系统运行约束和电源约束，建立优化调度模型并求解，获得当天剩余时段的机组调度方案，并取第一个时段的机组启停和出力方案作为当前时刻的修正方案。

4）输出当前时刻的修正方案，然后进入下一时刻，即令 $t=t+1$。

5）判断全天 96 点是否已结束，若未结束则重复步骤 2）至 5）；若已结束则进入下一步骤。

6）当天滚动调度结束。

（2）日内滚动修正原则。在电力市场过渡期的电力调度中，由于加入了中长期电量的约束，常规的单纯以机组成本最小或者新能源消纳最大为目标的日内发电计划滚动修正策略已不能适应电力市场的要求，需要对其优化目标进行改进。在电力市场过渡期下的日内发电计划滚动修正需要考虑几方面的因素，主要包括新能源消纳、跟踪日前发电计划、保障电量计划执行。

1）新能源消纳。日内发电计划滚动修正的目的正是为了平衡新能源和负荷预测误差带来的系统不平衡问题，在新能源快速发展的背景下，调度有着保障新能源消纳的责任，因此在日内滚动调度时要进一步考虑更新新能源功率预测，从而更好地消纳新能源。

2）跟踪日前发电计划。日前发电计划制订的目的是为第二天的实际发电提供指导，日内发电计划的滚动修正需要尽量接近日前的发电计划曲线，这是因为随着电力市场的发展，日前发电计划的确定相当于一次日前市场的出清结果，因此调度部门作为发电计划的执行者，需要公平执行各电厂的发电计划曲线，保障不同电厂的权益。

3）跟踪电量计划执行。电量约束是电力市场化对调度制订提出的新要求，目前国内的调度机构已考虑将日内滚动调度作为跟踪电量执行的重要手段。日前发电计划中确定的电量计划包括两部分，即合约电量的发电量和合约电量外安排的发电量，在日内发电计划曲线发生变化时，日前确定的电量计划必定发生变化，在电量计划发生变化时，需要调度部门尽量保障日前电量计划的完成。比如，当电量计划不能满足时，不能简单地仅减少单一电厂的发电量，而是需要使不同电厂的电量计划完成率接近，当日内发电超过日前计划电量时，也需要按照一定的规则分配电厂超发的电量，从而达到一个电量上的公平性。

因此，日内发电计划滚动修正需要在保障新能源消纳的基础上，尽可能跟踪日期的发电计划，并且保障日前电量计划的执行，并且在新能源消纳和发电计划修正的经济性上需要有一定的平衡。

5.3　电力市场的辅助服务与输配电价格

5.3.1　辅助服务

1. 辅助服务概述

随着电力市场的发展，辅助服务（ancillary service）越来越受到大家的关注。那什么是辅助服务呢？

电力系统的主要功能是发电、输电和供电给用户。但是为了满足供电质量要求，在必要情况下，必须由一定类型的技术和设施来保证电力系统可靠性和安全性，这些技术和设施全部称为辅助服务，主要有：

（1）从发电侧来看，辅助服务是发电厂为了保证电力系统安全可靠运行采取的必要措施。

（2）从输电的角度看，辅助服务是为了将电能从发电厂输送到用户，保证安全和质量所需要采取的所有辅助措施。

（3）从运行管理的角度看，辅助服务是在实时运行中，由于一些不可预测和不可控制的原因，为保证供电质量和可靠性要求而需要的有功、无功的实时平衡服务及其他的运行服务。

（4）从系统控制的角度看，辅助服务是由控制设备和操作员执行的有关功能，这些功能是发、控、输、配电用以支持基本的发电容量、电能供应和电力传输服务。

2. 辅助服务市场的必要性

在市场环境下，大多数辅助服务由生产电能的同样设备提供，这使电能市场和辅助服务市场耦合在一起。为了避免不同的市场之间的交叉补贴，电力市场的设计难度大大增加了。为了维持电力商品的质量，发电商应提供调频、备用和电压支持的服务，但不是所有的发电机组都能提供这种服务，只有装有调频装置和跟踪负荷能力强的发电机组才能提供这种服务。由于发电公司为提供这种服务需要付出代价（包括设备投资和放弃在现货市场上的竞价机会），交易中心必须对发电公司提供的服务进行补偿。辅助服务市场正是组织发电公司对辅助服务的需求进行竞争，从而发现发电公司提供的辅助服务的市场价值，并按这一价值对发电公司进行结算。因此，辅助服务市场的组织是势在必行的。

3. 辅助服务的分类

受电力市场需求、电源结构、电网结构、负荷分布和负荷特性的影响，不同的电力市场对辅助服务的定义和需求种类不同。电力系统有四个主要变量：有功功率、无功功率、频率和电压。有功是电力市场交易的主要产品，由于负荷和系统状态（发电机或线路故障等）的不确定性，必须有一定的备用容量以保证有功交易和交割的顺利实现。电力系统的频率必须在规定范围内，如果频率偏差较大，必须有自动发电控制（AGC）机组来进行调频（此外，AGC 还可以调节联络线功率偏差）。除了有功功率，系统还必须有一定的无功功率使得电压维持在适当的水平。另外，如果系统发生较大故障致使系统崩溃，这时必须有一些机组能够自启动并带动整个系统恢复供电。综上所述，电力市场的辅助服务主要包括：AGC、备用、无功支持和黑启动。世界上主要电力市场的辅助服务基本也是这么分类的。

需要强调的是，辅助服务并不等于辅助服务市场，国外各电力市场都定义了自己的辅助服务项目，但并不是都组织了辅助服务市场。有的是采用简单的补偿机制，有的是开展市场竞争。即使组织了辅助服务市场，也并不是所有的辅助服务项目都通过竞标市场来获得。

目前，国外设置辅助服务市场的电力市场主要有澳大利亚，加拿大安大略省，美国新英格兰、美国加利福尼亚州、美国纽约州。表 5-3 对各市场的辅助服务种类进行了对比。

表 5-3 辅助服务种类对比

电力市场	辅助服务				
	AGC	备用	电压支持	黑启动	其他
澳大利亚	频率控制	—	网络控制	系统恢复	
加拿大安大略省	调节	10min 旋转备用，10min 非旋转备用，30min 备用	电压支持	黑启动	必开机组
美国新英格兰	AGC	10min 旋转备用，10min 非旋转备用，30min 运行备用	—	—	
美国加利福尼亚州	调节	旋转备用、非旋转备用、替代备用	电压支持	黑启动	
美国纽约州	调节	10min 旋转备用，10min 非旋转备用，30min 备用	—	—	

我国电力辅助服务市场起步较晚，目前各省均出台了辅助服务细则，明确了辅助服务参与方式和补偿机制。如图 5-17 所示，从整体上来看辅助服务主要包括两类，即基本辅助服务、有偿辅助服务。其中，基本辅助服务属于机组应当承担的辅助服务义务，不对其进行补偿；有偿辅助服务主要是指机组参与辅助服务贡献较大，或临时调用机组参与辅助服务，对其辅助服务成本进行相应的补偿。

电力辅助服务补偿机制在全国范围内基本建成，运行效果普遍较好，为进一步推进电力市场建设奠定了基础。我国辅助服务责任主要由发电企业承担，通过采取强制提

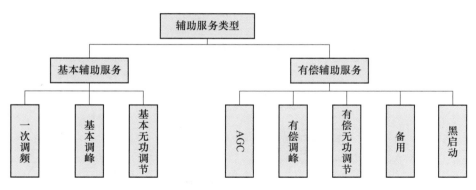

图 5-17 辅助服务类型

供、按需调用、事后补偿等方式，考核发电企业发电小时数，在一定程度上激发了发电企业参与提供辅助服务的积极性。虽然辅助服务补偿的价格机制仍不明朗，但在辅助服务提供者、提供方式、调节和评估指标、结算方式等方面已基本形成有章可循的交易机制，部分区域的电力辅助服务市场已逐步开展。

以下对自动化发电控制、备用、无功及黑启动等国内外普遍实行的典型辅助服务类型分别进行介绍。

（1）自动发电控制市场。自动发电控制（automatic generation control，AGC）的基本目的是通过调整被选定的发电机的输出，使系统频率恢复到指定的正常值以及保证控制区域之间的功率交换为给定值。这个功能通常称为负荷—频率控制（LFC）。AGC系统的控制目标为区域控制误差（area control error，ACE）。

电力系统的有功不平衡负荷表现为频率的波动和联络线潮流的变化等信号。当系统频率偏离正常值时，所有发电机组和负荷都会按其频率特性进行调整，即进行一次调频。但一次调频是有差调节，此频率偏差必须经过 AGC 机组的进一步调整才能消除，这就是二次调频。经过二次调频不但消除了频率偏差，而且所有非 AGC 机组的出力将恢复其计划安排值。

在电力市场中，电网频率或联络线交换功率仍将由电力调度中心进行统一调节，为保证电网安全、可靠、经济运行，并及时地调节频率或联络线交换功率，应在保证 AGC 满足运行要求的前提下，使 AGC 辅助服务费用最小。首先，机组为了提供 AGC 服务，加装了额外的 AGC 设备，使发电成本增高，这部分成本必须给予补偿；另外，由于必须预留一定的有功容量才能提供 AGC 服务，工作在 AGC 基值点上将牺牲部分可发电空间的发电利润。所以在市场机制下，机组不愿再像传统体制那样无偿提供。解决这个问题的最简单的方法就是对 AGC 机组预留容量而损失的机会成本等进行直接补偿。但为了体现公平、公正，通过市场竞争提供 AGC 机组是一个更好的方式。AGC 机组一旦交易成功，即使没有被调用，也仍然要对其支付容量费用；AGC 与其他辅助服务的竞价过程是分离的。在 AGC 市场上，机组申报调频容量—价格曲线，报价方分别提交 AGC 市场的容量报价与电量市场的电量报价。这样，AGC 辅助服务如果在市场中被调用，还需支付其电量费用。因此需要组织 AGC 市场，建立公平、公正、公开、合

185

理的 AGC 补偿机制。图 5-18 所示为 AGC 市场的交易决策图。

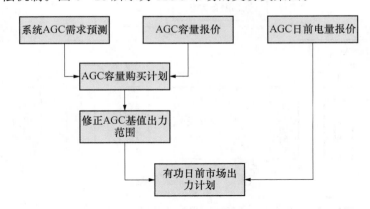

图 5-18 AGC 市场的交易决策图

可见，AGC 市场优先于电量市场成交，这也就是说发电商一旦在 AGC 市场上中标，在电量市场上必然要保证其出力。根据国外发展经验，日前组织 AGC 市场可以较准确地购买 AGC 服务，减少冗余购买；可以与日前发电计划相结合，充分考虑机组的带负荷情况；还可以充分考虑水电厂水库蓄水量和来水情况。

（2）备用市场。当由于负荷预测偏差较大或设备故障等原因而造成发电计划与实际负荷偏差较大时，AGC 机组会在很短的时间内（秒级）动作消除此偏差。但为了维持系统的 AGC 能力，调度机构还必须定期（10min 或更长）地调用备用，使得 AGC 机组返回基值点。在市场机制下，机组不愿无偿提供备用，必须组织备用市场。

在电力系统运行中，需要不同响应时间的备用来满足系统的可靠性要求。在电力市场中一般将备用分为旋转备用、非旋转备用以及慢速备用。

1）旋转备用。多数市场规定，旋转备用为与系统同步运行的机组 10min 内可以增加（调节）的备用容量。对水电站来说，旋转备用一般为总容量的 10%；对火电厂，其值为最大发电功率与当前发电功率的差值。在传统的运行方式下，旋转备用的容量是确定的，一般定义为系统中最大机组的容量（或者最大机组容量的 1.5 倍）。

2）非旋转备用。一般由峰荷火电机组提供，指能在 20～30min 内启动并达到正常发电功率。

3）慢速备用。如 30min 或 60min 的替代备用，通常为防止系统出现第二次意外事故而设置，所以系统的替代备用需求是维持机组 $N-2$ 安全约束所需的容量。系统的替代备用不应低于电网中的单机容量次高的机组。

旋转备用分为正备用和负备用，如图 5-19 所示。当提供正备用服务时，发电机组不能带足负荷，而维持一定在线容量，以满足实时容量需求或者提供平衡电能。除电量价格外，必须支付容量价格来对机组进行补偿，因此需要组织市场进行备用容量报价。与之相反的是，负备用因为没有机会成本，所以无须组织报价。近年来，可中断负荷作为一种暂时的备用也可以参与备用市场。

备用市场中，系统备用的机组申报的数据应包括单位备用容量—价格曲线和备用机组调节速率。可中断负荷申报的内容更为详细，包括：可中断时间区间，中断提前预知时间，中断持续时间，中断负荷容量范围，中断负荷—价格曲线。可中断负荷虽然可以看作是虚拟的发电机，但并不真正向系统提供电能，所以不需要进行电量报价，其切负荷电量后应该按现货供电价格支付。

备用市场竞价容量需要满足常规的可靠性和安全性标准，系统正备用应该达到系统负荷的 3%～5%。系统的备用容量应该在备用市场开市前公布系统需求。出于备用容量付费考虑，备用市场必须同电量市场分离出来。类似于 AGC 市场，备用机组在申报中应该既申报电量价格又申报容量价格。对备用机组的排序，仅按备用容量价格作为排序的指标。美国加利福尼亚州电力市场中，将容量电价和电量电价结合在一起，在容量电价前乘以调用概率系数。备用机组也参与现货有功电量市场的竞争，备用机组的电量报价取其在日前有功电量市场上的报价。备用机组的电量报价也影响现货电量价格。

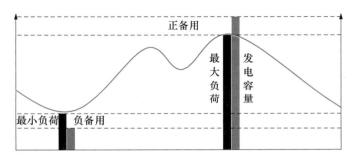

图 5-19 旋转备用示意图

备用市场也应在日前组织，这样能与预调度发电计划结果结合起来，可以充分考虑机组的负荷剩余情况；另外针对各时段备用需求的分时购买，可以降低系统备用的总购买成本（如市场采用分峰谷时段竞价）。同时日前组织的市场也能对日前市场发挥积极的影响，有益于日前市场报价的理性化。日前组织的备用市场可以在最后决策，这样不会影响发电权交易结果，实现系统资源的优化配置。

（3）无功辅助服务。发电厂无功生产的时候，将会造成能量损耗，发电机多发无功必然导致有功下降，形成容量占用，失去了电能市场的机会成本，因此必须对提供无功补偿的机组进行付费。

无功补偿费用可以这样确定：首先确定全网总的无功补偿费用，电网公司从输电费用中提取一部分，弥补发电厂的少发有功功率的机会成本，并适当考虑机组的损耗，然后根据各成员提供的无功功率多少，确定无功补偿的比例。

无功的调度应依据就地平衡的原则，提供无功的市场成员，必须无条件地服从电网调度。系统的电压控制需要各参与者共同承担责任。发电厂和用户都要满足他们的电压和功率因数限值。电网公司需负责保证系统的电压水平。表 5-4 为国外典型电力市场的无功服务范围。

表 5 - 4 　　　　　　　　　　国外典型电力市场无功服务范围

电力市场	功率因数范围	电力市场	功率因数范围
美国加利福尼亚州	−0.95～0.90	澳大利亚	−0.93～0.90
英国	−0.95～0.85	挪威	−0.98～0.928

（4）黑启动服务。黑启动是指整个系统因故障停运后，不依赖别的网络的帮助，通过系统中具有自启动能力机组的启动，带动无自启动能力的机组，逐步扩大电力系统的恢复范围，最终实现整个电力系统的恢复。

黑启动一般历时 30～60min，首先由"起始电源"分别向跳闸的"具有临界时间限制电源"提供启动电源，使其能重新并入电网，恢复发电能力，并开始形成一个个独立的子系统。"起始电源"是本身具有黑启动能力的机组，通常为水轮机和燃气轮机。

黑启动中比较典型的操作是一个黑启动机组向远方非黑启动机组提供启动电源，因为火电机组辅机容量较大，启动时对主要由黑启动机组维系的小系统冲击较大，需要对此过程进行详细研究，保证启动方案的顺利实施。

黑启动必须按照事先制订的计划，系统中各种资源协调配合才能实现。各部分的作用为：

1）黑启动机组：能在没有外部电源的情况下自启动，并给输电线充电，带动其他没有自启动能力的机组启动，最终对全网的用户重新提供服务。

2）非黑启动机组：在厂用电恢复时能快速恢复供电，并参与以后的系统供电恢复过程。

3）输电系统的设备、控制和通信（包括那些离开电网仍能工作的部分）：大范围停电发生时监控和重建电力系统。

4）电网调度部门的装置和通信（包括那些离开电网仍能工作的部分）：大范围停电发生时能够直接指导系统重建。

黑启动服务的费用除了系统实际黑启动过程的费用外，还有维持系统黑启动能力的费用。维持系统黑启动能力的费用是系统保证足够黑启动能力的固定费用，为了在大停电时能有效、快速地恢复供电，这种费用是必需的。

对于参与黑启动服务的各个部门，其黑启动费用也是不同的。各部门费用为：

1）调度部门：黑启动计划制订和仿真计算、系统试验组织和调度人员培训费用。

2）黑启动电厂：黑启动机组设备费用、黑启动的折旧费用、黑启动的运行和维护费用、黑启动相关税费、试验费用（包括燃料、电力、材料损耗等实际费用）、人员培训费用等。

3）非黑启动电厂和输电系统：协同试验费用。

对于参与黑启动服务的各个部门，一般通过合同方式补偿其相应的费用。

4. 辅助服务的特点

对比各类辅助服务产品特点和市场运行机制，可以看出辅助服务有三个显著的特点：

（1）辅助服务市场与电量市场是并列的。

（2）两个比较特殊的辅助服务就是 AGC 和旋转备用，这些服务要求发电机组不能带足够负荷，维持一定在线容量，以满足实时容量需求或者提供平衡电能。

（3）辅助服务的特征是提前预留容量，并在实时调度中分配电量。这意味着需要支付两类相关价格：容量价格和电量价格。

5.3.2　输电费用的计算与分摊

1. 输电费用概述

输电领域有众多的定价方法，但由于电网的特色属性，不能笼统地说这种定价方法比另外一种定价方法更好。但是不管采用何种定价方法，都应遵循以下原则：

（1）补偿成本加合理收益。输电网络投资建设的成本巨大，并且维持正常运营也需要较高的成本。为了维持输电企业的正常运营，输电定价方法需完全弥补输电投资的成本。为了保证输电网的适当发展与长期经济效益，输电价格不仅要弥补成本，而且应使输电公司获得合理的收益，以此来促进输电公司对输电网的投资和扩建。

（2）公平合理。输电费用需要根据输电网的使用对象和使用程度，公平合理分摊到电网内的所有用户，同时兼顾各方利益，尽量避免交叉补贴的现象。

（3）计算简单且相对稳定。输电费用的计算不应设计得过于复杂，应该简单明确有利于用户理解接受，若计算方法复杂而现代电力系统规模非常大导致计算量非常大，将无法适应电力系统实时应用的需求。并且输电价格需要在特定的时期保持相对的稳定，避免频繁调整，以保证市场成员可以衡量输电费用的支出。

（4）公开透明。在核定输电价格水平时，应综合考虑各方的意见和建议。在核定输电价格后，可向输电用户公布相应的定价因素和定价方法，从而用户可以知晓价格是如何制定出来的，也便于监管机构和电力市场参与方的监督。

（5）适应政策。输电定价方法应与政府的能源政策相适应，比如说促进可再生能源的投资与消纳，减少温室气体的排放。

2. 输电费用的计算

电网企业为用户提供电力输送业务，不仅有长期的线路的建设成本，还有短期的运行成本，为了维持其正常的企业运营和合理利润，需要通过收取输电费用进行成本回收。在输电电价机制中，基础环节就是需要回收的输电成本的计算，这是电价计算问题首要问题。

关于输电成本的核算，我国多次对这一问题进行了梳理和明确，针对电网企业和输电业务的运行特点，结合财务核算方法，规定了具体的输电成本核算方式。2005 年，国家电力监管委员会颁布了《输配电成本核算办法（试行）》，国家发展和改革委员会发布了《输配电价管理暂行办法》，对输配电价的制定以及成本的核算进行了规定。在2015 年开始的新一轮电改中，也将输配电价的核算工作作为了重点内容。国家发展和改革委员会在 2015 年颁布了《省级电网输配电价定价办法（试行）》，来指导各省级电网进行输电成本的核算，根据这一办法，截至 2018 年，全国所有省区均完成了输配电价的核算工作。

输电成本的核算，以准许成本的方式进行。准许收入包含准许成本、准许收入和税金。

（1）准许成本是指在实际运营过程中电网企业为进行输电业务所产生的全部支出成本。准许成本的构成包括电网设备及资产的折旧费用和电网企业的运行维护费用。对于电网设备及资产的折旧费用，根据核定的有效资产中可以计提折旧的固定资产原值和经专业部门认定的折旧率为基础来进行计算。企业的运行维护费用，参照社会平均成本来进行计算，其相关费用包含材料费、工资福利费、修理费及其他费用。

（2）准许收益是指电网运行企业依照政府相关部门的规定，所取得的企业合理收益。准许收益的设置主要是对于企业在运行过程中产生的相关资本权益费用的一种补贴，是对于电网企业应用于电网投资建设和系统运行中的相关资本所失去的在其他投资领域取得收益的机会的补贴。对于其机会成本的计算，一般采用权益资本成本率，通常情况下，权益资本成本率通过在长期国债的利率基础上再叠加一定的附加收益来进行计算。这种方式既可以保证电网企业资本的机会成本，鼓励投资建设，也可以控制电网企业作为垄断企业获得不合理的高额利润。

（3）税金项目是由国家所规定的企业应当缴纳的税款，包括企业增值税、城市维护建设税、教育附加税和所得税等。

具体的输电成本费用可以用下面的计算式进行计算

$$准许收入 = 准许成本 + 准许收益 + 税金 \tag{5-13}$$

$$准许成本 = 折旧费 + 运行维护费用 \tag{5-14}$$

$$准许收益 = 有效资产 \times 加权平均资金成本 \tag{5-15}$$

$$税金 = 所得税 + 增值税 + 城建税及教育费附加 \tag{5-16}$$

式（5-15）中各项内容可通过以下计算得到

$$有效资产 = 流动资产 + 固定资产净值 + 无形资产 \tag{5-17}$$

$$固定资产净值 = 年初固定资产净值 + 当年在建工程有效投资 - 当年折旧 \tag{5-18}$$

$$无形资产 = 年初无形资产 + 当年新增无形资产 - 当年无形资产摊销额 \tag{5-19}$$

$$加权平均资金成本 = 权益资本成本 \times （1 - 资产负债率） + 债务资本成本 \times 资产负债率 \tag{5-20}$$

$$所得税 = 有效资产（1 - 资产负债率） \times 权益资本成本 / （1 - 所得税率） \times 所得税率 \tag{5-21}$$

$$增值税 = （准许成本 + 合理收益 + 所得税） \times 适用增值税税率 \tag{5-22}$$

$$城建税及教育附加 = 增值税 \times （适用城建税税率 + 适用教育费附加税率） \tag{5-23}$$

3. 输电费用的分摊

输电费用分摊方法可分为两大类：会计成本法和边际成本法。

（1）会计成本法。会计成本法依据的是会计学原理，从而得到输电网提供输电服务的总成本，然后将这一总成本按照一定的原则分摊到输电网的各个用户。会计成本法的优点是可以回收总的输电成本，并且可以保持价格的相对稳定，更容易理解；但是缺乏经济信号和引导投资的能力，不能反映未来的投资对输电费用的影响。按照分摊方法的差异性，常见的会计成本法有邮票法、合同路径法、兆瓦公里法、边际潮流法和潮流跟踪法等。

1）邮票法。邮票法认为输电费用只与输送电量有关，而与输送电量的注入和流出节点位置及输送距离无关。在计算输电费用时，先计算整个输电网的总成本，然后在所有的输送业务中，按实际输送功率的大小平均分摊整个输电网的转运成本。各项输电业务不管输送距离的远近，只按输送电能大小计费。发电商 g、负荷 l 承担的线路 ij 的输电费用分摊比例为

$$f_{g,ij} = \frac{P_g}{\sum\limits_{g} P_g + \sum\limits_{l} P_l} \tag{5-24}$$

$$f_{l,ij} = \frac{P_l}{\sum\limits_{g} P_g + \sum\limits_{l} P_l} \tag{5-25}$$

约束条件为

$$\sum_{g} P_g = \sum_{l} P_l \tag{5-26}$$

式中：P_g 为发电商的出力；P_l 为负荷值。

2）合同路径法。合同路径法适用于电网规模较小的情况，此时系统接线比较简单。合同路径法认为转运过程中，从功率注入点到功率流出点可以为确定一条连续路径（合同路径），电能按合同规定的路径流过，并假定此时该路径应有足够的可用容量。此时转运的成本只限该指定路径的设备，转运对电网中合同路径以外的部分没有影响。总的转运费 F 计算公式为

$$F = \sum \left(\frac{P_k}{P_{i,t}} C_{i,s} + C_{i,q} \right) \tag{5-27}$$

式中：P_k 为支路的输配电功率；$P_{i,t}$ 为支路安全输配电功率；$C_{i,s}$ 为支路输配电容量成本；$C_{i,q}$ 为支路输配电运行成本。

3）兆瓦公里法。兆瓦公里法首先计算电网所有线路和设备的每兆瓦公里的成本，并根据转运贸易的实际注入节点和流出节点确定电网潮流，从而计算该项转运业务在全网基础上的平均成本，即为转运费。兆瓦公里法只根据平衡发电节点的负荷引起的电网潮流分布分摊输电费用的比例，不能反映电网资源的紧缺状况的程度。

兆瓦公里法的计算步骤如下：

a. 计算每条线路（或每个输电设备）的功率成本 C_i。

b. 根据功率成本 C_i、线路的可传输功率 $\overline{P}_i$ 以及线路长度 L_i 计算每条线路（或设备）的平均每兆瓦公里容量成本

$$\gamma_i = \frac{C_i}{\overline{P}_i L_i} \tag{5-28}$$

c. 将电网中所有负荷及发电功率全部移去，只留下转运业务的注入功率和流出功

率，求电网各支路潮流 $P_{z,i}$ 和支路网损 $P_{l,i}$。

d. 在步骤 c）的条件下，计算包括网损在内的总运行成本 C_o。

e. 计算转运费

$$F = \sum_i (\gamma_i \bar{P}_i L_i) + C_o \tag{5-29}$$

4）边界潮流法。边界潮流法认为，电网用户应承担的输电费用与其电量对线路潮流产生的影响有关。计算时首先计算包含某项输电业务的系统潮流，然后减去该项输电业务，计算此时的系统潮流，两次计算的潮流之差即为该项业务产生的边界潮流。发电商 g、负荷 l 承担的线路 ij 的输电费用分摊比例为

$$f_{g,ij} = \frac{\Delta P_{g,ij} P_g}{\sum_g (\Delta P_{g,ij} P_g) + \sum_l (\Delta P_{l,ij} P_l)} \tag{5-30}$$

$$f_{g,ij} = \frac{\Delta P_{l,ij} P_l}{\sum_g (\Delta P_{g,ij} P_g) + \sum_l (\Delta P_{l,ij} P_l)} \tag{5-31}$$

式中：$\Delta P_{g,ij}$、$\Delta P_{l,ij}$ 分别为发电商 g 或负荷 l 的电量导致的线路的潮流变化量。

5）潮流追踪法。潮流追踪法根据电流分解公理，基于电流分量沿支路不变、注入电流在同一节点各出线的分量与相应出线的总电流成比例，确定各发电机及负荷对各线路的潮流贡献。发电商 g、负荷 l 承担的线路 ij 的输电费用分摊比例为

$$f_{g,ij} = \frac{b_{g,ij} P_g}{P_{ij}} \tag{5-32}$$

$$f_{l,ij} = \frac{b_{l,ij} P_l}{P_{ij}} \tag{5-33}$$

其中

$$\boldsymbol{B} = \boldsymbol{C}\boldsymbol{A}^{-1} \tag{5-34}$$

$$\boldsymbol{P}_g = \boldsymbol{A}\boldsymbol{P}_n \tag{5-35}$$

$$\boldsymbol{P}_B = \boldsymbol{C}\boldsymbol{P}_n \tag{5-36}$$

$$a_{ij} = \begin{cases} 1, i = j \\ \dfrac{P_{ij}}{P_j}, ij \in \Gamma_-(j) \\ 0, \text{其他} \end{cases}$$

$$b_{ij} = b_{g,ij}/b_{l,ij}$$

$$c_{k,ij} = \begin{cases} \dfrac{P_{ij}}{P_k}, ij \in \Gamma_+(k) \\ 0, \text{其他} \end{cases}$$

式中：a_{ij}，$b_{g,ij}$，$c_{k,ij}$ 分别为矩阵 $\boldsymbol{A}$、$\boldsymbol{B}$、$\boldsymbol{C}$ 的元素；$\boldsymbol{P}_g$ 为节点电源功率相量；$\boldsymbol{P}_n$ 为节点注入功率相量；$\boldsymbol{P}_B$ 为线路潮流相量；P_{ij} 为线路潮流；$\Gamma_-(j)$ 表示节点 j 的进线集合；$\Gamma_+(k)$ 表示节点 k 的出线集合；$\boldsymbol{A}^{-1}$ 为各电源对各节点总输入功率的贡献。

输电费用分摊方法对比如表 5-5 所列。

表 5-5	输电费用分摊方法对比
方法	特点
邮票法	简单、易算，但不能反映输送距离的影响
合同路径法	计算清晰、简便，但对潮流环流、逆行不能处理
兆瓦公里法	准确反映各线路的利用情况，能大致回收电网成本，但无法适用于多合约的情况
边界潮流法	考虑了旁路潮流的影响，计算更合理，灵敏度计算复杂
潮流追踪法	较为灵敏，给出强烈的经济信号，但计算复杂，并不一定保证收支平衡

（2）边际成本法。边际成本法在经济学中的定义是指增加单位生产或者购买单位产品所带来的总成本的增加量。边际成本法可分为长期边际成本法和短期边际成本法。

1）长期边际成本法是根据输电公司提供输电服务所带来长期边际成本分摊输电费用，又可以分为长期边际容量成本和长期边际运行成本，分别表示对输电网进行扩容的边际成本和对电网进行运行维护的边际成本。世界银行曾向电力短缺的发展中国家推荐使用长期边际成本法作为电价改革的参考，促进了电力投资和电网建设。长期边际成本法可以提供有效的投资信号，但需要对输电网架规划信息有清晰的把握，由于这些数据具有很强的不确定性，因此可能会使得输电费用波动太大，容易引起争议。

2）短期边际成本法不考虑输电固定成本的回收，主要考虑电网运行维护成本的微增变化量，主要分为四个部分：基于发电约束和网络约束的供电成本，边际发电成本，边际网损成本。短期边际成本法比较适用于短期的功率交换的输电费用的计算，并且考虑网络的各种约束，可回收网络的可变运行成本，但实际上输电网的固定投资大，使得边际成本小于平均成本，这样短期边际成本法无法保证收支平衡，因此需要采用一些附加因子来进行修正以达到收支平衡，这在一定程度上限制了其本身所具有的经济信号。

5.4　电力市场发展趋势

为应对电力系统低碳化转型，适应新能源大规模发展需求，电力市场建设也需要针对新能源特点进行建设。虽然当前各国电力市场建设各有特色，但未来电力市场建设仍具有一些共同的趋势。从时间、空间两个角度来看，首先，市场建设的时间粒度逐步精细化以应对新能源的不确定性；其次，在空间上一方面市场规模逐步扩大从而可以更大范围进行资源配置，另一方面地方性的分布式小市场也逐步发展从而可以促进分布式可再生能源的就地消纳。

5.4.1　市场设计时间精细化

新能源的大规模发展，对电力市场的设计也提出了更多的要求。新能源的预测精度随着交易时间的临近而逐渐增高，但交易窗口过于单一，日前市场往往在交易日来临前数小时就已关闭，因而市场缺乏激励预测信息及时披露的机制，价格信号低效，灵活配置资源能力不足。

未来电力市场的交易时间信号将越来越精细化。时间跨度从多年交易、年度交易、月度交易一直缩小到日内和实时平衡，不同的时间跨度可适应不同种类的交易产品。缩短市场交易间隔对于总负荷量小、波动性新能源占比大且需要进行跨区域输电进行新能源消纳的地区非常重要。如欧洲为应对新能源的不确定性在日前市场与平衡市场间加入了日内市场，其目标模式是可以拥有连续电量交易，交易模式为双边交易且基于最优价格进行。日内市场的关门时间已逐渐接近实际运行时间，关门之前，市场参与者均可投标。关门时间接近实时有助于市场参与者减少自身以及系统的不平衡，但是留给系统运营商确保系统安全运行的调整时间却缩短了。市场设计中时间精细度最高的体现为实时市场。例如，PJM 基于系统实际条件，计算给定 5min 时间段的节点边际价格，在10min 内市场参与者即可通过 PJM 网站得到有关节点边际价格的信息。实时电价是一种可以应对新能源波动性的有效手段，传统的分时电价一般不能反映出风电及光伏发电量在一天不同时段的价值差异，通过缩短时间尺度采用实时电价可以准确地反映出发电成本的实时变化，从而激励用户侧灵活性资源调整用能曲线，进一步促进新能源消纳。

由于新能源发电的波动性，将对电力系统的安全运行带来一系列挑战。当前的电力市场设计主要基于日前预测，在日内进行偏差调整。随着波动性可再生能源发电占比的不断增加，电力市场设计需要在实际运行前的最后数小时内进行更多的调整。因此为了应对新能源大规模发展的趋势，缩小市场设计交易及调度的时间粒度，在实时前的最后数小时建立有效的市场调整机制，对确保系统的安全高效运行至关重要。

5.4.2 市场交易范围扩大化

在世界上大部分国家或地区，新能源富集地区与负荷中心在空间上是错位的。当新能源大规模发展时，本地负荷可能无法完全消纳，此时需要外送大量的新能源电力到负荷中心。这将极大促进新能源富集地区与负荷中心地区之间的交易需求与传输需求。但是，各个地区往往存在交易壁垒，地区间与地区内的交易联动性较差，这会导致地区间的交易规模和新能源消纳水平较低。

为了实现新能源富集地区与负荷中心更高水平的交易和新能源消纳水平，市场交易范围与规模将呈现扩大化的特征，并且省间交易与省内交易的耦合性将更强。打破区域交易壁垒、扩大市场交易范围、通过市场机制实现区域间电力余缺互济非常重要。如欧洲的新能源富集地区偏离负荷中心，欧洲的风电资源主要在西北部，水电资源集中在北部和南部，而负荷中心在欧洲中西部。但是，欧洲各国不断加强电网互联，欧盟不断加强和完善能源立法，积极消除国家间的电力贸易壁垒，从跨国双边物理合约、日前市场耦合、日内市场、平衡市场四个方面构建欧洲统一电力市场。这种扩大资源优化配置范围的方式促进了新能源在欧洲更大范围内的自由流动和高效消纳。因此，在 2019 年，欧洲各国总的可再生能源发电占到了欧盟总发电量的 35%；这一比例在 2020 年上半年更是上升到了 40%，超过了化石能源的占比。

我国的电力发展与欧洲具有一定相似性，都把新能源作为能源转型的发展重点，都存在新能源大规模开发、远距离输送的需求。从欧洲新能源消纳的实践来看，推进欧洲统一电力市场，实现各国平衡资源、备用资源共享，促进新能源在更大范围内消纳，是欧洲各国实现新能源高比例消纳的重要保障。鉴于此，我国仍然需要继续加强和加快跨省跨区输送通道的电网建设，完善可再生能源跨省跨区消纳机制，打破省间电力交易壁垒，推进跨省区可再生能源增量现货交易，建立全国统一电力市场，通过市场化的方式来最大可能地消纳可再生能源。

5.4.3 分布式市场逐步发展

近年来，集中式新能源的大规模发展的同时，分布式发电、分布式储能、电动汽车、需求侧响应等分布式资源也得到了更广泛的普及，为应对分布式资源大规模发展，分布式电力市场的建设是电力市场发展的重要环节。分布式电力市场的建设主要包括市场内部的交易匹配、定价及与外部市场的交互协调，同时在机制设计时如何充分利用需求侧响应资源、考虑分布式资源的不确定性、市场主体的数据隐私性及在成本效益外的其他交易偏好等也是需要重点研讨的因素。由于分布式市场中的参与主体数量多，而容量一般较小且分布零散，造成了交易组织困难、实体交易平台构建成本高但盈利低的问题。区块链作为一种具有弱中心化、自治性、可溯源等特点的信息通信技术，可作为分布式交易平台构建的底层支撑技术。在聚合效益的规模驱动下，虚拟电厂利用通信、控制、计算机等技术将独立的分布式资源聚合统一参与分布式或批发式电力市场，利用电力市场加强电力系统供应侧与需求侧之间的协调互动，加强新能源与系统间的相互容纳能力。以电力市场配置电力资源运行为驱动，通过协调、优化和控制由分布式电源、储能、智慧社区、可控工商业负荷等柔性负荷聚合而成的分布式能源集群，并作为一个整体参与电力市场交易及辅助电力系统运行安全，同时提供调峰、调频、紧急控制等辅助服务，进而依据虚拟电厂内部各类分布式资源的贡献度进行利益分配。

近年来，共享经济在全球范围内进行了广泛的商业实践。由于共享经济商业模式具有很强的资源优化配置能力，可以极大地提高社会效益。目前，共享商业模式已经逐步延伸到电力系统领域，以共享储能为代表的共享模式已经取得初步成效，未来随着共享经济与电力系统的深度融合，还将产生更多的共享经济形态。在计算机、通信技术的支持下，可极大地促进分布式能源共享，促进分布式能源资源的就地整合和消纳，提高分布式资源的使用效率，同时可为系统提供必要的产品服务，是现阶段分布式市场发展的一个新方向。

随着分布式资源占比的增加，在分布式交易试点逐步完善和推广的前提下，结合电力市场化的推进，未来电力零售侧市场将呈现以下三方面的趋势：

（1）交易品种扩大。一是随着电力零售侧市场化的推进，除了电量交易以外，电力交易也将逐步成为可能，比如需求侧的就近交易、负荷互济的交易等，这样分布式市场化就自然地过渡到了带有自平衡性质的零售交易市场；二是服务贸易的纳入，比如电力运营维护服务、电能质量服务、电力安全服务等，都将随着电力市场化和客户市场意识的觉醒，被纳入到电力零售侧交易中；三是形成电力零售商之间的电力电量交易，比如负荷集成、更大范围的负荷互济、偏差互济等。

（2）交易推进技术应用。随着电力市场化和零售侧市场的完善，会带来新的技术应用需求和商业模式。一是分布式成本的进一步下降；二是推进储能行业的发展；三是推动能源大数据技术的落地。

（3）交易电子化。我国现有的以省级电力市场为目标的电力交易技术支持系统，在交易品种、交易类型、交易范围、交易对象等方面，都无法对分布式市场化交易和未来的电力零售侧市场的发展构成有效长期支撑，所以未来的电子化电力零售交易平台和交易方式，将会以更为丰富和互联网化的形态出现。一是零售交易电子商务平台的出现，支持海量、小额、大范围的电力电量交易；二是通过引入区块链技术，从电力零售市场化形成的那一刻开始，就形成全新的交易信任和自动合约执行机制；三是能源大数据、人工智能技术与电力零售业务的融合；四是支持跨用户、跨配网的虚拟电厂和更大范围的虚拟电力交易系统出现。

5.5 应用案例分析

5.5.1 案例一

从最简单两节点系统的例子出发，对节点电价进行讨论。如图 5-20 所示两节点系统，首先假设两节点分别为节点 A 和节点 B，节点 A 上机组 G1 的发电容量、出力和负荷分别为 $P_{G1,max}$、P_{G1} 和 P_{L1}，节点 B 上机组 G2 的发电容量、出力和负荷分别为 $P_{G2,max}$、

图 5-20 案例一两节点系统

P_{G2} 和 P_{L2}，AB 节点线路容量为 $P_{AB,max}$，G1 和 G2 机组的报价分别为 C_1 和 C_2。

（1）情景 1。系统在某个时刻的相关参数：$P_{G1,max} = 1200MW$，$P_{G2,max} = 500MW$，$C_1 = 300$ 元/MWh，$C_2 = 500$ 元/MWh，$P_{L1} = 400MW$，$P_{L2} = 600MW$，$P_{AB,max} = 800MW$，则该系统出清结果见表 5-6。

表 5-6　　　　　　　　　　情景 1 出清结果

市场主体	G1	G2	L1	L2	合计
出清量（MWh）	−1000	0	400	600	0
出清价（元/MWh）	300	300	300	300	300（平均）
节点收支（元）	−30 万	0	12 万	18 万	0

情景 1 算例中总体的收支平衡，因此不需要另外分摊或分配市场平衡费用。

（2）情景 2。在情景 1 的基础上改变线路 AB 的最大传输功率，改为 $P_{AB,max} = 400MW$，则系统出清结果见表 5-7。

表 5-7　　　　　　　　　　情景 2 出清结果

市场主体	G1	G2	L1	L2	合计
出清量（MWh）	−800	−200	400	600	0
出清价（元/MWh）	300	500	300	500	420（平均）
节点收支（元）	−24 万	−10 万	12 万	30 万	8 万

从表 5-7 可以看出，输电线路阻塞可以对节点电价产生影响。当 AB 线路发生阻塞时，B 节点负荷 L2 不能完全由节点 A 机组 G1 的便宜电能承担，此时，A 节点的节点电价仍由 G1 定价，节点电价为 0.3 元/kWh；而 B 节点负荷由 G2 定价，B 节点电价为 0.5 元/kWh。因此，情景 2 算例中有 8 万元的阻塞盈余，需要按照一定的规则分配给市场参与者，例如平均分配所有用户或者按照输电权分配给负荷。

（3）情景 3。系统在某个时刻的相关参数如下：$P_{G1,\max} = 300\text{MW}$，$P_{G2,\max} = 300\text{MW}$，$C_1 = 400$ 元/MWh，$C_2 = 500$ 元/MWh，$P_{L1} = 0\text{MW}$，$P_{AB,\max} = 300\text{MW}$。考虑机组 G1 的爬坡能力，设 G1 最大爬坡速率为 40MW/15min，机组 G2 的最小技术出力为 150MW，P_{L2} 是随着时间变化的负荷，在 11：00、11：15、11：30 时刻负荷分别为 200、400、400MW，则系统出清结果见表 5-8。

表 5-8　情景 3 出清结果

时刻	出清电量（MWh）			出清价（元/MW）		
	G1	G2	L2	G1	G2	L2
11：00	−200	0	200	400	500	400
11：15	−240	−160	400	400	500	500
11：30	−250	−150	400	400	500	400

由表 5-8 可以看出，发电爬坡速率会对节点电价产生影响，当低价机组受爬坡约束（比如煤电）时，系统需要调用高价机组（比如气电）快速爬坡，以支撑负荷的变化，因此爬坡时段内将由高价机组定价。当负荷高峰或快速爬升时段过后，低价机组逐渐增加出力，高价机组出力将逐渐压减到最小技术出力，此时高价机组不再定价。

（4）情景 4。两节点系统如图 5-21 所示，$P_{G1,\max} = 300\text{MW}$，$P_{G1,\min} = 0\text{MW}$，$C_1 = 400$ 元/MWh，$P_{G2,\max} = 300\text{MW}$，$P_{G2,\min} = 0\text{MW}$，$C_2 = 450$ 元/MWh，$P_{G3,\max} = 1000\text{MW}$，$P_{G3,\min} = 400\text{MW}$，$C_3 = 500$ 元/MWh，$P_{AB,\max} = 300\text{MW}$；其中，11：00 时机组 G3 处于停机状态，$P_{L2}$ 是随着时间变化

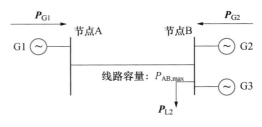

图 5-21　情景 4 两节点系统

的负荷，在 11：00、11：15 时刻负荷分别为 400、650MW，则系统出清结果见表 5-9。

表 5-9　情景 4 出清结果

时刻	出清电量（MWh）				出清价（元/MW）			
	G1	G2	G3	L2	G1	G2	G3	L2
11：00	−300	−100	停机	400	400	450	500	450
11：15	−250	0	−400	650	400	450	500	400

一般情况下，负荷越高，节点电价应该越高，然而，由于燃煤、燃气的火电发电机

组都存在最小技术出力，当负荷变大时，可能需要新增开机，而机组一旦开机，就必须要承担一部分负荷，此时其余机组承担的负荷相对减小，节点电价有可能反而下降。

5.5.2 案例二

这里从最简单的例子出发，对输配电定价问题进行讨论。首先假设成本及准许收益已经核定，电网中只有一条线路的情况。收费途径有容量费和电量费两种。

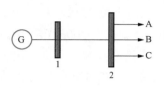

图5-22 简单两节点系统

如图5-22系统中有两个节点1和2，其中1为电源点，2为负荷点。有三个负荷A、B和C，且已知三个负荷的用电曲线。计算不同定价方式下其承担的电网成本的比例。

（1）情景1。假设三个负荷的用电特性一样，均为两个时段：8：00～20：00点为峰时段，20：00～次日8：00为谷时段，负荷曲线如图5-23所示，分摊结果见表5-10。

表5-10　　　　　　　情　景　1　基　本　情　况

时段	A	B	C	合计
峰（MW）	30	50	20	100
谷（MW）	15	25	10	50
分摊比例	0.3	0.5	0.2	1

这个例子中，由于三个负荷的负荷曲线峰谷时段完全一样，所以按照最大负荷收费和按照电量收费，结果都是一样的，即A、B、C的比例分别为0.3、0.5、0.2。

（2）情景2。三个负荷的峰荷用电与情景1一样，但谷荷的用电发生变化，负荷曲线如图5-24所示，分摊结果见表5-11。

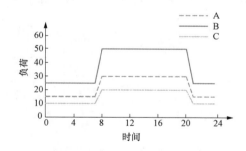

图5-23　情景1下A、B、C负荷曲线

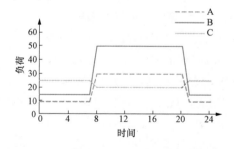

图5-24　情景2下A、B、C负荷曲线

表5-11　　　　　　　情　景　2　基　本　情　况

参数		A	B	C	合计
峰（MW）		30	50	20	100
谷（MW）		10	15	25	50
分摊方案	按峰荷	0.3	0.5	0.2	1
	按电量	0.27	0.43	0.3	1
	分组	0.3	0.41	0.29	1

这个例子中，三个负荷的负荷曲线有较大的差别，按峰荷比例分摊和按电量比例分摊，会有较大的差别。按峰荷比例分摊的结果是 0.3、0.5、0.2；按电量分摊的结果是 0.27、0.43、0.3。

哪种更合理呢？如果将电网看成一种产品，按照市场的原则，谁造成的成本高谁也就应该承担更高的费用。这样看，方案 1 按峰荷比例分摊的方法比较合理。因为电网需要保证系统最大负荷（系统峰荷）情况下的安全运行，电网的规划主要是考虑系统峰荷状态，因此相关成本应该按照各负荷对系统峰荷的影响分摊。实际上，这也是国际上大多数电力市场中输配电定价的基本原则。

假设只有用户 A 安装有智能电表，B、C 只有总电量数据，没有分时负荷数据。如果采用按负荷电量分摊的方式，如何分摊？这种情况下，首先将 B、C 看作一类负荷 M，与 A 按峰荷分摊总费用，即 A 与 M 按照 0.3∶0.7 进行分摊；然后将分给类型 M 的费用再按一定原则分给 B、C。这里，由于 B、C 仅有电量数据，假设 B、C 之间按照电量分配，A、B、C 三个负荷的分摊比例为：0.3、0.41、0.29。从结果看到，相对分摊方案 1，即全部按照峰荷分摊的情况，负荷 C 分摊的输配电费用增多了。这样，如果 C 想要降低其输配电费，就需要安装能够独立计量各时段负荷的智能电表，从而也可以按照负荷峰值收费。

由此看来，输电费用分摊应注意以下原则：

(1) 电网服务具有一定的规模经济性，其投资和定价需要由政府进行管制。

(2) 输配电服务定价的管制包括总准许收益的管制和价格结构的管制（总费用在不同用户之间的分摊），两者都非常重要。

(3) 科学计算不同用户类型应该承担的真实的输配电成本是计算输配电交叉补贴的基础。

(4) 输配电定价的基础是系统峰荷下电网各支路的潮流，输配电成本主要应以各用户对系统峰荷（支路峰荷）的影响为基础分摊。

(5) 在无法按照用户对系统峰荷的影响分摊时（如一些用户没有安装实时电表），可以采用简化的方法，但基本思路是分析其对系统峰荷的影响。

思 考 题

5-1 比较纵向一体、单一买方、趸售竞争和零售竞争四种电力市场结构的利弊。

5-2 分析思考多维度电力市场体系下不同市场的作用意义及相互之间的关系。

5-3 比较挂牌交易与撮合交易的利弊。

5-4 为什么中长期市场能够降低市场交易成本？

5-5 节点电价的经济学含义是什么？

第 6 章

电 气 节 能 技 术

本章首先介绍电气节能技术的意义、原则和分类，然后概述电能质量与节能技术的关系，以及其改善电能质量的常用方法，还列举高效节能电机、变频调速技术、绿色照明系统等典型节能设备、技术原理、应用和发展现状，最后以发电与配电网节能技术、电机变频节能技术、柔性负荷调控与电动汽车智能有序充电以及绿色照明等节能技术的典型案例，充分体现节能技术带来的社会与经济效益。

6.1　电气节能技术的原则和分类

经济社会的可持续发展是建立在能源消耗基础之上，在此过程中必须采取可行的能源利用措施，由此推动能源的可持续发展，为社会经济的进步创造更稳定的条件。反之，如果能源消耗问题没有得到良好的解决，将会引发能源枯竭问题，这也会对经济的发展造成阻碍。从节约能源、保护环境出发，各国已经开展了从发变电、输配电、终端用电等各方面的节能研究工作。节能的重点在工业，而工业节能之关键是抓好电机的经济运行，目前提高电机的效率已成为节能降耗、降低生产成本的重要手段。做好电气节能技术工作对环境保护和可持续发展战略具有积极的意义。

6.1.1　电气节能技术的原则

电气节能技术应遵循以下原则：

（1）安全性原则。在进行电气工程节能设计时，安全是最为重要的因素，有效的安全管理技术尤为关键，必须确保电力系统的安全。一旦发生电气安全事故，不仅会带来经济损失，严重时甚至会对工作人员乃至居民的安全造成影响。

（2）环保性原则。在当前的电气工程设计中，应当引入行业内的先进技术，注重对新技术的利用，充分发挥出节能的价值，在最大程度上提升技术对于各类环境的适用能力，充分彰显新技术的应用价值。

（3）经济性原则。在能源节能技术的研发过程中，需要在国家相关标准的指导下进行，对系统设备的构成作深度分析，以降低电气消耗成本，创造出更好的经济效益。

6.1.2　电气节能技术的分类

（1）优化电网配置。由于发电厂与用户通常分隔两地，所以必须要通过电力网络进行电能输送，即进行输电与配电。在电能输送过程中，必然存在损耗问题。如果采取一定措施，可以降低和避免部分损耗，如无功电流以及谐波引起的电能损耗，所以在电网运行时抑制谐波，同时进行无功功率的补偿，可以有效地降低损耗。对于谐波的抑制，电网侧的主要措施可以提高母线的短路容量，同时在电网中加入有源滤波装置，可有效消除特定次数谐波。对于整个电网中的负荷，由于电机、变压器等器件的大量存在，负荷基本都呈现出感性，且需要吸收大量的无功功率，这就导致无功电流在电网中传输，进而形成损耗。但是这部分无功功率可以进行就地补偿，从而避免其传输带来的损耗。对于无功功率的就地补偿，其中最简单的做法就是并联电容器，因为电容性负载可以发出无功，可避免无功电流在电网中远距离传输带来线路损耗。针对以上两个方面进行电网参数的优化，有助于减少网络线路损耗，电气节能效果显著，且提高了电能质量。

（2）变压器节能设计。变压器是电力系统中的关键设备之一。由于变压器广泛存在于电力网络中，所以损耗也贯穿于整个变压器运行过程。变压器内的损耗主要分为铁损和铜损。变压器工作时，变压器两端需要经过磁场进行耦合，才能进行电压等级的转换，而在磁场生成后，由于电磁感应效应，会在变压器铁芯内产生涡流，其发热所带来的损耗即为铁损。铜损则是由于变压器内部绕组的自身阻抗所带来的损耗。这些损耗均是由变压器的结构以及原理所带来的，不可避免，只能降低。由于变压器损耗占据全网损耗的 1/10，所以降低变压器损耗势在必行。对于铁损，主要发生在变压器的铁芯内部，主要是由于磁滞以及涡流所形成，所以当今的节能变压器主要采用非晶态磁性材料。由这种材料制作而成的变压器铁芯具有低噪声、低损耗等特点，其铁损仅为传统硅钢变压器的 1/5，电气节能效果显著，极具应用前景。

（3）照明节能。在人们的生活工作中，灯具照明是不可缺少的，照明一类负载在电网中占据相当的比例，因此对于照明节能问题必须重视。

一方面，科研人员需要不断地设计开发新型的节能灯具，从原理结构上降低其自身损耗。例如，从传统的钨丝灯泡发展到日光灯、LED 灯等，由于有效地抑制了发热，冷光更具节能效果。另一方面，在灯具的使用中，往往由于排布、照明时间等原因造成大量浪费，从这个角度出发，本章主要探究了如下三点：

1）应该充分利用自然光，在自然光充足的前提下，避免对灯具的使用。这就给建筑设计提出了要求，即室内采光效果要好，白天大部分时间自然光能够满足照明要求。对于自然光照明不好的时间段或者地方，应该采取自然光和灯具照明结合照明的方法。照度、色温的组合效果如图 6-1 所示。

2）应该根据不同场合有不同的照明要求，采取不同的照明灯具。例如，室内大多采用日光灯具，室外多

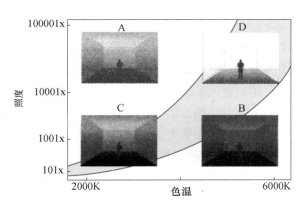

图 6-1　照度、色温的组合效果

采用钠灯。常用的照明光源种类如图 6-2 所示。

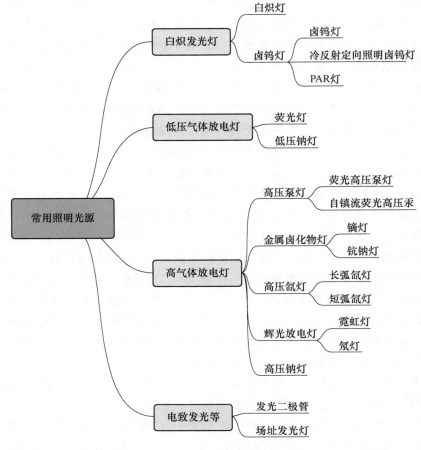

图 6-2 常用照明光源种类

3）对于人流量较少的地方，照明应该根据个体活动进行智能照明，即有人时进行适当照明，人离开后结束照明，达到节能的效果，如声控、红外开关等方式。

（4）空调节能。空调属于普通居民的大功率电器，人们比较关注其节能问题。针对空调的设备选型匹配控制，进行负荷计算，使得泵机与终端设备匹配，减少浪费，提高效率。由于水泵耗电量占空调用电的 1/3，水泵节能设计也是设计者们非常关心的切入点。空调的送风系统也值得关注，在达到相同的室内制冷（制热）效果下，可根据热动力学、流体力学等方面知识设计新型的送风系统，使得空调处理的空气及时到达室内下层，提升人体感知效果，有效节约电能。

6.1.3　节能验证与评估技术

（1）节能量测量与验证技术。通过收集和测量项目改造前后的能耗参数并进行比对分析、计算，进行定量分析，最终确认项目节能效果。计算节能量需要将改造措施对能耗的影响与同期其他变化对能耗的影响区分开，即必须通过引入调整量来消除改造前和改造后运行工况的差异对能耗的影响，而不仅仅限于简单比较改造措施实施前后的能源消耗量。

国际能效评估组织制定了《国际节能效果测量和验证规定》（IPMVP），介绍了节能量测量、计算和报告的通用方法，提炼出四种选项方法来确定节能量，即测量部分参数，测量全部参数，分析公用事业（水、电、瓦斯、燃油等）仪表的数据，比较不同模型。GB/T 28750—2012《节能量测量和验证技术通则》规范了相关术语，提出节能量测量和验证的基本原则、主要内容和技术要求，提出了三种基本方法，即"基期能耗—影响因素"模型法、直接比较法、软件模拟法。

（2）电网电能效率评估技术。对指定范围电网的损耗进行综合评价，依据评价结果优化节能方案；在全面分析电网输配电损耗影响因素的基础上，基于现代综合评价理论对电网能效水平进行横向（同一时期的多个电网）或纵向（同一电网的不同时期）比较，反映被评价电网的整体能效水平，并从不同侧面刻画其损耗分布特征。电网电能效率评估技术基于电网各类损耗构成及影响因素设计指标，再结合指标的贡献程度赋予其适当的权值，获得计算评价值，通过评价值排序或比较分析，完成对电网电能效率的评价。

分布式电源、储能系统、电动汽车以及电力电子设备接入电网，荷源协同运行等电力需求侧技术在不断发展，使得影响现代电网损耗的因素繁多而复杂，电网电能评估考虑的因素不断增多，多因素之间的交互作用进一步增加了应用难度。

基于上述评估技术构建的能效评估辅助决策系统已成功用于河南、甘肃和西藏等地的电网，取得显著的节能效果和经济效益。该系统重点应用在 10kV 及以下电压等级电网，评估结果用于支撑能效对标、能耗诊断、方案优选等线损管理工作。

6.2　电能质量与节能

电能质量与节能的关系，可以从电能质量与节能效益和节能技术两方面介绍。

（1）控制电能质量带来的节能效益。在各种控制电能质量的措施中，能带来节能效益的主要有两种：谐波治理技术和无功补偿技术。

1）谐波治理带来的节能效益。谐波会在电网和各种电气设备（旋转电机、变压器等）上造成大量谐波功率损耗，高次谐波分量比低次谐波分量更容易造成损耗，但电网中高次谐波含量一般远低于低次谐波，谐波损耗主要还是由低次谐波造成。因此，采用各种谐波治理措施消除公用电网谐波，可有效降低谐波功率损耗，带来重大节能效益。

2）无功补偿措施带来的节能效益。功率因数是供用电系统的一项重要技术经济指标，用电设备在消耗有功功率的同时，还需大量的无功功率由电源送往负荷，功率因数反映的是用电设备在消耗有功功率的同时所需的无功功率。对于农村用电负荷来说，主要是一些小型加工业及照明负荷，其中大部分设备为感性负载，其功率因数都很低，影响了线路及配电变压器的经济运行。通过合理配置无功功率补偿设备来提高系统的功率因数，从而达到节约电能、降低损耗的目的。

（2）节能技术对电能质量的影响。一是各种节能设备的使用有可能恶化电网电能质量，二是各种扩展节能技术的使用也会导致电能质量变差。如并联电容补偿装置参数配置不合理引起的电网谐振，分布式发电技术引起的电网电压和电流的畸变等。

目前得到广泛使用的节能设备有节能灯具、高效率空调和热泵、高效率电动机以及高效率烘干机等，它们都使用了电力电子变流技术。

6.2.1 电能质量治理控制与节能效果

1. 电压偏差及其调节

（1）电压偏差。电压偏差 $\Delta U\%$ 是指电网实际电压 U 与额定电压 U_N 之差对额定电压的百分数，即

$$\Delta U\% = \frac{U - U_N}{U_N} \times 100\% \tag{6-1}$$

式中：U 为实际电压；U_N 为额定电压。

电压偏差主要是正常的负荷电流或故障电流在系统各元件上流过时所产生的电压损失所引起的。实际电压偏高或偏低，对运行中的电气设备会造成不良影响。

（2）变压器对电压偏差的影响。变压器对电压的影响主要是指其分接开关选择而引入的电压偏差量。变压器对电压偏差的影响如图 6-3 所示，计算式为

$$\delta U\% = \frac{U_{20} - U_{N2}}{U_{N2}} \times 100\% = \left(\frac{U_{N1} U_{T2}}{U_f U_{N2}} - 1 \right) \times 100\% \tag{6-2}$$

式中：U_{20} 为线路末端空载时的电压；U_{N1} 为 N_1 节点的电压；U_{N2} 为 N_2 节点的电压；U_f 为反馈电压；U_{T2} 为变压器二次侧电压。

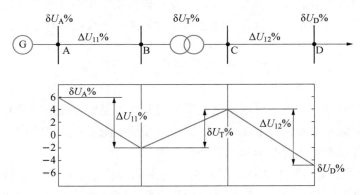

图 6-3　变压器对电压偏差的影响

变压器中的电压损失计算式为

$$\Delta U_T\% = \frac{P R_T + Q X_T}{U_N^2} \times 100\% \tag{6-3}$$

式中：P 为变压器有功功率；Q 为无功功率；R_T 为变压器等效电阻；X_T 为等效电抗。

变压器带负荷时二次侧电压为

$$U_2 = (U_1 - \Delta U_T\% U_{N1}) \frac{U_{T2}}{U_f} \tag{6-4}$$

当变压器一次侧分接头所加电压为额定电压时，由变压器本身所产生的总电压偏差

量为

$$\delta U_{\mathrm{T}}\% = \frac{U_2 - U_{\mathrm{N2}}}{U_{\mathrm{N2}}} \times 100\% = \delta U_{\mathrm{f}}\% - \Delta U_{\mathrm{T}}\% \tag{6-5}$$

（3）电压偏差的调节。GB 12325—2008《电能质量　供电电压偏差》中规定，供电部门与用户的产权分界处或供用电协议规定的电能计量的最大允许电压偏差为：35kV及以上供电电压，电压正、负偏差绝对值之和为 10%；10kV 及以下三相供电电压为±7%；220V 单相供电电压为+7%或−10%。电压偏差的调节方法有两种：

1）对中枢点的电压进行监视和调节。中枢点调压方式主要有两种方式：常调压，不管中枢点的负荷怎样变动，都要保持中枢点的电压偏差为恒定值；逆调压，在最大负荷时，升高母线电压，在最小负荷时，降低母线电压。

2）对于电力用户的供配电系统进行监视和调节。这主要从两方面入手，一方面减小线路电压损失，另一方面合理选择变压器的分接开关。

2. 电压波动和闪变及其抑制

（1）电压波动和闪变的基本概念。电压波动是指电压在电网系统中作快速短时的变化。电压波动值，以用户公共供电点的相邻最大与最小电压均方根值之差对电网额定电压 U_{N} 的百分值表示，即

$$d = \frac{U_{\max} - U_{\min}}{U_{\mathrm{N}}} \times 100\% \tag{6-6}$$

式中：$U_{\max}$ 和 $U_{\min}$ 分别表示用户公共供电点的相邻最大与最小电压均方根值。

闪变是指人眼对灯闪的主观感觉。引起灯光（照度）闪变的波动电压，称为闪变电压。

（2）电压波动值的估算。

a. 已知三相负荷的有功和无功功率变化量 ΔP 和 ΔQ，则电压波动值为

$$d = \frac{R_\Sigma \Delta P + X_\Sigma \Delta Q}{U_{\mathrm{N}}^2} \times 100\% \tag{6-7}$$

式中：R_Σ、X_Σ 分别为电网的等值电阻和等值电抗。

b. 在高压电网中，由于 $X_\Sigma > R_\Sigma$，因此电压波动值估算为

$$d \approx \frac{\Delta Q}{S_{\mathrm{k}}} \times 100\% \tag{6-8}$$

式中：S_{k} 为三相负荷的视在功率。

（3）电压波动和闪变的抑制。抑制电压波动和闪变的主要措施有：采用合理的接线方式，对负荷变化剧烈的大型设备采用专用线或专用变压器供电，提高供电电压，减少电压损失，增大供电容量，减少系统阻抗，增加系统的短路容量等。在系统运行时，也可以在电压波动严重时切除引起电压波动的负荷。

另外为了减少无功功率冲击引起的电压闪变，国内外普遍采用一种静止无功功率补偿置（SVC）进行无功功率补偿。SVC 由特殊电抗器和电容器组成，是一种并联连接的无功功率发生器和吸收器。SVC 有自饱和电抗器型（简记为 SR）和晶闸管控制电抗器型（简记为 TCR）两种。SVC 具有调节快速、功能多样、可靠性高等优点。

3. 高次谐波及其抑制

（1）高次谐波的产生与危害。谐波是一个周期电气量的正弦波分量，其频率为基波频率的整倍数，也称为高次谐波。典型谐波源分为含半导体非线性元件的谐波源、含电弧和铁磁非线性设备的谐波源两大类。谐波对所有连接于电网的电气设备都有不同程度的损害，如使设备过热，加速设备绝缘老化等。谐波对继电保护、电能计量精度以及通信质量也有影响。

（2）谐波的评价估算。第 h 次谐波电压含有率和第 h 次谐波电流含有率为

$$\text{HRU}_h = \frac{U_h}{U_1} \times 100\% \qquad (6-9)$$

$$\text{HRI}_h = \frac{I_h}{I_1} \times 100\% \qquad (6-10)$$

式中：U_h 为第 h 次谐波电压；U_1 为基波电压；I_h 第 h 次谐波电流；I_1 为基波电流。

谐波电压总含量 U_H 和谐波电流总含量 I_H 计算式分别为

$$U_H = \sqrt{\sum_{h=2}^{\infty} U_h^2} \qquad (6-11)$$

$$I_H = \sqrt{\sum_{h=2}^{\infty} I_h^2} \qquad (6-12)$$

电压总谐波畸变率 THD_U 和电流总谐波畸变率 THD_I 分别为

$$\text{THD}_U = \frac{U_H}{U_1} \times 100\% \qquad (6-13)$$

$$\text{THD}_I = \frac{I_H}{I_1} \times 100\% \qquad (6-14)$$

谐波电压限值及谐波电流允许值的规定可参考 GB/T 14549—1993《电能质量　公用电网谐波》。

（3）并联电容器对谐波的放大及抑制方法。一方面由于并联电容器谐波阻抗小，系统高次谐波电压会在其中产生明显的高次谐波电流，使电容器过热，严重影响其使用寿命；另一方面电容器的切入使用也可能引起系统谐波严重放大。

适当选择电容器的参数，防止出现过电流和过电压，同时兼顾无功补偿的要求和消除谐波放大，可在电容器支路串联电抗器，使电容器回路在最低次谐波频率下呈现出感性，其电抗器电抗为

$$X_{LR} = (1.3 \sim 1.5) \frac{X_C}{h_{\min}^2} \qquad (6-15)$$

式中：X_C 为容抗；X_{LR} 为电抗器电抗；$h_{\min}$ 为系统系数。

例如，对于整流装置，$h_{\min} = 5$，可取 $X_{LR} = (5\% \sim 6\%) X_C$；对于含有 3 次谐波的系统，可取 $X_{LR} = (12\% \sim 13\%) X_C$。

（4）高次谐波的抑制。高次谐波的抑制方法如下：

1）增加整流装置的相数。增加整流装置的相数可以完全或大部分地消除幅值较大的低次谐波。

2）装设无源电力谐波滤波器。无源电力谐波滤波器由电力电容器、电抗器和电阻器按一定方式连接而成。常见形式的无源电力谐波滤波器原理接线如图 6-4 所示。

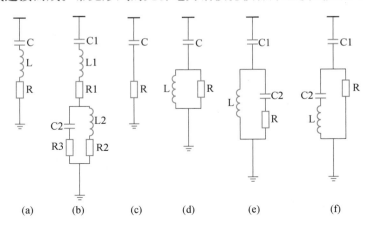

图 6-4　无源电力谐波滤波器原理接线图

（a）单调谐滤波器；（b）双调谐滤波器；（c）一阶高通滤波器；
（d）二阶高通滤波器；（e）三阶高通滤波器；（f）C 形高通滤波器

3）装设有源电力滤波器。有源电力滤波器分并联型和串联型两种，实际应用中多为并联型。并联型有源电力滤波器是一种向电网注入补偿谐波电流，以抵消负荷中谐波电流的滤波装置，其主要电路由静态功率变流器（逆变器）构成，故具有半导体功率变流器的高可控性和快速响应性。

4．供电系统的三相不平衡及补偿措施

在三相供电系统中，当电流和电压的三相相量间幅值不等或相位差不为 120° 时，则三相电流和电压不平衡。供电系统的三相不平衡主要是由三相负荷不对称所引起的。电流和电压不平衡现象有短时的（一相不对称短路、断线等），也有持续的（一相非对称运行方式、非对称负荷等）。三相不平衡对供用电设备将带来危害，主要表现为负序电压在电机中产生反向转矩从而降低电机的有用输出转矩，变压器容量不能充分利用，整流装置会产生较大的非特征谐波，进一步影响电能质量。

三相不平衡程度通常用不平衡系数表示。电压、电流的不平衡系数分别为

$$\varepsilon_U\% = \frac{U_2}{U_1} \times 100\% \tag{6-16}$$

$$\varepsilon_I\% = \frac{I_2}{I_1} \times 100\% \tag{6-17}$$

式中：U_1、U_2 分别为正、负序电压；I_1、I_2 分别为正、负序电流。

三相不平衡的补偿，将单相负荷平衡地分布于三相中，同时考虑到用电设备功率因数的不同，兼顾有功功率与无功功率均衡分布。在低压系统中，各相安装的单相用电设备，其各相之间容量最大值与最小值之差不应超过 15%。

5．供电系统的无功功率补偿

无功补偿装置的装设位置在用户供电系统中，有三种方式，即高压集中补偿、低压集

中补偿和分散就地补偿（个别补偿），如图 6-5 所示。

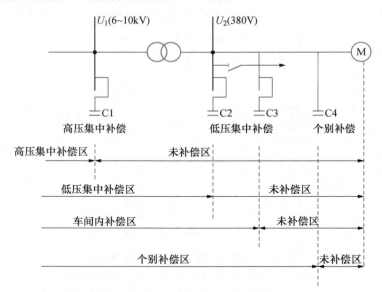

图 6-5　无功补偿装置的装设位置

6.2.2　节能设备与技术

1. 复合绕组高效节能电机

传统笼型电机的启动电流较小，而启动转矩较大，但其运行效率较低。因此传统笼型电机都是用牺牲运行性能来提高启动特性，虽然其启动特性有所提高，但运行性能却比绕线转子电机差得多。显然，这样的电机从启动和运行性能看，未能取代有集电环和电刷的绕线转子电机。如何做到既取消传统绕线转子异步电机的集电环和电刷，又能保持传统绕线转子异步电机同时兼有高启动特性和高运行效率的优越性，是一个难题。正因为如此，带集电环和电刷的传统绕线转子异步电机，从诞生到现在已有一百多年的历史，至今仍在国内外广泛应用。此外，由于当前国内外生产的传统绕线转子异步电机的启动转矩也并不是很大，在许多场合下也往往不能满足生产和应用的需要。因此，从实际需要出发，并且要求做到既取消传统绕线转子异步电机的集电环和电刷，又能进一步提高其启动转矩。针对上述情况，科研人员发明了新型无集电环、无电刷装置的绕线转子高效节能和复合绕组异步电机。

该新型高效节能电机采用复合绕组设计，把定子绕组结构和转子绕组结构看成一个有机整体，转子绕组结构的改变与定子绕组结构的改变紧密配合，互相呼应，通过调整设计参数可以满足不同负载的启动要求。其主要特点如下：

（1）采用了定子绕组变极启动技术和转子复合绕组技术，取消了绕线转子的电刷、集电环，电机启动控制简便，无须其他附加启动设备。

（2）与传统绕线转子电机的启动性能相比，该系列电机独特的转子复合绕组设计技术保证了电机启动时在较小的启动电流下提供较大的启动转矩，体现了高启动特性、高运行性能和高可靠性。

（3）在结构上取消了传统绕线电机的电刷、集电环装置，很大程度地降低了电机的故障率及维修费用，可靠性、效率及系统的综合节电率都大大提高，节能显著。

（4）启动过程中启动电流大大降低，并且转子绕组发热均匀，代替传统的定型电机后，可解决笼型电机转子断条及转子端环断裂等类似问题。

2. 塔机专用变极调速电机

为了提高塔机起升机构的运行效率，$60 \sim 120 N \cdot m$ 的塔机起升机构越来越多地采用绕线转子变极调速的三相异步电机。这种电机的主要特点是可以在转子回路中串入外接电阻来有效地限制启动或变极切换时的冲击电流，同时也能保证足够大的启动或变极切换转矩。但是，绕线变极转子绕组与笼型转子绕组不同，它有确定的极数，变极时其转子极数不能随定子极数自动改变。近几年来，国内的电机制造厂家均进行了大量的研制工作，目前这种电机的转子绕组有两种结构形式。一种是采用多集电环（6 个或 5 个），转子绕组为单绕组倍极比调速绕组，或两套独立绕组，这种转子绕组结构虽然有效地控制启动或变极切换时的冲击电流，但转子绕组至少需要 6 根引出线经集电环接至控制设备，必须要加装 3 个（或 2 个）集电环，这样不但改变了原有的转子结构，而且过多的引出线也会使变极换接装置过于复杂。另一种是采用 3 集电环转子结构，这种结构型式通常设计成：一种极数下为绕线转子特性，绕组处于自动短路状态，外串电阻不起作用。这种转子结构虽然简单，但当转子为笼型转子特性时，变极切换冲击达 $5 \sim 6$ 倍的额定电流，而启动转矩或变极切换转矩却很小，不能满足塔机对电机的性能要求。

塔机专用异步电机定子接线控制按星 - 三角变极，转子绕组采用复合绕组技术，只需 3 个集电环，其中一种极数下和普通绕线转子电机一样，转子可串入外接电阻，另外的极数下则能自动呈现较高阻抗，因此，无论在高速极直接启动还是在低速极直接启动，或是低速极向高速极切换运行等工况下，冲击电流均较小。其运行特点为：

（1）变极切换冲击电流小，即使频繁作业，按常规选配控制回路的主接触器仍能长期安全可靠地运行；

（2）变极切换装置简单，定子接线控制按星—三角变极，转子控制同单速绕线转子完全一样，无须任何变极切换装置；

（3）变极切换时机械冲击小，调速过程平稳；

（4）塔机的运行效率提高。

3. 无刷双馈调速电机

无刷双馈电机是一种新型的，同时具有同步电机和异步电机特点的交流调速电机，其结构和运行原理与传统的交流电机有较大的差别。无刷双馈电机是一种结构简单、坚固可靠、异同步通用的电机，可在无刷情况下实现双馈。无刷双馈电机的定子上具有两套极数不同的对称三组绕组，分别称为功率绕组和控制绕组，转子采用笼型或磁阻型的结构，取消了电刷和集电环。通过电机转子的磁动势谐波或磁导谐波对定子不同极数的旋转磁场进行调制来实现电机的机电能量转换。如果改变控制绕组的连接方式及外加电源的频率、幅值和相位，可以实现无刷双馈电机的多种运行方式。无刷双馈电机的运行系统如图 6 - 6 所示。n_1、n_2 分别为功率绕组和控制绕组的同步转速，取值与无刷双馈电机的极对数组合有关。

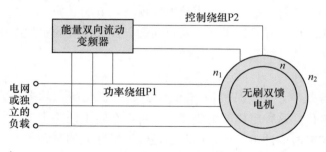

图 6-6　无刷双馈电机运行系统图

无刷双馈电机拥有一些非常显著的优势：相比有刷双馈电机而言，它去除了电刷，使得系统更加可靠；当电机变速运行时可提供较高的功率因数，并且控制用变频器所需提供的容量远小于全功率逆变所需的容量，这就显著降低了变速驱动系统的成本。

无刷双馈电机作电机运行时，它的转速只由通电频率以及两套绕组的极对数决定而与负载无关，这一点类似于同步电机，所以它的机械特性很硬。无刷双馈电机作发电机运行时，随着转速或负载的变化，只要调节控制绕组的电压或电流就能维持功率绕组端频率和发电电压恒定。无刷双馈发电机的这一特点可使其应用在船用轴带发电领域，同样的，控制所需的变频器容量要小于电机本身的容量。由于发电机和船用的主发动机同轴相连，而轮船在行进过程中不仅发动机转速在随时变化，而且与发电机功率端相连的负载也会经常改变，故为了维持电机恒频恒压发电，要求该发电系统拥有快速的动态响应性能。

另外，风力发电也是无刷双馈电机将来可能大规模应用的领域。目前，有刷双馈电机因为其较低的变频器容量以及较高的功率因数等优势，已经在风力发电领域有着广泛的应用。而无刷双馈电机不仅拥有有刷双馈电机的优势，并且还实现了无刷化运行，大大增加了整套发电系统的可靠性，特别适用于远离海岸的风力发电场，它可以显著减少系统维护的次数并节约大量维护费用。

无刷双馈电机还可应用于大功率水泵的驱动，作电动机运行时拥有较宽的调速范围并且可实现精确的速度控制，同时还降低了变频器的容量。而且对流体负载高而需要一个较低的启动转矩，这恰巧是无刷双馈电机的启动特点。

然而，相对于传统的异步电机而言，在同容量的条件下，无刷双馈电机的成本会高于常规电机。主要是因为无刷双馈电机的转子结构比较复杂，生产和制造工艺较常规电机繁琐。而且在输出同样大小转矩的条件下，无刷双馈电机的体积也会略大于常规电机。对于这些缺点，只要能够将无刷双馈电机应用在一些恰当的领域，充分发挥它的优势，其产生的经济效益会远大于电机本身多出来的生产成本。

无刷双馈电机采用变频调速系统具有以下突出优点：通过变频器的功率仅占电机总功率的一小部分，可以大大降低变频器的容量，从而降低调速系统的成本；功率因数可调，可以提高调速系统的性能指标；与有刷双馈和串调系统相比，取消了电刷和集电环，提高了系统运行的可靠性；即使在变频器发生故障的情况下，电机仍然可以运行于异步电机状态下；电机的运行转速仅与功率绕组和控制绕组的频率及其相序有关，而与负载转矩无关，因此电机具有硬的机械特性。无刷双馈调速电机兼有笼型、绕线转子异步电机和电励磁同步电机的共同优点。通过简单地改变控制绕组的连接与馈电方式，可以方便地实现自启动、异步同步和双馈等多种运行方式，既具有良好的启动特性，又具有优良的运行性能。无刷双馈电机作为变速恒频交流发电机，应用于水力或风力发电系统时，可以大大提高发电系统的可靠性。无刷双馈电机作为交流励磁发电机，可以实现变速恒频恒压运行，特别适合于多极低速水力或风力发电系统。在对无刷双馈电机的研究取得重大进展和突破之后，将其用于抽水蓄能电站机组以取代绕线转子异步电机，从而提高电机的运行可靠性。对无刷双馈电机的研究和开发可望有效解决制约传统交流电机及其调速系统发展的某些关键技术问题，以及水力、风力发电系统的变速恒频问题。

　　4. 永磁同步电机

　　永磁同步电机可分为调速永磁同步电机和异步启动永磁同步电机。调速永磁同步电机采用变频电源供电，电机转速在稳定运行时与电源频率保持恒定的关系，可直接用于开环的变频调速系统。这类电机无须电刷和换向器，结构简单、维护方便，高效率和高功率因数的优点可降低配套变频电源的容量要求。调速永磁同步电机一般由变频器频率的逐步升高来启动，转子上无须设置启动绕组。调速永磁同步电机又包含矩形波电流驱动和正弦波电流驱动的两种类型。前者的供电电流波形为矩形波，反电动势波形近似为矩形波或梯形波，称为矩形波调速永磁同步电机；后者的供电电流波形和反电动势波形都为正弦波，称为正弦波调速永磁同步电机。在结构上二者是基本相同的，定子电枢一般用三相对称的绕组，转子上安装永磁体。常见永磁转子结构主要有表贴式和内置式两大类，如图 6-7 所示。

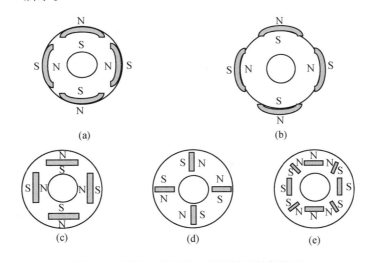

图 6-7　调速永磁同步电机的转子结构类型
（a）表贴插入式；（b）表贴凸出式；（c）内置切向式；（d）内置径向式；（e）内置混合式

　　（1）表贴式结构。表贴式结构又分为插入式和凸出式，前者属于隐极转子结构，后者为凸极转子结构。

　　（2）内置式结构。内置式结构一般都是隐极转子，根据永磁体磁化方向与转子旋转方向的关系，分为径向式、切向式和混合式。

　　调速永磁同步电机加上转子位置闭环控制系统构成自同步永磁电机，既具有电励磁直流电机的优异调速性能，又实现了无刷化，非常适用于要求高控制精度和高可靠性的场合。目前研制的钕铁硼永磁同步电机及其驱动系统具有调速范围宽、恒功率调速比高的优点，是数控机床、精密机械、航空航天、机器人、家用电器和计算机外围设备等领域的理想之选。近年来随着新能源电动汽车产业的快速发展，具有体积小、效率高、调速性能优异等特点的调速永磁同步电机成为车用电机系统的首选方案。

5. 电机变频调速技术

近年来，变频调速技术一直是交流传动领域的研究热点。变频调速技术一直是国内外学者公认的发展最为迅速的技术之一。它将电机、电子、自动控制及微电子等技术紧密地联系在一起。

（1）基本原理。电机的转速与电源的频率成正比，通过变频装置将电网 50Hz 的固定频率转换为可调频率，即可实现交流电机无级调速。为使电机变频时磁通保持一致，则

$$\Phi = \frac{U}{4.44fK_1N_1} \tag{6-18}$$

式中：Φ 为定子磁通；K_1 为定子绕组系数；N_1 为定子绕组匝数。

必须保证（定子输入）U/f 按一定比例变化，如图 6-8 所示。因此，变频调速又有变压变频调速（即 VVVF）之称。变频方式分为交—直—交变频和交—交变频两大类型。交—直—交变频方式又有电压型、电流型和脉宽调制型三种类型，均由整流器、滤波器和逆变器所组成。交—交变频和交—直—交变频的主要特点如表 6-1 所列。

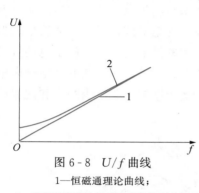

图 6-8　U/f 曲线
1—恒磁通理论曲线；
2—带低频磁通补偿的恒磁通控制曲线

表 6-1　　　　　　　　　交—交变频和交—直—交变频器的特点

项目 ＼ 变频器类别	交—交变频	交—直—交变频
换能形式	一次换能，效率较高	两次换能，效率略低
换流方式	电源电压换流	强迫换流或负载换流
装置元件数量	元件较多，元件利用率低	元件较少，元件利用率较高
调频范围	最高频率为电源频率的 1/3～1/2	频率调节范围宽，不受电源频率限制
电网功率因数	较低	移相调压、低频低压时功率因数低；用斩波或脉宽调压则功率因数高

采用变频器改变异步电机的供电频率，可以改变其同步转速，从而实现异步电机的精确调速控制，调速范围大，静态稳定性好，运行效率高，使用方便，可靠性高且经济效益显著，所以已经在生产和生活中得到广泛的应用。

（2）变频器供电对异步电机的影响。异步电机在变频器驱动下其运行性能发生了很

大变化。变频调速异步电机与传统异步电机的不同之处在于：在标准正弦供电情况下，异步电机的机械特性可以认为是一条固定的曲线，但是对于变频器驱动下的异步电机，由于变频调压的作用，E_1、f_1 都将发生变化，因此变频调速异步电机的机械特性是一个与 E_1、f_1 有关的曲线簇。通过调节变频器的输出电压和频率，可以得到不同的转矩。标准正弦供电情况下，由于电压与频率是恒定的，所以电机处于恒磁通运行状态；而在变频器驱动下的异步电机，由于电压和频率可以改变，所以主磁通也随之改变。这样，电机的性能也会随之改变，影响到电机的效率、功率因数、铁损耗、铜损耗、热负荷等性能参数。在标准正弦驱动下，可以忽略电源的高次谐波影响，然而变频电机在设计及分析中就要充分考虑电源高次谐波的影响。因为变频器输出中含有大量的高次谐波，这些谐波分量造成电机的损耗增加、效率降低。此外，变频器的使用也对电机的绝缘结构提出了更高的要求。

6.3　应用案例分析

6.3.1　发电节能技术案例

1. 发电节能技术项目背景

（1）发电节能技术改造前系统状况。自投产以来，大唐洛阳热电有限责任公司 6 号锅炉的双进双出磨煤机分离器的堵塞问题就一直存在，分离器堵塞后导致磨煤机出力下降，煤粉细度增大，对锅炉燃烧的稳定性、安全性和经济性产生了严重影响。为了减轻分离器堵塞带来的不利影响，要求运行人员及时进行处理，但由于作业环境恶劣，处理次数较为频繁，使得检修人员的劳动强度大大增加。该设备的运行及检修问题成为生产中的主要问题之一。

（2）发电节能技术改造前用能系统存在的问题。双进双出磨煤机分离器堵塞通常会造成以下几个主要问题：

1）煤粉细度变粗，煤粉均匀性指数降低，造成锅炉灰、渣含碳量升高和排烟温度升高。

2）制粉系统阻力增大，一次风机电耗增加。空气预热器烟气侧与一次风侧压差增大，使空气预热器漏风率增大，造成引风机电耗增大。

3）由于分离器堵塞后一次风机压头升高和工作点抬高，容易造成一次风机工作点落入不稳定区域，造成两台一次风机抢风或失速，严重时引起一次风机喘振。

4）人工清理工作量大，现场工作环境差，现场粉尘污染很严重，当机组负荷很高时停磨清理往往无法实现。

2. 发电节能技术项目设计

（1）发电节能技术原理。对入口挡板、内锥筒、回粉管等部位进行改造，如图 6-9 所示。其特点是改造简单，费用较低。

技术改造后可大幅缓解分离器堵塞，延长分离器的清理周期，彻底解决内锥贯通问题。改造后磨煤机出力不受影响，煤粉细度及均匀性得到改善，能降低锅炉灰渣含碳

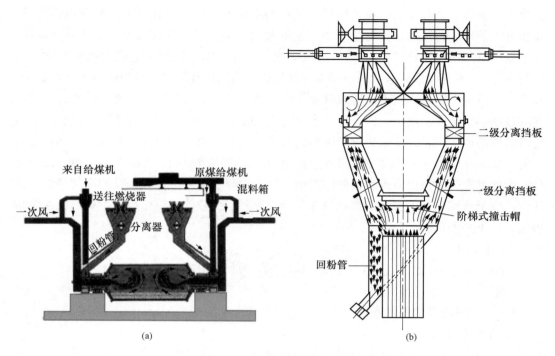

图 6-9　发电系统技术原理图

（a）风和煤的流向图；（b）分离器放大图

量，有效提高了机组运行的经济性。

该项目适用于采用双进双出磨煤机的大型火力发电企业，技术成熟，可行性好，改造后可达到预期效果。

（2）发电节能技术方案。

1）节能改造技术方案。节能改造原则为改造工作量小、费用低，能适应不同高度的一次风管布置，同时解决分离器三个部位的堵塞。

a. 防止出口挡板堵塞的改造。涉及三个方面：①去除分离器内锥吊挂杆，改变内锥的固定形式，内锥筒由原来的吊挂方式改为内外筒体间支撑形式，使挡板之间的间隔增大，消除原来方式吊挂杆阻挡杂物的基础。②折向挡板向外延长至内锥筒上端面外沿，使上端面无法对挂在挡板端部的杂物形成支撑。③挡板数量及长度按数值模拟确定，挡板数量及尺寸按原设计或数量减少 1/3，长度加长 50% 两种工况模拟，根据数值计算结果确定分离器性能（包括细度、分离效率、煤粉均匀性指数，通过数值模拟确定）。分离器内锥下部内锥筒与外筒的环形通道倾斜一定角度加装轴向挡板，对杂物进行预分离，使大块的杂物通过下级轴向挡板分离出来，落入回粉管，减少上部折向挡板处的杂物数量（轴向挡板的大小、角度、数量和安装高度通过数值模拟确定）。下级轴向挡板对杂物的分离作用有两种，即不同挡板角度对杂物分离的影响（通过数值计算）和不同挡板高度对杂物分离的影响（通过数值计算）。

b. 内锥回粉形式改造。将原内锥回粉锁气器拆除，将内锥筒回粉通过管子斜向引出至分离器外筒外，然后通过一外置重锤斜板锁气器与回粉管相连，保留原内锥锁气器下部的倒锥型分流器。内锥筒引出管的角度大于煤粉安息角，在 45°以上，使内锥回粉流动性良好。

c. 回粉管及锁气器改造。将原回粉管及锁气器一并拆除，用回粉管进行替代增大加大了通流截面积，用外置重锤斜板锁气器替代原内置式锁气器，通流截面增大后杂物不易堵塞，即使出现堵塞，不停摩擦活动锁气器外部重锤即可进行疏通。改造时锁气器下移，增大锁气器上部料位高度，并对斜板锁气器进行改进设计，将锁气板开口端设置在回粉管下端面，增大锁气板的重力力矩使动作更加可靠，为消除回粉管内表面水分的凝结，将回粉管增设保温。

2）技术方案实施的要求。该方案针对使用双进双出磨煤机的大型火力发电厂，解决了在运行中易发生磨煤机处理不足、频繁出现分离器堵塞并由此引起锅炉灰渣含碳量升高、一次风机压头升高等问题。

3. 发电节能技术项目实施

由于发电设备运行的年限及状况存在差别，因此需要制定较为详细的技术实施方案。针对不同的环节如入口挡板、内锥筒、回粉管等部位进行改造，并制定相应的改造方案，分别解决其在运行中易发生磨煤处理不足、频繁出现分离器堵塞等而引起锅炉灰渣含碳量升高、一次风机压头升高等问题，因此在改造中严格注意技术方案和施工工艺。

4. 发电节能技术项目效益

（1）发电节能技术节能量测量方案及项目节能量核算。根据改造前后的各项技术指标，按照国家相应技术标准，对降低锅炉飞灰可燃物提高机组的经济性、改造后的一次风机节能量以及磨煤机非停运节能量三个方面进行节能量核算。

（2）发电节能技术项目节能量。该项目设计燃料为烟煤，可降低飞灰可燃物含量 3.3%，供电煤耗为 317g/kWh，每年按照 300MW 负荷，年利用小时数 5500h 计算，一年可以节约电量 1693.4 万 kWh。

项目应用减少了磨煤机堵塞，即减少了磨煤机进出口的差压，最直接的表现是降低了一次风机的能耗，通过核对改前后的一次风机电流的历史曲线，在相同负荷下，3 台磨煤机运行，可降低一次风机电流 25.1A，风机电压是 6000V，则一次风机年节电量 140.8 万 kWh。

堵塞清理需要停磨煤机，前后需要 2h，每周需要清理一次，每年因为清理磨煤机分离器造成的停运小时数为 96h，按照额定负荷 300MW，负荷率 70% 计算，由于一台磨煤机停运影响的发电量为 96×300×0.7＝2016（万 kWh）。

因此，通过对磨煤机分离器进行堵塞治理，年节约电量为 3850.2 万 kWh。

6.3.2　配电网节能技术案例

1. 项目背景

某省 10kV 配电网络及其线路现广泛采用大树干、多分支的单向辐射型供电方式。截至 2012 年 6 月底，该省配电网共有 10kV 线路 15884 条、总长度 205374.56km，

10kV 配电变压器 238167 台、总容量 44786.6MVA。其中：城市配网共有 10kV 线路 6047 条、总长度 48076.54km，10kV 配电变压器 50840 台、总容量 18043.4MVA；农村配网共有 10kV 线路 9837 条、总长度 157298.02km，10kV 配电变压器 187327 台、总容量 26743.2MVA。原来无功补偿大部分采用 35kV 变电站内集中补偿，35kV 部分功率因数较高，主网线损较低。10kV 及 0.4kV 配电网，无功补偿的容量很小，其无功管理状况不完善。月平均功率因数低于 0.9 的 10kV 线路较多，个别线路甚至低于 0.7。功率因数低，电压损失大，使线损增大，给企业造成损失，而且限制了售电量的增长。目前各地（市）、县公司 10kV 线路均未配置无功补偿装置，台区无功补偿比例仅为 6.5％，不满足 20％～40％的推荐标准。

2. 改造思路

项目采用最新的无功优化控制技术，将模块化设计思想、先进的数字信号处理技术和高速工业网络技术相融合，集成数据采集、通信、无功优化及协调控制、电网参数分析等多种功能。在补偿配网设备无功需求的同时，提高配网智能化水平。

项目取 12 组电容器循环不重复式自动投切，先投后切策略。对三相、单相、相间电容器能够分别进行无功优化及协调控制，智能化程度高。能够综合治理低电压、低功率因数等问题，降低台区变压器及线路损耗，满足未来对台区信息化管控的需求，实现配电网自身的节能降耗。

3. 技术方案

（1）技术方案介绍。综合考虑项目经济性、停电影响、优质服务、施工安全、无功补偿配置等多方面因素，同时，根据 Q/GDW 212—2008《电力系统无功补偿配置技术原则》规定，配电网的无功补偿以配电变压器低压侧集中补偿为主，高压补偿为辅。最终选择在公用台区配电变压器低压侧进行无功补偿，选择功率因数 0.9 以下、容量在 100～630kVA 之间的共计 148 台公用台区配电变压器进行改造。所选公用台区普遍存在负荷波动较大、平均负载率偏低、台区低压线路供电半径较大、三相负荷不平衡、电压合格率低、自动化程度低、功率因数变化频繁、运行状况复杂、无功补偿容量不足等问题。

（2）技术方案实施的要求。根据各公用台区运行现状，无功优化及协调控制柜选择采用室内安装或室外安装。对于配电室内变压器出口侧安装的应选择室内安装方式，对于台架变压器应选择室外杆上安装。对于负荷主要集中在线路末端的台区，可以考虑在公用台区上更靠近负荷中心的低压分支线路上选择安装。室内安装可采用落地式安装、明装或暗装于墙壁上，落地式安装箱底高度为 50～100mm，明装于墙壁时箱底距地面不小于 1.8m，暗装于墙壁时箱底距离地面不小于 1.5m。室外杆上安装应牢固地安装在支架或底座上，箱体安装高度不小于 2m，安装支架应无锐角，防止外人碰伤，且有防止攀登的措施。室外安装按照现场情况不同可采用单杆吊装式安装、双杆台架式安装。

4. 配电网节能技术项目效益

（1）节能量测量方案及项目节能量核算。节约电量的计算方法是在假定无功补偿前后并未引起有功功率的变化的前提下，根据已知无功补偿装置容量或者功率因数校正前后值进行计算。由于此次改造用的中低压无功补偿装置可以将电压、电流、功率等系统参数及电容器投切状态、投切时间，通过 GPRS 无线网络传送到电网能效管理平台，而电网能效管理平台又可及时准确地更新全网拓扑参数信息，两者有机结合，即可准确地测算出节约的电量。

（2）配电网节能技术项目节能效益。项目改造后年累计节电量将达到 159.92 万 kWh，相当于节约 527.74t 标准煤，节能减排效果显著。

5. 配电网节能技术项目经验总结

该项目实施的对象主要以电压较低、功率因数 0.9 以下、容量在 100～630kVA 之间的公用台区配电变压器为主。为保证能够达到预期的节能效果，需严格对改造台区进行筛选。

无功补偿对配电线路及公用台区的降损节能效果明显，原理简单，技术成熟。项目中采用的最新低压无功补偿技术，运行更可靠，补偿效果更经济。该技术应用停电时间短，停电范围小，施工运行方便，更利于以合同能源管理方式大范围推广。

6.3.3 电机变频节能技术案例

1. 项目背景

（1）变频节能技术改造前用能系统状况。浙江某企业的空气压缩机系统共分为 2 组，共 9 台，其中 250kW 7 台、160kW 2 台。2 组全年开机，年能源消耗量为 1109.5 万 kWh，耗费电能 751 万元。运行能效参数见表 6-2。

表 6-2   运 行 能 效 参 数

改造设备	改造前平均负载率（%）	年运行天数（天）	日运行时间（h）	电价（元/kWh）	年能源消耗量（kWh）
250kW 空气压缩机 1 号	56.52	365	24	0.78	141.3
250kW 空气压缩机 2 号	59.40	365	24	0.78	148.5
250kW 空气压缩机 3 号	48.60	365	24	0.78	121.5
250kW 空气压缩机 4 号	49.36	365	24	0.78	123.4
250kW 空气压缩机 5 号	61.44	365	24	0.78	153.6
250kW 空气压缩机 6 号	52.76	365	24	0.78	131.9
250kW 空气压缩机 7 号	79.92	365	24	0.78	199.8
160kW 空气压缩机 1 号	75.3	365	24	0.78	120.48
160kW 空气压缩机 2 号	78.8	365	24	0.78	126.08

（2）变频节能技术改造前用能系统存在的问题：能耗费用支出巨大，能源成本高。

2. 改造思路

本项目原空气压缩机采用卸载阀、节气门、蝶阀、滑阀等方式进行排气量的调节，在设计之初并未充分考虑能源的节省，因此耗电量非常大；即使是较新出现的变频比例积分微分调节方式，也不能解决电机出力波动大的难题，这些落后的调节方式将造成能耗的上升，增大用户使用成本。

这些问题归根结底还是在于空气压缩机是多变量、时变系统，其多个变量之间往往只是追求了其中一个（流量或压力）而忽略了其余几个（温度、能耗等）。为此，应专门为空气压缩机设计一套最优节能系统，能够兼顾主要的方面并且明显降低能耗。

3. 技术方案

可通过节能设备来提高原有生产设备在能源使用方面的效率。对于该项目，可采用专利产品空气压缩机节电王进行节能改造。

空气压缩机节电王是一个自寻优系统。它的节能原理是寻找最稳定、节能的工作状态，并使空气压缩机运行于这种状态下。它的设计思想是对空气压缩机的运行气压稳定性、设备稳定性、运行能耗等方面进行折中处理，在保证气压比较稳定条件下（但不是恒压供气），使得空气压缩机的出力处于高效、稳定的状态，提高空气压缩机的实际运行效率。同时它也能降低温度、降低噪声、改善现场环境。它是空气压缩机的一个附属设备，不影响空气压缩机的运行，也不改变空气压缩机的设定参数。

4. 方案实施

空气压缩机作为工厂的主要动力提供设备，其稳定运行是此次改造的关键，所以在项目前期要做大量的工作对现有空气压缩机运行状况进行调查，同时需要对空气压缩机的优化运行进行专业的测算，最终出具适合的变频调速改造方案。同时在施工完成后要进行一段时间的试运行进行调试，以保障改造后整个空气压缩机系统仍能满足工厂的生产要求。

5. 改造效果分析

改造前后设备平均功率见表 6-3，年节约电量约 114.361 万 kWh。

表 6-3 改 造 效 果 分 析

改造设备	改造前设备平均功率 （kW）	改造后设备平均功率 （kW）	年运行时间 （h）	年节约电量 （万 kWh）
250kW 空气压缩机 1 号	141.3	125.8	8760	13.578
250kW 空气压缩机 2 号	148.5	132.1799	8760	14.296
250kW 空气压缩机 3 号	121.5	108.1472	8760	11.697
250kW 空气压缩机 4 号	123.4	109.8383	8760	11.88
250kW 空气压缩机 5 号	153.6	136.7194	8760	14.787
250kW 空气压缩机 6 号	131.9	117.4042	8760	12.698
250kW 空气压缩机 7 号	199.8	177.842	8760	19.235
160kW 空气压缩机 1 号	42.9	32.3037	8760	9.282
160kW 空气压缩机 2 号	37.2	29.3136	8760	6.908
合计				114.361

采用此方案所提供的节能设备之后，空气压缩机组将会具有实时的、最优的调节能力，从理论上来说能够发挥出所有的节能空间，在不改变空气压缩机本体的机械设计的情况下，将会接近或者达到最节能的状态。

需求响应技术涉及用户资源分类、响应能力评估、实施模式设计、信息交换模型设计、用户用电系统调节方法设计、用户需求响应基线计算、综合效益评估等方面。20世纪70年代，美国最早应用电力需求侧管理应对能源需求和电网突变状况；2002年，美国加利福尼亚州爆发电力危机，引起政府、科研机构及产业界对需求响应的重视，需求响应进入快速发展期。我国于20世纪90年代初引入电力需求侧管理，2012年进行电力需求侧管理城市综合试点，制定奖励政策鼓励，通过需求响应技术实现临时性节约电力；同年，天津泰达经济技术开发区在中美能源合作计划框架下，启动了首个需求响应示范项目；2014年上海、江苏、北京等地陆续启动了电力需求响应试点，研发了相应的需求响应平台、负荷聚集系统以及手机客户端等，累计削减高峰负荷超过8100MW；2018年以来，上海、江苏、山东、天津等地实施电力需求响应填谷试点，累计填谷负荷约5800MW。

需求响应已在推动电力系统能效提升、消纳可再生能源等方面发挥了重要作用，通过综合平衡电网企业在电力需求响应项目的投资成本和效益，实现全社会总投资最小、社会经济效益最大化。针对极寒、高温或雾霾等恶劣天气，通过调节需求响应降低用户负荷需求，利用需求响应进行填谷减少弃风弃光，提高可再生能源利用效率。

采用需求响应技术，结合不同地区柔性负荷资源、分布式电源及储能资源分布，实施削峰填谷，达到节约用电、环保用电、绿色用电、智能用电和节电目的。

6.3.4　柔性负荷调控

柔性负荷可以主动参与电网运行控制，与电网进行能量互动，并在一定时间段内灵活可变。柔性负荷涉及具备需求弹性的可调负荷或可转移负荷，具备双向调节能力的电动汽车、储能，以及分布式电源、微电网等，可以按照能量互动性、管理方式和负荷特性进行分类。

柔性负荷调控主要有集中调控、分布式调控和基于负荷聚合商的分层调控方式。

（1）集中调控。例如，中央空调柔性调控，通过在用户的中央空调主机系统相关设备上配置专用监测及控制模块，利用本地服务器或远程工作站，调节中央空调主机出水温度、水泵频率等运行参数，提高空调系统能效，调节用电负荷。

（2）分布式调控。分布式电源作为可控负荷，通过设计新型嵌入式管理终端，将传统的电力负荷管理终端和新的分布式电源监控相结合，分布式电源纳入配电网络自动化系统的负荷管理，实现分布式电源和负荷的本地监控。

（3）基于负荷聚合商的分层调控。例如家庭能量管理系统—需求侧管理系统（HEMS-DRMS），包括负荷控制中心、柔性负荷控制器及多条受控负荷回路，柔性负荷控制器连接各负荷控制器，负荷信息采集模块连接配电站总供电输出端，负荷控制中心向柔性负荷控制器下发负荷控制信息，柔性负荷控制器按照受控负荷回路的优先级从低到高依序切除负荷，一旦供电侧的供电总负荷达到限荷要求，立即停止后续切除负荷动作，实现电力柔性负荷控制。

柔性负荷调控技术涉及柔性负荷综合响应建模、多时间尺度互动交易模式设计、多时间尺度负荷协调控制、集中式和分布式协调控制等。

我国已在上海、北京等地开展大型中央空调系统轮停试点，其中，上海削减用户负荷 6634kW，平均削减比例为 12.11%；北京削减用户负荷 3248kW，平均削减比例为 16.81%。

柔性负荷调控技术可实现负荷曲线的削峰填谷，提高负荷率和设备使用效率，节省或延缓电力投资。通过跟踪风电、光伏等分布式电源出力，促进风电、光伏消纳，保障电力系统可靠运行。

柔性负荷调控基于安全经济、节能减排目的，使得柔性负荷也能与发电机组一样参与电网调度运行，各地可以结合自身的发电资源优势和柔性负荷构成，制订相适应的调度模式。同时，在发电机组调节能力不足的区域电网，通过完善柔性负荷参与电网调度的激励补偿机制，建设柔性负荷调度示范应用工程。

6.3.5　电动汽车智能有序充电技术

电动汽车智能有序充电是在满足电动汽车充电需求的前提下，运用实际有效的经济或技术措施引导、控制电动汽车充电行为，实施削峰填谷。依托能源控制器、能源路由器、智能有序充电桩、有序充电控制模组等核心设备，在电网、用户、充电桩以及电动汽车之间进行充分的信息交互与协调控制，通过动态调整充电时间和功率，有效利用低谷时段配变容量，最大化满足电动汽车充电需求，提升配电设施综合利用率。

（1）有序充电技术。

1）有序控制。能源控制器采集配电台区状态，动态研判负荷趋势，开展台区内负荷协调控制，响应系统主站调度；能源路由器与智能有序充电桩实时交互信息，动态调节充电设备充电时间和充电功率。

2）通信。通过蓝牙和 5G 方式分别建立与能源控制器及主站系统的通信链路，通过宽带电力线载波建立能源控制器与能源路由器的通信链路，保障通信可靠性和响应速度。

3）智慧能源服务系统。按照互联网架构构建统一的连接中心、数据及业务能力开放共享平台和前端微应用群，实施数据采集、负荷预测与调度、拓扑自动辨识等物联网管理。

4）控制策略优化。能源控制器持续生成及优化台区有序充电控制策略，提升负荷调控精准度，实现配电设施供电能力最大化利用。

（2）有序充电技术研发及应用。

1）2018 年，国家电网有限公司在北京、山东、上海、江苏、河南选取了 6 个变压器负荷高、电动汽车增长快的小区，建设智能有序充电桩 160 个，试点工程于 2018 年 9 月底建成投运；2019 年，在北京、上海、浙江选取 9 个小区开展试点建设，进一步验证智能有序充电方案，试点小区平均降低配电变压器峰值负荷超过 30%，80% 充电量被优化调整到配电变压器负荷低谷时段。

2）集中充电模式下的有序充电，实现了以台区为单位的削峰填谷，提升了配变服务电动汽车能力 4 倍多，有效提高了配电网设备利用率。例如，北京某试点小区，含 30 辆电动汽车，用电峰值集中在 21：00～23：00，用电谷值在 5：00～6：00，峰谷差由 500kW

降低到 250kW，峰谷差降低 50%。

　　3）实施智能有序充电，不能影响电动汽车动力电池和储能系统使用寿命，通过准确采集充电需求和台区负荷信息，保证各个核心装置间通信一致性、实时性和安全性。同时，需要充分考虑试点台区的配电变压器容量、电动汽车群体充电行为特性、停车位和实际充电费用等。

思 考 题

6-1　请简述电气节能技术的意义和原则。

6-2　根据所学知识，分别讨论电气节能技术在不同行业的应用前景。

6-3　描述电能质量的参数有哪些？保证电能质量有什么好处？

6-4　高次谐波对用电设备有什么危害？如何抑制谐波的产生和作用？

6-5　简述高效节能电机的主要特点。

6-6　无刷双馈调速电机相对于其他电机调速的优势有哪些？

6-7　请简述绿色照明系统的特点，列举照明节能技术的方法。

6-8　结合本章内容，展望电气节能技术的发展趋势。

第 7 章

电 动 汽 车 技 术

本章介绍了电动汽车的发展历程，电动汽车分类与电气驱动系统，纯电动汽车驱动电机及其控制原理。

7.1 电动汽车分类与电气驱动系统

7.1.1 电动汽车分类

电动汽车具有运行期间零排放、能源来源多样性且驱动电机易于控制等优点。电动汽车在运行过程中可以实现城市交通的零排放，即使考虑为电动汽车提供电力的发电厂所排放出来的废气，使用电动汽车替代内燃机汽车仍然可以大大地减少全球空气污染。这是由于内燃机的燃烧效率极低，内燃机只在高速且中等转矩时才运行于高效区，否则效率降低，而低速和启动时则效率更低，内燃机效率一般小于 15%。可见，内燃机汽车的汽油大部分被燃烧掉了，这不仅造成了能源浪费，也造成了空气污染。电动汽车由于其使用电能作为能量来源，因此可以使用多种可再生能源，像热能、核能、水能、潮汐能、风能、地热能、太阳能、化学能、生物能等，由此可以保证全球的能源安全；同时由于电动汽车蓄电池可充电，可充分利用夜间电网的用电低谷时期进行充电，不仅可使电动汽车的用车成本降低，也可使电网得到充分利用，提高经济效益。电动汽车驱动电机运行效率高，能有效利用能源，且不会有燃烧排放。由于电动汽车比传统的燃料汽车更易实现精确的运行状态控制，无人驾驶等智能化的交通系统更有可能由电动车率先实现，以提高公共道路的利用率和交通系统的整体安全性。

电动汽车的能量来源可部分为电能或全部为电能，并将电能转化为机械能，实现驱动。根据电动汽车的能量来源的不同，对电动汽车进行分类，通常可分为纯电动汽车（battery electric vehicle，BEV）、混合动力电动汽车（hybrid electric vehicle，HEV）和燃料电池电动汽车（fuel cell electric vehicle，FCEV），见表 7-1。

表 7-1　　　　　　　　　　　　电 动 汽 车 分 类

电动汽车种类	动力源
纯电动汽车	蓄电池
混合动力电动汽车	蓄电池＋内燃机
燃料电池电动汽车	燃料电池

1. 纯电动汽车

通常提及电动汽车时，是指纯电动汽车（BEV）。纯电动汽车有三种运行模式，即电动运行模式、制动运行模式和外接充电模式，如图7-1所示。在汽车行驶时，纯电动汽车处于电动运行模式，动力电池组输出电能，通过功率变换器对电机供电并控制和驱动电机运转产生动力，电机拖动驱动轴旋转，电能转化为机械能，再通过减速机构，将动力传给驱动车轮使电动汽车行驶。当电动汽车制动或减速时，其电机处于发电机运行状态，将电动汽车的部分动能转化为电能后，回馈给电池组以对其进行充电，以此来延长电动汽车的续航能力。外接充电模式时，由车载充电装置接入外部电源向动力蓄电池充电。纯电动汽车以可充放电的电池组为储能单元和能量来源，其动力来源具有唯一性，即为电能，这就是纯电动汽车也被称为电池电动汽车的原因。纯电动汽车的可充电电池有很多种，大致可分为镍氢电池、铅酸电池和锂离子电池。

（1）铅酸电池是一种成熟的蓄电池技术，其主要特点是较低的成本和相对较高的可靠性。铅酸电池被广泛应用于汽车启动、老式电动车动力源、UPS系统、太阳能和风能储能系统等领域。尽管铅酸电池的能量密度较低且存在重金属污染的问题，但由于其低廉的成本和成熟的技术，它在一些特定的应用场景中仍然具有一定的市场份额。

（2）镍氢电池是一种次锂离子电池，其主要特点是高容量和长寿命。镍氢电池在过去被广泛用于消费电子产品（如移动电话、数码相机等）以及混合动力汽车（如一些早期的混合动力汽车型号）。然而，近年来，锂离子电池的快速发展和成本下降，使得镍氢电池在这些领域逐渐被取代。因此，目前镍氢电池在消费电子产品和汽车领域的使用相对较少。

（3）锂离子电池是目前最常用的可充电电池技术之一，其主要特点是高能量密度、轻量化和长循环寿命。由于这些优势，锂离子电池被广泛应用于移动设备（如智能手机、平板电脑）、电动工具、便携式电子产品和电动汽车等领域。随着电动汽车市场的快速发展和可再生能源的普及，对高性能、高能量密度的电池需求也在增加，因此锂离子电池在未来的前景非常广阔。

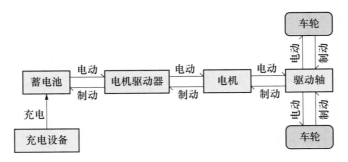

图7-1　纯电动汽车运行模式转换示意图

传统的内燃机汽车主要由底盘、发动机、车身和电气设备四部分组成。纯电动汽车与传统汽车相比，取消了发动机，传动机构发生了改变，部分部件已经简化或者取消，增加了电源系统和驱动电机等新机构。由于系统功能的变化，纯电动汽车改由新的四大部分组成，分别是车身、底盘、电力控制驱动系统和辅助系统。

纯电动汽车具有环保、加速快、用车成本低、使用维修方便、噪声低、效率高、电能灵活使用等优点；但也存在着一些缺陷，如续航里程短、锂电池成本高和安全性、配套等。续航里程上，目前电动汽车尚不如内燃机汽车，尤其是动力蓄电池的寿命短、使用成本高、储能量小，一次充电后续航里程较短。配套上，电动汽车的使用还远不如内燃机汽车方便，还要加大配套基础设施的建设，如充电站、快速充电或更换电池等。

2. 混合动力电动汽车

混合动力电动汽车是指以蓄电池和辅助动力单元（auxiliary power unit，APU）共同作为动力源的汽车。混合动力电动汽车的车载动力来源可以有多种，如蓄电池、燃料电池、太阳能电池、内燃机车的发电机组等。目前的混合动力电动汽车一般是指内燃机车发电机，再加上蓄电池的电动汽车。

在不同的行驶状态下，混合动力电动汽车的两种动力源分别工作或者一起工作，通过动力源组合工作的形式达到最少的燃油消耗和尾气排放，从而实现省油和环保的目的。按照两种不同能量的搭配比例不同，混合动力汽车可分为轻度混合动力、中度混合动力、重度混合动力和插电式混合动力四种类型。根据两种动力源的连接方式，混合动力电动汽车可分为串联式、并联式和串并联（或混联）式，如图7-2所示。

（1）串联式混合动力电动汽车是车载能量源环节的混合。它只有单一的动力装置，其车载能量源由两个以上的能量联合组成。串联式系统的辅助动力单元由原动机和发电机组成，原动机一般为高效内燃机或燃气轮机等。原动机直接带动发电机发电，电能通过控制器输送到电池，再由电池传输给电机转化为动能，最后通过变速机构来驱动汽车。电池对在发电机产生的能量和电机需要的能量之间进行调节，从而保证车辆正常工作。为了在汽车启动、加速时能提供更大的功率，一些串联式结构中还带有飞轮电池或超级电容等功率密度较大的蓄能装置，在回收制动能量时它们也发挥重要作用。

（2）并联式混合动力电动汽车是机械动能的混合。它具有两个或多个动力装置，每一个动力装置都有自己单独的车载能量源。并联式混合动力电动汽车采用发动机和驱动电机两套独立的驱动系统驱动车轮。它们可分开工作也可一起协调工作。所以并联式混合动力电动汽车可以在比较复杂的工况下使用，应用范围比较广。当发动机提供的功率大于车辆所需驱动功率或者当车辆制动时，驱动电机工作于发电机状态，给动力电池充电。与串联式混合动力相比，它需要两个驱动装置，即发动机和驱动电机。而且，在相同的驱动性能要求下，由于驱动电机系统与发动机可以同时提供动力，并联式比串联式所需的发动机和驱动电机的单机功率要小。

（3）混联式混合动力电动汽车内燃机系统和电机驱动系统各有一套机械变速机构，两套机构或通过齿轮系，或采用行星轮式结构结合在一起，从而综合调节内燃机与电机之间的转速关系，可以更加灵活地根据工况来调节内燃机的功率输出和电机的运转。

混合动力电动汽车在行驶过程中具有不同的行驶状态，如起步、低中速、匀速、加速、高速、减速、刹车等。汽车的行驶功率依据实际的汽车行驶状态由单个动力传动系统单独提供或多个动力传动系统共同提供。在不同的行驶状态下，混合动力电动汽车的

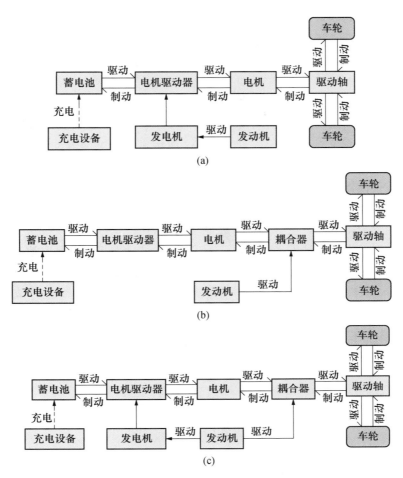

图 7 - 2 混合动力电动汽车动力源连接方式
(a) 串联式；(b) 并联式；(c) 串并联式

两种动力源分别工作或者一起工作。混合动力电动汽车采用混合动力后可按平均需要的功率来确定内燃机的最大功率，此时处于油耗低、污染少的最优工况下工作。需要大功率内燃机而功率不足时，由电池来补充；负荷小时，富余的功率可发电给电池充电，由于内燃机可持续工作，电池又可以不断得到充电，故其运行状态和普通汽车类似。混合动力电动汽车在制动、下坡、急速时可以由电池回收能量。在繁华市区行驶时，可关停内燃机，由电池单独驱动，实现零排放。而在开大功率空调、取暖、除霜等耗能大的场景下，可以使用内燃机负荷工作。

混合动力电动汽车既能如内燃机汽车一般驱动，又可在低速阶段纯电驱动，集内燃机汽车与纯电动汽车的优点于一身。混合动力汽车能够利用现有的加油设施，具有与传统内燃机汽车相同的续航里程。混合动力系统在能量利用率方面有很大的优势，既不会削弱车辆的动力性，还可以提升车辆的燃油经济性，并减少尾气中污染物的排放量。此外混合动力电动汽车采用小排量的发动机，降低了燃油消耗；可以使发动机经常工作在高效低排放区，提高能量转换效率，降低排放。

但是混合动力电动汽车有两套动力系统，再加上相应的管理控制系统，结构复杂，技术较难，价格较高。此外虽然混合动力技术仍然没有实现完全排放零污染。

3. 燃料电池电动汽车

燃料电池电动汽车无须依靠传统石油资源，具有较高的动力性能。燃料电池电动汽车的结构主要包括车载制氢系统、燃料电池系统、DC/DC变换器、电机及其驱动系统、辅助动力源及管理系统、变速器等。如图7-3所示，燃料电池电动汽车的运行模式有驱动、制动和充电。驱动运行时，由燃料电池发电，经过高压DC/DC变换器将能量直接提供给电机控制器，同时动力蓄电池也输出能量给电机控制器，由电机控制器控制牵引电机驱动车辆运行。制动运行时，由牵引电机控制运行于发电工况，将车辆动能转化为电能存储至动力蓄电池，这一过程与纯电动汽车类似。动力蓄电池充电时，或动力蓄电池电量不足时，燃料电池发动机发电，由DC/DC变换器控制向蓄电池充电。

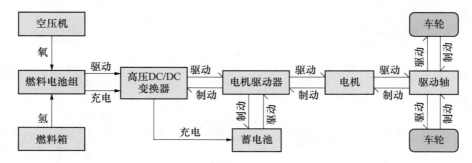

图7-3 燃料电池电动汽车运行状态示意图

燃料电池电动汽车按照动力的不同可分为纯燃料动力电池汽车和燃料电池混合动力汽车等；按照燃料电池提供的功率占比可分为能量混合型和功率混合型，其中前者由燃料电池提供的功率占比少，后者较多。燃料电池的特点是启动性能差，输出功率在20％～60％的最大效率时，系统处于高效率的区域。随着输出功率增大，效率降低。为弥补这些缺点，采用辅助动力源的方法进行补偿，例如启动时，辅助电源加速启动过程，爬坡时辅助电源提供辅助电力，调整燃料电池的输出峰值功率，使其保持在高效区段。

燃料电池电动汽车的具有以下特点：效率高，燃料电池化学反应，理论上效率可接近80％，实际效率也可达到50％～70％；清洁无污染，燃料电池以氢为原料，产生水，接近零排放；过载能力强，短时过载能力可达200％；燃料来源多，氢气可取自天然气、丙烷、甲醇、汽油、柴油等；噪声低。这些特点使得燃料电池电动汽车具有较好的应用前景。

燃料电池电动汽车也存在问题：结构复杂，增加了储氢和制氢系统；存储氢气的安全要求高；制造成本较高。目前加氢站等设施建设很少，推广燃料电池电动汽车仍需较长时间。

7.1.2　电动汽车电气驱动系统设计

除车体部分外，电动汽车的结构主要包括车载电源系统、整车控制器、辅助系统和电气驱动系统等部分。车载电源系统主要包括动力蓄电池、能源管理系统、充电控制器以及辅助动力源等。整车控制器是电动车系统的控制中心，它对所有的输入信号进行处理，并将电机控制系统运行状态的信息发送给中央控制单元，根据驾驶员输入的加速踏板、制动踏板的信号以及挡位变换信息，向电机控制器发出相应的控制指令，对电机进行启动、加速、减速、制动控制。辅助系统包括车载信息显示系统、动力转向系统、导航系统、空调、照明、除霜、刮水器等，这些设备用来提高汽车的操纵性能以及驾驶员和乘客的舒适性。电气驱动系统是电动汽车的核心，用于实现电能和机械能之间的转换，是电动汽车区别于内燃机汽车的最大不同点。

1. 电动汽车电气驱动系统设计要求

电气驱动系统由驱动电机、功率变换器、控制器和电源组成。汽车作为一种结构紧凑且具有车载能源的载具，其往往需要面对复杂的工况，既要能高速飞驰，又要能频繁启制动、上下坡、快速超车、紧急制动；既要能适应雪天、雨天、盛夏、严冬等恶劣的天气条件，又要能承受道路的颠簸震动，还要能保证驾驶员和乘客的舒适与安全。因此，在实现零排放或者少排放的前提下，电气驱动系统需要满足燃油汽车各项性能指标的要求。因此，可以将电动汽车电气驱动系统的总体设计要求归纳为以下几点：

（1）满足在基速以下输出大转矩，以适应快速启动、加速、负荷爬坡、频繁启停等要求；基速以上输出小转矩，恒功率、宽调速范围，以适应最高车速行驶和公路飞驰、超车等需求。

（2）整个转矩和转速运行范围内的效率最优化，以谋求电池一次充电后的续航里程尽可能长。虽然开发能储存更多能量的电池是提高电动汽车里程的根本办法，但降低电动汽车电气驱动系统的损耗，提高效率，也是提高里程的重要一环。

（3）驱动系统不仅需要坚固的结构、较小的体积、较轻的质量，还要有较长的使用寿命，能免维修或者少维修，同时还要求其能抗颠簸震动，以适应复杂的路况。

（4）单位功率的系统设备价格尽可能低。目前电动汽车的价格要比普通燃油汽车贵，价格问题是影响电动汽车发展的关键因素之一。

（5）能适应供电电压的较大波动。

（6）电气驱动系统的操纵性能要符合驾驶习惯，运行平稳。同时，电气驱动系统的失效保障措施要完善。

（7）能够实现能量回馈，能量回馈性能的好坏直接决定车辆的续航里程、运行性能和能源利用率等。

2. 电动汽车的电动机设计

作为电气驱动系统中的动力部件，电动汽车电机往往对系统的性能影响至关重要。因此，在设计电动汽车电机时，需要综合考虑电机的效率、操作性、成本、可靠性、可维护性、耐用性、质量、尺寸以及噪声等各方面的性能。现在用于电动汽车的电机主要有感应电机、无刷直流电机、开关磁阻电机以及永磁同步电机。感应电机成本低、可靠性好、调速范围宽、控制器较成熟、制造工艺成熟、扭矩波动小、噪声小、不需要转子位置传感器；无刷直流驱动电机结构紧凑、质量轻、效率高、控制性能好；开关磁阻电机可靠性好、成本低、简单；永磁同步电机在功率密度和效率上比交流感应电机有优势。以上电机各有优缺点，在设计电动汽车驱动电机时，必须考虑电机自身的特点和相应特殊的需求。一般来说电动汽车的电机设计要求有以下几点：

（1）汽车行驶过程中，行驶路况各不相同，因此驱动电机需要能够频繁启动、停止、加速、减速，同时驱动电机还需要可控性高、稳态精度高、动态性能好。

（2）整车负载在汽车行驶过程中变化范围很宽，因此电机相应的扭矩变化范围要大，既要求电机能够工作在恒扭矩区，又要能运行在较宽范围的恒功率区。

（3）汽车在行驶过程中可能遇到的环境非常复杂，故在设计时需要考虑电机能在粉尘、潮湿、盐雾、腐蚀、极端温度等环境下可靠运行，这就需要电机的外壳具有一定的防水防尘能力以及绝缘能力。

（4）为满足汽车的动力性能要求，驱动电机需要有较大的瞬时功率，以满足短时加速和爬坡等需求，但汽车平路行驶功率较小，所以需要让电机能有较大的过载倍数，以期能短时过载满足上述要求。

（5）不同种类、不同功能的车型，需要的电机参数也会相应不同，所以设计电机时还要考虑电机应用的车型的要求，以满足相应车型的功率、转速、扭矩需求。

（6）电动汽车驱动电机要求有高的功率密度和效率，从而能够降低车重，延长续航里程。

可见，用于电动汽车的电机及其驱动系统与一般工业用途的电机及其驱动系统相比有许多不同特性，用于电动汽车的电机及其驱动系统的设计要求更高，功能更复杂。提高电机及其驱动系统的性能对提高电动汽车的整体性能具有极为重要的意义。

7.2　电动汽车与电力系统的交互技术

7.2.1　V2G 技术

区别于传统电力系统中的负荷，如交通运输、市政办公、城乡居民生活用电等，电动汽车由于其自身的高度移动性和不可预测性，大批量接入电网时会产生较大影响。艾默里·洛文斯（Amory Lovins）于 1955 年首先提出 V2G（Vehicle‐to‐Grid）的概念，特拉华大学威廉·肯普顿（William Kempton）教授在其基础上进行发展。目前，可再生能源系统加速接入电力系统中，其具有不连续性，会引起发电波动，迫切需要"中介"系统来实现能源补偿。如图 7‐4 所示，V2G 技术的核心思想，就是将电动汽车作为储能源来实现电网和可再生能源的缓冲：当处于用电高峰时，传统情况下电网端增加补用发电，大大增加了发电成本；将电动汽车作为能量储存单元，向电网供电；而当用电处于低谷时，再将电网中产量过剩的电量对电动汽车进行充电。通过这种途径，一方面减少了电网发电成本，有效地降低了资源浪费；另一方面也增加了电动汽车用户的收益。

V2G 技术的提出，为电力系统提供了削峰填谷的真正有效方案。同时提高了电网

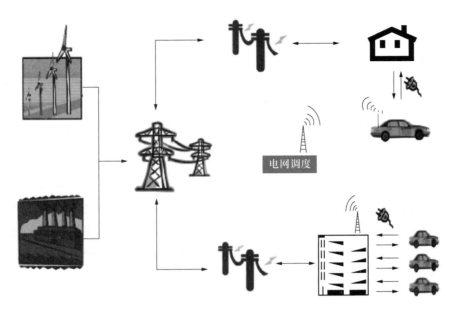

图 7 - 4　V2G 原理示意图

运行效率，对电网的调频容量需求更小。通过车网互动的协调运行，纯电动汽车还可作为一种移动式、分布式的储能设施，提高电网运行效率和资源配置能力，提升清洁能源消纳能力，进一步推进能源革命。V2G 技术实现了电动汽车与电力系统的交互；用户也在一定程度上参与到了交互进程之中，这对于电动汽车的推广和低碳环保的理念推广起到了很大的助推作用。从技术层面来看，V2G 技术是智能电网技术的重要组成部分，电动汽车充放电控制装置需要满足电动汽车和电网的信息交互功能，交换能量、电网运行状态、车辆信息、电池状态、费用等信息在两者间进行传递。

随着电动汽车市场不断扩大，相应基础设施的建设规模不断扩大，曾经国内寥寥无几的充电桩，而现在站点遍布在全国各地，而带有 V2G 技术的充电站目前还在研究建设中。

7.2.2　电动汽车充电方式

电动汽车的运行需要不断地提供能量，而这些能量是从电网中获取的。其中电动汽车的充电系统是电动汽车与电网实现能量交互的重要支撑系统。近些年，电动汽车产业发展迅速，而制约着电动汽车发展的一个关键因素就是电动汽车的充电技术。因此，快速和智能的充电方式成为电动汽车充电技术发展的主要趋势。

电动汽车充电装置的分类方法也有很多种，总体可以分为非车载充电装置和车载充电装置。电动汽车依据其充电方式的不同可以分为移动式充电、换电、无线充电、快充和慢充。

（1）快充。电动汽车的快充是一种直流充电方式。直流充电桩将电网中的三相交流电转换为直流电，对电动汽车电池充电。直流充电桩的输入功率和输出电流比较大，充电时间短，主要满足快充、大功率等充电的需求。快充的充电速度非常高，其充电时间接近内燃机注入燃油的时间。其充电方式是采用脉冲快速充电，脉冲快速充电的最大优点为充电时间大为缩短，且可增加适当电池容量，提高启动性能。但快速充电的电流电压较高，短时间内对电池的冲击较大，容易令电池的活性物质脱落和电池发热，因此对电池的保护和散热方面有更高的要求。

（2）慢充。电动汽车的慢充是一种交流充电方式。充电桩内部不需要进行整流，直接输出交流电，这种充电方式速度较慢，电流和功率偏小，适合小型的电动汽车。慢充的缺点非常明显，充电时间较长，但充电器和安装成本较低；可充分利用电力低谷时段进行充电，降低充电成本；更为重要的一点是可对电池深度充电，提升电池充放电效率，延长电池的寿命。

（3）无线充电。无线充电中最常见的三种方式是无线电波式、磁场共振式和电磁感应式。采用无线充电模式，首先需要在车上安装车载感应充电机。车辆的受电部分没有机械连接，但需要受电体与供电体对接较为准确。受限于技术成熟度和基础设备，无线充电技术暂时还无法量产应用。电动汽车行业内的无线充电技术主要采用电磁感应和磁场共振方式来传递电能，磁场共振方式的充电效率更高，电磁辐射强度更低，送电线圈与受电线圈不需要对得非常齐。

电磁感应式无线充电工作原理如图 7-5 所示。电网中的电能经过整流电路转换为直流电，直流电再经过高频逆变电路将直流电转换为高频的交流电，通过一次绕组将电能转换为交变的电磁场，电动汽车的二次绕组通过磁场耦合将电网的能量传递给电动汽车，再经过整流和控制电路对电动汽车的电池进行充电。

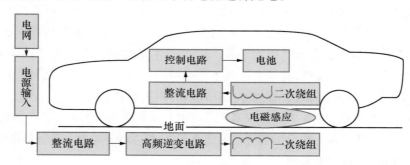

图 7-5　电磁感应式无线充电工作原理

磁场共振式无线充电工作原理如图 7-6 所示，工作原理与电磁感应式一致，不同之处在于磁场共振式中的供电线圈与受电线圈使用一样的共振频率，这便是谐振，实现彼此能量交换。

无线充电具有很好的应用前景，未来电动汽车将能边行驶边充电。电能可能来源于路面铺装的供电系统，或者来自汽车上接收的电磁波能量。

（4）移动式充电。对电动汽车蓄电池而言，最理想的情况是汽车在路上巡航时充电，即所谓的移动式充电。通过这种充电方式，电动汽车用户就没有必要去寻找充电桩，并且停放车辆花费时间去充电了。移动式充电系统埋设在一段路面上，即充电区，不需要额外的空间。接触式和感应式移动充电系统都可实施。对接触式的移动充电系统而言，需要在车体的底部装一个接触弓，通过与嵌在路面上的充电元件相接触，接触弓

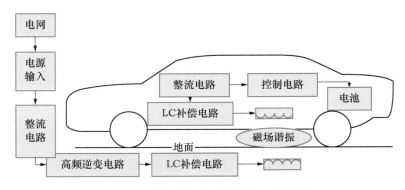

图 7 - 6　磁场共振式无线充电工作原理

便可获得瞬时高电流。对于感应式的移动充电系统，接触弓由感应线圈所取代，嵌在路面上的充电元件由可产生强磁场的大电流绕组所取代。

（5）快换。电动汽车的快换充电方式又称为机械式充电方式，还可以采用更换动力电池的方式来给电池充电，即在电动汽车的电池电量耗尽时，用充满电的电池组更换电量过低的电池组。电池组从车上更换的方式有纯手动形式、半自动形式和机器人更换三种。更换电池集成了常规充电模式和快速充电模式的优点。更换电池的充电模式最大的限制是各大厂商需要统一电池规格和大小等标准。由于电池技术的发展的限制，电动汽车这种充电模式也会受到限制。

7.3　纯电动汽车驱动电机及其控制

直流驱动电机由于具有启动转矩大、调速范围宽、结构简单和易于控制等优点，曾在现代电动汽车发展初期，被广泛应用于电动汽车中。但由于其机械换向带来的火花、电磁干扰、使用寿命、功率限制等问题，现在新能源汽车电驱动系统已很少采用直流驱动电机。与直流驱动电机相比，结合了现代电力电子技术、控制算法和计算机技术的交流驱动电机具有明显的优势。其突出优点是体积小、质量轻、效率高、恒功率调速范围宽、基本免维护。表 7 - 2 列举了电动汽车中几种常见的交流驱动电机的性能比较。

表 7 - 2　　　　　　　　　　　电动汽车交流驱动电机性能比较

性能指标	异步电机	直流无刷电机	永磁同步电机	开关磁阻电机
转矩密度	一般	高	高	低
效率	一般	高	高	低
可靠性	高	一般	一般	高
质量	一般	轻	轻	重
控制难度	一般	一般	高	一般
成本	低	一般	高	低

1）异步电机具有结构简单、坚固耐用、价格便宜、维护方便、可靠性高的优点，

但是也存在其驱动器在电机内产生高次谐波、高转子损耗、高附加损耗及铁耗等缺点。异步电机在电动汽车中有比较好的应用，但是由于电动汽车对于功率密度、体积、效率方面的要求越来越高，使得异步电机正逐渐被永磁电机取代。然而，由于永磁电机的永磁体受到价格、稳定性等限制，异步电机仍然在电动汽车中受到很大的关注。

2）无刷直流电机，属永磁电机，其定子绕组通入近似方波电流，从而使电机获得较大的转矩，具有无电刷和换向问题，高速性能好、结构简单、质量轻等优点；但由于采用方波控制，电机的震动和噪声大。

无刷直流电机在电动汽车和电动摩托车中均有应用。

3）永磁同步电机，其转矩密度高、转矩脉动小、噪声小，具有宽广的弱磁范围和高转矩过载能力，显著增强了电动汽车的启动、加速性能。永磁同步电机在电动汽车和电动客车上均有广泛应用。

4）开关磁阻电机结构简单、坚固、可靠、容错率高；但在实际应用中，电机噪声和振动较大，影响了它的应用。开关磁阻电机在电动公交车中采用较多。

下面对几种电动汽车中的交流驱动电机进行介绍。

7.3.1 异步电机

异步电机（asynchronous machine，ASM）又称感应电机（induction machine，IM），其通过感应原理实现电能和机械能之间的转化，目前异步电机是工业领域应用最为广泛的电机。

异步电机空间对称的绕组有时间对称的电流流过后，会产生同步旋转磁场，其转速为 $n_1 = 60f_1/p$，其中 f_1 为定子电流的频率，p 为电机的磁极对数。该磁场在定、转子中产生感应电动势。由于定子磁场和转子导条之间的相对运动是确保转子导条上产生感应电动势和电流的关键，因此从原理上，正常运行的异步电机，其转子的转速 n 与定子产生的旋转磁场的转速（即同步转速）n_1 总是不同的。

一般的异步电机根据其转子结构的不同，可分为笼型异步电机和绕线式异步电机两种，如图 7-7 所示。绕线式转子的铁芯和笼型转子的铁芯相同，区别仅仅是转子电路不同。绕线式异步电机的转子绕组和定子绕组相似，由相对称绕组组成。笼型异步电机的转子槽内为一个个导条，并在两端用圆环焊接起来，形成短路环。现有电动汽车所采用的异步电机为笼型的异步电机。

异步电机之所以被最广泛使用，主要是由于它与其他电机相比较，具有结构简单、价格低廉、运行可靠、效率较高、维修方便等一系列优点。它的主要缺点是不能低成本实现在较广泛范围内平滑调速和降低功率因数；异步电机的转速不能直接控制，而且在低速和轻载情况下效率可能会下降；此外，普通的笼型异步电机，启动时可能会产生较大的电流峰值，这需要适当的电路和保护措施来控制。尽管如此，由于很多场合对调速要求并不高，而且启动特性还可通过其他措施改善，故异步电机仍得到广泛使用。特别是随着大功率电子技术的发展，异步电机变频调速得到越来越广泛的应用，扩大了异步电机的应用领域。

1. 电动汽车用异步电机的特点

电动汽车要具备启停时间短，变速迅速灵敏，能妥善胜任崎岖、陡坡、涉水等地形的特点，这就决定了电动汽车对其电机的性能有着严格要求。与普通工业电机相比，电动汽车用异步电机具有广义电机的共性，但又具有一些不同的特点，如：

（1）严格的体积和质量要求。电动汽车用电机在体积和质量方面要求突出。普通工业电机对于体积尺寸和质量没有绝对严格的要求，因为工业场地空间宽裕，一般以满足工业目标为第一目的。电动汽车不同，尺寸和质量决定了汽车的动力性能、结构布局和驾驶体验。因此，电动汽车用异步电机的难点就在于提高功率密度、减小体积。

（2）独特的转矩特性。电机启动或低速运行时要求有较高的转矩，以便将汽车速度以最快的方式升至期望速度。此外，高速工况时需要提供足够的功率，保障汽车的高速巡航。

（3）宽调速范围。电动汽车的最高速度可能是基速的 4 倍甚至更高。目前电动汽车最好的方案莫过于省去多挡变速箱，只使用固定挡的齿轮组。如此，则要求电机的调速范围越宽越好。以特斯拉的 Model S 基本款为例，其搭载的异步电机最高能达到 18000r/min 的瞬时转速。电机高速运行时，优越的性能很大程度上依赖于电力电子开关器件的工作性能。

（4）全范围效率要求。纯电动汽车以车载电池作为能量唯一来源，在电池容量一定的前提下，巡航能力完全取决于电机效率。理论上讲，电机效率每提高 1%，巡航里程就相应增加 1%，所以电机的效率至关重要。

（5）乘客的体验。电动汽车作为一个小型的私人空间，需要电机工作时的噪声小、稳定性高等。可见，电动汽车的应用中对驱动电机的转矩输出、调速范围、运行效率、控制灵活和精度、运行性能、可靠性、体积等都有高要求，且对于异步电机的启动、调速和性能的控制必然需要采用电力电子技术。

2. 电动汽车异步电机控制

电动汽车异步电机采用电力电子控制时，主要有变压变频控制（variable voltage variable frequency，VVVF）、磁场定向控制（field oriented control，FOC）和直接转矩控制（direct torque control，DTC）。

（1）变压变频控制。变频变压控制方式的控制器结构简单，控制算法成熟，在工业领域有着大量应用。通过改变电机的电压和频率来控制电机的转速和转矩。这种方法简单易实现，对于一些转速变化不大、转矩要求不高的应用场合，效果还算不错。但是，这种方法的控制精度较低，对于需要快速反应的电机控制系统，可能无法满足其性能要求。

异步电机定子电压和定子感应电动势满足

$$\dot{U}_1 = \dot{E}_1 + \dot{I}_1(r_1 + \mathrm{j}x_{1\sigma}) \qquad (7-1)$$

$$\dot{E}_1 = 4.44 f_1 N_1 k_{w1} \Phi_m \qquad (7-2)$$

式中：N_1 为定子绕组匝数；k_{w1} 为绕组系数；Φ_m 为异步电机的主磁通。

在基频以下调速时，若主磁通大于正常运行时的主磁通，则磁路过饱和而使励磁电流增大，功率因数降低，若主磁通小于正常运行时的主磁通，则电机转矩下降，得不到充分利用。因此，基频以下调速时，保持主磁通 Φ_m 不变。若忽略定子漏阻抗上的压降，则有

$$\dot{U}_1 \approx \dot{E}_1 = 4.44 f_1 N_1 k_{w1} \Phi_m \qquad (7-3)$$

$$\dot{U}_1 / f_1 \approx \dot{E}_1 / f = 常数 \qquad (7-4)$$

式（7-4）表示的即为恒压频比的变压变频控制。

在基频以上调速时，频率 f_1 从额定频率 f_N 向上升高，但定子电压 U_1 却不可能超过额定电压 U_N，最多只能保持 $U_1 = U_N$，这将迫使磁通与频率成反比地降低，即弱磁升速的情况。如果电机在不同转速时所带的负载都能使电流达到额定值，即都能在允许温升下长期运行，则转矩基本上随磁通变化。

在基频以下，磁通恒定时转矩也恒定，属于恒转矩调速；在基频以上，转速升高时转矩降低，基本上属于恒功率调速。变压变频控制属于开环控制，无法针对电机实时的运转情况进行控制，因此电机的动态性能会比较差，电机在启动和负载快速变化的时候会造成系统的不稳定，严重时会烧毁电机。因此，异步电机变压变频控制的性能和可靠性对电动汽车的应用来说不能满足要求。

（2）磁场定向控制。磁场定向控制方法主要通过将电机的三相电流转化为两个正交分量，即磁场分量和转矩分量，来分别控制电机的磁场和转矩。这种方法的控制精度较高，能够实现高效率、高性能的电机控制。但是，这种方法的实现难度较高，需要复杂的运算和精确的参数设定。因此，在改善异步电机驱动控制的动态性能和可靠性上，磁场定向控制更优于变压变频控制。在磁场定向控制中，异步电机的数学模型通过克拉克变换和派克变换，从静止三相 a-b-c 坐标系，变换到静止的 α-β 坐标系，再变换到以同步速旋转的 d-q 运动坐标系。在旋转 d-q 坐标系下，异步电机的定子电压和转矩可表示为

$$\left.\begin{array}{l} u_{ds} = R_s i_{ds} + \dfrac{d\psi_{ds}}{dt} - \omega_{es}\psi_{qs} \\[2mm] u_{qs} = R_s i_{qs} + \dfrac{d\psi_{qs}}{dt} - \omega_{es}\psi_{ds} \\[2mm] u_{dr} = R_r i_{dr} + \dfrac{d\psi_{dr}}{dt} - (\omega_{es} - \omega)\psi_{qr} \\[2mm] u_{qr} = R_r i_{qr} + \dfrac{d\psi_{qr}}{dt} + (\omega_{es} - \omega)\psi_{dr} \end{array}\right\} \qquad (7-5)$$

$$T_e = \frac{3}{2} p \frac{L_m}{L_r} (\psi_{dr} i_{qs} - \psi_{qr} i_{ds}) \qquad (7-6)$$

式中：u_{ds}、u_{qs}、u_{dr}、u_{qr} 分别为定、转子电压的 d 轴和 q 轴分量；i_{ds}、i_{qs}、i_{dr}、i_{qr} 分别为定、转子电流的 d 轴和 q 轴分量；ψ_{ds}、ψ_{qs}、ψ_{dr}、ψ_{qr} 分别为定、转子磁链的 d 轴和 q 轴分量；L_r 为转子电感；L_m 为定转子互感；R_s、R_r 为定、转子电阻；ω_{es} 为同步角速度；各 d 轴分量和 q 轴分量相互独立。

可见，经过坐标变换后，在 d-q 坐标系中各个物理量为直流分量，异步电机可以

像直流电机那样进行控制。通常将 d 轴方向设定在转子磁链方向，若转子磁链的 q 轴分量为零，则异步电机的转矩方程可表达为

$$T_e = \frac{3}{2} p \frac{L_m}{L_r} \psi_{dr} i_{qs} \tag{7-7}$$

此时，转子磁链的 d 轴分量为

$$\psi_{dr} = \left(\frac{L_m r_r}{L_r + r_r} \right) i_{ds} \tag{7-8}$$

将式（7-8）代入式（7-7），可得在 $\psi_{qr} = 0$ 时，异步电机的转矩为

$$T_e = \frac{3}{2} p \frac{L_m}{L_r} \left(\frac{L_m r_r}{L_r + r_r} \right) i_{ds} i_{qs} \tag{7-9}$$

式中：i_{ds} 为定子电流的励磁分量；i_{qs} 为定子电流的转矩分量。

可见，$\psi_{qr} = 0$ 时，异步电机的转矩控制类似于他励直流电机，可分别对励磁电路和转矩电流进行独立控制。因此采用磁场定向控制时，异步电机可以有快速的动态响应。异步电机的磁场定向控制有两种方式，即直接磁场定向和间接磁场定向。直接磁场定向控制又称为直接矢量控制，需要转子磁链的信息，可以通过实测磁通或者利用定子电压、电流估算磁通，从而得到转子磁链；这种直接矢量控制通常需要高精度的速度编码器，而且对电机的参数依赖较高。间接磁场定向控制又称为间接矢量控制，不需要辨识转子磁链，在电动汽车异步电机驱动中被广泛采用；该方法需要通过转差速度和转子位置 θ_r 获得实时的转子磁链位置 θ_{dq}

$$\theta_{dq} = \int_0^t (\omega_s - \omega) dt + \theta_r \tag{7-10}$$

$$\omega_s - \omega = \frac{L_m r_r}{L_r} \frac{i_{qs}}{\psi_{dr}} \tag{7-11}$$

式中：ω_s 为同步速度；ω 为转子速度。

可见，间接矢量控制更简单，一般对电动汽车异步电机的控制会采用间接矢量控制。可见，磁场定向控制使用空间坐标变换将交流异步电机定子的三相交流电流简化为类似于直流电机的两相正交的转矩和励磁电流，简化了电机的控制难度，并采用电压空间矢量脉宽调制技术生成磁链圆，减小了电机运行的转矩波动，扩展了调速范围，十分适合应用于电动汽车的控制。但由于在异步电机磁场定向控制中需要进行坐标变换、电流采样等，因此在快速响应和控制灵活上受限；同时磁场定向对于参数的依赖较多。

（3）直接转矩控制。直接转矩控制（direct torque control，DTC）也称为直接自控制（direct self-control，DSC）。直接转矩控制方法是一种无需旋转变换和复杂运算的控制策略。其基本思想是直接从电机的状态（电流、电压、转矩、磁通）出发，通过选择合适的电压相量来直接控制转矩和磁通。这种方法的响应速度快，控制精度高，不需要电机参数。但是，由于直接转矩控制中电压空间矢量的离散性，可能会引入较大的转矩脉动和磁通脉动。异步电机的电磁转矩可以表示为定子磁链矢量和定子电流矢量的叉乘，即

$$T_e = \frac{3}{2}\frac{p}{2}(\vec{\psi}_s \times \vec{i}_s) = \frac{3}{2}\frac{p}{2}\frac{L_m}{(L_sL_r - L_m^2)L_r}|\vec{\psi}_s||\vec{i}_s|\sin\gamma \qquad (7-12)$$

式中：γ 为定子磁链和转子磁链的夹角。

在电机运行时保持转子磁链的赋值大小不变，对磁链位置和实时负载大小进行计算，在需要对电机的速度作出改变时通过改变控制器的输出电压来改变定子磁场旋转的速度就可以实现。可见，直接转矩控制与磁场定向控制的区别在于它不是通过控制电流、磁链等间接量来控制转矩，而是把转矩直接作为被控制的对象。直接转矩控制采用电压空间矢量的分析方法，直接在定子坐标系下计算电机转矩，采用定子磁链定向，借助 Bang-Bang 控制直接产生脉宽调制信号，控制驱动器的开关管，获得高的动态性能。因此，直接转矩控制不需要复杂的坐标变换，而是直接在静止的三相坐标系上计算磁链的模和转矩；而且直接转矩控制采用的是定子磁链轴，只需要定子电阻的参数即可观测，对参数的依赖降低了。但是，直接转矩控制的启动比较缓慢，且转矩波动大。

7.3.2　无刷直流电机

与传统直流电机相比，无刷直流电机（brushless DC machine，BLDC）在转子上安装永磁体，并利用电力电子器件取代机械换向器，由位置传感器检测电机转子位置，然后发出电信号去控制功率电子开关的导通或关断，使电机转动。它既保留了直流电机良好的运行性能，又具有交流电机结构简单、维护方便和运行可靠等特点。

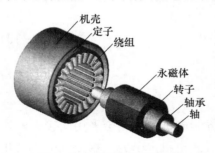

图 7-7　无刷直流电机结构

无刷直流电机在本体结构上与永磁同步电机类似，都由定子、装有永磁体的转子和气隙组成（见图 7-7）；区别在于无刷直流电机的反电动势波形和电流波形为梯形波。无刷直流电机采用位置传感器检测转子磁极的位置，获得转子位置信息，从而控制电流换向；永磁同步电机的反电动势波形为正弦波，通常需要编码器获得更精确的位置信息，实现正弦电流控制。

永磁体在转子上的安装方式可分为表贴式、内嵌式和内置式，如图 7-8 所示。其中内置式又根据永磁体的方向分为内置径向式、内置切向式和内置混合式。由于采用了永磁体，无论电机是否处于运行状态，永磁体产生的主磁场一直存在，定子槽口和永磁体磁场会产生齿槽转矩，使电机的启动变得困难，同时也使电机转矩波动加大。因此，一般永磁体励磁的电机，为了减小齿槽转矩的影响，会采用定子斜槽。

永磁材料主要有铁氧体、铝镍钴、钐钴和钕铁硼。铁氧体的价格便宜，但能量密度低，因此通常用于对性能、体积等要求不高，但是价格低的应用场合。铝镍钴的居里温度高且剩磁好，但是其矫顽力小，容易退磁，因此应用于记忆电机等特殊电机。钐钴具有矫顽力高、剩磁高、能量密度高、居里温度高、温度系数低等优点，适用于对电机性能、体积、稳定性等要求高的场合，但是稀土元素钐的价格过高，应用受到限制。钕铁

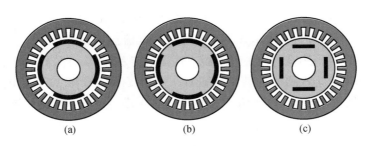

图 7 - 8　永磁体安装方式

（a）表贴式；（b）内嵌式；（c）内置式

硼材料具有高矫顽力、高剩磁、高能量密度，可以提高电机的功率密度，且稀土元素钕的价格比钐等便宜，虽然其居里温度比其他材料低，为 345℃，对于电机上的应用也足够了。采用钕铁硼永磁体励磁的无刷直流电机或永磁同步电机，由于使用了高磁能积的永磁体，可以有效减小电机的体积；且转子上不需要励磁电流，可有效提高电机的功率因数和效率；由于转子体积小且结构简单，电机的动态响应更好。电动汽车永磁电机里主要用的就是钕铁硼材料。

无刷直流电机旋转过程中，为了产生恒定转矩，除了电机本体外，必须还需要位置传感器、功率逻辑开关、控制电路，如图 7 - 9 所示，使无刷直流电机的定子磁动势和转子磁场保持 90°电角度。无刷直流电机的位置传感器主要有光电传感器和霍尔传感器，由于光电式传感器价格高，且对使用环境要求较高，目前无刷直流电机中多用霍尔传感器。

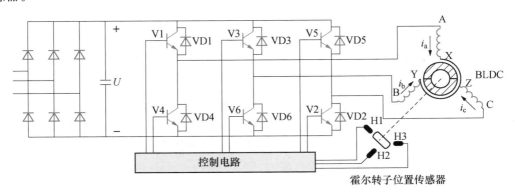

图 7 - 9　无刷直流电机工作原理

图 7 - 9 中，无刷直流电机开关策略有二二导通和三三导通两种。由于二二导通的输出转矩、效率等都优于三三导通，无刷直流电机多采用二二导通方式。为了使电机的输出功率最大化，当反电动势处于最大值时，电流也应该最大，保证电磁转矩的输出。无刷直流电机二二导通时的反电动势和电流的工作波形如图 7 - 10 所示。可得电机的电磁功率为

$$P_e = e_a i_a + e_b i_b + e_c i_c = 2E_m I_m \tag{7-13}$$

式中：E_m 和 I_m 分别为反电动势的幅值和电流的幅值。

由图 7-10 可知，二二导通时的 6 种导通状态为 A^+B^-、A^+C^-、B^+C^-、A^-B^+、A^-C^+、B^-C^+，上标"+"表示该相正向导通、电流流入，上标"−"表示该相负向导通、电流流出。若采用霍尔位置传感器，且霍尔传感器 A、B、C 分别装在 A、B、C 三相的轴线上。当带有永磁体的转子旋转时，三相霍尔信号将 360°电角度分成 6 个扇区，如图 7-11 所示。当转子处于扇区 001 时，为了满足定子磁场超前转子磁场 90°，此时需导通 A^+B^-，即 V1 和 V6，电流 A 相流入、B 相流出，获得的磁动势为 $\dot{F}_{ab}$，$\dot{F}_{ab}$ 超前扇区 001 平均角度为 90°。随着转子旋转，当转子转到霍尔信号的扇区为 101 时，为了继续满足定子磁场超前转子磁场 90°，此时需导通 A^+C^-，即 V1 和 V2，电流 A 相流入、C 相流出，获得的磁动势为 $\dot{F}_{ac}$，$\dot{F}_{ab}$ 超前扇区 101 平均角度为 90°。以此类推，二二导通的运行过程中电机总是导通两相，转子每转过 60°，就换相一次，相应绕组导通状态改变一次，转子每转过一对磁极，需要换相 6 次，电枢绕组有 6 种导通状态。

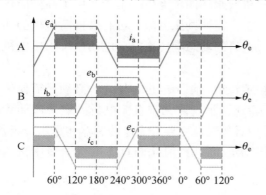

图 7-10　无刷直流电机二二导通时工作波形

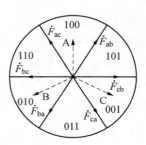

图 7-11　无刷直流电机二二导通控制逻辑

可见，无刷直流电机在运行时，保持了定子磁动势和转子磁动势的夹角为 90°电角度，实现单位电流最大转矩输出的控制。这种控制方式能有效满足恒转矩控制的要求，但是电动汽车控制中还需要恒功率控制。为了实现恒功率弱磁控制，无刷直流电机采用超前相角控制。通过超前控制相电流的导通角（称为超前相角控制），使相电流能够具有充足的上升时间，在高速运行时保持相电流与反电动势同相位。当采用超前角控制时的第 k 相电压方程为

$$u_k\left[\omega t+\alpha_c-\frac{(k-1)\pi}{3}\right]=Ri_k\left[\omega t+\alpha_c-\frac{(k-1)\pi}{3}\right]+L\frac{di_k}{dt}\left[\omega t+\alpha_c-\frac{(k-1)\pi}{3}\right]$$
$$+e_k\left[\omega t-\frac{(k-1)\pi}{3}\right]$$

$$(7-14)$$

式中：R 和 L 分别为相电阻和相电感；i_k 为相电流；e_k 为相感应电动势；α_c 为电压超前于反电动势的角度或导通角。

根据式（7-14），超前角控制运动电感 L 产生的电动势 $L\dfrac{di}{dt}$ 和反电动势共同作用。当 α_c 为一合适的正值时，在低反电动势时，相电流在导通初始阶段快速上升，此时电

感电动势为正值，电磁能量存储在相绕组中。当反电动势等于电压值时，相电流达到最大值。此后，反电动势大于电压，相绕组开始释放电磁能量，相电流逐渐下降。相应的电感电动势变为负，抵消高的反电动势，电压方程仍满足。可见，超前角控制可以产生等效的弱磁效应，以实现永磁无刷直流电机的恒功率运行。如图 7 - 12 所示，二二导通适用于恒转矩运行，三三导通更适合于恒功率运行。

　　无刷直流电机需要安装位置传感器，而传感器的输出信号易受到干扰。若传感器损坏还可能连锁反应引起逆变器等器件的损坏。由于无刷直流电机所需位置信息的精度并不高，无传感器控制也被越来越多地提出。例如，基于反电动势检测的无传感器控制，高频电流或电压注入的无传感器控制，利用电机数学模型进行位置预测的无传感器控制。

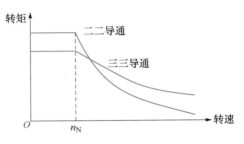

图 7 - 12　无刷直流电机控制性能

　　无刷直流电机有很多优点，如效率、功率、转矩密度高，功率因数接近 1；电机以同步转速运行，转子上没有铁损；由于采用永磁体励磁，转子上也没有铜损耗；一般的直流无刷电机的效率能够达到 96% 以上。此外，无刷直流电机还具有结构简单牢固、免维护或少维护、质量轻、可靠性好等优点。无刷直流电机也存在缺点，主要体现在成本、有限的恒功率范围、安全性、永磁体退磁、高速性能、转矩脉动方面。在成本方面，钕铁硼稀土永磁体比其他材料贵得多，因此无刷直流电机的成本相对于同容量的电机来说更高。在恒功率范围方面，永磁无刷直流电机稳定的恒功率弱磁调速较困难。在可靠性方面，在电动汽车上，万一车辆失事若车轮自由地旋转，而电机仍然有永磁体励磁，在电机的接线端将出现高电压；同时永磁体若受到高温或电流退磁影响会影响电机的正常工作。在高速性能方面，永磁体采用表面安装方式的电机不可能达到高速。在转矩脉动方面，无刷直流电机由于采用方波驱动，且控制精度为 60° 电角度，其转矩波动较大，转矩不会像正弦波驱动的永磁同步电机那样平滑，会影响电动汽车乘客的舒适性。

　　在采用无刷直流电机作为电动汽车驱动系统时，本体、驱动和控制上都要注意。在本体方面，电动汽车的安装空间有限，在不失去优良特性的情况下，驱动电机的结构不仅影响机械安装位置，对整车的空间也造成浪费。目前有许多对无刷直流电机本体的研究是为了使其更适合作为电动汽车的驱动电机。比如相比于传统的定子整数槽设计，定子分数槽有利于提高槽满率，减少定子上铜的使用量，降低温升并且减少振动和噪声。再如，永磁体转子内嵌式的结构能够提高永磁体抗高速离心力的能力，进而提升电机的效率。在驱动方面，传统的无刷直流电机转子位置是通过安装在电机的位置传感器输出信号获取的。位置传感器中，霍尔传感器比光电传感器的成本低，也是当前应用最为普遍的，霍尔传感器在使用时会有较多的引出线，并且安装过程中容易出现位置偏差，导致电机运行噪声增大、控制精度降低。因此在驱动方面结合或采用先进的无位置传感器算法进行控制，同时能够减少恶劣环境对有传感器控制不准而带来的影响。在控制方面，转矩脉动是无刷直流电机很突出的问题，由于转矩脉动的存在，输出转矩也不稳定，导致电动汽车出现抖动，噪声大，并且转矩波动也会降低电机的运行效率。因此电机在本体设计时就采用分数槽绕组、不等厚度的转子永磁体、定子斜槽、转子斜磁极等方式降低转矩脉动。同时在控制上采用先进的算法来抑制转矩脉动，比如基于补偿原理提出的重叠换相法、转矩直接控制法、电流预测控制法等。

7.3.3　永磁同步电机

1. 永磁同步电机分类

永磁同步电机（permanent magnet synchronous machine，PMSM）的定子与普通异步电机基本相同。永磁同步电机的转子与直流无刷电机的转子结构基本相同，转子上装有永磁体。根据永磁体的安装方式，永磁同步电机可分为内置式、表贴式和嵌入式等。转子磁路结构不同，其制造工艺、运行性能、控制系统与使用场合也不同。

表贴式永磁同步电机（surface permanent magnet synchronous machine，SPMSM，简称 SPM）的永磁体使用环氧黏合剂等材料粘贴或利用玻璃纤维等绑在转子表面。因永磁体的相对磁导率接近 1，且安装于转子表面，使得电机的有效气隙增大。由于永磁体内部的磁导率接近空气，因此对于定子三相绕组产生的电枢磁动势而言，电机气隙是均匀的，SPMSM 的 d 轴电感 L_d 和 q 轴电感 L_q 满足 $L_d = L_q$，本质上是台隐极电机，气隙磁场更接近正弦，谐波损耗小。其隐极特性使 SPMSM 的电磁转矩中不含磁阻转矩，仅需控制 q 轴的转矩电流 i_q 即可方便地控制转矩大小。

内置式永磁同步电机（interior permanent magnet synchronous machine，IPMSM，简称 IPM）的永磁体放置在转子内，d 轴和 q 轴磁路不对称，电机气隙不再是均匀的，此时面对永磁体部分的气隙长度增大为 $g+h$，h 为永磁体的厚度，而面对转子铁芯部分的气隙长度仍为 g，因此转子 d 轴方向上的气隙磁阻要大于 q 轴方向上的气隙磁阻。这使得 IPMSM 具有额外的磁阻转矩，有利于提高电机的转矩密度和动态性能。电动汽车的内置式永磁电机为了提高其凸极率，会采用内置式多层永磁体结构。但内置式永磁电机制造成本和漏磁系数偏高，交直轴电感不相等的特性导致其数学模型和控制方法较为复杂。

嵌入式永磁同步电机的转子永磁体排布接近表贴式，因此也被称为表面嵌入式转子。永磁体嵌入转子的特点缩小了有效气隙长度 g，提高了气隙磁密，可以带来更大的转矩密度。从机械角度考虑，嵌入式永磁同步电机可以达到更高的转速而无需担心永磁体因离心力过大损坏或脱胶等问题。但是嵌入式直接嵌入转子铁芯，造成永磁的漏磁会比表贴式大。

2. 永磁同步电机工作原理

永磁同步电机工作时交流电源逆变器调制为电压可变化的三相正弦波电压，输入三相对称绕组后，产生三相对称电流，在正弦波电流和永磁磁动势的作用下产生电磁转矩，带动转子随着旋转磁场以相同的旋转速度旋转。

图 7-13 为永磁同步电机的结构简图。在忽略铁芯损耗、反电动势谐波、气隙磁场谐波、永磁体涡流损耗的情况下，永磁同步电机的数学模型可表达为

$$u_a = Ri_a + \frac{d\psi_a}{dt}$$
$$u_b = Ri_b + \frac{d\psi_b}{dt}$$ (7-15)
$$u_c = Ri_c + \frac{d\psi_c}{dt}$$

式中：R 为定子电阻；u_a、u_b、u_c 为三相定子电压；i_a、i_b、i_c 为三相定子电流；ψ_a、ψ_b、ψ_c 为三相定子磁链。

由式（7-15）可知，定子每相绕组电压等于在电阻上的电压降加上感应电动势。

$$\psi_a = L_a i_a + M_{ab} i_b + M_{ac} i_c + \psi_f \cos\theta_e$$
$$\psi_b = M_{ba} i_a + L_b i_b + M_{bc} i_c + \psi_f \cos\left(\theta_e - \frac{2\pi}{3}\right)$$
$$\psi_c = M_{ca} i_a + M_{cb} i_b + L_c i_c + \psi_f \cos\left(\theta_e - \frac{4\pi}{3}\right)$$ (7-16)

式中：L_a、L_b、L_c 为定子绕组自感；$M_{xy} = M_{yx}$ 为定子绕组互感；ψ_f 为永磁体磁场的磁链；θ_e 为转子磁极中心线（即 d 轴）超前于 A 相绕组轴线的电角度。

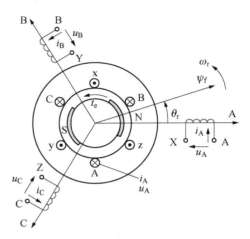

图 7-13　永磁同步电机结构简图

q 轴超前 d 轴 90°电角度，将永磁同步电机的数学模型经过 Clark 变换和 Park 变换，则在 d-q 旋转坐标系的数学模型为

$$u_d = Ri_d + L_d \frac{d\psi_d}{dt} - \omega_{es}\psi_q$$
$$u_q = Ri_q + L_q \frac{d\psi_q}{dt} + \omega_{es}\psi_d$$ (7-17)

$$\psi_d = L_d i_d + \omega_{es}\psi_f$$
$$\psi_q = L_q i_q$$ (7-18)

$$T_e = \frac{3}{2}p[\psi_f i_q + (L_d - L_q)i_d i_q]$$ (7-19)

式中：u_d、u_q 为 d 轴和 q 轴电压分量；i_d、i_q 为 d 轴和 q 轴电流分量；ψ_d、ψ_q 为 d 轴和 q 轴磁链分量；L_d、L_q 为 d 轴和 q 轴电感；p 为极对数。

可见，转矩由两部分组成，第一部分是永磁体励磁产生的永磁转矩，第二部分是 d 轴和 q 轴电感不同产生的磁阻转矩。对于永磁同步电机的主流控制策略有变压变频控制、矢量控制、直接转矩控制方法。

变压变频时，由于永磁同步电机的转速等于磁场同步转速，即满足 $n = n_1 = \frac{60f}{p}$，所以永磁同步电机可通过改变电源频率进行调速。在忽略定子漏阻抗压降的前提下，定子电压 $U_1 \approx 4.44 f_1 N_1 k_{w1} \Phi_m$。因此，类似异步电机基频以下主磁通 Φ_m 不变，保持恒压

频比 U_1/f_1 不变的控制。在基频以上，受限于电源电压，需要进行弱磁控制。这种控制方式原理简单，实现方便，但没有对速度、电流等的闭环控制，因此，控制精度差，不能实现快速响应和精确控制。变压变频控制在永磁同步电机中较少采用。

永磁同步电机基于其 d-q 轴数学模型可实现矢量控制，矢量控制是目前永磁同步电机常用的控制。矢量控制通过坐标变换实现电流中励磁分量和转矩分量的解耦，永磁同步电机经变换后可视为一直流电机，励磁电流和转矩电流可以独立控制，不仅降低了控制复杂度还提升了控制性能。因此，矢量控制其实是对电流矢量的幅值和相位进行控制，即对 i_d 和 i_q 进行控制。同时，永磁同步电机在控制过程中受到电力电子器件的电流限制，关系表示为

$$i_\mathrm{d}^2 + i_\mathrm{q}^2 = i_\mathrm{lim}^2 \tag{7-20}$$

同时也受到母线电压的电压限制，关系表示为

$$(L_\mathrm{q} i_\mathrm{q})^2 + (L_\mathrm{d} i_\mathrm{d} + \psi_\mathrm{f})^2 = \left(\frac{u_\mathrm{lim}}{\omega_\mathrm{es}}\right)^2 \tag{7-21}$$

式中：i_lim 为电流限制；u_lim 为电压限制。

可见对于表贴式永磁同步电机电流和电压极限都为圆，对于内置式永磁同步电机则有电流极限圆和电压极限椭圆，如图 7-14 所示。因此，电机在运行过程中，必须同时在电压极限和电流极限内。

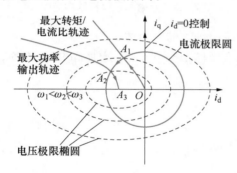

图 7-14 永磁同步电机电流矢量轨迹

3. 永磁同步电机矢量控制

根据对电流矢量的不同控制策略，矢量控制主要包括以下几种：

（1）$i_\mathrm{d}=0$ 控制。当采用 $i_\mathrm{d}=0$ 控制时，定子电流只有交轴分量，定子磁动势空间矢量与永磁体磁场空间矢量正交。对于表贴式永磁同步电机，由于电磁转矩为 $T_\mathrm{e}=\dfrac{3}{2}p\psi_\mathrm{f} i_\mathrm{q}$，$i_\mathrm{d}=0$ 控制时定子电流全部为转矩电流，使单位定子电流获最大转矩，或是在产生所要求的转矩条件下定子电流最小，定子铜损也最小，效率高。对于内置式永磁同步电机，由于 $i_\mathrm{d}=0$ 控制时磁阻转矩为零，并不是最优控制。总体来说，$i_\mathrm{d}=0$ 控制使耦合程度最低，是最易于分析的控制方式。

（2）最大转矩电流比（maximum torque per ampere，MTPA）控制。最大转矩电流比控制是针对内置式永磁同步电机的一种控制方法。对表贴式永磁同步电机，能实现最大转矩电流比的就是 $i_\mathrm{d}=0$ 控制。相比 $i_\mathrm{d}=0$ 控制，最大转矩电流比控制通过适当调节 i_d 和 i_q，有效利用磁阻转矩，使得获得相同转矩时定子电流最小，能使单位定子电流输出最大转矩。定子电流减小后能降低损耗并提升逆变器效率，有效降低成本，但对于控制器的运算量和运算速度要求更高。利用单位电流的转矩公式，可求得最大转矩电流比控制时的电流为

$$i_d = \frac{-\psi_f + \sqrt{\psi_f^2 + 4(L_d - L_q)^2 i_q^2}}{2(L_d - L_q)} \left.\right\}$$

$$i_q = \sqrt{i_{\lim}^2 - i_d^2} \quad\quad\quad\quad (7-22)$$

例如图 7 - 14 中 OA_1 段即为控制轨迹，采用的是最大转矩电流比控制。

（3）恒功率弱磁控制。当永磁电机高速运行时，电机反电动势将超过驱动器的电压限制 $u_{\lim}$，使电流无法输出而失控。由于永磁体产生的磁场无法调节，只有通过调节定子电流，即增加定子电流的直轴去磁分量，来降低感应电动势，维持电压平衡。由于定子电流同时存在驱动器的电流限制 $i_{\lim}$，增加直轴分量 i_d 的同时又要满足电流圆限制，定子电流交轴分量 i_q 就必须减小，因此一般增加直轴去磁分量是恒功率的弱磁扩速。图 7 - 14 中 $A_1 A_2$ 段轨迹表示电机处于弱磁扩速阶段。

（4）最大功率输出控制。最大功率输出控制是指电流矢量使电机的输出功率最大。以电流为变量，对功率求导，可得最大功率控制时电流控制为

$$i_q = \frac{\sqrt{(u_{\lim}/\omega_{es})^2 - (L_d \Delta i_d)^2}}{L_q} \left.\right\}$$

$$i_d = \frac{\psi_f}{L_d} + \Delta i_d \quad\quad\quad\quad (7-23)$$

$$\Delta i_d = \frac{\alpha\psi_f - \sqrt{(\alpha\psi_f)^2 + 8(\rho - 1)^2 (u_{\lim}/\omega_{es})^2}}{4(\rho - 1)L_d} \left.\right\}$$

式中：$\rho = L_q / L_d$ 为电机的凸极率。

图 7 - 14 中 $A_2 A_3$ 段轨迹表示电机处于最大功率控制。

4. 永磁同步电机直接转矩控制

在电机控制中，无论位置控制，还是速度控制等，最终都要通过转矩控制实现，直接转矩控制的思想从电机控制的本质目标出发，希望将转矩作为直接控制目标以提高控制性能。与矢量控制不同，直接转矩控制不要求解耦运行变量，也不需要复杂的空间坐标变换；只需要采用定子磁链定向控制，便可以在定子坐标系内实现对电机磁链、转矩的直接观察和控制。由于只需要检测定子电阻便可观测定子磁链，解决了矢量变换控制中系统性能受转子参数影响的问题。直接转矩控制的基本思想是保持定子磁链的幅值恒定，通过控制电机定子与转子磁链之间的夹角（转矩角）以实现电磁转矩的控制。直接转矩控制对电机参数变化不敏感，逻辑简单，动态性能良好，没有矢量变换运算。在直接转矩控制过程中，不需要精确的转子位置信息，省去了位置传感器。但当永磁同步电机采用直接转矩控制时，也存在运行时转矩和电流脉动大等问题，在低速区域运行时，受电机参数的影响较大。

5. 永磁同步电动机无传感器控制

由于永磁同步电机的位置传感器通常采用光电编码器或旋转变压器，价格较贵。因此，永磁同步电机的无传感器控制被提出，并在一些对成本有要求的场合应用。目前无传感器控制方法主要分四种：电流模型自适应、外部信号注入、基于电流模型注入、脉宽调制载波分量。电动汽车中由于对于可靠性、性能的要求比较高，而且编码器的成本

相对整车较小，一般很少采用无传感器控制。

6. 永磁同步电机的优缺点

永磁同步电机具有结构较简单、体积小、质量轻、功率因数高、损耗小、温升低、机械特性较硬、控制精确等优点。

永磁同步电机也存在缺点，主要表现为磁场控制困难、磁体存在退磁风险、成本高、存在齿槽转矩、不能自启动等。

（1）磁场控制困难。异步电机及电励磁同步电机的磁场由定转子电流感应产生，通过调节电流可以较为方便地控制磁场大小。而永磁同步电机的励磁磁场由永磁体激发，其磁场强度无法调节，相比传统电励磁同步电机而言，缺少了一个重要的控制变量。尤其在永磁同步电机弱磁运行时，需要施加额外的弱磁电流。若逆变器等环节发生故障，导致无法提供弱磁电流，电机反电动势突增，有通过续流二极管击穿直流母线电容的风险。

（2）永磁体存在退磁风险。尽管永磁同步电机温升较低，但环境温度较高时，在冲击电流产生的电枢反应作用下，或在剧烈的机械振动时有可能产生不可逆退磁或失磁，使电机性能下降，甚至无法使用。

（3）成本问题。相对于异步电机，永磁同步电机最大的成本增加来自稀土永磁材料，其成本占整台电机材料成本近1/4。随着新能源汽车的发展，磁性材料的需求量不断增加。其价格不断攀升，不利于压缩永磁同步电机的制造成本。因此，永磁同步电机在设计时需考虑使用场合和要求，取舍性能与价格进行综合优化。

（4）存在齿槽转矩。因永磁同步电机中是永磁体励磁，在电机旋转过程中，永磁体磁场与定子齿槽相互作用会产生齿槽转矩，加大转矩脉动和振动噪声。

（5）需要设计启动方案。永磁同步电机启动时，定子接通电源后，气隙内瞬间产生三相合成旋转磁场。但转子因机械惯性尚未转动，由于磁场力作用，转子收到方向不断迅速交变的脉振转矩，其平均值为零，电机不能启动。因此，须采用变频启动、异步启动等方案启动永磁同步电机。

一般永磁同步电机设计通常基于电机的额定工况，以电机能长时间稳定运行为前提进行设计。而电动汽车用永磁同步电机面临的工况复杂，需要满足电动汽车频繁加速、减速、制动、扩速等需求。因此，基于稳态分析的设计方法无法完全满足电动汽车驱动电机的需求，需要结合电动汽车的运行特点建立电动汽车用永磁同步电机的设计方法。根据速度的不同，电动汽车用永磁同步电机工作在不同的区域，工作在恒转矩区时可满足电动汽车低速行驶的需求，工作在恒功率区可满足电动汽车高速行驶的需求。为了提升电动汽车的运行效率，减少能源浪费，就要求电机在大部分工作点的效率足够高，且具有较高的转矩密度。此外，电动汽车搭载的蓄电池等能量源能提供的电压等级、电动汽车驱动系统的冷却方式等都对驱动电机的特性存在影响，皆为电动汽车用永磁同步电机设计时需考虑的因素。

电动汽车用永磁同步电机的设计和汽车驱动系统的控制策略紧密相关。电动汽车用电机需要应对不同的工况，要按照整车不同的行驶状态对应工作。而整车的工作状态由控制器和控制策略决定，不考虑这一点电机的设计结果会存在偏差。因此，在电机电磁设计的过程中就需要综合考虑电机的控制策略，这是电动汽车用永磁同步电机设计的研究重点。同时，电动汽车用永磁同步电机的设计与整车设计联系密切。电动汽车的空间有限，不能随意加大电机尺寸来提升功率输出，所以需要在电机设计初期就整定电机尺寸和输出功率的大致范围。电动汽车用永磁同步电机设计强调峰值能力，为满足各种工况，需要有高调速范围（满足汽车高速行驶需求）和高过载能力（以启动汽车）。电机的扩速能力和过载能力是电动汽车用永磁同步电机的重要设计内容。

在控制方法上，电动汽车用永磁同步电机的控制也存在特殊性。因为存在高速行驶的需求，单纯的 $i_d=0$ 控制、最大转矩电流比控制等无法满足电动汽车需求，必然引入弱磁控制对电动汽车进行扩速。常见的弱磁控制方法大体上可以分为前馈弱磁控制和反馈弱磁控制。前馈弱磁控制主要为查表法，其结构简单、容易掌握、动态响应快，但对电机参数依赖大，计算量大，算法可移植性差。反馈弱磁控制又可分为负 i_d 补偿法、单电流控制、梯度下降法等方法。负 i_d 补偿法原理简单、易于实现、鲁棒性强，不依赖电机参数，但弱磁深度不够且容易发生弱磁失速；单电流控制的动态响应快、鲁棒性好、弱磁深度高，但电机效率和负载能力在不同工况下得不到优化；梯度下降法响应速度快、控制精度较高、鲁棒性强，但动态响应效果差且算法复杂。

7.3.4　开关磁阻电机

1. 开关磁阻电机的结构和原理

开关磁阻电机（switch reluctance machine，SRM）利用功率管控制绕组电流，并利用磁阻转矩实现运动，磁阻转矩总是使主磁场沿着磁阻最小路径闭合。开关磁阻电机系统需要转子位置传感器、功率逻辑开关、控制电路。开关磁阻电机也是电动汽车驱动系统的方案之一，如 1938 年，Davidson 就采用开关磁阻电机作为电动汽车的驱动电机。开关磁阻电机的缺点是存在转矩密度低、转矩脉动大、噪声大。

开关磁阻电机定、转子上都均匀分布着齿，定子和转子的齿极数不同，因此是一种双凸极结构的磁阻电机，其机械气隙很小，转子既无绕组也无永磁体，结构如图 7-15 所示。开关磁阻电机可以设计成多种不同相数结构，且定、转子的极数有多种不同的搭配。开关磁阻电机利用磁阻最小原理，也就是磁通总

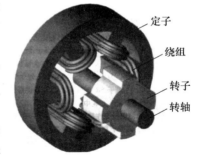

图 7-15　开关磁阻电机结构

是需要沿着磁阻最小的路径闭合，当定、转子齿中心线不重合、磁导不是最大时，磁场就会产生磁拉力，形成磁阻转矩，使转子转到磁导最大的位置。

开关磁阻电机相数选择的自由度比较高，不同相数对应不同的定、转子极数配合方案，通常定子极数 N_s、转子极数 N_r 与相数 m 满足如下关系式

$$\left.\begin{array}{l} N_s = 2km \\ N_r = N_s \pm 2k \end{array}\right\} \tag{7-24}$$

式中：k 为常数。

为了消除定子绕组通电后产生的不平衡单边磁拉力，通常定子和转子齿极数为偶

数，如图 7-15 所示为定子 6 极和转子 4 极的 6/4 极结构。定子和转子的齿极数不同，但应尽可能接近，因为当定子和转子的齿极数接近时，能加大定子绕组电感随转子转动时的平均变化率，可提高电机的输出转矩。

　　下面以图 7-15 中 6/4 极开关磁阻电机为例说明其运行原理。如图 7-16 所示，当 A 相通电时，图 7-16（a）中转子处于不完全对齐位置，磁力线扭曲，产生磁拉力，使转子沿逆时针方向旋转，直到转子如图 7-16（b）所示位置，转子处于完全对齐位置，此时磁场路径的磁阻最小，且 A 相电感最大，磁力线不扭曲，也没有切向磁拉力产生。当给定子相绕组通以一定相序的电流时，转子会按固定方向持续旋转，输出机械能。

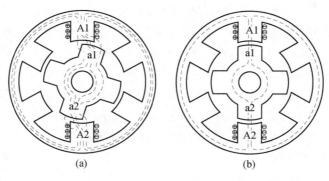

图 7-16　转子位于不同位置时磁力线走向

（a）不完全对齐位置；（b）完全对齐位置

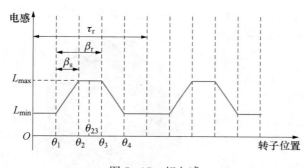

图 7-17　相电感

　　图 7-16 中，转子位置从不对齐到对齐，若忽略饱和效应以及磁边缘效应，定子电感与转子极数、定子极弧和转子极弧都有关系，如图 7-17 所示。开关磁阻电机的双凸极决定了绕组电感不是一个常数，图 7-17 中假设 0 位时定子齿极中心和转子槽中心对齐，在 $0\sim\theta_1$ 阶段，定子齿极和转子齿极没有重合部分，磁通量和电感最小，磁阻最大，没有转矩产生；直到 θ_1 位置，定子齿极边沿和转子齿极边沿对齐，$\theta_1\sim\theta_2$ 阶段定子齿极和转子齿极开始有重合，电感不断增加，且 $\mathrm{d}L/\mathrm{d}\theta>0$，有驱动转矩输出；到了 θ_2 位置，定子齿极中心与转子齿极边沿对齐，此后的电感增加很小，直到 $\theta_{23}=\dfrac{\theta_2+\theta_3}{2}$ 位置，即齿极中心与转子齿极中心对齐，电感达到最大值；之后随着转子位置继续增大时，电感也开始对称性地减小，即 $\theta_{23}\sim\theta_3$ 阶段磁通变化小，电感减小很少；$\theta_2\sim\theta_3$ 阶段，磁通和电感都没有变化，不产生转矩；$\theta_3\sim\theta_4$ 阶段定子齿极和转子齿极的重合部分减少，磁通量和电感减小，由于 $\mathrm{d}L/\mathrm{d}\theta<0$，产生再生转矩；$\theta_4$ 后定子齿极和转子齿极没有重合部分，直到电感变化的一个周期 $\tau_r=\dfrac{2\pi}{N_r}$，

定子齿极中心线和转子槽中心对齐，$\theta_4 \sim \tau_r$ 阶段磁通和电感最小，没有转矩。

开关磁阻电机结构对称，通常采用集中绕组，相间耦合小，忽略相间耦合时，单独第 k 相绕组的电压平衡方程式如下

$$u_k = R_s i_k + \frac{\mathrm{d}\psi_k}{\mathrm{d}t} \tag{7-25}$$

由于开关磁阻电机中电感磁路的饱和程度、转子位置都有关系，则式（7-25）可表达为

$$u_k = R_s i_k + \frac{\mathrm{d}[L_k(\theta, i_k) i_k]}{\mathrm{d}t} = R_s i_k + L_k \frac{\mathrm{d}i_k}{\mathrm{d}t} + i_k \frac{\partial L_k}{\partial i_k} \frac{\mathrm{d}i_k}{\mathrm{d}t} + \omega i_k \frac{\partial L_k}{\partial \theta} \tag{7-26}$$

式中：θ 为转子机械位置；ω 为转子机械角速度。

不考虑饱和时，电感只和转子位置有关，电机的每相电磁转矩为

$$T_{ek} = \frac{1}{2} i_k^2 \frac{\mathrm{d}L_k}{\mathrm{d}\theta} \tag{7-27}$$

考虑饱和时，由于电感和电流大小转子位置都有关系，每相电磁转矩为

$$T_{ek} = \int_0^{i_k} \frac{\partial L_k(\theta, i_k)}{\partial \theta} i_k \mathrm{d}i_k \tag{7-28}$$

则电机的电磁转矩为

$$T_e = \sum_{k=1}^{m} T_{ek} \tag{7-29}$$

由于电感和磁导成正比，因此磁导的变化是开关磁阻电机产生电磁转矩的根本原因。当电感对位置的变化率大于 0 时，电磁转矩为正，此时电机处于电机状态；当电感对位置的变化率小于 0 时，电磁转矩为负，此时电机处于发电机状态。

由于开关磁阻电机相与相之间是相互独立的，互感小，当定转子凸极重叠时，磁路中气隙减小，而磁导与相电感增大，此时磁路饱和，从而导致相电流畸变。某一相的电磁转矩是由该相电流独自产生的，相转矩的不平衡会导致转矩脉动的产生。正是由于相转矩、转子位置及相电流的非线性关系，使得开关磁阻电机存在转矩脉动较大的问题。

2. 开关磁阻电机的控制

传统的开关磁阻电机控制方法有三种：电流斩波控制（current chopping control，CCC）、角度位置控制（angle position control，APC）和电压斩波控制（pulse width modulation，PWM）。

（1）电流斩波控制。当转速低于基速时，反电动势较小，电流变化率较大，为避免电机启动及低速运行时的大电流对功率器件造成损害，需对电流峰值进行限定。一般采用电流斩波控制获取低转速下恒转矩的机械特性。

电流斩波控制用于基速以下，此时反电动势低于电源电压。设定电流的上限值 i_{max} 和下限值 i_{min}，如图 7-18 所示。如果电流低于设定的下限值 i_{min}，功率管导通，电流增大；电流高于设定的上限值 i_{max}，功率管关断，电流减小。通常将电流的上下值设定为 $i_{ref} \pm \Delta i$。这样控制的电流波形近似平顶波，有一定转矩脉动。若将电流设定在额定电流，则可实现恒转矩控制。当负载不变时，如果调整电流值，也可实现调速控制。但是

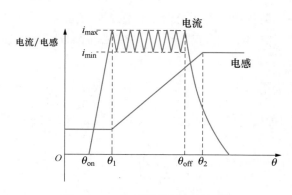

图 7-18 电流斩波控制下的波形

这种控制对负载的波动无法实现自适应，因此动态响应会慢。同时，由于电感中的电流不能突变，因此开关管需要提前导通或关断。

（2）角度位置控制。当转速高于基速时，反电动势大，电流变化率小，上升变慢。角度位置控制通过改变开通角 θ_{on} 和关断角 θ_{off}，来调节绕组的电流波形以及电流波形相对于电感波形的位置，从而实现速度或转矩控制，波形如图 7-19 所示。转速越高，开通角就越要提前，则转矩与转速成反比下降，实现恒功率控制。

由图 7-19 可知，开通角 θ_{on} 和关断角 θ_{off} 有极限值，若继续提前开通角和关断角，绕组电流达不到极限时允许的最大值，绕组的输出功率下降得更快，不能维持恒功率运行，这时转矩与速度的二次方成反比下降，称为自然运行阶段，如图 7-20 所示。

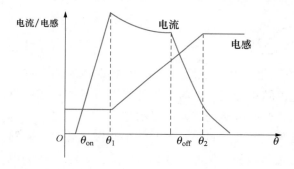

图 7-19 角度位置控制下的波形

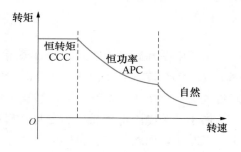

图 7-20 转矩—转速曲线

（3）电压斩波控制。电压斩波控制固定开通角和关断角，对功率器件采用脉宽调制模式。固定脉冲周期不变，调节占空比，来调整绕组两端电压平均值，从而改变电流有效值（波形如图 7-21 所示），实现转速或转矩控制。电压斩波控制的周期与电流变化率线性相关，而占空比又和电流最大值线性相关，因此电压斩波控制特性较好，响应快。

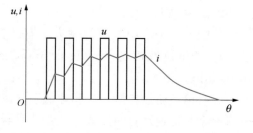

图 7-21 电压斩波控制下的波形

电压斩波控制既适用于高速运行也适用于低速运行，但在低速时转矩脉动较大，高速时由于开关过于频繁，会导致开关损耗大。

以上的传统控制方法都没有考虑换相时的转矩脉动，电机运行时具有较大的转矩脉动。开关磁阻电机的应用中，要解决的问题是降低转矩脉动、提高电机效率。绕组电流的非正弦性以及铁芯的高饱和特性给开关磁阻电机的设计带来了较大的困难，在初步电磁设计中一般采用经验法和有限元结合的方法，而开关磁阻电机的优化则大多引用了遗传算法、粒子群算法等优化算法。为降低开关磁阻电机的输出转矩脉动，除了在本体设计中进行改善，也可以从控制系统出发提高输出转矩质量。基于现代控制理论，学者们提出了众多优化控制策略，如瞬时直接转矩控制、滑模控制、自适应控制、基于神经网络的直接转矩控制等。此外，开关磁阻电机需要在相电流和转子位置间保持同步，需要位置反馈信号，由于位置传感器价格较贵，无传感器的各种方法也被提出，主要有基于磁链的方法、基于电感的方法、基于信号注入的方法、基于电流的方法和基于观测器的方法。

3. 开关磁阻电机的特点

开关磁阻电机由于定、转子都是由硅钢片叠压而成，结构简单坚固、制造工艺简单、成本低，电机可以工作于极高的转速；定子绕组嵌放容易，端部短而牢固，工作可靠，能适用于各种恶劣、高温及强振动的环境中。损耗主要在定子，电机冷却迅速，转子无永磁体，允许具有较高的温升。转矩方向与电流方向无关，从而可以最大限度简化功率器件，降低系统成本。功率器件不会出现直通故障，可靠性高。相比于其他电机，开关磁阻电机启动转矩大，低速性能好，一般启动电流在额定值的 15% 时即可使启动转矩达到 100% 的额定转矩，启动电流为额定电流的 30% 时即可使启动转矩达到 150% 的额定转矩。开关磁阻电机没有感应电机启动时的冲击电流现象，调速范围宽，控制灵活，易于实现各种特殊要求的转矩—转速特性。在较为宽广的转速和功率运行区域都有较高的效率，能在四象限运行，具有较强的再生制动能力。容错能力强，某一相故障时，电机依旧可以运行。

开关磁阻电机由于其开关性和双凸极性，具有转矩波动大的明显缺点。此外，由于双凸极结构和饱和非线性的影响，其输出转矩具有谐波分量，加大了转矩脉动，影响了电机运行性能。由于转矩脉动大，电机传动系统的噪声与振动比普通电机大。

开关磁阻电机用于电动汽车驱动系统的优点主要体现在：结构坚固、调速性能和启动性能好；转子损耗低，允许有较高的温升，工艺简单，机械强度高，适用于高速运转和极端情况；定子集中绕组，线圈嵌放容易；调速范围宽，控制方式多，可以频繁正反转，只需要改变通电顺序，改变开通角度和关断角度就可以实现点动或发电运行；启动电流小，对电池冲击小，并且具有较强的过载启动能力，可带重载爬坡、加速等。但开关磁阻电机的转矩脉动、噪声、体积等问题也限制了其在电动汽车上的应用。

7.3.5　新型电机

除了前文提到的异步电机、无刷直流电机、永磁同步电机和开关磁阻电机被应用于电动汽车上之外，越来越多的新结构电机也被提出或应用于电动汽车中。

（1）定子永磁电机。开关磁阻电机具有结构简单、可靠性高、制造成本低、适合高速运行等优点，为了提高其转矩密度，并改善转矩波动，定子永磁电机得到应用。定子永磁电机是通过在开关磁阻电机定子上加永磁体励磁改善气隙磁密的大小和波形。定子永磁电机主要有双凸极永磁电机（doubly salient permanent magnet machine，DSPM）、磁通反向电机（flux reversal permanent magnet machine，FRPM）和磁通切换电机（flux switching permanent magnet machine，FSPM），如图7-22所示。双凸极永磁电机永磁体在定子轭部，永磁体磁场方向为切向，定子齿上有集中式绕组，转子为齿槽的凸极结构。磁通反向电机中在原来的开关磁阻电机的定子齿极表面装有一对反向充磁的永磁体，定子齿上为集中式绕组，转子为凸极的齿槽。磁通切换电机则把永磁体切向放置于定子齿中，达到聚磁效果，定子绕组多为集中式绕组，也可采用其他绕组性质，转子也为凸极结构。定子永磁电机由于永磁体与电机外壳更接近，散热更好，利于永磁体的稳定性；同时由于转子只有硅钢片，转子的机械强度好，更利于高速运行。但是，定子永磁电机的漏磁相比常规电机高，对永磁体的利用率降低了；另外，为了实现图7-22所示的电磁结构，辅助的机械结构较复杂，对机械结构和加工的要求较高。

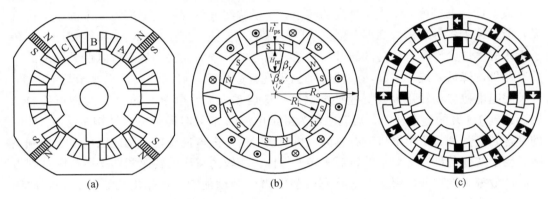

图7-22　定子永磁电机结构示意图
（a）双凸极永磁电机；（b）磁通反向电机；（c）磁通切换电机

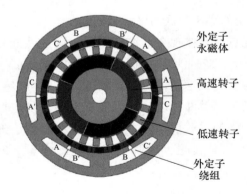

图7-23　磁齿轮复合电机结构示意图

（2）磁齿轮复合电机（magnetic gear integrated machine，MGIM）。磁齿轮复合电机将磁齿轮和电机结合一个整体电机，如图7-23所示。该电机具有一个外定子、两个转子（一个为高速转子，另一个为低速转子），外定子和高速转子为一台永磁电机；两个转子及定子永磁体实现磁齿轮调速的效果。除了径向式磁齿轮复合电机外，磁齿轮复合电机的结构还被用于盘式电机、直线电机等。复合电机可以获得较大的转矩密度，但是其机械结构较负载成本较高。

（3）外转子内置式永磁电机。外转子内置式永磁电机（outer rotor IPM），如图7-24所示，是一种适用于直接推进的高度集成化的电机设计思路。外转子内置式永磁电机是电动汽车推进系统的最佳候选电机之一，能够在相对较低的转速下产生较大的扭矩，适

用于 2 轮或 4 轮驱动的车辆。图 7-24 中的外转子内置式
永磁同步电机中将电机定子绕组分为几组，每组采取单
独的控制装置控制，同时定子齿和槽采取非对称分布，
以提高电机的容错能力。电机转子采用倒放的 V 形永磁
体，并设置隔磁桥引导磁通路径，该结构可以使成本更
低，电机的质量也会更低。

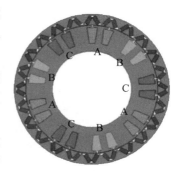

图 7-24 外转子电机的
结构示意图

（4）凸极增强型轮辐式转子永磁电机。凸极增强型轮
辐式转子永磁电机的提出是为了取代 2010 年丰田普锐斯转
子，并验证该结构可以减少 28% 的永磁体质量。其结构示
意图如图 7-25 所示，永磁体产生磁通沿切向方向放置，
转子开 V 形孔。原普锐斯电机结构示意图如图 7-26 所示。

图 7-25 中，电机引入一个 V 形孔，在 d 轴附近面部加厚气隙，增大 d 轴磁阻，减
小电感 L_d 从而增加凸极性。该方法可与永磁体的隔磁效应结合使用，增强电机凸极性，
并为电机设计多提供两个自由度。

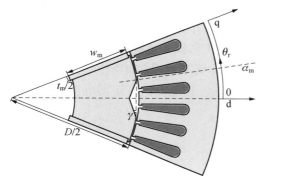

图 7-25 凸极增强轮辐式转子永磁
电机结构示意图

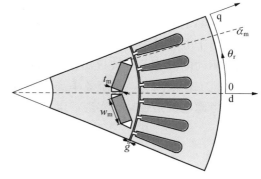

图 7-26 原普锐斯电机结构示意图

通过有限元仿真验证，在其他参数与原普锐斯电机相同的情况下，凸极增强型轮辐
式转子永磁电机在减少了 28% 永磁用量的同时，两种电机的性能基本一致。但缺点是
气隙磁通密度分布中存在较高的谐波失真，这些谐波导致铁芯饱和更加严重，没有增加
电机的输出转矩，特别是在高速运行下电机铁损增加更严重。

（5）具有多齿结构的开关磁阻电机。图 7-27 所示为 6/16 极的多齿结构开关磁阻电
机，是一种适用于电动汽车的新型宽调速开关磁阻电机，每个定子极多齿，转子极多
齿，且转子极数多于定子极数。可采用轮内结构直接驱动，每个极有多个齿以提高输出
扭矩。

与传统的 6/8 极和 6/10 极三相开关磁阻电机进行比较，该结构的电机能实现更高
的转矩输出，更高的效率以及更小的转矩脉动。

（6）轴向开关磁阻电机。图 7-28 所示为一种适用于轮毂直驱电动汽车的高转矩密
度具有轴向间隙的开关磁阻电机。该电机是一种较扁平的电机，因为车轮空间非常薄，

因此适合作为车轮电机。一般来说，轴向间隙电机可以有效地利用内孔空间和线圈端空间。

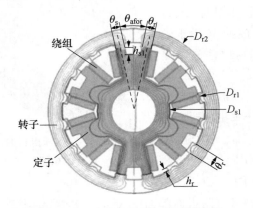 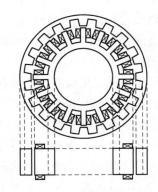

图 7 - 27　多齿结构的开关磁阻电机　　图 7 - 28　轴向开关磁阻电机结构示意图

除上述所举新型电机外，近年来，还有其他各种类型的电机也越来越多地被提出，如混合励磁电机、多相电机、永磁游标电机、同步磁阻电机、双端口电机、双馈电机等，目的都是为了使驱动电机满足车辆运行需求，提高车辆的经济性、动力性以及续航里程。由于电动汽车的工况也较为复杂，而且电机的工作模式也是随机的，因此虽然电动汽车驱动电机的类型被提出得越来越多，但其总体需要满足转矩密度大、功率密度大、电机工作范围宽、系统效率高和性价比高的要求。在电动汽车新型电机的开发中，还需要考虑电机是否易于实现，以及对应的控制策略。

思 考 题

7 - 1　电动汽车根据其能量来源不同可以分为哪几类？

7 - 2　异步电机的优缺点有哪些？

7 - 3　直流无刷电机的优缺点有哪些？

7 - 4　永磁同步电机的优缺点有哪些？

7 - 5　开关磁阻电机的优缺点有哪些？

7 - 6　电动汽车对电机驱动系统的要求有哪些？

7 - 7　异步电机的控制方法有哪几种？

7 - 8　永磁同步电机的控制方法有哪几种？

第 8 章

综合能源系统控制与运行技术

能源互联网是满足能源消费需求，打造未来可持续发展能源生态圈的关键所在。综合能源系统作为能源互联网的重要表现形式，对其进行合理规划是实现多能源间协调高效、低碳运行的基本保障。目前针对能源互联网系统的研究处于起步阶段，宏观层面多集中于能源互联网发展目标、主要理念、体系架构等方面，微观层面多集中于对分布式冷热电三联供系统建模、优化运行等方面，较少考虑风光储以及其他电热耦合设备。本章从多能协同优化运行入手，构建了综合考虑风光储、离心式冷机、空气源热泵和冷热电联产系统（CCHP）的综合能源协同控制与运行优化模型，并综合考虑了运行成本和环境成本；在此基础上，采用引入人工蜂群搜索算子的自适应粒子群算法（ABC - AP-SO）求解该多目标协同优化问题，最后基于我国某园区能源互联网示范平台实现应用验证。

8.1 综合能源系统的概念及发展

8.1.1 综合能源系统的概念

综合能源系统是指一定区域内利用先进的物理信息技术和创新管理模式，整合区域内煤炭、石油、天然气、电能、热能等多种能源，实现多种异质能源子系统之间的协调规划、优化运行、协同管理、交互响应和互补互济。在满足系统内多元化用能需求的同时，有效地提升能源利用效率，促进能源可持续发展的新型一体化能源系统。通过多能协同的综合能源系统协调调度，一方面可以利用各个能源系统在时空上的耦合机制，实现多能互补、能源梯级利用；另一方面，可以挖掘与利用用户参与综合需求响应的能力，使用户拥有更大容量的"虚拟能量单元"，响应上级电网调峰辅助服务需求，显著提升了能源资产利用率。因此，综合能源系统可以说是破解中国能源困局的重要手段之一。

相对于传统的能源单级利用形式，综合能源系统对电力、冷热和天然气多种形式能源进行多级利用，通过多能互补提高综合能源利用效率。综合能源系统是适合中国能源的智能化发展需要，具有很强生命力，符合国家产业政策。但是综合能源系统由于系统间耦合紧密，能源流动变化复杂，在优化控制与运行管理方面相较于传统电力系统有较大差别。综合智慧能源系统作为能源互联网的重要组成部分，其运行优化和能量管理技术有助于实现区域能源互联网的经济、环保、智能和高效运行。

8.1.2 综合能源系统研究进展

虽然综合能源系统在我国的研究刚刚开始，相关的综合能源服务也尚处于起步阶段，但是基于综合能源系统的新型能源系统及服务模式早已在很多国家开展。世界各国也都因地制宜地制定了符合自己国家或地区发展的综合能源发展战略，综合能源系统的建立以及综合能源服务的发展更有助于提升能源的综合利用率，对实现可再生能源的大规模开发、利用和消纳起到了很重要的支撑作用。

虽然综合能源系统在我国的研究刚刚开始，相关的综合能源服务也尚处于起步阶段，但是基于综合能源系统的新型能源系统及服务模式早已在很多国家开展。世界各国也都因地制宜地制定了符合自己国家或地区发展的综合能源发展战略，综合能源系统的建立以及综合能源服务的发展更有助于提升能源的综合利用率，对实现可再生能源的大规模开发、利用和消纳起到了很重要的支撑作用。

欧洲联盟是对综合能源系统研究并实践的先行者，侧重对于能源协同优化的研究，开展了可再生能源与清洁能源、不可再生能源之间的协同优化研究，通过微电网项目和泛欧网络等项目逐步加深对综合能源系统领域的研究力度。英国的能源企业更注重于各个能源系统之间能量流动的集成与耦合关系，作为一个岛屿型国家，其国家政府和相关企业一直致力于建立既安全可靠，又满足可持续发展的全国性综合能源系统。美国的研究起初侧重在促进冷热电联供技术进步和应用推广，通过能源独立法和安全法规定综合能源规划必须纳入电和天然气，后来重点开展对智能电网的研究，目标在于构建一个高效、高可靠性、高经济性和高灵活性的综合能源网络。日本的能源主要依赖进口，也是最早开展综合能源系统相关研究的亚洲国家，致力于智能社区技术的研究和示范工程的建立，在包含电力、天然气、热力以及可再生能源的综合能源系统基础上，实现与供水、交通、医疗系统和信息系统的一体化集成。

我国在综合能源系统和综合能源服务等方面发展也较为快速，国家发展和改革委员会、国家能源局在 2016 年 7 月发布的《关于推进多能互补集成优化示范工程建设的实施意见》和 2017 年 1 月发布的《关于公布首批多能互补集成优化示范工程的通知》促进了一大批多能互补示范工程的建设。相对于传统能源单级利用形式，区域综合能源系统对电力、冷热和天然气多种形式能源进行多级利用，通过多能互补提高综合能源利用效率。区域综合能源系统是适合中国能源的智能化发展需要，具有很强生命力，符合国家产业政策。在发电侧，五大发电集团和一些地方能源集团也在积极关注综合能源相关业务，有些集团还成立了专门的综合能源服务公司，旨在参与多能互补、能源互联网、综合智慧能源等相关科技创新与产业化应用。清华大学、上海交通大学、华北电力大学、上海电力大学、中国电力科学研究院等高校与科研机构，从能源互联网的基本概念及形态、发展模式及路径、技术框架及拓扑、关键技术分析等方面展开了广泛的研究。建立能源互联网的分层结构，包括能源体系流程、综合能源供给系统与智慧能源的互联互补体系，设计能源互联网架构及典型应用模式，能源互联网与多种分布式能源互动的协调优化互联信息模型，对未来能源供用体系的建设提供新思路。我国正逐渐由以基础性研究为主的概念阶段，向以应用性研究为主的起步和发展阶段转变。

8.2　综合能源系统架构及关键技术

综合能源系统中包含着不同类型的能源形式，它们是构成能源互联网的重要组成部分。与传统发电相比，综合能源系统的发电输出具有不确定性，其出力受环境因素影响，具有很强的波动性，因此对综合能源系统典型工艺及设备分析，是综合能源系统协同控制和优化运行的基础。深入研究和探讨综合能源系统协同控制、运行优化和能量管理等技术，以此实现综合能源系统的综合效益最优。

8.2.1　综合能源系统架构设计

综合能源系统是以可再生能源为核心，电能为基础，其他能源形式为辅的多种能源相互协同的结构，同时依托互联网信息技术构建能效管控平台，实现多能流系统的供需互动、有效配置，从而促进新型能源系统经济低碳、智能高效的平衡发展。综合能源系统的基本架构如图 8-1 所示。

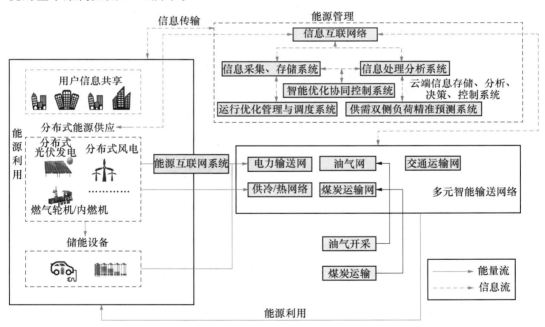

图 8-1　综合能源系统的基本架构

综合能源系统作为可再生能源发电单元、冷热电联供单元、储能单元、负荷需求单元以及信息通信技术的有机整合，随着高精度测量、智慧通信技术的普及，在能源系统改革中扮演重要角色。它是以分布式能源为能量的生产者，以电、气、冷/热不同形式的能源作为各能源子网之间的纽带，连接能源生产、传输等诸多环节所形成的多元、立体的能源网络。

8.2.2　综合能源系统典型工艺及设备分析

综合能源系统典型工艺流程示例如图 8-2 所示，根据所示工艺流程顺序，能源互联网环境下的综合能源系统主要由一次能源输配系统、发电系统、余热利用系统、电力母线系统、水循环系统、电制热系统及储能系统组成。天然气为综合能源系统的主要一次能源，太阳能、风能则为次要的一次能源，相应一次能源利用设备分别为燃气发电机、燃气内燃机、光伏电池板与风力发电机等。出于提高天然气能源利用率的考虑，该示例中选用溴化锂吸收式冷温水机组构建了余热利用系统，尽可能吸收燃气发电机高温烟气与缸套水中的热能。电力母线系统是综合能源系统电能生产与消纳的核心系统，既是能源站发电系统所产生电能的终止端，也是能源站中各机组设备所需电能的起始端。

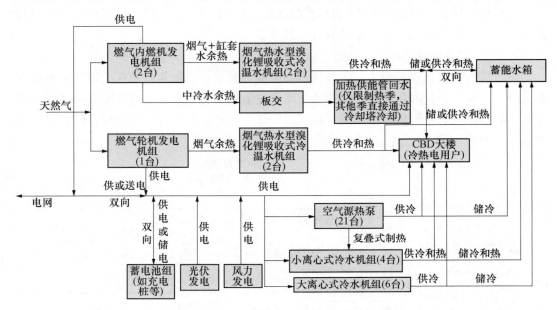

图 8-2　综合能源系统典型工艺流程示例

1. 电力母线系统

电力母线系统的并网方式，通过 35kV 变压器和电网交互，母线交互功率由整个系统优化运行策略决定，优化运行策略和上网、并网电价密切相关，优先满足本系统电力需求。当不满足电力负荷需求时，需从电网购电；当综合能源系统电能产能过剩时，可以通过该系统将电能输送给用户；当能源站机组电能产能不足时，则可以通过该系统从其他电力能源网络获取所欠缺的电能。

2. 水循环系统

对比电力母线系统，水循环系统是综合能源系统冷热能生产与消纳的核心系统。由于水的比热大且容易获取，综合能源系统以水作为冷热能传输介质，通过水循环系统进行冷、热能的传输交换。当三联供系统冷热能供能不足以满足用户需求时，可以利用电制能系统填补冷、热负荷缺口。该示例的电制能系统主要由大、小离心式冷水机组和空气源热泵机组构成。其中，大离心式冷水机组仅用于制冷工况，而小离心式冷水机组与空气源热泵则除了可以单独制冷外，还可以互相串联，构成复叠式制热系统。

3. 余热利用系统

余热利用系统主要设备为溴化锂吸收式冷温水机组，主要利用燃气内燃发电机高温烟气热能和缸套水中热能，通过溴化锂冷温水机组根据不同季节需求进行供冷、供热。在制热工况下，用户冷冻水回水温度约为 45℃，经由一次泵进入溴化锂机组，被燃机的高温烟气与缸套水加热至 61℃，在二次泵帮助下继续供往用户。除了三联供方式制热之外，还可以采用复叠式系统进行制热，空气源热泵水回路构成闭式循环，空气源热泵切换为制热模式，不断将闭式循环中的水从 28℃ 加热到 35℃，加热之后的水经由一次泵进入离心热泵，在离心热泵内经过逆卡诺循环将用户冷冻水回水从 45℃ 加热到 61℃，加热之后的用户冷冻水回水在二次泵的作用下继续供往用户。

4. 储能系统

储能技术是我国新兴产业的发展重点之一，国家相关部门对储能技术发展及产业化已制定了一系列相关鼓励政策，这将会引导储能相关厂商更加积极地参与到国内外电力市场中。微能源网向综合能源系统的演进更是发展的一个方向，实现热能、冷能甚至是其他的一些能源的交互和融合，形成一个综合能源的系统。无论做电力平衡还是电量平衡，储能都会发挥很重要的作用，特别是在小型系统里面要实现冷、热、电联储。这里面有很多的关键技术，其中一个是区域能源冷热电优化调度和控制技术，传统的热是以热力平衡为主，现在把电和热耦合在一起带来了很多相关的技术。

5. 系统各部分之间存在耦合关系

在能源互联网环境下，实现综合能源协同控制的难点主要来源于协同控制理论与控制方案实施两个方面。综合能源协同控制实质上是时滞、时变、高阶、异构的多智能体一致性问题，是当今协同控制理论研究面临的挑战之一。因此，在制定协同控制流程算法时，需要统筹考虑时滞时变控制系统的保守性与高阶异构多智能体控制系统的成本，主要体现在以下两个方面：

（1）由于能源互联网环境下综合能源内能源输送媒介存在着能源形式多样并且可转换的特点，需要解决冷、热、电、气等多种能源网络之间能源输送媒介的耦合性和调度控制问题。

（2）相比于电力能源网络，能源互联网环境下综合能源系统内的冷、热、气能源网络的调度均具有长时间滞后于调度指令的特点，表现出较强的时空差异性，因此，协同控制策略应体现出多时间尺度与多空间尺度的特点。

8.2.3　综合能源系统关键技术分析

为实现能源的生产、输送、使用及管理，能源互联网中应用了许多先进技术，主要包括新能源发电技术、大容量远距离输电技术、先进电力电子技术、需求响应技术、微能源网技术、分布式协同控制技术、储能技术、能量优化管理技术、网络通信与信息安全技术等。其中，与综合能源紧密相关的关键技术主要包括分布式协同控制技术、储能技术、能量优化管理技术、网络通信与信息安全技术等。

1. 分布式协同控制技术

在能源互联网环境下，分布式协同控制技术实质上是在分布式多智体能源设备的基础上，利用先进的网络通信技术，对能源互联网中所有可调控的分布式能源设备进行协同调度，实现分布式能源互联网内多能源网络间能源传输媒介的耦合性调度控制，解决冷、热、电、气等能源网络的控制响应时空差异。

为便于综合能源系统参与能源互联网的协同调度控制过程，需要提高能源互联网环境下综合能源系统的智能化程度，直至可将该综合能源系统抽象为智能体单元。例如，选用智能化分布式能源设备，并利用 Profibus-DP、Industry Ethernet 等现场总线和工业以太网技术将综合能源构建成一个广泛互联的智能化整体。

2. 储能技术

储能技术是智能电网中实现电网调峰和节能的重要手段，在能源互联网环境下，更是成为应对广泛生产不连续、波动性和随机性强的分布式可再生能源入网问题的关键技术。储能技术在能源互联网中扮演着能源缓冲区的角色，通过对能源采取隔离式储存，使能源参数的适应性调节成为可能，使能源互联网具备即插即用的接入能力。储能单元已然成为能源互联网的基础设施。

能源互联网中的储能表现出大规模储能和分布式储能同时并存的特点，并且热、电、气、储能同时并存。一方面，用户侧节点不再只是能源消费者，也是能源生产者，具备一定的发电能力，为了平抑用户侧节点并网后带来的波动，提升用户侧节点供能的灵活性和经济性，需要配备一定规模的分布式储能系统。另一方面，为了应对发电侧可再生能源的高渗透率，保障能源互联网的安全可靠稳定运行，也需要配备一定规模的集中式储能系统。

3. 能量优化管理技术

在能源互联网环境下，能量优化管理技术实质上是带约束的复杂网络规划技术，根据设计的最优化控制目标，在能源互联网的物理约束框架内，采用最优化算法得到能源互联网的最优运行策略。能量优化管理技术应用在能量供应侧即为经济分配技术，核心是根据预测的能源互联网能源生产和消费情况，制订出各个分布式能源设备的出力分配方案，使得能源互联网获取较好的经济性。能量优化管理技术应用在能量需求侧为需求响应技术，核心是在考虑能源互联网不可调度与可调度用户负荷分布情况的基础上，依据网络内的能量消耗状况，制订科学的负荷投切策略，实现能源互联网的社会效益最大化运行。能源互联网存在网络物理约束多、耦合度高、非分解性强、调度优化问题不连续性与不确定性突出、模态复杂等特点，增大了解决能源互联网调度优化问题的困难。

为便于实现能源互联网对综合能源的能量优化管理，需要设计综合能源的上位机监控系统，主要负责采集综合能源运行数据，计算能源站的能效，并将相关的能量管理数据上传给能源互联网中的能量管理中心。

4. 网络通信与信息安全技术

面向能源互联网的信息通信网络是能量流、信息流与控制流的深度融合，利用大数据、云计算等信息网络技术，实现广覆盖面、高安全性、高集成度与高共享性的信息通信目标。信息通信系统强大的数据传输和处理能力是能源互联网稳定可靠运行的技术保障。在信息通信层面，根据能源互联网对复杂数据交互能力及异构设备接入协同能力要求高、能源信息节点接入不确定等特点，如何构建安全、可靠、支持海量数据传输的信息交互处理系统成为建设能源互联网的关键技术。能源互联网对网络通信与信息安全的具体要求如图 8 - 3 所示。

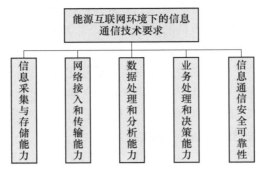

图 8 - 3 能源互联网对网络通信与信息安全的具体要求

8.3 综合能源系统协同控制技术

在能源互联网环境下，综合能源系统中各子系统间以及子系统内各设备间的协同合作，不仅可以实现冷、热、电负荷的供需平衡，还可以减少能量损耗，提高设备的能量利用效率及一次清洁能源的能量转化效率，使得多能互补的能源互联网更加安全可靠，实现经济绿色运行。

8.3.1 综合能源系统协同控制设计原则及依据

在能源互联网环境下，综合能源系统站各子系统间以及子系统内各设备间的协同合作设计，决定了能源站自身的智能化与能效水平，以及与能源互联网的兼容程度。根据综合能源系统站项目的相关设计原则和示范性要求，保证综合能源系统的实用性、先进性与示范性。

综合能源的协同控制系统设计与其他类型控制系统的设计有类似之处，均是基于信息网络通信技术与先进计算机控制技术，却也有自己特有的设计要求，主要表现在以下几点：

1. 可靠性原则

在控制系统整体设计时，应充分开展冗余设计、故障树分析及标准规范组态软件设计等工作，保障综合能源的系统可靠性。为提高通信的可靠性，重要参数采用高容错能力的通信方式，例如 Industry Ethernet、Modbus 及 Profibus - DP 等，同时借助于网关等设备将层级通信网络进行硬件隔离，提高各级通信网络的独立性与安全性。

2. 开放性原则

能源互联网环境下的综合能源系统服务于开放型的能源网络，该能源网络不断地有新的分布能源或者用户并入，开放性是能源互联网的重要特征之一。在网络结构方面，应符合 ISO 的开放性通信标准，易于网络节点设备的删除、更换及扩充。在设备选型方面，设备应具有良好的通信兼容性与通用互联的接口，并留有拓展备用的通信通道。

3. 安全性原则

能源互联网环境下综合能源系统的自动化程度高，人为参与度相对较低，因此，为提高能源站的安全性，自动控制系统应具备快速处理大量不同类型故障的能力，降低意外事故造成的损失。这就要求在设计控制系统时充分、全面、深入地考虑在能源站运行过程中可能会出现的故障及相应解决措施。如果模块出现故障，应具备热插拔功能，并且将各个设备的负荷控制在额定负荷的 60% 之内，尤其是控制器的运行负荷。

4. 其他

在设计控制系统时，不仅需要考虑控制系统的稳定性、可行性和安全性。在实现上述控制要求之后，还需要进一步结合控制需求进行控制策略的优化。DL/T 5508—2015《燃气分布式供能站设计规范》是能源互联网环境下综合能源设计的主要依据，其涉及的综合能源协同控制的关键技术指标主要包括：

（1）在供能站系统配置方面，应根据用户热（冷）负荷特点、上网条件和运行经济性等因素，合理配置联供与调峰装置容量。

（2）在功率调节与控制方面，接入 10kV 及以上电压等级的并网上网型分布式供能站，应具有接收并自动执行电力调度部门发送的有/无功功率及有/无功功率变化的控制指令的能力，应能实现调节机组有/无功功率输出、控制机组启停机等功能。

（3）分布式供能站有远方控制要求的应配置相应的自动化终端设备，宜采集发电装置及并网线路的遥测和遥信量，接收遥控、遥调指令。

（4）余热利用设备及系统应满足要求：分布式供能站的余热回收设备主要包括余热锅炉、汽轮发电机组、吸收式冷（温）水机组和吸收式热泵等；当余热利用量不稳定时，余热利用设备应有相应的调节措施。

（5）协同控制系统应符合下列技术要求：控制系统的可利用率至少应为 99.9%；控制系统在卡件、端子排等设置时，各种 I/O 和合计 I/O 数量应考虑 10%～20% 的备用量；控制器的数量应按照控制系统功能的分工或按工艺系统的分类进行设置，控制器的数量应满足保护和控制的要求；控制器的处理能力应有 40% 的裕量，操作员站处理器处理能力应有 60% 的裕量；共享式以太网通信负荷率应不大于 20%，其他网络通信负荷率应不大于 40%。

（6）考虑到协同控制系统中的控制需求存在差异性，综合能源协同控制系统基于层次化设计理念，采用三层通信结构模型，将网络结构划分为过程管理层、过程控制层与现场层，如图 8 - 4 所示。

8.3.2 基于多智能体的协同控制策略

能源互联网环境下的综合能源系统复杂，且受控对象数量庞大，站内各子系统间以及子系统内各分布式能源设备间的协同控制需求迫切。由于分布式能源设备的智能化程度高，具有可靠、灵活与协调的特点，因此，可以将综合能源系统视为由大量分布式能源设备构成的多智能体系统，进而将综合能源协同控制研究转化为多智能体系统的顺控流程及算法研究。

能源互联网环境下的综合能源协同控制问题实质上就是综合能源多智能体系统及设备的协同控制问题，利用先进信息技术和计算机技术，在能源互联网背景下实现综合能源系统内各工艺子系统间及子系统内各分布式能源设备间的协同合作，对整个综合能源

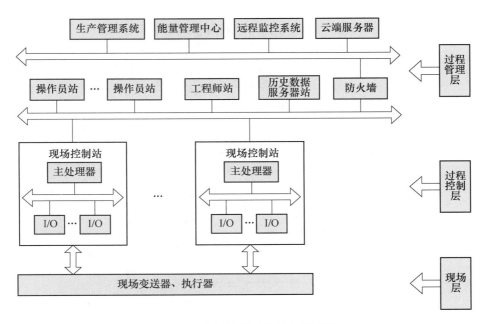

图 8-4 协同控制系统层级结构图

系统内的可控能源转换设备进行协同调度，实现对综合能源系统的协同控制、运行监测及故障诊断等，保证其安全、可靠、稳定、经济运行。

1. 综合能源系统方案设计分类

在实施协同控制策略与算法的过程中，根据控制目标与控制对象的差异，能源互联网环境下的综合能源系统有两类不同的设计方案。

（1）通过实时控制各分布式能源设备的开关状态，实现综合能源系统在能源互联网环境中安全稳定运行。该类多智能体系统充分利用能源站内各能源设备智能体的社会性、自治性与主动性，依据分布式能源设备的功能及性能曲线、综合能源的能量及通信网络架构进行设计。具体而言，该类多智能系统有无领导者、有领导者和混合式三种不同形式的网络拓扑架构，如图 8-5 所示。图中区域 1 为三层分散式的混合式多智能体系统，各层中的智能体接收本地、邻居及上层智能体的信息，当多智能体系统出现故障时，同层级之中以及不同层级之间的智能体相互协作，检测故障并进行自愈控制。图中区域 2 为有领导者多智能体系统，存在一个领导者智能体，领导者智能体接收下一层被领导智能体的汇报信息，并在该智能体内制定多智能体系统控制方案，然后发送回下一层各个被领导的智能体。图中区域 3、4 均为无领导者多智能体系统。该架构中所有的智能体地位均相同，多智能体系统控制方案由所有智能体通过平等协商而决定。

（2）通过实时调节各分布式能源设备的运行参数，保障综合能源系统在能源互联网环境中高质量供能与能量平衡。该类多智能体系统充分利用能源站内各能源设备智能体的进化性与反应性，依据综合能源系统的供能、用能及储能的运行状态与特性进行设计。多智能体系中的所有智能体视为一个整体智能体，遵守一个多智能体一致性协议，从而使得所有智能体运行于同一状态。根据有无领导者智能体，有追踪同步算法和调节

261

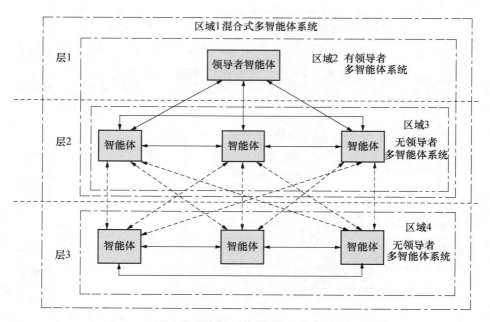

图 8-5　无领导者、有领导者和混合式多智能体系统的网络拓扑架构

同步算法两种解决方案。

基于多智能体协同控制的思路,能源互联网的多智能体建模如图 8-6 所示,该模型包括了三级领导者智能体和二级被领导者智能体。一级领导者智能体为能源互联网中的能源管理中心,协调调度被领导者智能体综合能源的供能与储能功率,能源站之间可以互相查看供能信息,有助于综合能源站参与能源互联网的能源调度。二级领导者智能体为综合能源站,负责站内被领导者智能体可编程控制器的协同控制,可编程控制器之间可以互相调用数据进行逻辑控制与运算处理。三级领导者智能体为综合能源站内的可编程控制器,主要负责一级被领导者智能体工艺子系统间及二级被领导者智能体机组设备间的协同控制。一级被领导者智能体之间互相闭锁,防止出现系统在正常运行过程中被切换工作模式的情况出现。二级被领导者之间互相联系,作为机组启动停止的允许条件、急停指令等。

2. 协同控制策略

在领导者智能体控制器预先制订的多智能体协同控制方案的指引下,被领导者工艺子系统或智能体分布式能源设备协同动作,并且将运行信息汇报给领导者智能体自动化控制器,经过领导者处理之后,再次将更新之后的协同控制方案下发给各被领导者设备,如此往复,最终实现综合能源的协同控制。由于项目建设进度的原因,上述协同控制策略主要集中于冷能及热能系统内的协同控制,而对于电能及天然气能的协同控制则研究不足,需要后续进一步的研究。

(1) 系统间协同控制策略。根据用户用能与综合能源供能的情况,在三种不同能量平衡状态下,研究设计综合能源子系统间的协同控制策略。由于夜间的用户负荷小,且

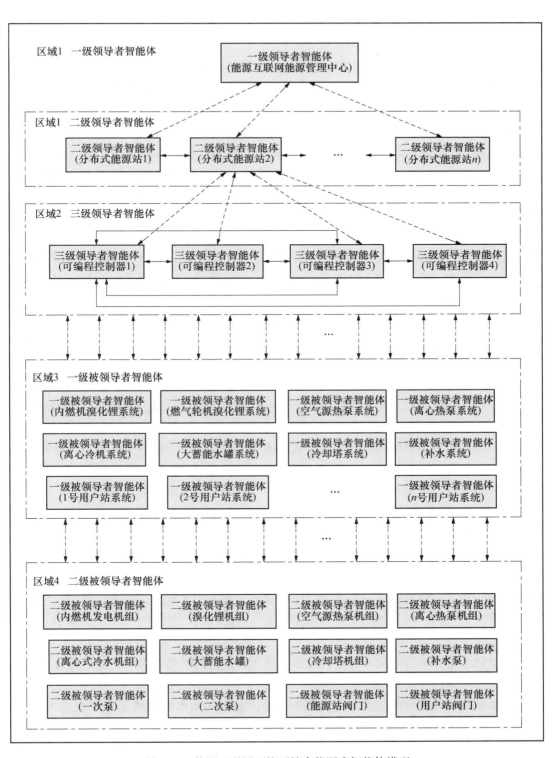

图 8-6 能源互联网环境下综合能源多智能体模型

存在低谷电价，为利用夜间低谷电价储能，在每种能量平衡状态下又分别从夜间与日间两个方面设计各子系统间的协同控制策略。

1) 冬季供热工况协同控制策略。当用户用能远小于系统供能时，优先采用大蓄能水罐供能的方式，将日间电制能转移到夜间进行，并由大蓄能水罐完成日间供能。为此，在夜间启动运行复叠式制热系统向大蓄能水罐蓄能，为防止冷水进入大蓄能水罐，在执行蓄能水罐协同控制之前，先运行复叠式制热系统对管道中水进行预热。在日间时，随着电价的攀升，停止复叠式电制热系统，改为大蓄能水罐供能，将夜间所蓄的能量供给用户。如果用户用能超出预期，则再次启动复叠式制热系统，直至满足达到供需能量平衡。在冬季供热工况下，综合能源制热子系统间的协同控制策略如图 8-7 所示。

2) 夏季供冷工况协同控制策略。在三联供与蓄能水罐之外，按照能效从高到低的顺序，依次启动离心冷机系统、离心热泵系统、空气源热泵进行供冷。当用户用能较小时，启动运行离心冷机与离心热泵系统即可满足夜间供冷与蓄能需求。为提高经济性与能源利用率，在日间启动三联供系统制冷工况，三联供制冷功率不足时，启动大蓄能水罐的释能工况。当用户用能接近或略微超出系统供能的设计上限时，应在夜间及时并尽可能多地向大蓄能水罐蓄能，以应对日间的尖峰负荷。在夏季供冷工况下，综合能源制冷子系统间的协同控制策略如图 8-8 所示。

通过以上协同控制策略的研究分析，为更为准确、高效地执行综合能源各子系统间的协同控制，需要对用户负荷进行全面、深入的预测研究，以较为准确地确定用户用能与系统供能之间的能量平衡关系。

（2）系统内设备间协同控制策略。前面研究设计了供冷、供热工况下综合能源系统中各分布式能源子系统间的协同控制，下面则进一步对其中主要的分布式能源子系统开展协同控制设计，研究子系统内不同能源设备之间的协同控制策略。

1) 蓄能水罐系统协同控制策略。蓄能水罐系统的协同控制主要通过水罐冷热水管道阀门的切换实现。大蓄能水罐在蓄冷时，为防止热水混入，先关闭热水管道的上下侧阀门，然后再打开冷水管道的上下侧阀门。当阀门切换到蓄冷模式之后，启动制冷系统，具体制冷系统的启动运行控制则由前文制订的制冷协同控制策略完成。在制冷系统一次泵的作用下，温度较高的冷水自罐体上侧冷水管道抽出水罐，温度较低的冷冻水从下布水器流入水罐。当蓄能结束时，关闭冷水管道的阀门，将冷能封存在水罐中，以便日间调用。

大蓄能水罐在释冷之前，需要再次检查热水管道的阀门是否关闭，然后再打开冷水管道。由于大蓄能水罐系统没有水泵系统，故而在打开阀门之后需要启动供冷二次泵，将冷水供给用户。在供冷二次泵的作用下，温度较高的回水自罐体上布水器进入水罐，温度较低的冷冻水从下布水器抽出水罐。在供能结束之后，将阀门再次关上，防止罐内能量流失。大蓄能水罐的释热协同控制过程与释冷过程类似，区别在于打开的是热水管路。

2) 离心冷机系统协同控制策略。在启动离心冷机的协同控制中，首先启动运行冷

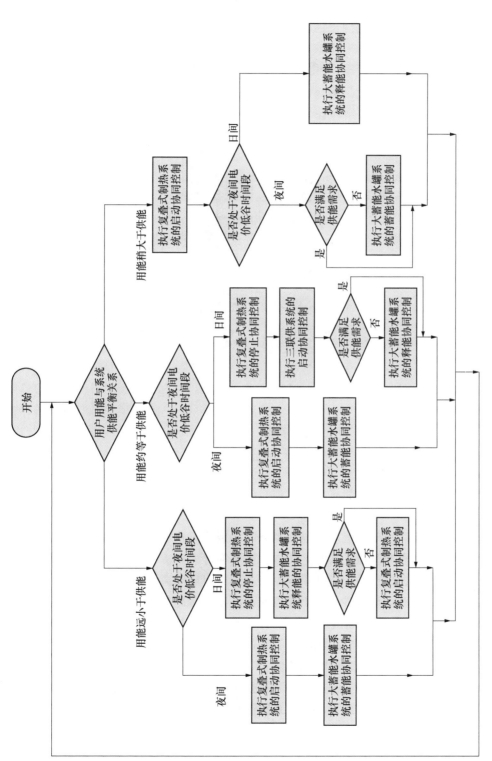

图 8-7　冬季供热工况下各子系统协同控制策略

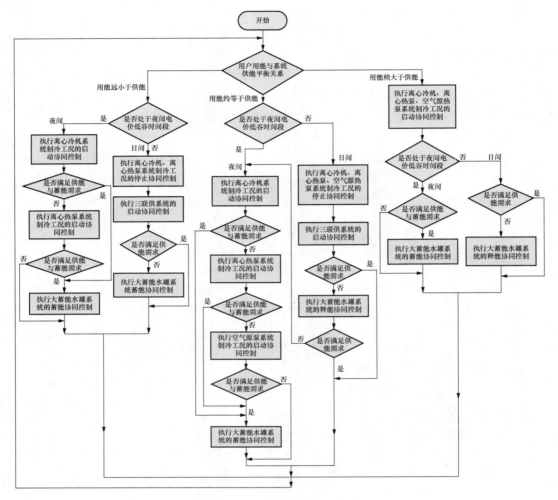

图 8-8　夏季供冷工况下各子系统协同控制策略

却塔系统，并打开相应冷凝器进水门与冷却泵，构成冷却水循环。随后，打开离心冷机蒸发器进水门，启动离心冷机一次泵，构成冷冻水循环。在冷冻水流量与冷却水流量满足之后，对冷却塔液位进行检查，如果满足要求则可以启动离心冷机制冷。

　　由于离心冷机存在运行惯性，故而在停止离心冷机制冷的过程中，要依据先关主机再关辅机的原则，当离心冷机完全停止之后，才允许停止相应的一次泵与冷却泵。由于水泵的停机也存在惯性，故而在关闭相应管路阀门之前，要先检测各自回路流量是否为0，防止出现闷泵现象，对水泵产生损害。

　　3）离心热泵制冷工况协同控制策略。在制冷工况下，离心热泵机组的工作原理及系统构成与离心冷机类似，故而离心热泵系统的启动及停止协同控制设计与离心冷机系统类似，区别在于启动的是离心热泵及与其相对应的一次泵、二次泵、冷却塔风机系统。

　　4）空气源热泵制冷工况协同控制策略。由于空气源热泵采用直接与空气换热的方式，故而空气源热泵系统的启停协同控制较为简单，只需要关注冷冻水回路的流量。在启动空气源热泵一次泵之前，为防止闷泵，要先打开空气源热泵的进水阀门。当流量满足空气源热泵的启动要求之后，启动空气源热泵机组。

由于空气源热泵机组存在运行惯性，为防止损坏机组，在停机过程中遵循先停主机再停辅机的原则，当空气源热泵完全停止之后，再停止空气源热泵的一次泵。为防止在停机过程中出现闷泵现象，在一次泵停机之后，还要再次检测流量是否为 0，最后才关闭空气源热泵的进水阀门。

5）复叠式制热系统协同控制策略。在制热工况下，空气源热泵和离心式热泵串联的双级热泵制热，热泵系统总制热量不小于 24000kW，单台离心式热泵制热量 6000kW；在室外空气干球温度 −2.2℃、相对湿度 75％工况下，空气源热泵总制热量不小于 4 台离心式热泵制热所需热量，单台制热量 1023kW；离心式热泵蒸发侧进/出水温度（空气源热泵出/进水温度）37/32℃，离心式热泵冷凝侧供/回水温度 61/53℃。离心式热泵蒸发侧进/出水温度（空气源热泵出/进水温度）在 ±5℃的变化范围内。

在复叠式制热系统的启动过程中，为防止离心热泵发生喘振，需要先运行空气源热泵系统，将中间温度控制在 22～30℃之间。故而，复叠式制热系统的启动协同控制策略不仅仅是空气源热泵系统与离心热泵系统启动协同控制策略的简单叠加，还需要对中间温度进行监控。在复叠式制热系统停机过程中，为防止离心热泵机组发生喘振，中间温度不得超过 30℃，为防止损坏空气源热泵机组，中间温度不得低于 22℃。因此，在复叠式制热系统停机过程中，若中间温度小于 22℃，则先停止离心热泵机组。由于离心热泵系统负载降低，中间温度会逐渐回升，当温度处于 22～30℃之间时，停止空气源热泵机组；若中间温度处于 22～30℃之间，应先停下游离心热泵机组，然后停上游空气源热泵机组；如中间温度大于 30℃，则先停空气源热泵机组，使中间温度逐渐降低，待中间温度处于 22～30℃之间时，停止离心热泵机组。当离心热泵机组与空气源热泵机组完全停机之后，再停一次泵、冷却泵等辅机。

8.3.3　综合能源协同控制系统及应用

1. 综合能源协同控制系统的功能

在能源互联网环境下，综合能源协同控制系统的设计目标是综合使用先进控制策略，实现综合能源在能源互联网环境下安全、可靠、节能、高效地运行，达到无人值守、少人值班的自动化控制水平。为此，能源互联网环境下综合能源协同控制系统应具备以下功能：

（1）工艺过程控制功能。在工艺流程实现方面，协同控制系统使综合能源工艺系统中的各智能分布式能源设备严格遵守预先制订的一致性协同控制工艺流程的启停顺序，待上一步执行结束且满足下一步执行条件之后，下一步综合能源才允许启动。另一方面，协同控制系统中应配置足够数量的现场检测仪表，对能源站工艺过程进行全方位监测，并将监测到的流量、温度、压力等工艺参数记录到数据服务器中，便于相应工艺流程调用，帮助完成综合能源工艺回路自控参数的优化设置。

（2）运行状态监控功能。协同控制系统需要实时监视综合能源内各系统的运行状况及过程参数，并可在上位机设备中通过相应操作菜单界面，对系统的运行参数进行设定、调整及在线整定，综合实现对综合能源运行状态的监控功能。相比于传统独立的能源站，为满足能源互联网的控制及管理需求，协同控制系统还需要将综合能源的运行数据及过程参数上传到能源互联网中的生产管控中心、能源管理中心及云端数据服务器等。

（3）报警功能。协同控制系统的报警功能服务于站内与站外的过程及系统报警，是能源站协同控制系统不可或缺的重要功能。基于能源站的实时监控功能，系统一旦出现故障，及时发出报警，报警形式包括但不限于报警消息、声音报警及报警灯报警等。协同控制系统可对故障报警进行排查确认，并支持在线打印故障信息。同样，需要将能源站的报警信息上传到能源互联网中的上层管理系统。

（4）故障自诊断功能。为提高故障排查确认效率，协同控制系统应具备故障自诊断功能。当故障发生时，协同控制系统自动收集故障信息，分析故障原因，并将诊断信息文本化，生成诊断报告发送给能源站内部的运行人员及能源互联网中的上层管理人员，提示进行维护管理。为了准确记录归档故障的发生时间、起因来源、故障状态等关键故障信息，协同控制系统的自诊断系统应配置历史数据库及事故追忆模块，便于对故障进行深入分析，生成最终故障解决方案。

（5）信息管理功能。基于综合能源内部运行的需要，也为了便于能源互联网上层管理系统对能源站的管理，协同控制系统应具备信息管理功能，实现整个综合能源运行数据、工艺参数、操作日志、报警事件、生产报表等数据的存储、查询及打印功能。协同控制系统的信息管理功能在统一平台上对综合能源的内部信息进行集中整合，解决能源站内部各系统信息的流通问题，为制订运行管理策略提供实际依据，是实现综合能源协同控制的技术基础。

（6）安全管理功能。相比于其他封闭式的工业系统，能源互联网环境下的综合能源系统具有开放互动的特性，在智能终端、基础设施及系统互动等重要环节均面临着多元化的安全风险。因此，协同控制系统应具备综合能源安全管理功能，对潜在的安全威胁进行分析，并基于动态主动的安全管理体系，从安全技术、安全策略、安全管理与安全培训四个方面开展安全管理与防护。

2. 综合能源通信网络

在网络基础架构规划和设计符合安全要求的前提下，依据层次化、模块化与灵活化的网络建设基本原则，进行能源互联网环境下综合能源通信网络的设计。基于分层网络模型，将一个复杂网络的设计问题分割为多个小型、简单、易于管理的网络设计问题，通过逐个解决小型网络设计问题，最终构建一个先进、可靠的网络基础。采用模块化方法，将存在于网络上的各项功能分隔成多个模块，降低了网络设计难度。为了增强网络的可靠性，避免添加新服务或扩充网络时对整体网络架构产生影响，则要求通信网络满足灵活性要求，能够灵活地对通信网络进行修改。

基于上述网络设计原则，结合综合能源系统中同时具有能源子站与生产管理中心的特点，能源互联网环境下综合能源通信网络拓扑结构如图 8-9 所示。在该综合能源通信网络中，设计有冗余核心三层交换机、冗余能源子站接入交换机、冗余生产管理中心接入交换机和一台大屏系统接入交换机。其中，冗余的交换机以热备方式运行，保证在一台核心交换机或一台接入交换机出现故障的情况下，保证网络连接正常。分布式能源子站的设备通过防火墙接入综合能源核心交换机，而综合能源核心交换机通过专线接入企业广域网。综合能源通信网络接线示意图如图 8-10 所示。

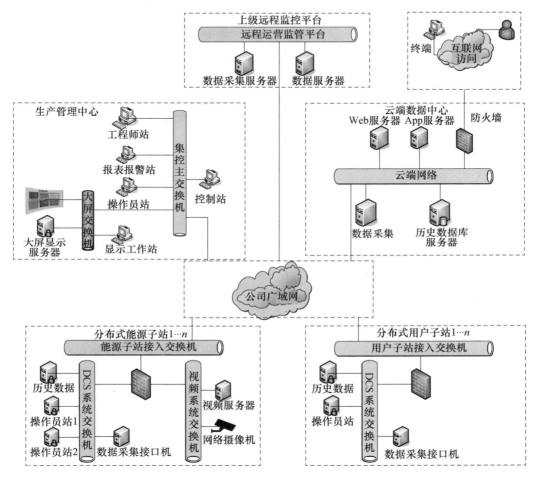

图 8-9　综合能源通信网络拓扑结构

3. PCS7 协同控制系统应用项目

下面以西门子 PCS7 平台为例介绍协同控制系统的应用。西门子 SIMATIC PCS7 采用了全集成自动化理念，即所有硬件都基于统一的硬件平台，所有软件也都全部集成在 SIMATIC 程序管理器下，有同样统一的软件平台。由于 PCS7 消除了分散控制系统（DCS）和可编程控制器（PLC）系统间的界限，真正意义上实现了仪控和电控的一体化，使得系统应用范围变广，是一种适用于现在且面向未来的开放型过程控制系统。综合上述分析，在 PCS7 V7.0 SP1 的软件平台下，在硬件视图的"HWConfig"界面中进行硬件组态，完成能源互联网环境下综合能源协同控制系统硬件环境的构建。

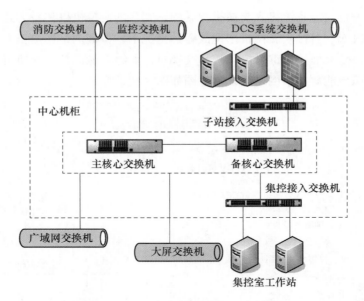

图 8 - 10　综合能源通信网络接线示意图

（1）系统选型。在 PCS7 的网络架构下，以控制器为单元，搭建协同控制系统的硬件环境。分布式协同控制系统需要确定合适的电源模块、CPU、I/O 设备、通信介质等，因此，根据设备选型时的基本原则，制订如下选型方案：

1）CPU 模块。SIMATIC S7 - 400PLC 提供了多种不同性能的 CPU 模块，用以满足不同需求。各种 CPU 有不同的性能，例如有的 CPU 模块集成有数字量和模拟量输入输出点，有的 CPU 模块集成有 Profibus - DP、MPI 等通信接口。CPU 模块前面板上有状态故障指示灯、模式开关、电源端子等。根据上述综合能源分析，CPU 在满足可靠性、稳定性、经济性前提下，同时需要适合于分布式控制应用；另外该控制系统选取变频泵通信 Profibus - DP，因此 CPU 需要集成有 Profibus - DP I/O 接口。综合分析各种 CPU 特性，选取西门子 SIMATIC PCS7 控制器系列 AS 410 SMART，该控制器采用 24V 直流电源，是一款结构小巧的集成化自动控制系统，支持多达 800 个 SIMATIC PCS7 过程对象，配备有一个 PROFINET I/O 接口和一个 Profibus - DP 接口，可连接多达 48 个 Profibus - DP 从站，可以满足控制系统需求。

2）电源模块。电源模块的主要功能是通过背板总线向机架中其他模块供给工作电压，因此电源模块选取有如下需求：可以在 S7 - 400 系统的机架上使用；可以满足 AC/DC 供电，输出电压为直流 5V 和直流 24V；具有短路保护输出功能；监视两种输出电压，若其中一种电压失效，电源模块需可靠向 CPU 报告故障；保证 S7 - 400 系统的稳定可靠供电。综合分析电源特性，选取西门子 PS 407 系列，主电源选取 PS 407 10A R；为了保证供电的稳定性，需要设计一个冗余电源，该冗余电源模块在主电源模块失效时能够向整个机架供电，运行不受影响。备用电池容量选取 2.3Ah。

3）输入/输出模块。在设计综合能源协同控制系统时，需要将过程的输入和输出集成到自动化控制系统中。但是如果输入输出测点远离控制系统，为了提高数据传输的稳定性铺设长电缆，则不仅会增加系统成本，也会给运行维护带来障碍，此外还可能由于电缆之间电磁干扰而降低可靠性。该项目中，综合能源主要设备为各分布式能源设备，例如离心式制冷机、燃气内燃机、溴化锂冷温水机组，空气源热泵等，同时还包括水泵、电动阀、流量计、压力计等众多控制设备和测量仪表通信，因此需要大量 I/O 点，根据对西门子 I/O 模块分析，最终选择 SIMATIC 分布式 I/O 设备 ET200 M 系列。ET200 M 系列控制 CPU 位于中央，I/O 设备在本地分布，Profibus‑DP 具有高速数据传输功能，保证控制 CPU 和 I/O 设备间稳定通信。DP 主站控制 CPU 与综合能源内设备 I/O 之间的连接，通过 Profibus‑DP 与分布式 I/O 测点交换数据实现监视 DP 子站功能。

综合能源硬件组态如图 8‑11 所示，这是典型 Profibus‑DP 网络结构，S7‑400 具有 Profibus‑DP 接口，通过 S4‑115U 连接主站连接 IM 308‑C。DP 从站通过 Profibus‑DP 链接到 DP 主站的分布式 I/O 设备。

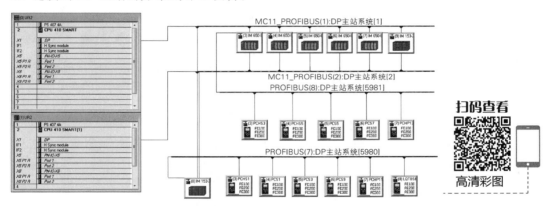

图 8‑11 综合能源硬件组态

为实施上述协同控制系统的三层网络结构模型，以实现能源互联网环境下综合能源分散控制与集中监控管理为控制目标，基于西门子先进过程控制系统 PCS7 平台，采用标准单站结构，以环形网络形式，将协同控制系统中的现场设备、控制器及上层管理系统相互连接，具体接线方式如图 8‑12 所示。

（2）协同控制系统监控设计。工艺监控系统是协同控制系统的基础，运行操作人员通过工艺监控系统获取综合能源系统各工艺流程的运行状况，并根据实际控制需要向现场设备发送远程控制指令。因此，工艺监控系统的设计方案在很大程度上决定了协调控制系统的操作效率，其主要由工艺实时监控、趋势曲线、信息报警和数据归档四个部分组成，对综合能源进行全方位、多层次的监控与管理。

1）工艺实时监控的实现。工艺实时监控层在西门子 PCS7 软件平台上完成开发，工艺实时监控层所使用的图形均来自 PCS7 内置的图形库，监控系统操作界面风格统一，且便于二次开发。此外，PCS7 上位机开发平台支持使用 IEA 程序与 CORE 软件批量连接图形变量，在保证正确率的前提下，提高了监控层的开发效率。

例如图 8‑13 所示为在 PCS7 平台中开发的综合能源暖通工艺总流程图，该界面主

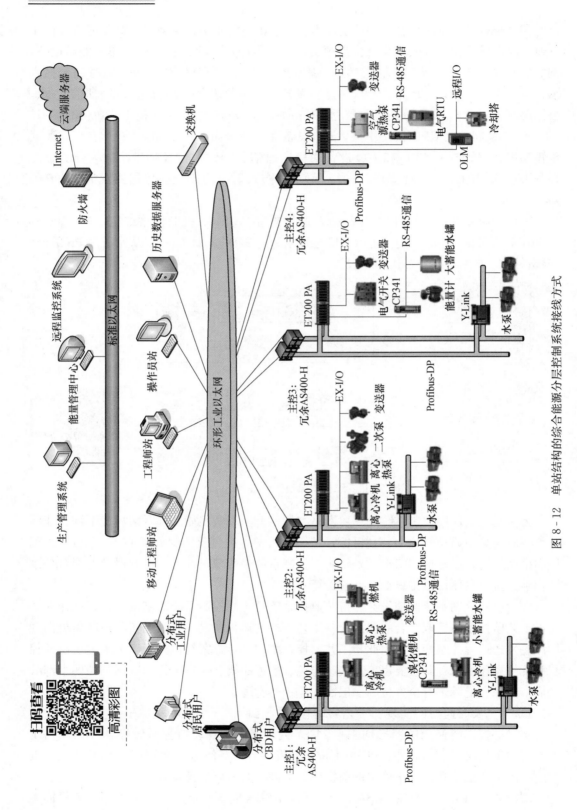

图 8 - 12　单站结构的综合能源分层控制系统接线方式

要由报警栏、导航栏、工艺监控区域及功能栏四类区域组成。其中，导航栏的设置与现场实际的系统一一对应，实现了工艺监控界面的层级结构化布局。此外，在图中的工艺监控区域中，清晰地展示了暖通工艺系统，形象美观地标注了燃机、溴化锂机、离心冷机、空气源热泵、水泵与阀门等设备，操作员可通过单击区域中的设备图标，打开相应设备的操作面板，对该机组设备实施监控。

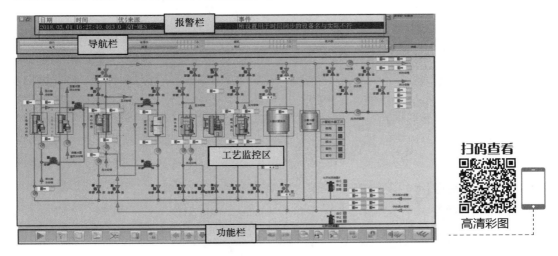

图 8-13　综合能源暖通总流程图

其中，综合能源三联供系统中的内燃机溴化锂系统监控画面如图 8-14 所示，通过该画面可以了解内燃机溴化锂系统的工艺构成及当前的运行状态，使用画面中的协同控制启动按钮，可以完成对内燃机溴化锂系统内设备间的协同控制。通过单击内燃机机组本体的图标，可以直接跳转到内燃机系统的运行监控画面，获取更为详细的机组运行数据，如图 8-15 所示。

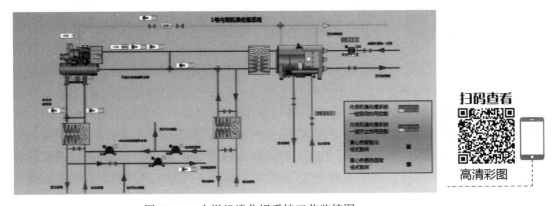

图 8-14　内燃机溴化锂系统工艺监控图

为了便于计算费用，及时响应用户站的负荷变化进行优化控制，能源互联网环境下的综合能源系统也对用户站的运行状况进行了监控，用户站管理界面如图 8-16 所示。对用户站的监控主要包括用户能量计及用户侧用能管路两方面，通过监控用户能量计了

273

解用户的用能情况，并用于核对费用；而监控用户侧用能管路则是二次泵进行最不利压差控制的要求。

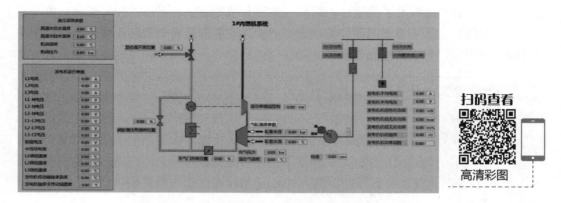

图 8-15　内燃机机组运行状态监控图

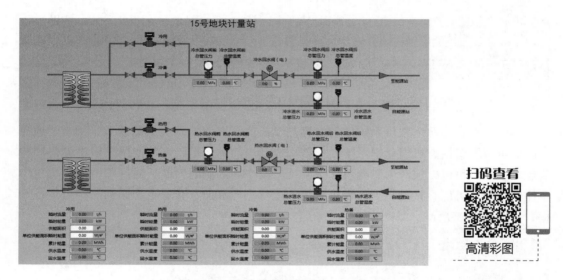

图 8-16　用户站管理界面

2）趋势曲线的实现。在能源互联网环境下，记录趋势曲线是研究综合能源系统运行参数变换趋势的重要途径，对于改善系统的整体控制效果有显著帮助。PCS7 控制系统支持以分组与列表的方式记录 KKS 编码形式参数的历史趋势，并能快速定位趋势曲线的工艺系统来源。此外，PCS7 的趋势曲线系统还能够自动存储工艺运行数据及信息，同时生成工艺系统的趋势总览图及相应变化报告，便于运行人员调用与查询。

例如基于 PCS7 实现的供冷总管出水压力趋势曲线图如图 8-17 所示，曲线 1 表示的是 1 号供冷总管出水压力测点，曲线 2 则是 2 号供冷总管出水压力测点。在该趋势总览图中，同时包含了两个供冷总管出水压力测点的趋势曲线，通过分析不难发现 2 号供冷总管出水压力测点距离二次泵的出口相对较远。

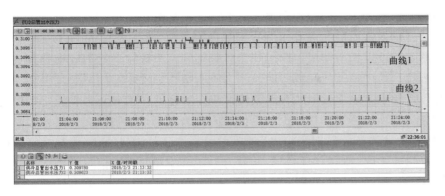

扫码查看

高清彩图

图 8 - 17　供冷总管出水压力趋势曲线图

3）报警信息的实现。当控制系统发生故障时，为保障综合能源系统的安全可靠运行，报警系统将以声光报警及报警信息栏的形式通知运行人员及时进行检修，同时自动归档运行数据及报警信息，便于事后开展故障分析。在 PCS7 监控系统中，出现故障的设备图标会变成红色闪电图标，同时发出声音报警。其中，设备图标的图像报警是设备图标自带的功能，而声音报警则需要根据需要人为地进行配置。在 PCS7 上位机平台上，进行声音报警配置之前，先建立一个 Bool 型内部变量，用于触发服务器的声音报警文件，声音报警内容支持个性化录制。然后，将报警事件关联到先前建立的 Bool 型内部变量上，当报警事件发生时，将该内部变量数值置 1，则触发相应的声音文件，发出声音报警。

PCS7 监控系统的报警信息栏如图 8 - 18 所示，主要反映报警事件的发生时间、来源及当前报警状态。在综合考虑优先级与发生时间的基础上，从上到下依次排列报警信息，优先级高的事件排列在上面，同一优先级中发生时间早的事件排列在上面。在报警界面中栏可以查看报警的日期、时间、优先等级、报警事件、消息持续时间和状态信息。

扫码查看

高清彩图

图 8 - 18　PCS7 监控系统的报警信息栏

4）历史数据归档的实现。为便于运行管理人员调用历史数据，需要将综合能源系统的过程参数及运行信息进行记录归档。根据历史数据保存时间的长短，可将归档划分为长期归档与短期归档。其中，短期归档的数据通常储存在本机操作员站中，而由于长期归档方式存储的数据量大，需要配置专用的历史数据服务器。在 PCS7 平台上，长期归档方式与短期归档方式可以灵活切换。按照归档对象划分，归档可以分为过程参数变量归档与告警信息归档。其中，过程参数归档又分为快速归档与慢速归档两类。根据当前综合能源系统的运行要求，该项目中所有参数快速归档数据的存储时间为 1 周，归档文件容量上限为 1GB，而所有慢速归档数据的存储时间则为 1 个月，归档文件容量上限也提高到 10GB，相应的过程参数归档运行界面如图 8-19 所示。该项目中所有报警信息归档数据的存储时间为 1 周，归档文件容量上限为 1GB，相应的报警信息归档运行界面如图 8-20 所示。

图 8-19　过程参数归档运行界面

图 8-20　报警信息归档运行界面

8.4 综合能源系统运行管控技术

基于多能互补的分布式能源互联网作为复杂大系统，必须与传统的能量管理系统有所区别。由于系统中各子系统具有一定的独立性，冷、热、电能源具有差异性，设备运行和管理不合理将导致能源的浪费，系统无法高效运行。因此基于多能互补的能源互联网，结合可再生能源的功率预测技术、能量管理技术、负荷动态优化调度分配策略、能源系统运行优化策略，建立能效综合管控系统，实现"源－网－荷－储"实时调度优化、能效管理。

8.4.1 综合能源系统能效管控系统

1. 能效管控系统需求设计

由于储能系统和大规模分布式能源接入带来的随机性和波动性、用户需求侧的多不确定性，使得不同的协调和调度方式出现了许多不确定因素。因此构建能效评估综合管控系统，结合多元信息协同控制技术，通过采集冷热电能效信息及能源设备的实时出力，可以对系统能源及储能设备运行情况进行实时监测。通过在线监测，将实时数据传送到后台数据库，后台根据各设备数学模型之间的关系进行数据分析，采用动态曲线、图表形式等可视化界面实时呈现多能源及各设备运行情况，实现精细化、高效的能源管理，如图 8-21 所示。能效综合管控系统主要是通过采集各分布式能源系统、设备及负荷的信息，通过人工智能、大数据、云计算等智能化手段对结构化、非结构化信息分析处理，再结合多能互补协同控制、优化调度等智能关键技术，实现各能源站各设备出力及能源站所供区域的能耗监测，并为能源管理人员提供智能决策信息实现多能系统的高效评估、人机友好互动。能效管控系统主要包括系统工艺系统、能效计算、风光系统的功率预测、用户侧负荷预测、能源互联网系统的调度优化及报表等模块，总体架构如图 8-22 所示。

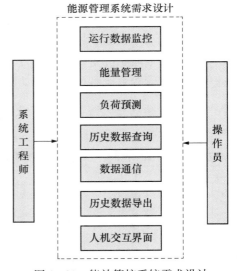

图 8-21 能效管控系统需求设计

2. 功能模块构成

能效管控系统的软件平台所包括的基本程序及组件有初始化变量及数据库、系统工艺、能效计算、风光功率预测、负荷预测、系统调度优化、智能报表、人机界面可视化服务及扩展组件等。

其中，初始化操作包括各个能源单元的相关信息整理；系统工艺包括分布式能源互联网系统的工艺流程图、风力发电、光伏发电、冷热电联供部分、储能部分的子界面的设计规划；在系统工艺设计完成的基础上，建立数据库，主要对机组技术参数与现场采集的工艺生产流程数据进行处理，为后续的预测与优化调度做筹备工作，包括光照强

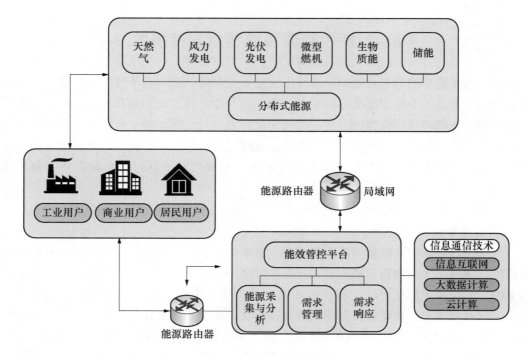

图 8 - 22　能效管控系统总体架构

度，环境温度，风速，用户冷、热、电负荷需求预测数据，园区的外电网购电量；将团队协作的风光功率预测、用户负荷预测、运行优化方案等结果在软件界面上显示出来，包括不同运行策略状况下发电单元各时间段的出力数据以及储能、蓄能系统的充、放能状态等。能效管控系统各模块功能如图 8 - 23 所示。

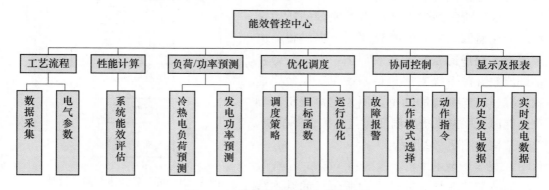

图 8 - 23　能效管控系统各模块功能

下面针对分布式能源互联网能效管控系统各软件功能模块工艺流程进行简单介绍。

（1）数据库。数据库的构建是能效管控系统界面呈现的关键核心，要实现数据交换，首先需要先在平台中建立数据库。数据库以树形结构来组织节点，节点就是树形结构的组织单元，每个节点下可以定义子节点和各个类型的点。在能效管控系统中根据现场设备的机组技术参数，建立包含现场工艺测点、技术参数点、性能计算点、中间计算点在内的变量，并为每个变量建立相应的数据库点，用于运行监测、性能参数、负荷/功率预测等能效管控系统功能。根据工程实际运行时各机组的技术参数、运行实况等，建立部分能源互联网能效管控系统的实时数据库，包括燃气内燃机机组及其余热利用设备、燃气轮机机组及其余热利用设备、风机系统、光伏系统、用户侧负荷系统及运行优化系统；在界面设计时，要对每一个变量点的名称及变量意义进行描述，方便用户对能效管控系统功能的理解，以及后期开发者对系统变量的查漏补缺。

（2）系统工艺。系统工艺包括：分布式能源互联网系统的工艺流程图，涵盖发电机、燃气轮机、燃气内燃机、空气压缩机、溴化锂机组及其他设备；风力发电、光伏发电、冷热电联供、储能之间的能源流、信息流及各自的子界面设计规划；工艺监控设计。通过系统工艺可了解各设备内在结构、运行特性，掌握综合能源发电流程，分析各能源设备之间能流关系。其中工艺监控是能效管控系统的基础，运行操作人员通过工艺监控获取综合能源各工艺流程的运行状况，并根据实际控制需要向现场设备发送远程控制指令。因此，工艺监控的设计方案在很大程度上决定了能效管控系统的操作效率。

（3）能效计算。通过负荷调度优化监测风力发电系统、光伏发电系统、燃气内燃机、储能系统等设备的实时出力，用户根据需求选取优化模式和当前季节，自动获得冷热电负荷数据，组态后台自动调用运行能量管理的优化算法进行能效计算，对各能源系统及设备间能源流、信息流展开实时精准协同控制和优化调度，并将优化结果存储并下传至现场设备，实现能效绿色化、安全化、经济化智能评估。

（4）风光出力/负荷功率预测。基于多能互补的能源互联网，通过人工智能、大数据、云计算等先进技术对广元结构化、非结构化信息进行智能化高效处理分析，实现各类能源精准处理预测及多元负荷需求分析，为各类能源及子系统间高效的能源管理提供数据支持。

（5）调度优化。基于对能源互联网下综合能源多能协同优化运行研究，实现对燃气内燃机、溴化锂机组、空气源热泵等设备的优化控制。通过建立能源互联网下多能互补协同优化模型，主要考虑风光储、冷热电联供系统、空气源热泵等设备；以冷热电功率平衡作为约束条件，同时考虑各设备的自身约束；根据系统经济运行成本以及污染物排放成本为目标函数，得到在最优经济成本和环境成本下的各设备出力；基于某夏季典型日与冬季典型日冷热电负荷需求，采用智能算法进行优化求解，实现计算出该系统各设备在每 15min 的出力情况以及优化结果；根据综合能源工艺分析，结合各设备最优出力，实现优化调度。

（6）趋势。趋势控件主要为实时趋势和历史趋势，两者的数据都与时间有着密切的联系。实时趋势是实时更新的数据趋势，它可以保存一部分历史数据趋势。在实时趋势控件中，可以选择多个变量进行趋势显示，趋势图最下方是变量在一段时间内运行的实时值、最小值、最小时间、最大值、最大时间、平均值，设计者可以根据自己的需求来调整变量曲线类型、周期等。历史趋势是变量值在过去一段时间内随时间变化所绘出的二维曲线，绘制曲线所引用的数值为数据库中指定保存的数据型库型变量。

（7）报表。组态软件中含有专家报表和历史报表两种类型的报表工具，专家报表可以灵活地实现复杂报表的设计。历史报表通过添加所查询变量，根据一定的采样间隔，显示所需变量的数据，用户可以实时观察、浏览和打印所需数据。

8.4.2 综合能源系统运行优化调度技术

1. 综合能源系统优化调度方案

综合能源系统含有多个分布式能源系统，如何在满足经济效益最大的前提下，实现用户侧冷热电负荷的实时分配是能源互联网运行优化调度的关键技术。下面对综合能源的构架和系统模型进行介绍，构建能源互联网经济效益和环境效益的多目标优化模型，通过智能算法进行可再生能源的数据预测，利用改进粒子群优化算法对系统进行运行优化，进而提高一次能源利用率，实现园区内用户能源利用量的最小化。综合能源系统优化调度方案如图 8-24 所示。

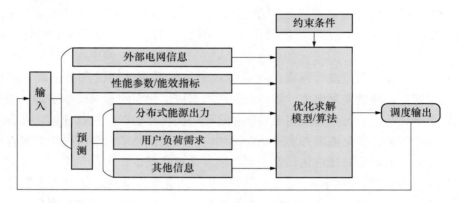

图 8-24　综合能源系统优化调度方案

目前我国提出的多能互补综合能源系统的核心是分布式能源以及区域能源供应，多能协同优化具有如下特征：在时间上，协同优化建立于能源供给和用户侧负荷动态平衡基础上，具有计划性，是在用户侧负荷预测需求基础上的一种供给侧优化组合，本节重点在于对供给侧各设备的预测优化组合；在对象上，分布式能源的协同优化通常指能源供给侧出力的协同，本节所述内容主要是对于能源供给侧出力协同；在目标及约束条件上，协同优化需要各设备出力遵循优化结果，按优化结果进行各设备出力供应，重点在结果。

2. 分布式能源站系统模型

能源互联网环境下分布式能源站系统集制冷、供热、发电为一体。供电设备有燃气内燃机（gas engine，GE）和电网（power grid）；冷负荷由烟气型溴化锂吸收式冷热水机组（lithium bromide cold or heat water unit with type of flue gas absorption，LB）提供，不足部分由离心式冷水机组（electric chillier，EC）补充；热负荷主要由溴化锂机提供，不足部分由空气源热泵和离心式热泵（heat pump，HP）补充；同时包含风电、光伏发电等清洁能源，并增加储能设备（energy storage equipment，ES）。能源互联网环境下分布式能源站系统模型如图 8-25 所示。

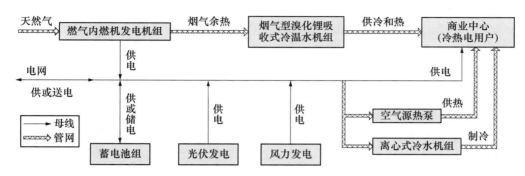

图 8-25　能源互联网环境下分布式能源站系统模型

在建立分布式能源站系统模型之前，为了分析运行优化有关因素，需对被研究系统进行如下方面限定：首先对于燃气内燃机，假定其高温烟气在传输过程中无热量散失，其输出烟气热量等于进入溴化锂机烟气热量；其次假定燃气内燃发电机组、溴化锂机组、离心式冷机、热泵、风机、光伏组件等设备运行在标准工况下，忽略温度、湿度、烟气压力损耗对设备运行造成的影响。

（1）能源出力设备模型。

1）燃气内燃机发电机组模型。分析、研究其输出功率和燃料输入的静态特性，模型表示为

$$P_{GE,i\_t}^{out} = \eta_{GE} Q_{GE,i\_t}^{in} \tag{8-1}$$

$$Q_{CE,i\_t}^{out} = \theta_{GE,i\_t} Q_{GE,i\_t}^{in} \tag{8-2}$$

式中：P_{GE,i_t}^{out} 为内燃机发电机组的输出功率；Q_{GE,i_t}^{out} 为内燃发电机组提供的高温烟气热量；Q_{GE,i_t}^{in} 为燃气内燃机消耗天然气量；Q_{GE,i_t} 为某时刻发电量与高温烟气热电比；η_{GE} 为燃气内燃机发电系数；i 表示气缸数目；t 表示时刻。

2）风力发电机组模型。为了便于仿真计算，进行风电功率预测时采用简化的风电机组模型

$$P_{WT,N\_t} = \begin{cases} 0 & v \leqslant v_{ci}, v \geqslant v_{co} \\ \lambda_1 v^2 + \lambda_2 v + \lambda_3 & v_{ci} \leqslant v \leqslant v_{co} \\ P_{rate} & v_{rate} \leqslant v \leqslant v_{co} \end{cases} \tag{8-3}$$

式中：P_{WT,N_t} 为第 N 台风力发电机在 t 时段电功率；v_{ci} 为切入风速；v_{co} 为切出风速；v_{rate} 为额定风速；λ_1，λ_2，λ_3 为拟合系数，可以通过风电机组出力曲线拟合得到。

从 Meteonorm 得到的风速是地面高 10m 处的风速，要知道风机塔架高度的风速，需要以下修正方程

$$v_N = v_2 (H_N/H_2)^a \tag{8-4}$$

式中：v_N 为高度 H_N 的风速，m/s；v_2 为需要修正的风速，m/s；a 为幂指数，一般取 1/7。

3）光伏电站模型。为了便于仿真计算，进行光伏发电预测时采用简化的光伏电池模型，此时输出功率只和光照强度以及环境温度有关，模型为

$$P_{\text{PV},M\_t} = P_{\text{STC}} \frac{G_{\text{AC},M\_t}}{1200} \left[1 + 0.047 \left(T_{\text{AMD}\_t} + \frac{G_{\text{AC},M\_t}}{800} (T_{\text{PV}} - 20) - 25 \right) \right] \quad (8 - 5)$$

式中：P_{PV,M_t} 为第 M 组光伏电池在 t 时段的电功率；G_{AC,M_t} 为第 M 组光伏电池在 t 时段的光照强度；P_{STC} 为第 M 组光伏电池在标准测试条件（1000W/m²，25℃）下的最大电功率；T_{AMD_t} 为光伏电池当前工作温度；T_{PV} 为额定光伏电池温度。

4）储能设备模型。储能设备在改善系统电能质量中起到了重要作用，采用蓄电池作为储能设备，考虑储能充放电和当前电量之间的关系，不考虑蓄电池内部充放电过程，则模型为

$$E_{\text{ES}\_t} = (1 - \tau) E_{\text{ES}\_(t-1)} + \left(\eta_{\text{ch}} P_{\text{ch}\_t} - \frac{P_{\text{disc}\_t}}{\eta_{\text{disc}}} \right) \Delta t \quad (8 - 6)$$

式中：E_{ES_t} 为时段 t 电储能设备容量；τ 为电储能自放电效率；$E_{\text{ES}\_(t-1)}$ 为 $t-1$ 时段电储能设备容量；η_{ch} 为电储能设备充电效率；η_{disc} 为电储能设备放电效率；P_{ch_t} 为电储能 t 时段充电功率；P_{disc_t} 为电储能 t 时段放电功率。

（2）能源转换设备模型。

1）烟气型溴化锂吸收式冷温水机组模型。烟气型溴化锂吸收式冷温水机组为系统提供冷热负荷，其输出功率与内燃机输出烟气余热成正比，即

$$C_{\text{LB},w\_t}^{\text{out}} = C_{\text{opLB},w\_t}^{\text{H}} Q_{\text{GE},i\_t}^{\text{in}} \quad (8 - 7)$$

$$C_{\text{LB},w\_t}^{\text{out}} = C_{\text{opLB},w\_t}^{\text{C}} Q_{\text{GE},i\_t}^{\text{in}} \quad (8 - 8)$$

式中：$Q_{\text{LB},w\_t}^{\text{out}}$ 为某一时段溴化锂冷温水机组制热量；$C_{\text{opLB},w\_t}^{\text{H}}$ 为某时段溴化锂冷温水机组制热 COP；$Q_{\text{GE},i\_t}^{\text{in}}$ 为输入高温烟气热值；$C_{\text{LB},w\_t}^{\text{out}}$ 为某时段溴化锂冷温水机组制冷量；$C_{\text{opLB},w\_t}^{\text{C}}$ 为某时段溴化锂冷温水机组制冷 COP。

2）离心式冷机模型。离心式冷机即电制冷机，制冷量与耗电量和能效系数有关，即

$$Q_{\text{EC},J\_t} = P_{\text{EC},J\_t} C_{\text{OPEC},J\_t} \quad (8 - 9)$$

式中：Q_{EC,J_t} 为第 J 台离心式冷机在 t 时段提供的冷功率；P_{EC,J_t} 为第 J 台离心式冷机在 t 时段制冷消耗的电功率；C_{OPEC,J_t} 表示第 J 台离心式冷机在 t 时段的能效系数。

3）空气源热泵模型。热泵循环制热量为

$$Q_{\text{HP},R\_t} = P_{\text{HP},R\_t} C_{\text{OPHP},R\_t} \quad (8 - 10)$$

式中：Q_{HP,R_t} 为第 R 台空气源热泵在 t 时段内供热量；P_{HP,R_t} 为第 R 台空气源热泵在 t 时段内耗电量；C_{OPHP,R_t} 为第 R 台空气源热泵在 t 时段能效系数。

（3）约束条件。能源互联网下分布式综合能源站约束条件包括能量平衡约束和主要设备约束，具体如下：

1）能量平衡约束。

$$\sum_{i=0} P_{\text{GE},i\_t}^{\text{out}} + \sum_{m=0} P_{\text{PV},m\_t} + \sum_{N=0} P_{\text{WT},N\_t} + P_{\text{sell}\_t} + P_{\text{dis}\_t}$$
$$= \sum_{J=0} P_{\text{EC},J\_t} + P_{\text{need}\_t} + P_{\text{ch}\_t} + P_{\text{loss}\_t} \quad (8 - 11)$$

$$Q_{\text{HP},R\_t} + Q_{\text{LB},W\_t}^{\text{out}} = Q_{\text{need}\_t} + Q_{\text{loss}\_t} \quad (8 - 12)$$

$$Q_{\mathrm{EC},J\_t} + C_{\mathrm{LB},w\_t}^{\mathrm{out}} = C_{\mathrm{need}\_t} + C_{\mathrm{loss}\_t} \tag{8-13}$$

式中：$\sum\limits_{i=0} P_{\mathrm{GE},i\_t}^{\mathrm{out}}$ 为 t 时段所有燃气内燃机供电量；$\sum\limits_{M=0} P_{\mathrm{PV},M\_t}$ 为 t 时段所有光伏发电量；P_{dis_t} 为 t 时段储能电池放电量；$\sum\limits_{N=0} P_{\mathrm{WT},N\_t}$ 为 t 时段所有风力发电机供电量；P_{sell_t} 为 t 时段从电网购电量；$\sum\limits_{J=0} P_{\mathrm{EC},J\_t}$ 为 t 时段所有离心式制冷机耗电量；P_{need_t} 为 t 时段用户用电需求量；P_{ch_t} 为 t 时段储能电池充电量；P_{loss_t} 为 t 时段系统耗电量；Q_{need_t} 为 t 时段的热负荷；Q_{HP,R_t} 为 t 时段的热泵供热量；$Q_{\mathrm{LB},w\_t}^{\mathrm{out}}$ 为 t 时段溴化锂吸收式冷热水机组供热量；Q_{loss_t} 为 t 时段正常运行时散热量；C_{need_t} 为 t 时段冷负荷；Q_{EC,J_t} 为 t 时段离心式制冷机制冷量；$C_{\mathrm{LB},w\_t}^{\mathrm{out}}$ 为 t 时段溴化锂吸收式冷热水机组制冷量；C_{loss_t} 为 t 时段正常运行耗散量。

2）主要设备约束。

a. 分布式电源约束。燃气内燃机的发电量不应超过其额定功率，同时为了满足燃气内燃机具有一定发电效率，其输出功率不应小于其 50% 额定功率，即

$$P_{\mathrm{q},\mathrm{GE}\_\min}^{\mathrm{out}} < P_{\mathrm{q},\mathrm{GE}\_t}^{\mathrm{out}} < P_{\mathrm{q},\mathrm{GE}\_\max}^{\mathrm{out}} \tag{8-14}$$

$$P_{\mathrm{q},\mathrm{GE}\_(t)}^{\mathrm{out}} - P_{\mathrm{q},\mathrm{GE}\_(t-1)}^{\mathrm{out}} \leqslant U_{\mathrm{GE}} \cdot \Delta t \tag{8-15}$$

$$P_{\mathrm{q},\mathrm{GE}\_(t)}^{\mathrm{out}} - P_{\mathrm{q},\mathrm{GE}\_(t-1)}^{\mathrm{out}} \geqslant -D_{\mathrm{GE}} \cdot \Delta t \tag{8-16}$$

$$P_{\mathrm{PV},\min} \leqslant P_{\mathrm{PV},M\_t} \leqslant P_{\mathrm{PV},\max} \tag{8-17}$$

$$P_{\mathrm{WT},\min} \leqslant P_{\mathrm{WT},N\_t} \leqslant P_{\mathrm{WT},\max} \tag{8-18}$$

式中：$P_{\mathrm{q},\mathrm{GE}\_t}^{\mathrm{out}}$ 为 t 时刻燃气内燃机发电功率；$P_{\mathrm{q},\mathrm{GE}\_\max}^{\mathrm{out}}$ 为最大发电功率；$P_{\mathrm{q},\mathrm{GE}\_\min}^{\mathrm{out}}$ 为最小发电功率；U_{GE} 为燃气内燃机向上爬坡速率；D_{GE} 为燃气内燃机向下爬坡速率；$P_{\mathrm{PV},\min}$、$P_{\mathrm{PV},\max}$ 分别为光伏阵列出力的最小值和最大值。

b. 溴化锂吸收式冷温水机组。溴化锂冷热水机组供冷供热不能超出其运行上下限，即

$$\left.\begin{array}{l} Q_{\mathrm{LB}\_\min}^{\mathrm{out}} \leqslant Q_{\mathrm{LB}\_t}^{\mathrm{out}} \leqslant Q_{\mathrm{LB}\_\max}^{\mathrm{out}} \\ C_{\mathrm{LB}\_\min}^{\mathrm{out}} \leqslant C_{\mathrm{LB}\_t}^{\mathrm{out}} \leqslant C_{\mathrm{LB}\_\max}^{\mathrm{out}} \end{array}\right\} \tag{8-19}$$

式中：$Q_{\mathrm{LB}\_\min}^{\mathrm{out}}$、$Q_{\mathrm{LB}\_\max}^{\mathrm{out}}$ 分别为供热时最大和最小供热值；$C_{\mathrm{LB}\_\min}^{\mathrm{out}}$、$C_{\mathrm{LB}\_\max}^{\mathrm{out}}$ 分别为制冷时最大和最小供冷值。

c. 离心式制冷机。表示离心式制冷机 t 时段功率介于制冷功率的最大和最小值之间，即

$$Q_{\mathrm{EC},\min} \leqslant Q_{\mathrm{EC},J\_t} \leqslant Q_{\mathrm{EC},\max} \tag{8-20}$$

d. 空气源热泵。空气源热泵的出力介于最大值和最小值之间，即

$$Q_{\mathrm{HP},\min} \leqslant Q_{\mathrm{HP},R\_t} \leqslant Q_{\mathrm{HP},\max} \tag{8-21}$$

e. 储能设备。对于电储能设备而言，其对外放电时，最大放电功率不超过其自身容量允许的最大放电倍率，同理，在电储能设备进行充电时，其最大充电功率亦不能超出其自身容量允许的最大充电倍率，即

$$\left.\begin{array}{l} 0 \leqslant P_{\mathrm{ES},\mathrm{ch}\_t} \leqslant \gamma_{\mathrm{ES},\mathrm{ch}} S_{\mathrm{ES}} \\ -\gamma_{\mathrm{ES},\mathrm{dis}} S_{\mathrm{ES}} \leqslant P_{\mathrm{ES},\mathrm{dis}\_t} \leqslant 0 \end{array}\right\} \tag{8-22}$$

式中：$\gamma_{ES,ch}$ 为电储能设备允许最大充电倍率；$\gamma_{ES,dis}$ 为电储能设备允许最大放电倍率；P_{ES,ch_t} 为电储能设备在时段 t 的充电功率；P_{ES,ch_t} 为电储能设备在时段 t 的放电功率；S_{ES} 为电储能设备额定容量。

（4）综合能源系统优化目标。能源互联网下分布式综合能源系统的运行优化目标包括运行成、环境成本、综合效益成本，具体模型如下：

1）运行成本。系统运行成本主要考虑了系统运营时的各项运行维护成本，需要在满足用户侧冷热电负荷需求的前提下，总系统运行成本最小，即

$$\min C_1 = \sum_{i=1}^{N} C_{i,A} + C_{i,O} + C_{i,f} + C_{grid} \qquad (8-23)$$

式中：$C_{i,A}$ 为能源互联网中各分布式发电单元 i 的安装成本；$C_{i,O}$ 为能源互联网中各分布式发电单元 i 的运维成本；$C_{i,f}$ 为能源互联网中分布式发电单元 i 的燃料消耗成本；C_{grid} 为能源互联网与外电网之间的购售电成本；N 为各分布式发电单元 i（例如 PV、WT、CCHP、BT）。

各类成本的具体表达式如下：

a. 安装成本

$$C_{i,A} = \sum_{i=1}^{N} A_i S_i \qquad (8-24)$$

式中：A_i 为能源互联网中各分布式发电单元 i 的单位安装成本，元/kW；S_i 为能源互联网中各分布式发电单元 i 的初始安装容量，kW。

b. 设备运行维护成本

$$C_{i,O} = \sum_{i=1}^{N} O_i P_i \qquad (8-25)$$

式中：O_i 为能源互联网中各分布式发电单元 i 的单位出力的运维管理成本，元/kWh；P_i 为能源互联网中各分布式发电单元 i 的输出功率，kW。

c. 燃料成本

$$C_{i,f} = f V_f = f \frac{1}{LHV} \frac{P_{GE}}{\eta_{GE}} \qquad (8-26)$$

式中：f 为天然气价格，元/m³；V_f 为天然气耗量，m³；LHV 为天然气低热值，取 34.5MJ/m³；P_{GE} 为燃气内燃机的输出功率，kW；η_{GE} 为燃气内燃机机组的发电效率。

d. 与外电网购售电成本

$$C_{grid} = P_{grid,b} f_b - P_{grid,s} f_s \qquad (8-27)$$

式中：$P_{grid,b}$ 为 t 时刻分布式能源互联网向外电网的购电量，kW；f_b 为 t 时刻分布式能源互联网向外电网购电电价，元/kWh；$P_{grid,s}$ 为 t 时刻分布式能源互联网向外电网的售电量，kW；f_s 为 t 时刻分布式能源互联网向外电网售电电价，元/kWh。

2）环境成本。环境成本主要包括环境价值和排放所造成的罚款数量。本系统污染物排放主要来自三联供系统，主要有 CO_2、SO_2 和 NO_x，适合该系统的环境成本如下

$$C_{\mathrm{env}} = \sum_{t=1}^{T} \left\{ \left(1 + \frac{1}{\rho}\right) \sum_{k}^{N_{\mathrm{c}}} \left[E_{\mathrm{CO_2},k}(P_i(t)) \cdot f_{\mathrm{CO_2}} + E_{\mathrm{SO_2},k}(P_i(t)) \cdot f_{\mathrm{SO_2}} + E_{\mathrm{NO_x},k}(P_i(t)) \cdot f_{\mathrm{NO_2}} \right] \right\}$$

$$(8-28)$$

其中，冷热电联供气体排放模型如下

$$E_{j,k}(P_i(t)) = (1 + 1/\rho)10^{-2}[\alpha_i + \beta_i P_i(t) + \gamma_i P_i^2(t)] + \zeta_i \exp[\lambda_i P_i(t)] \quad (8-29)$$

式中：$E_{\mathrm{CO_2},k}(P_i(t))$、$E_{\mathrm{SO_2},k}(P_i(t))$ 和 $E_{\mathrm{NO_x},k}(P_i(t))$ 分别为当冷热电联供系统在 t 时刻单位出力为 P 时第 i 个发电设备 CO_2、SO_2、NO_x 排放量；α、β、γ、ζ、λ 均为气体排放模型参数，具体见表 8-1。

表 8-1　　　　　　　　　　　　污染物排放模型参数

污染物类型	α_i	β_i	γ_i	ζ_i	λ_i
CO_2	15.67	−17.38	26.43	0	0
SQ_2	0.74	−1.86	4.76	0.000035	8.43
NO_x	5.56	−4.16	3.36	0.000016	2.82

电力行业污染气体排放标准见表 8-2，该地区分时段电价见表 8-3。

表 8-2　　　　　　　　　　　　电力行业污染气体排放标准

指标	CO_2	SO_2	NO_x
环境价值（元/kg）	0.018285	4.77	6.36
罚款金额（元/kg）	0.00795	0.795	1.59
排放限值（kg）	10000	500	40

表 8-3　　　　　　　　　　　　该 地 区 分 时 段 电 价

季节	时段	时间段（h）	购电价格（元/kWh）
非夏季	峰时	(8, 11] (18, 21]	1.097
	平时	(6, 8], (11, 18], (21, 22]	0.665
	谷时	(22, 6]	0.329
夏季	峰时	(8, 11], (13, 15], (18, 21]	1.132
	平时	(6, 8], (11, 13], (15, 18], (21, 22]	0.700
	谷时	(22, 6]	0.264

供热当量性能系数为

$$\rho = Q_{\mathrm{h}}/S_{\mathrm{EERC}} \quad\quad\quad (8-30)$$

式中：S_{EERC} 为当供热（冷）为 Q_{h} 当量电量消耗。

3）综合效益成本。综合考虑分布式能源互联网的运行成本、环保成本，以此保证能源互联网运行时的综合效益，其目标函数表达式为

$$\min C_3 = [C_1, C_2] \quad\quad\quad (8-31)$$

（5）综合能源协同优化求解方法。能源互联网环境下综合能源协同优化求解方法有多种，以下面四种方法为例进行简单介绍。

1）粒子群算法。粒子群算法（PSO）是一种进化计算技术，1995 年由 Eberhart 和 Kennedy 博士提出，源于对鸟群捕食行为的研究。粒子群算法是模拟群体智能所建立起来的一种优化算法，在对动物集群活动行为观察基础上，利用群体中的个体对信息的共享使整个种群的运动在问题求解空间中产生从无序到有序的演化过程，从而获得最优解。粒子群算法同遗传算法类似，是一种基于迭代的优化算法。但是同遗传算法相比，粒子群算法简单容易实现，无需梯度信息，并且没有许多参数需要调整，基于其实数编码特性使得其非常适合处理实数优化问题。

每个寻优的问题都被看作是一只鸟，称为"粒子"，所有的粒子都在一个 D 维空间进行搜索。所有的粒子通过一个 Fitness 函数确定适应值以判断目前位置好坏。算法中的局部最优解赋予该算法记忆功能，能记忆到所搜寻的最佳位置。每一个粒子还有一个速度以决定搜寻的距离和方向。这个搜寻的速度根据自身搜寻经验以及邻近粒子的搜寻经验进行动态调整，对于基本的粒子群算法，在 D 维空间中，有 m 个粒子，粒子 i 位置表示为 $X_{id}=(x_{i1}, x_{i2}, \cdots, X_{id}, \cdots, x_{iD})$，粒子 i 速度表示为 $V_{id}=(v_{i1}, v_{i2}, \cdots, V_{id}, \cdots, v_{iD})$，其中 $1 \leqslant i \leqslant m$，$1 \leqslant d \leqslant D$，群体内所有粒子经历过的最好位置表示为 $P_{best}=(P_{best1}, P_{best2}, \cdots, P_{bestD})$。

粒子群所有粒子位置和速度更新公式为

$$V_{id} = \omega V_{id} + c_1 r_1 (P_{best} - X_{id}) + c_2 r_2 (G_{best} - X_{id}) \tag{8-32}$$

$$X_{id} = X_{id} + V_{id} \tag{8-33}$$

式中：ω 为惯性因子；c_1 和 c_2 为加速常数，根据大量测试，一般选择 $c_1 = c_2 \in [0, 4]$；r_1、r_2 为区间 $[0, 1]$ 上的随机数。

调整式（8-33）并将其代入式（8-32）中，可得

$$\left. \begin{array}{l} V_{id}(t+1) = \omega V_{id}(t) - (c_1 r_1 + c_2 r_2) X_{id}(t) + c_1 r_1 P_{best} + c_2 r_2 G_{best} \\ X_{id}(t+1) = \omega V_{id}(t) - (1 - c_1 r_1 - c_2 r_2) X_{id}(t) + c_1 r_1 P_{best} + c_2 r_2 G_{best} \end{array} \right\} \tag{8-34}$$

2）人工蜂群算法搜索算子。在粒子群算法中，每一次迭代中局部最优解引导粒子搜索轨迹，当优化复杂非线性多约束高维问题时，局部最优解随着迭代次数增加变化不明显，无法搜索全局最优解，此时粒子大量处于局部最优区域，很容易导致算法早熟。Karaboga 在研究蜜蜂群采蜜行为之后，受到启发提出了一种新的优化算法，即人工蜂群算法（ABC），该算法在优化复杂多峰问题时具有很好的优化性能。人工蜂群算法具有很强的探索能力，因此引入人工蜂群算法搜索算子侧重于提高探索能力，使得算法在求解复杂非线性优化问题时跳出局部最优，提高算法性能，搜索算子如下

$$\tau_{id} = x_{id} + \phi_{id}(x_{id} - x_{kd}) + \psi_{id}(P_{best} - x_{id}) \tag{8-35}$$

式中：$k \in (1, 2, \cdots, m)$，且 $k \neq i$；ϕ_{id} 为 $[-1, 1]$ 之间的随机数；ψ_{id} 为 $[0, 1.5]$ 之间的随机数。

人工蜂群算法保证了很强的探索能力，同时因为局部最优值 P_{best}，大大减小了探索范围，提高了寻优能力。

3）自适应权重算法。在粒子群算法中，惯性权重 ω 的主要作用是调整全局搜索能力与局部搜索能力的重要参数。较大的惯性权重有利于全局搜索，但效率较低；较小的惯性权重能够加速算法的收敛，但是容易陷入局部最优。因此，合理的惯性权重 ω 是提高算法的全局搜索能力同时具有高效搜索速度的重要因素。粒子适应度、种群规模以及搜索空间维度均会影响惯性权重，因此可以根据三者来动态管理惯性权重。

综上所述，算法收敛性和 ω 取值相关。在自适应粒子群算法中，当粒子的目标函数值偏离于粒子平均目标函数值时，此时减小惯性权重系数；粒子的目标函数值接近粒子平均目标函数值时，此时增大惯性权重。

采用自适应权重算法，具体表达式如下

$$\omega = \begin{cases} \omega_{\min} - \dfrac{(\omega_{\max} - \omega_{\min}) - (f - f_{\min})}{f_{\max} - f_{\min}} & f \leqslant f_{\mathrm{mean}} \\ \omega_{\max} & f > f_{\mathrm{mean}} \end{cases} \tag{8-36}$$

式中：f 为当前目标函数值；f_{mean}、$f_{\min}$ 分别为当前平均目标函数值和最小目标函数值。

4）人工蜂群的自适应粒子群算法（ABC-APSO）。综合比较多种优化算法，粒子群算法虽然具有收敛速度快、易实现并且仅有少量参数需要调整等优点，但基本粒子群算法也具有后期收敛速度比较缓慢，容易陷入局部极小值等问题，有学者提出含蜂群搜索算子的粒子群算法和带压缩因子的自适应权重粒子群算法。综合两种算法的优点，提出一种引入人工蜂群的自适应粒子群算法（ABC-APSO），有效改进了算法后期难收敛、容易陷入局部最优的问题。其基本思想是：优化粒子群中的惯性权重因子，使得算法具有较好的全局搜索能力和搜索速度，同时在迭代中引入了人工蜂群算子，对整个粒子群的历史最优位置进行搜索，使其避免陷入局部最优。ABC-APSO 算法流程如图 8-26 所示。

3. 案例分析

研究综合能源系统在不同运行策略下的优化调度，为实现分布式能源互联网的经济运行，需要考虑分布式能源系统中各供能单元的出力分配，以及分布式能源互联网与外电网之间的电能交互。通过储能、蓄能系统的充放控制，来调节由气象因素引起的光伏、风力出力的波动及负荷的突然变动，提高分布式能源系统运行稳定性。在满足区域内的冷、热、电负荷的需求和能源系统运行经济性的同时，考虑环保性。

基于以上原则，首先要考虑各分布式单元的运行模式，然后再针对性制订三种不同的运行策略。

（1）运行模式。

1）优先利用能源互联网内部的光伏（PV）、风电（WT）等可再生能源发电；在保证能源互联网稳定运行的基础上，用此类清洁能源来满足区域电负荷，并实现与外电网的电交换；且光伏与风电都工作于最大功率跟踪点模式。

2）冷热电联供系统（CCHP），由于其具有较高的一次能源利用效率，为提高系统的综合利用效率，其工作在"以冷/热定电"运行模式下，由区域的冷/热负荷确定冷热电联供系统的整体出力。

3）当光伏、风电和冷热电联供系统的出力能够满足区域的全部电负荷时，首先为

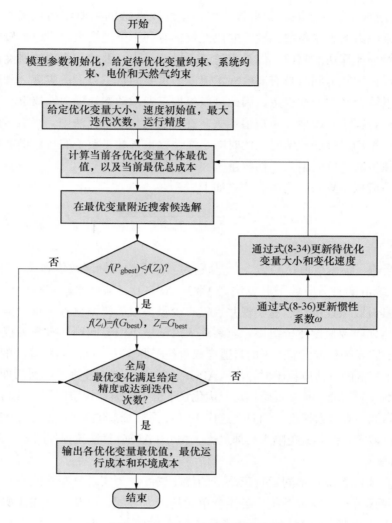

图 8-26 ABC-APSO 算法流程

储能电池（BT、EV）、水蓄能储能，同时监测储能装置的工作状态，使其工作在最优状态；在区域进入负荷高峰阶段时，则储能电池、水蓄能设备工作在放能状态。即储能电池、蓄能设备以"削峰填谷"模式进行工作。

4）冷热电联供系统作为区域冷/热供能的主要设备，针对其具体运行模式，采用的允许策略如下：

a. 供冷设备运行策略。冷能以 5℃的水供给用户或者储存在蓄能水箱中；过渡阶段将充分使用余热设备，将余热设备分开供能，一部分余热机组进行供热，一部分将进行供冷。7：00～23：00 高峰电时间段，根据冷负荷的需求，优先开启燃气内燃机机组及溴化锂冷温水机组，即优先利用联供系统；余热利用设备单台制冷出力不宜低于 35％；超出的负荷需求依次由蓄冷槽、离心式制冷机组提供。23：00 至次日 7：00 低谷电时间段，为了使谷电得到充分利用，优先开启离心式制冷机组。

b.供热设备运行策略。热能以56℃的水供给用户或者储存在蓄能水箱中；在供热负荷高峰时段，余热设备优先使用，即优先运行溴化锂冷温水机组，空气源热泵、蓄热槽进行调峰运行，当负荷下降时将溴化锂机组的热能余量储蓄在蓄能槽，过渡期将一部分溴化锂机组进行供冷，使余热充分利用，夏季的生活热水负荷主要运行余热设备。

模型优化变量包括各时段燃气内燃机功率 $P_{\mathrm{GE},i\_t}^{\mathrm{out}}$、储能电池充放电功率（$P_{\mathrm{ch}\_t}$，$P_{\mathrm{disc}\_t}$）、空气源热泵制热功率 Q_{HP,R_t}、离心式冷机制冷功率 Q_{EC,J_t}、烟气热水型溴化锂机组制冷 $C_{\mathrm{LB},w\_t}^{\mathrm{out}}$、制热功率 $Q_{\mathrm{LB},w\_t}^{\mathrm{out}}$ 和电网购电量 P_{grid_t}。在满足各个设备约束以及能量约束前提下，通过电价费率、天然气费率和污染物环境成本约束，实现在不同时段各个设备之间的协调配合，合理调控购电和购气费用，实现系统运行成本和环境成本的协同优化。

（2）案例介绍。以华东地区某园区的实际工程为依托，该园区属于综合产业园区，建设以风电、光伏、天然气为基础能源的冷热电联供分布式能源系统，旨在为区域内各种不同类型的用能单元提供冷、热、电，有效提高能源利用效率，实现低碳排放。该产业园区占地面积 6000m²，总建筑面积 20000m²。园区不同需求能源区域如图 8-27 所示。

扫码查看

高清彩图

图 8-27　园区不同需求能源区域

1）园区气象条件。该园区的主要气候特征是：春天暖和，夏季炎热，秋季凉爽，冬季阴冷；全年雨量适中，年 60% 雨量集中在 4～9 月汛期，年平均降水量 1191.1mm，年蒸发量 882.4mm。由于人口密集，具有明显的城市效应；全年平均气温 17.8℃，1月最冷为 3.6℃，7月最热为 27.8℃，极端最高气温 40.2℃，极端最低气温 -12.1℃；全年盛行风向东南偏东，年最大风速选用 22m/s。表 8-4 和表 8-5 为某年该园区的气象资料。

表 8-4　　　　　　　　　　　　某年月平均气象资料

月份	1	2	3	4	5	6	7	8	9	10	11	12
气温（℃）	-4.2	-1.4	8.2	13.8	19.3	24.1	25.9	24.6	19.7	12.8	4.3	-2.0
气压（kPa）	102.36	102.17	101.7	101.02	100.59	100.11	99.87	100.31	101.01	101.65	102.09	102.33
相对湿度（%）	43	45	49	48	54	63	78	79	71	64	59	49

表 8 - 5　　　　　　　　　　夏季东南风（频率 10%）的日平均气象资料

日期	干球温度（℃）	大气压力（hPa）	相对湿度（%）	平均风速（m/s）
07 - 23	31.4	998.0	62	2.0
07 - 29	26.4	1000.1	85	1.8
07 - 30	26.8	1000.2	88	0.5
08 - 16	28.8	1001.7	74	1.5

2）各能源系统及设备参数。该产业园区安装 3 台小型风电机组，额定总容量为 350kW。安装额定总容量 500kW 的光伏组件，两者共同构成园区能源互联网的可再生能源发电系统。同时，园区内配置用于能源系统调峰的储能装置，包括储能电池与电动汽车充电桩，总容量为 650kWh。

该产业园区多能互补分布式能源互联网的冷热电三联供单元，主动力系统配置了 1 台 GE 公司的颜巴赫 JMS620 燃气内燃机，其额定发电功率为 3349kW，余热利用设备则采用一台烟气热水型溴化锂冷温水机组，其额定制冷功率为 3146kW，额定供热功率为 3200kW；利用电制冷/热作为能源系统冷/热能的补充设备，采用 2 台电动离心式制冷机，单台制冷功率 2800kW，5 台空气源热泵机组，单台供热功率为 1135kW；冷/热能源的调峰设备，采用一套水蓄能装置，其额定蓄热容量为 12500kWh，额定蓄冷容量为 21500kWh。

为了验证模型和算法的优化效果，选取该地区夏季典型日和冬季典型日冷热电负荷需求曲线，如图 8 - 28 和图 8 - 29 所示。算例重要参数选取如下：并网售电价格取 0.67 元/kWh 天然气费率取 3.67 元/m³。采用 Matlab2014a 进行仿真，ABC - APSO 算法参数取值：粒子群种群规模取 40；预设迭代次数 5000 次；初始惯性权重取 0.4；精度选择 10^{-6}。

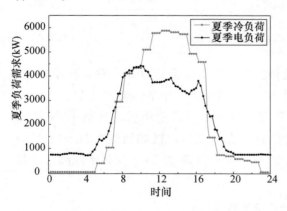

图 8 - 28　夏季典型日冷、电负荷预测曲线

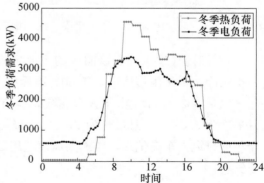

图 8 - 29　冬季典型日热、电负荷预测曲线

（3）运行优化分析。

1）夏季典型日日冷、电负荷运行优化分析。夏季冷负荷与电负荷协同优化结果如图 8 - 30 所示。用户冷负荷需求如图 8 - 30（a）中曲线所示，夏季通过烟气热水型溴化

锂机组和离心式冷机两种方式来供冷。谷时电价比较低，同时谷时段所需冷负荷较小，以及污染物排放限制，谷时段依靠离心式冷机进行制冷；峰时段优先使用溴化锂机组制冷；在 8：00～17：00 时段用户侧冷负荷需求大，溴化锂机组制冷已经不能满足负荷需求，通过协同优化，离心式冷机同时制冷，负荷需求可以得到满足。

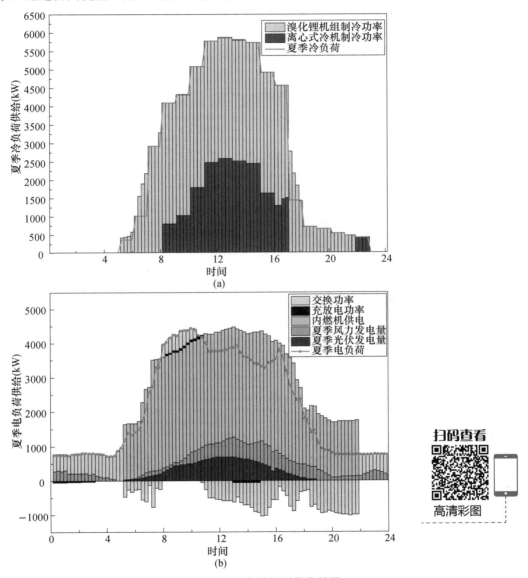

图 8-30 夏季冷负荷与电负荷协同优化结果
(a) 夏季冷负荷协同优化结果；(b) 夏季电负荷协同优化结果

夏季电力负荷协同优化结果如图 8-30（b）所示。折线表示用户电力负荷需求，夏季用户负荷由燃气内燃机、储能设备、风机发电和光伏发电供应。缺额部分从电网补足，在满足用户侧电负荷的前提下，多余电能可以并网发电。谷时段用户用电负荷比较低，若此时采用燃气内燃机进行供电，热量耗散严重，并且环境成本大大增加，谷时电负荷主要由电网购电和消纳风电来满足；在 8：00～11：00 时段，用户冷负荷和电负荷需求都比较大，此时光伏发电功率和风力发电功率较小，储能系统放电用于满足用户负荷需求，仍需从电网购部分电能用来满足用户电负荷需求；该时段因为离心式冷机同时参与制冷消耗电能，整体电力供应略大于用户电负荷需求。随着温度、太阳光辐照度和风速的提高，11：00 之后，电力供应充裕，多余电能并网发电。

2）冬季典型日日冷、电负荷运行优化分析。冬季冷负荷与电负荷协同优化结果如图 8 - 31 所示。冬季热负荷供应协同优化结果如图 8 - 31（a）所示。冬季通过烟气热水型溴化锂机组和空气源热泵两种方式供热。在 8：00～12：00 用户热负荷高峰时期，优

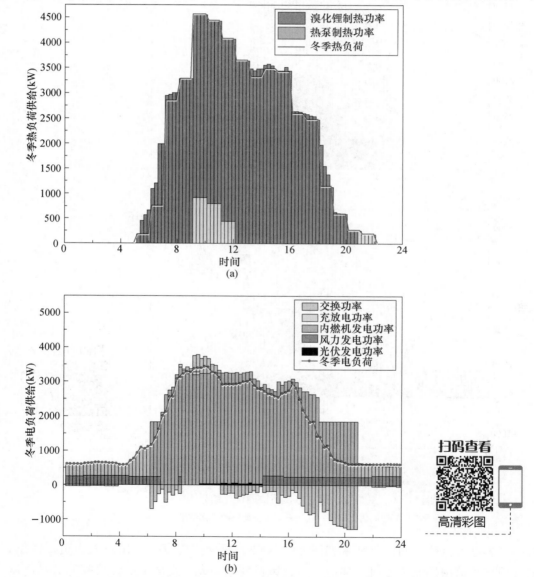

图 8 - 31　冬季热负荷与电负荷协同优化结果

（a）冬季热负荷协同优化结果；（b）冬季电负荷协同优化结果

先采用溴化锂机组供热，仍不满足用户侧热负荷需求，此时采用空气源热泵同时供热；21：00 之后，依靠空气源热泵供热。

冬季电力负荷协同优化结果如图 8-31（b）所示。同夏季一样，用户负荷需求由燃气内燃机、储能设备、风机和光伏提供。冬季电负荷使用量低于夏季，但因该地区冬季温度低，太阳光辐照度低，风速不稳定且偏小，光伏发电功率和风力发电功率远低于夏季，因此主要依靠燃气内燃机供给电能。同夏季一样，谷时段用户侧电力负荷需求主要由风机和电网购电来满足；在 8：00～11：00 时段储能系统开始放电满足用户需求，燃气内燃机工作在额定功率状态，由于热泵制热也需消耗一部分电能，需从电网购电来满足系统电能需求；11：00 之后，燃机、风机和光伏发电可以满足用户需求。

为了验证 ABC-APSO 算法的调度优化能力，对传统供应模式下运行成本和环境成本进行计算，以 PSO 优化结果为参照，结果见表 8-6。

表 8-6　　　　　　　能源互联网分布式能源站系统目标优化结果比较

求解算法	季节	运行成本（元）	环境成本（元）	总成本（元）
分供方式	夏季	69946	0	69946
	冬季	55476	0	55476
PSO	夏季	51327	5882	57209
	冬季	43137	5649	48786
ABC-APSO	夏季	46110	5896	52006
	冬季	38551	5676	44227

相比传统直接从电网购电方式，经过多能互补分布式能源互联网协同优化后，系统总成本有明显的下降；在算法优化结果上，ABC-APSO 优化效果最好，总成本最低，同时在保证较小环境成本前提下，具有最优运行成本。值得注意的是，相比 PSO 算法优化，总成本虽都有降低，但是其中环境成本并没有很明显的降低，甚至还高于 PSO 优化结果，这是因为在分时电价约束下，系统在满足负荷需求的条件下多发出一部分电量，但这会导致污染排放增加，环境成本增加。由结果可以看出，依据前文所述运行调度方法，一方面充分利用低谷电，平峰时段尽量减少购电，另一方面在尽可能低污染物排放条件下，通过并网售电创造了一定的经济效益。此外，不仅促进了外电网的削峰填谷，缓解了电网压力，还更好地消纳了区域新能源发电，实现真正意义上的清洁高效。由上可知，ABC-APSO 优化算法在多能互补分布式能源互联网中能够发挥较好的优化作用。

综合能源系统运行目标是能源系统的协同优化，不同能源形式在不同的应用场合承担着不同角色，主导能源会随着应用场景的不同而不同。对于能量的长距离和大容量传输，往往需由电力网和天然气网完成，此时电能和天然气将占主导地位；对于能量存储，则会根据品级高低、容量大小以及响应速度快慢等因素，选择电储能、天然气储能或冷/热储能，对应的能源形式将在其中起主导作用。而在微网中，为满足用户的电/冷/热等多样性用能需求，则可能出现多种组合方式，如可采用单一电力网供能，其他所需的冷热能均由电能转换获得；也可以是电力＋天然气供能方式，电/冷/热需求既可来源于电能，也可来源于天然气，还可以是电力＋天然气＋热力混合供能，三种方式下，电/气/冷/热等能源所担负角色各不相同，没有必然的主导能源形式。

　　能源互联网尽管被赋予了多种功能与内涵，但归根结底它是因能源系统而生，其目的是提升能源系统的运行性能，满足人类对于能源的更高需求，实现社会能源的可持续供应。尽管能源互联网强调电能的核心作用，其最终作用对象仍将是包括电/气/热/冷等在内的各类能源系统，并基于各系统之间的互联实现其功能，而这也正是综合能源系统神韵之所在。因此，综合能源系统必然是其服务对象和功能载体。

思 考 题

8-1　与传统发电相比，综合能源系统具有什么特点？

8-2　综合能源系统基本结构包括哪些部分？

8-3　冷热电三联供系统的典型工艺流程是什么？

8-4　列举现有的典型储能技术，并说明其优缺点。

8-5　综合能源系统协同控制的关键技术包括哪些？

8-6　综合能源系统协同控制系统层次结构及各层作用是什么？

8-7　为什么多智能体适用于综合能源系统协同控制？

参 考 文 献

［1］周孝信．新一代电力系统与能源互联网［J］．电气应用，2019（1）：4-6.

［2］张宁，杨经纬，王毅，等．面向泛在电力物联网的5G通信：技术原理与典型应用［J］．中国电机工程学报，2019，39（14）：4015-4025.

［3］Guneet Bedi，Ganesh Kumar Venayagamoorthy，Rajendra Singh．Review of Internet of Things（IoT）in electric power and energy systems［J］．IEEE Internet Things Journal，2018，5（2）：847-870.

［4］工业和信息化部．信息通信行业发展规划（2016～2020年）［J］．中国电信业，2017（2）：50-63.

［5］许毅，陈立家，甘浪雄，等．无线传感器网络技术原理及应用［M］．2版．北京：清华大学出版社，2018.

［6］王锡凡，王秀丽，陈皓勇．电力市场基础［M］．西安：西安交通大学出版社，2003.

［7］中国电机工程学会．中国电机工程学会专业发展报告（2018～2019）［M］．北京：中国电力出版社，2019.

［8］穆保清，曾鹏骁，刘翊枫，等．欧洲电力金融市场的发展现状及启示［J］．中国电业，2019（9）：26-29.

［9］朱永强．新能源与分布式发电技术［M］．2版．北京：北京大学出版社，2016.

［10］Strzelecki R．智能电网中的电力电子技术［M］．徐政，译．北京：机械工业出版社，2010.

［11］毛宗强，毛志明，余皓，等．氢能利用关键技术系列：制氢工艺与技术［M］．北京：化学工业出版社，2018.

［12］曹殿学，王贵领，吕艳卓，等．燃料电池系统［M］．北京：北京航空航天大学出版社，2019.

［13］刘振亚．全球能源互联网［M］．北京：中国电力出版社，2015.

［14］国家电网有限公司科技部．国家电网有限公司新技术目录［M］．北京：中国电力出版社，2020.

［15］徐政．柔性直流输电系统［M］．北京：机械工业出版社，2012.

［16］Shenquan Liu，Xifan Wang，Yongqing Meng．A decoupled control strategy of modular multilever matrix converter for fractional frequency transmission system．IEEE TRANS．On Power Delivery，2017，32（4）：2111-2121.

［17］刘振亚．特高压交直流电网．北京：中国电力出版社，2013.

［18］国家电网公司人力资源部．新型输电与电网运行［M］．北京：中国电力出版社，2018.

［19］张波，疏许健，黄润鸿．感应和谐振无线电能传输技术的发展［J］．电工技术学报，2017，32（18）：3-17.

［20］王金健．适用于柔性直流输电系统的混合高压直流断路器拓扑研究［D］．上海：上海交通大学，2020.

［21］吴杰．多端柔性直流输电系统运行控制策略研究［D］．上海：上海交通大学，2017.

［22］曾鸣，杨雍琦，李源非，等．能源互联网背景下新能源电力系统运营模式及关键技术初探［J］．中国电机工程学报，2016，36（3）：681-691.

［23］冯庆东．能源互联网与智慧能源［M］．北京：机械工业出版社，2018.

［24］曾鸣，韩旭，李冉，等．能源互联微网系统供需双侧多能协同优化策略及其求解算法［J］．电

网技术，2017，41（2）：409-417.

[25] 陈娟. 能源互联网背景下的区域分布式能源系统规划研究 [D]. 北京：华北电力大学，2017.

[26] 张纯江，董杰，刘君，等. 蓄电池与超级电容混合储能系统的控制策略 [J]. 电工技术学报，2014，29（04）：334-340.

[27] 黄先进，郝瑞祥，张立伟，等. 液气循环压缩空气储能系统建模与压缩效率优化控制 [J]. 中国电机工程学报，2014，34（13）：2047-2054.

[28] 杨锡运，董德华，李相俊，等. 商业园区储能系统削峰填谷的有功功率协调控制策略 [J]. 电网技术，2018，42（8）195-205.

[29] 雷博. 电池储能参与电力系统调频研究 [D]. 长沙：湖南大学，2014.

[30] 王景梁. 电气节能技术 [M]. 北京：中国电力出版社，2013.

[31] 中国电力科学研究院. 电能替代和节能技术典型案例集 [M]. 北京：中国电力出版社，2014.

[32] 周赣. 节能节电技术 [M]. 北京：中国电力出版社，2014.

[33] 邹国棠. 电动汽车电机及其驱动设计、分析和应用 [M]. 北京：机械工业出版社，2018.

[34] 梁力波. 内嵌式永磁同步电机变频调速系统及控制策略研究 [D]. 太原：太原理工大学，2019.